XML

实用教程

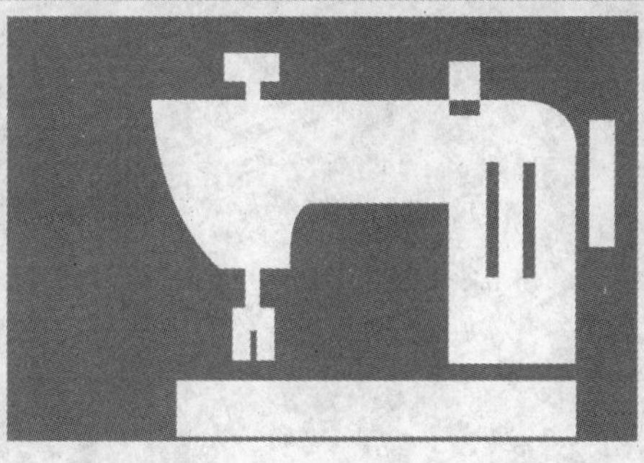

陈作聪 苏 静 王 龙 等编著

机械工业出版社
China Machine Press

图书在版编目（CIP）数据

XML实用教程 / 陈作聪，苏静，王龙等编著. -- 北京 : 机械工业出版社, 2014.4

ISBN 978-7-111-46082-4

Ⅰ. ①X… Ⅱ. ①陈… ②苏… ③王… Ⅲ. ①可扩充语言－程序设计 Ⅳ. ①TP312

中国版本图书馆CIP数据核字（2014）第045228号

可扩展标记语言（XML）是一种新的 Web 开发辅助语言，利用它可通过 Internet 进行信息的描述、交换和显示，XML 已经成为不同系统之间数据交换的基础。本书是学习和应用 XML 语言的实用教材，书中详细阐述了 XML 的基本概念、语法规则、文档类型定义、模式定义、级联样式表、可扩展样式表、文档对象模型，此外还介绍了 XML 在 Java 和.NET 中的编程，最后通过 6 个综合案例（第 11 章及附录 A~附录 E）演示了在实际项目开发中 XML 的应用。

本书由浅入深，循序渐进，理论结合实践，侧重于实用。在讲解基础知识的同时给出大量实例，便于读者亲手实践，加强动手能力的培养。代码注释详尽，功能分析透彻，便于读者深层次理解程序功能和实现方法。每章还给出了课后扩展练习，便于读者巩固所学知识。

本书可作为高等院校计算机、电子商务以及信息类相关专业的教材，也可供相关技术研究人员、广大 Web 应用程序开发者和用户参考学习。

XML实用教程

陈作聪，苏静，王龙　等编著

出版发行：机械工业出版社（北京市西城区百万庄大街22号　邮政编码：100037）

责任编辑：夏非彼　迟振春

印　　刷：中国电影出版社印刷厂

版　　次：2014年6月第1版第1次印刷

开　　本：188mm × 260mm　1/16

印　　张：23.25

书　　号：ISBN 978-7-111-46082-4

ISBN 978-7-89405-335-0（光盘）

定　　价：49.00元（附光盘）

凡购本书，如有缺页、倒页、脱页，由本社发行部调换

客服热线：（010）88378991　88361066

投稿热线：（010）82728184　88379604

购书热线：（010）68326294　88379649　68995259

读者信箱：hzjsj@hzbook.com

前 言

XML 是 eXtensible Markup Language 的简写，它是由万维网联盟（W3C）制定的一种标记语言，也是表示结构化数据的事实上的工业标准，被广泛应用于结构化数据的存储和交换中。XML 提供了直接在数据上工作的通用方法，其优势在于将结构化数据的存储和显示相分离，允许不同来源数据的无缝集成和对同一数据的多种处理。

目前在软件开发、电子商务等领域，几乎处处都能看见 XML 的身影。很多人可能觉得XML 非常简单，因为他们每天都会接触 XML 文档，但是许多人仅仅知道 XML 可以用作配置文件，至于更多、更深的内容就知之甚少了。实际上，XML 无论对于 Java 平台还是其他如.NET 平台都具有非常重要的价值。XML 在电子商务、移动应用开发、Web Service、云计算等技术和领域中也起着非常重要的作用。特别是随着云计算的兴起，本地和云端之间通过 Internet 进行数据传输和数据交换成为必然的趋势，在这之中 XML 承担着数据存储和数据交换的重任。

本书系统介绍了设计和使用 XML 文档所必需的基本技术，以及很多现在非常重要的相关技术。通过本书的学习，读者可以对 XML 语言有一个全面的了解，掌握相关的主要知识点，在软件设计中运用 XML 技术灵活地进行信息的描述、交换和显示。全书共分为 11 章，具体内容如下。

第 1 章 XML 概述

本章主要介绍了标记语言、SGML 语言、HTML 超文本语言产生的原因和发展，最后讲解 XML 语言的概念、优势和相关技术。

第 2 章 XML 语法

本章主要介绍 XML 的语法，重点介绍了 XML 文档结构、XML 格式的约束规则、如何声明元素和属性，以及怎样使用命名空间等。

第 3 章 XML 应用开发工具

本章主要介绍在整个 XML 技术的发展阶段出现过的编辑器、解析器、浏览器及其他工具软件，并对 XMLSpy 的安装、主界面、主要功能和基本使用进行详细介绍。

第 4 章 规范 XML 文档的 DTD

本章重点介绍了 DTD 中的元素、属性、实体的声明语法和格式，以及在 XML 文档中使用 DTD 的方式。

第 5 章 XML 模式

本章重点介绍了模式的文档结构、XML 模式中元素及属性的声明语法、使用

XML 模式的方式。

第 6 章 修饰 XML 文档的 CSS

本章首先介绍了 CSS 的作用，然后详解 CSS 语法及常见的 CSS 属性设置，并以实例的方式讲述了如何使用 CSS。

第 7 章 转换 XML 文档的 XSL

本章着重讲解 XSL 转换语言、XSL 文档的编写、模板的规则、XSL 的转换执行过程、实现 XSL 的方式。

第 8 章 数据岛

本章详细介绍了数据岛的使用方式、数据源对象 DSO 的操作，并给出了遍历和分页显示 XML 文档的实例。

第 9 章 DOM 和 SAX

本章重点介绍文档对象模型 DOM 的基本概念、常用接口、常用对象、DOM 和 XML 如何进行交互等。此外，还讲述了操作 XML 文档的另外一种方式——SAX，包括其工作原理、常用的事件和接口，以及对 XML 的解析。

第 10 章 .NET 和 XML

本章主要介绍了在.NET 平台上操作和处理 XML 文件需要用到的具体技术及相关对象，重点介绍了.NET 平台上的 DOM 编程方法，以及 XML 与 ADO.NET 技术的关系。

第 11 章 基于 XML 的在线视频网站

在本章中，通过一个综合案例演示了在实际项目开发中 XML 的具体应用，通过对案例的剖析，体现 XML 技术在 Web 应用方面的优势，并进一步掌握利用 DOM 操作 XML 文档的方法和技巧。

本书由浅入深，循序渐进，理论结合实践，侧重于实用。在讲解基础知识的同时给出大量实例，便于读者亲手实践，加强动手能力的培养。代码注释详尽，功能分析透彻，便于读者深层次理解程序功能和实现方法。章后还给出了扩展练习，便于读者巩固所学知识。书中的应用实例均来自于实际开发，读者对其稍加修改后可直接应用到实践中。

本书可作为高等院校计算机、电子商务以及信息类相关专业的教材，也可供相关技术研究人员、广大 Web 应用程序开发者和用户参考学习。

本书主要由陈作聪、苏静、王龙编写，此外，刘小松、胡书敏、王相羽、袁润非、杨阳、王炳乾、苏宝保、张琴、李龙、王华、李辉、刘峰、徐浩、李建国、马建军、唐爱华、苏小平、朱丽云、马淑娟、周毅、张乐、李大勇、许小荣、魏勇、王云等同志也参与了本书的部分编写工作。

由于作者水平有限，书中错误、纰漏之处难免，欢迎广大读者、同仁批评斧正。

编 者

2014 年 3 月

目　录

第 1 章　XML 概述

XML 是 W3C（万维网联盟）提出的一种可扩展标记语言，其全称是 eXtensible Markup Language，它是随着人们对信息传播要求的不断提高而产生的一种技术。XML 的出现，把网络表达语言集合推进了一大步，使得标记语言可以由编程人员按需要进行扩展，其扩展能力是无限的，这就给 Web 编程带来了革命性的进展。本章将首先介绍标记语言产生的背景、发展历史，并对目前的两种常用标记语言：HTML 和 XML 做了一个概括性的描述，最后对 XML 的优势和与 XML 密切相关的技术进行介绍。

1.1　标记语言

标记语言（Markup Language）也被称为“标签语言”或“置标语言”，它是由一些标识码（Codes）或控制标签（Tags）所组成，用于对电子文档进行标记，以实现对电子文档的语义、结构及格式的定义。

1.1.1　标记语言的发展

电子数据交换是早期计算机网络发展的一个主要目的，而结构化信息就是使数据交换成为可能的重要方法。因为，如果在不同的行业中需要交互使用的信息采用统一的模型标识，那么信息就能方便和高效地进行共享。

在上述背景下，1969 年，IBM 公司开发了一种文档描述语言，用来解决不同系统中文档格式不同的问题。这样，文档的显示和打印可能更少或更多地依赖于特殊的硬件，不过这样的系统需要不同的计算机系统，提供专门的软件来显示和打印文档。IBM 把自己这种标识语言称作通用标记语言（Generalized Markup Language，即 GML）。GML 是 IBM 许多文档系统的基础，包括 Script 等。IBM 提出在各文档之间共享一些相似的属性，诸如字体大小和版面，并且设计了一种文档系统，通过文档中辅加一种标签，从而可以标识文档中的每种元素。

经过多年的发展，1984 年国际标准化组织 ISO 开始对此提案进行讨论，1986 年国际标准化组织 ISO 认为 IBM 提出的概念很好，并发布了为生成标准化文档而定义的标记语言标准 ISO 8897——称为新的语言 SGML，即标准通用标记语言。SGML（Standard Generalized Markup Language）从 IBM 的 GML 演化而来，是第一个标准化的信息结构化技术。SGML 是结构化的、可扩展的语言，这些特点使它在很多公司受到欢迎，被用来创建、处理和发布大量的文本信息。尽管 SGML 的功能非常强大，但是由于它非常复杂，需要一大堆昂贵的软件配合运行，因而在很长一段时间都没有得到推广。

在 1989 年，欧洲物理量子实验室（CERN）的专家发明了万维网，通过超文本链接语言 HTML，可以随便浏览网页的内容，并把原来技术专家之间的网络通信普及到普通家庭。随着蒂姆·伯纳斯·李的不懈努力，他在缔造了互联网的同时也完善了 HTML 语言。

HTML 当初仅仅提供了一种对静态文本信息表现的方法，但并不能适应越来越多的需要。随后诞生了越来越多的标签，如使用<img>用于描述图片，通过<script>为网页加入脚本支持，提供动态网页内容。两大浏览器厂商——微软和网景，都创建了由自己产品兼容的标签。于是，HTML 成了功能强大但失去了严谨结构化的事物。

1996 年，W3C 寻找一种在 Web 中应用 SGML 的灵活性和强大功能的方法，这促使了 1998 年 2 月 XML 1.0 规范的发布。XML（eXtensible Markup Language，可扩展标记语言）具备 SGML 的核心特性，又非常简洁，XML 规范的内容甚至不到 SGML 的十分之一。 XML 的应用随即如雨后春笋般展开，并被看作是 IT 界的重大变革。

1.1.2 标记语言的理解

标记语言是将文本（Text）以及文本相关的其他信息结合起来，展现出关于文档结构和数据处理细节的电脑文字编码，包括：文本的结构和表示信息等，它们与原来的文本结合在一起，使用标记进行标识，标记最早用于出版业，是作者、编辑以及出版商之间用于描述出版作品的排版格式。

标记语言是可以让电子文档变得更具有结构性，而这种结构性能够便于应用软件解析和应用。但是，标记如果独立存在则是毫无意义的，它们必须结合数据后才能形成一份有用的电子文档，而所谓有用的电子文档则是针对应用软件而言的，也就是说应用软件能够解读这份电子文档中的标记语言，并且由标记语言的意义来对该份电子文档作特定的处理。这些标记必须能够容易地和内容相区分、易于识别。标记语言必须定义什么样的标记是允许的，什么样的标记是必须的，标记是如何与文档的内容相区分的，以及标记的含义是什么。

例如，HTML 中可以使用
标签，
可以被应用软件解释为换行，但是如果前后没有数据，那么这个换行是没有意义的。

标记语言实际上是一种类似于说明性质的语言，它只是告诉它的解释者代表什么样的含义。通过标记语言，可以对一个段落或一篇文章的文字布局和显示样式进行设定。下面是一段标记语言所修饰的代码：

```
<h4>标记语言</h4>
<p>h4标记表示一个标题</p>
<ul>
    <li>通用标记语言</li>
    <li>超文本链接语言</li>
    <li>可扩展标记语言</li>
```

```
</ul>
```

在上面的代码中，标签由小于号（<）和大于号（>）括起来的文字组成，很容易就和实际的内容区分开来。浏览器能够解读这些标签，并按照定义的格式显示。文中的标记主要是修饰标记中间内容的显示方式。

1.2 SGML 通用标记语言

SGML 是国际上定义电子文件结构和内容描述的标准。早在 1969 年，IBM 公司的工作人员 Ed Mosher、Ray Lorie 和 Charles F.Goldfarb 就开发了一种文档描述语言 GML，用来解决不同系统中文档格式不同的问题。GML 是 IBM 许多文档系统的基础，是一种自参考的语言，可以描述任何其他语言的语法和词汇。1974 年，Goldfarb 提出了在 GML 中实现语法分析器的概念。经过多年的发展，1984 年国际标准化协会（ISO）开始对此提案进行讨论，终于在 1986 年演变成一个国际标准（ISO 8897），并被称为 SGML。

SGML 实际上是一种通用的文档结构描述符号化语言，主要用来定义文献模型的逻辑和物理类结构。一个 SGML 规定了在文档中插入描述标记的标准格式，指定了描述文档结构的标准方法，简而言之，可以使用 SGML 创作每一种类型的文档设置层次结构模型。

SGML 具有以下主要特点：

- 可支持无数的文档结构类型，例如公告、技术手册、章节目录、设计规范、各种报告、信函和备忘录等。
- 可以创建与特定的软硬件无关的文档，因此很容易与不同计算机系统的用户交换文档。

一个典型的文档可以分成三个部分：结构、内容和样式。SGML 主要是处理结构和内容之间的关系。

1. 结构

为了描述文档的结构，SGML 定义了一种称为“文档类型定义（Document Type Definition，DTD）”的文件，它为组织的文档元素（章节和主题等）提供了一个框架。此外，DTD 还为文档元素之间的相互关系制定了规则，DTD 定义的这些规则可以确保文档的一致性。

2. 内容

这里指的内容就是信息本身，内容包括信息名称（标题）、段落、项目列表和表格中的具体内容、具体的图形和声音等。确定内容在 DTD 结构中的位置的方法称为“加标签”，而创建 SGML 文档实际上就是围绕内容插入相应的标签。这些标签就是给结构中每一部分的开始和结束做标记。

3. 样式

SGML 本身就是在定义样式时的设置标准，即文档样式语义学和规范语言（Document Style Semanatics and Specification Language，DSSSL）。

SGML 是一个庞大复杂的系统，其应用标准包括超媒体文档标记方面的超媒体语言 HyTime、文献样式语义和规范说明语言 DSSSL、可扩展的样式语言 XSL 和可扩展的链接语言 XLL 等。SGML 规模庞大、功能丰富，具有各种选项，用来标记文献以使文献信息不依赖于特定的软硬件，而且具有方便的互操作性和格式的转换功能，以适合多种应用或达到反复使用的目的。

SGML 是很多大型组织，例如电信、飞机、汽车公司、化工企业和军队的文档标准，它是语言无关的、结构化的、可扩展的语言，这些特点使它在很多公司受到欢迎，被用来创建、处理和发布大量的文本信息。

1.3 HTML 超文本标记语言

HTML 的全称是“Hyper Text Markup Language”，意思是“超文本标记语言”，它实际上是专门用来编写网页的一种编程语言。

1989 年，欧洲粒子物理实验室的研究人员开发了一个基于 SGML 的超文本简化版本，被称为超文本标记语言 HTML。HTML 是 SGML 的一个子集，继承了 SGML 的许多重要特点。HTML 只使用了 SGML 中很小一部分标记，并且为了便于在计算机上实现，HTML 可使用的标记是固定的，也不需要包含 DTD，因而其语法是不可扩展的。HTML 这种固定的语法使其易学易用，开发用来处理 HTML 文档的浏览器也十分容易。正是由于 HTML 的简单性和易用性，使 Web 技术及其应用得到了空前的发展，并很快从计算机界走向全社会，并最终走向千家万户。

大多数网页的构成基础都是 HTML 语句。我们上网浏览一个网页时，实际上是把该网页所对应的 HTML 文件下载到我们的计算机中，然后由本地计算机中的浏览器（如 IE）再解释、显示。

1.3.1 基本的 HTML 结构

标记是 HTML 语言中最基本的单位。HTML 的标记分为单独标记和成对标记两种。

- 成对标记是由首标记<标记名>和尾标记</标记名>组成的，成对标记的作用域只作用于这对标记中的文档。
- 单独标记的格式为<标记名>，单独标记在相应的位置中插入元素就可以了。

大多数的标记都有自己的一些属性，属性用于进一步改变显示的效果，各属性之间无先后次序，属性是可选的，属性也可以省略而采用默认值。当浏览器收到 HTML 文件后，就会解释里面的标记符，然后把标记符相对应的功能表达出来。

HTML 文本是由 html、head、title 和 body 共 4 个标记组成，这 4 个标记能构成整个网页的效果。它们属于基本标记，其基本格式如下：

```
< html>
    <head>
```

```
            <title></title>
        </head>
        <body></body>
    </html>
```

【实例 1-1】构建网页最基本的结构

通过这个实例，我们使用最简单的 HTML 编辑工具来创建一个简单的 HTML 页面来显示一些文本，具体步骤如下：

01 打开 Windows 中的记事本，创建一个 html 文件，命名为“web.html”，在其中输入如下的代码：

```
1.  < html>
2.      <head>
3.          <title>一个最简单的网页</title>
4.      </head>
5.      <body>使用 HTML 标记的网页！</body>
6.  </html>
```

代码解析：

上面的第 1 行与第 6 行代码中的<html >和</html >是放在文档的最外层，文档中的所有文本和 html 标记都包含在其中，它表示该文档是以超文本标识语言（HTML）编写的。

第 2 行与第 4 行中的< head ></ head >是 HTML 文档的头部标记，在浏览器窗口中，头部信息是不被显示在正文中的，在此标记中可以插入其他标记，用以说明文件的标题和整个文件的一些公共属性。

第 3 行中的<title>和</title>是嵌套在< head >标记中的，标记之间的文本是文档标题，它被显示在浏览器窗口的标题栏。

第 5 行中的< body > </ body >标记一般不省略，标记之间的文本是正文部分，一个网页所要显示的内容都是放在这里的，即我们所要设计的主体部分，也是一个 HTML 页面最重要的部分。

上面的这几对标记在文档中都是唯一的，head 标记和 body 标记是嵌套在 HTML 标记中的。

02 使用 IE 浏览器运行该文件，可以看到如图 1-1 所示的运行结果。

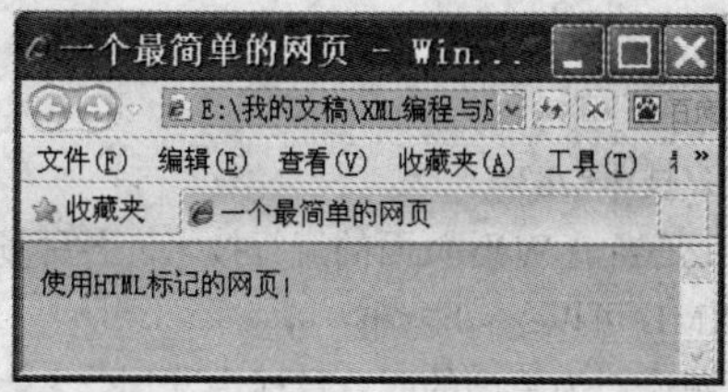

图 1-1　HTML 页面效果

1.3.2 常用的 HTML 标记

作为一种标识语言，构成它的要素是标记，利用标记符号来描述信息。标记有多种，每一种都有自己的含义与作用。浏览时浏览器会根据标记的意义自动显示效果。尽管 HTML 所使用的标记很多，但在下面的表 1-1 里，我们将列出重要的常用标记。

表 1-1　HTML 中常用的标记

标记名	用法
<p>	这个标记用来创建一个段落
 	此标记没有结束标记，此标记的效果就是网页中的换行
<b>	将文本以粗体字体显示
<i>	将文本以斜体字体的形式显示
a	标识链接到其他位置或其他网页的超链接
<center>	这个标记是使文本或图片居中显示
<h1>~<h6>	这 6 个标记是将文本作为标题来显示的。<h1>是显示字号最大的标题，而<h6>则是显示字号最小的标题
<dl>、<dt>、<dd>	<dl>标记是创建一个普通的列表，<dt>标记则是创建列表中的上层项目，而<dd>标记则是创建列表中的下层项目
<font>	这个标记是用来设置文本的字体、字号和颜色
<tr>	标识表格中的一行
<tr>	标识表格中的一列
<table>	表格标记内部必须由 tr 行标记和 td 单元格标记组成

下面通过几个小实例来大致地了解一下 HTML 标记的简单用法。

【实例 1-2】文字和字体标记的使用

本实例通过不同的标记显示指定的文本格式，具体实现步骤如下：

01 打开 Windows 中的记事本，创建一个 html 文件，命名为“text.html”，在其中输入如下的代码：

```
<html>
    <head><title>显示不同的文字格式</title></head>
    <body>
      <h3>为什么要学好 XML 技术</h3>
      <p><font size="2">XML 是当前 Web 页面的流行技术，各种场合都需要使用到它...</font></p>
      <p><b>简单说，学好 XML 可以：</b></p>
      <i>让我们紧跟 IT 技术潮流，为更高的职业目标进发！</i>
    <body>
</html>
```

代码解析：

在上面的第 4 行代码里，为了让标题醒目，就将其设置为标题样式，这里用到 h3 标记，将其设置为标题 3 的样式；在第 5 行里，由于是正文，所以我们用传统的 font size=2 来定义字体大小；在第 6 行里，为了突出强调部分的文字，所以用 b 标记，将文字加粗显示；在第 7 行里，由于是引用别人的原文，所以这里使用了 i 标记，将字用斜体显示。

02 使用 IE 浏览器运行该文件，可以看到如图 1-2 所示的运行效果。

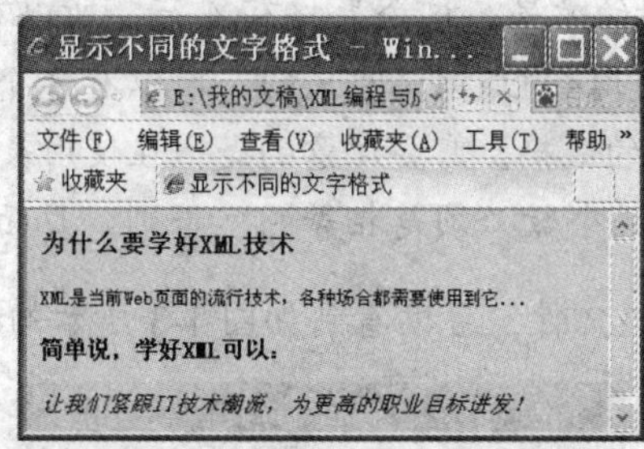

图 1-2　html 文件运行效果

【实例 1-3】HTML 中的表格实现

在这个例子中，我们将用表格的形式实现一个音乐网站里的“歌曲列表”效果，具体的实现步骤如下：

01 打开 Windows 中的记事本，创建一个 html 文件，命名为“grid.html”，在<body>和</body>标记中输入如下的代码：

```
<TABLE BORDER=1 >
 <TR>
   <TD><A href="#"><FONT color=blue>星语心愿</FONT></A></TD>
     <TD><A href="#">雪绒花</A></TD>
     <TD><A href="#">大约在冬季</A></TD>
 </TR>
 <TR>
      <TD><A href="#">粉红色的回忆</A></TD>
      <TD><A href="#">我愿意</A></TD>
      <TD><A href="#">千年之恋</A></TD>
 </TR>
 <TR>
      <TD><A href="#">荷塘月色</A></TD>
      <TD><A href="#">天路</A></TD>
      <TD><A href="#">九个太阳</A></TD>
  </TR>
  <TR>
       <TD><A href="#">三天三夜</A></TD>
```

```
19.             <TD><A href="#">忐忑</A></TD>
20.             <TD><A href="#"><FONT color=red>更多推荐歌曲</FONT></A>
21.             </TD>
22.         </TR>
23.     </TABLE>
```

代码解析：

在代码的第 1 行里，利用 BORDER 定义了表格的边框宽度。第 2~6 行是用<TR>的形式定义了如图 1-3 所示的第 1 行的效果，这个表格有 4 行，所以有 4 个 TR 对标记。请大家看一下第 3 行，其中的 3 列都是用<TD>标记定义的，所以有 3 个 TD 列，在第 20 行的 TD 列里，放置了“更多推荐歌曲”的链接。需要注意的是：在使用表格标记时，在一个“TABLE”中，每个“TR”中的“TD”的个数必须是相等的，否则，页面会乱掉。

02 使用 IE 浏览器运行该文件，可以看到如图 1-3 所示的运行效果。

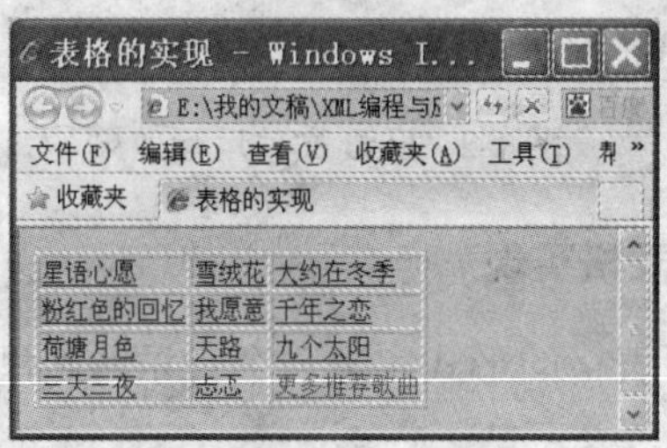

图 1-3　表格标记效果

随着 Web 应用的不断发展，HTML 的局限性也越来越明显地体现出来，主要表现在：

- HTML 是把数据和显示格式一起存放的，不能只使用数据而不需要格式，而分离这些数据和格式较为困难。
- HTML 对超级链接支持不足，它属于单点的链接，功能上有一些限制。
- HTML 缺乏空间的立体描述，处理图形、图像、音频、视频等多媒体的能力较弱，图文混排功能简单，不能表示多种媒体的同步关系等缺点，也影响 HTML 的大规模应用以及用于复杂的多媒体数据处理。
- HTML 的标记有限，不能由用户自己扩展自己的标记。

1.4 初识 XML

XML（eXtensible Markup Language）是一种超越 HTML 能力范围的可扩展标记语言。它具有简单、开放、可扩展性、灵活性和自描述性等特点，给 Internet 的应用注入了新的活力。作为数据表示的一个开放标准，XML 为数据集成带来了新的机遇。用 XML 作为数据交换的中介，给系统的实现带来了极大的灵活性。系统可以屏蔽掉后台的多种数据源，将统一的 XML 格式的数据呈现给用户。

1.4.1 XML 的产生

随着 Web 上数据的增多，HTML 存在的缺点就变得不可忽略。W3C 提供了 HTML 的几个扩展用来解决这些问题，最后，W3C 的成员认识到随着 Web 的发展，必须由一种方法把数据和它的显示分离开来，决定开发一个新的 SGML 的简化子集。

1996 年 11 月，在美国波士顿举行的 SGML 年会上，为了解决 HTMT 的问题，专家们依照 HTML 的发展经验，使用 SGML 精简制作，产生出一套规则严谨，但是使用简单的描述数据语言：XML。新的数据语言 XML 避免了 SGML 的繁琐，但仍保持其功能，这使 SGML 的优秀品质能够直接体现在 Web 开发上。

XML 从 1996 年开始有其雏形，并向 W3C（全球信息网联盟）提案，而在 1998 年 2 月发布 W3C 的标准（XML 1.0）。为了使 XML 易学易用，XML 精简了很多 SGML 不经常使用的功能。

后来 W3C 又用 XML 设计出一个与 HTML 4.01 功能等价的语言，称为 XHTML 1.0（Extensible Hyper Text Markup Language），使之与 HTML 相兼容。

1.4.2 XML 的简介

XML 是一套定义语义标记的规则，这些标记将文档分成许多部件并对这些部件加以标识。它可以定义其他与特定领域有关的、语义的、结构化的标记。XML 是 SGML 的子集，其目标是允许普通的 SGML 在 Web 上以目前 HTML 的方式被服务、接受和处理。XML 的定义方式易于实现，并且可以在 SGML 和 HTML 中进行操作。

XML 最初的设计目标如下：

- XML 应该可以直接用于 Internet。
- XML 应该支持大量不同的应用。
- XML 应该与 SGML 兼容。
- 处理 XML 文件的程序应该容易编写。
- XML 中的可选项应无条件地保持最少，理想状况下应该为 0 个。
- XML 文件应该是人可以直接阅读的，应该是条理清楚的。
- XML 的设计应快速完成。
- XML 的设计应该是形式化的、简洁的。
- XML 文件应易于创建。
- XML 标记的简洁性是最后考虑的目标。

上面的这些设计目标使得 XML 具有以下几个特点：

- XML 是元语言。
- 允许通过使用自定义格式，标识、交换和处理数据库可以理解的数据。
- 基于文本的格式，允许开发人员描述结构化数据并在各种应用之间发送和交换这些数据。

- 有助于在服务器之间传输结构化数据。

XML 是一种元标记语言，所谓元标记语言，就是开发者可以根据自己的需要定义自己的标记，比如开发者可以定义如下标记：<film>和<name>，所有满足 XML 命名规则的名称都可以作为标记，这就为不同的应用程序的应用打开了大门。XML 不像 HTML 那样定义了一套固定的标记，用来描述一定数目的元素。例如，HTML 文档包括了格式化、结构和语义的标记：<p>就是 HTML 中的一种格式化标记，它使其中的内容以段落呈现；<tr>也是 HTML 中的一种结构标记，指明内容是表中的一个行等。

XML 在标记的意义上，具有相当的灵活性。例如，如果用户正在处理与学籍有关的事情，需要描述学生的学号、姓名、年龄、家庭住址等信息，这就必须创建用于每项的标记。新创建的标记可在文档类型定义 DTD 或是在 XML 模式中加以描述。而关于如何显示这些标记的内容则是由附加在文档上的样式表提供。

例如，在 HTML 中，一部电影可能是用定义标题标记<dt>、定义数据标记<dd>、无序的列表标记<ul>和列表项标记<li>来描述的。但是事实上这些标记没有一件是与电影有关的，下面就是用 HTML 定义电影的代码：

```
<dt>电影排行 top1</dt>
<dd> 钢铁侠 3</dd>
<ul>
    <li>导演：沙恩・布莱克
    <li>主演：小罗伯特・唐尼
</ul>
```

而在 XML 中，同样的数据可能被标记为如下代码：

```
<film>
   <name>钢铁侠 3</ name E>
   <director >沙恩・布莱克</director >
   <starring >小罗伯特・唐尼</starring >
</film>
```

在上面的代码中没有使用通用的标记，如<dt>和<li>，而是使用了具有意义的标记，如<film>、<name>、<director>等。这种用法具有许多优点，包括源代码易于阅读，使人能够看出代码的含义。

从上面的对比可以看出：HTML 文档只设置数据的显示样式，而没有说明数据之间的逻辑关系；而 XML 文档中的标记则说明了数据所代表的含义以及它们之间的逻辑关系。XML 是一种通用的数据格式关系，从低级的角度看，XML 是一种简单的数据格式，是 100%的纯 ASCII 文本，而 ASCII 的抗破坏能力是很强的，不像压缩数据和 Java 对象，只要破坏其中一个数据文件，数据就不可读；从高级的角度看，XML 是一种自描述语言。

XML 还有利于数据交换，主要是因为 XML 表示的信息是独立于平台的，这里的平台既可以理解为不同的应用程序，也可以理解为不同的操作系统：它描述了一种规范，利用它，

Microsoft 的 Word 文档可以和 Adobe 的 Acrobat 交换信息，也可以和数据库交换信息。

总之，XML 结合了 SGML 和 HTML 的优点，并抛弃了它们的缺点。

1.4.3 XML 与 SGML、HTML 的关系

XML 由 SGML 演变而来，但是，XML 并不是 SGML 的一种应用，而是它的子集，所以，XML 在许多方面都与 SGML 雷同。任何用 XML 完成的工作同样也可以用 SGMI 来完成。

既然如此，为何还需要 XML 呢?简单地说，XML 拥有 SGML 的 80%功能，但其复杂程度却只有 SGML 的 20%。XML 能有效地在互联网上应用，因而 XML 带来了在 SGML 中所没有的优点，而且 XML 能与 HTML 整合来描述与显示数据。

在 Web 上传递数据方面， XML 拥有几个超越 SGML 的优点。

- XML 的规模比 SGML 小：二者的规范书的厚度就证明了这一点，基本的 SGML 规范书约有 155 页之多，而 XML 规范书却只有 35 页。
- XML 包含可扩展链接语言 XLL：XML 不仅支持在 HTML 中的基本超级链接，并且更进一步扩展链接的概念。虽然，SGML 允许定义超级链接机制，但它并没有将超级链接纳入初版的规范书中。
- XML 包含可扩展样式语言 XSL：XSL 提供支持样式机制，并提供一些在 SGML 中所没有的支持，允许文件作者建立各种风格（如：粗体、斜体等）的样版，或者结合各种风格并将它们应用到文件的元素中。

XML 和 HTML 都是用于操作数据或数据结构，在结构上大致是相同的，但它们在本质上却存在着明显的区别，具体如表 1-2 所示。

表 1-2 XML 与 HTML 的不同点比较

比较内容	HTML	XML
可扩展性	不具有扩展性	是元标识语言，可用于定义新的标识语言
侧重点	侧重于如何表现信息	侧重于如何结构化地描述信息
语法要求	不要求标记的嵌套、配对等，不要求标识之间具有一定的顺序	严格要求嵌套、配对，并遵循 DTD 的树形结构
可读性及可维护性	难于阅读、维护	结构清晰、便于阅读、维护
数据和显示的关系	内容描述与显示方式整合为一体	内容描述与显示方式相分离
保值性	不具有保值性	具有保值性
编辑及浏览工具	已有大量的编辑、浏览工具	编辑、浏览工具尚不成熟
结构描述	不支持深层的结构描述	文件结构嵌套可以复杂到任何程度
与数据库的关系	没有直接联系	与关系型和层状数据库均可对应和转换
超级链接	单文件、书签链接	可以定义双向链接、多目标链接、扩展链接
大小写敏感性	大小写不区分	大小写区分

由此可见，相比较原来的 SGML 和 HTML 而言，XML 都显示出一定的优越性。

1.4.4 XML 的举例

在实际应用中，XML 发挥着巨大的作用，在很多领域和环境下都采用 XML 来实现需要的特定功能，下面就通过一个简单的实例来说明 XML。

【实例 1-4】XML 的简单例子

本例中的 XML 文档是一个描述多部电影信息的 XML 文档。具体实现步骤如下：

01 打开 Windows 中的记事本，创建一个文件后缀名为“xml”的文件，命名为“sample”，在文件中输入如下的代码：

```
1.  <?xml version="1.0" encoding="GB2312" ?>
2.  <!-- File Name :sample.xml -->
3.    <DocumentElement>
4.    <Film>
5.      <ID>1</ID>
6.      <NAME>钢铁侠 3</NAME>
7.      <Director>沙恩・布莱克</Director>
8.     <Starring>小罗伯特・唐尼</Starring>
9.    </Film>
10.   <Film>
11.     <ID>2</ID>
12.     <NAME>超人：钢铁之躯</NAME>
13.     <Director>扎克・施耐德</Director>
14.     <Starring>亨利・卡维尔</Starring>
15.   </Film>
16.   <Film>
17.     <ID>3</ID>
18.     <NAME>小时代</NAME>
19.     <Director>郭敬明</Director>
20.     <Starring>杨幂/郭采洁</Starring>
21.   </Film>
22.   </DocumentElement>
```

代码解析：

这是一个典型的 XML 文档，第 1 行语句用来声明该文档为一个符合 XML 规范的文档，其中，“<?xml” 表示 XML 文档声明的开始，说明该文档是一个 XML 文档；“?>” 表示文档声明的结束；“version="1.0"” 表示的是必须声明的 XML 版本信息，用来声明该文档遵循 W3C 的 XML 1.0 标准；“encoding="GB2312"”用来声明该文档使用 GB2312 简体中文字符集。

第 2 行是一个注释语句，第 3~22 行是 XML 元素。其中，第 4~9 行是定义第一部电影的具体信息，包括了电影的编号 ID、名称 NAME、导演 Director 和主演 Starring 共 4 个元素或

者节点。以下第 10~15 行，第 16~21 行又定义了其他两部电影信息的元素。

正如大家所看到的，XML 文档并不复杂。同 HTML 一样，XML 文档也是由一系列的元素组成。但是，XML 文档中元素的标记是自定义的，并具有明确的含义。可以看出，XML 文档中数据元素的组织是一种树状的层次结构，其根元素包含了所有的下层子元素，而每个下层子元素除了可以有自己的文字内容和属性之外，又可包含若干个更下层的子元素。如本例中根元素是“DocumentElement”，下层子元素是“Film”，更下层的子元素是“ID”、“NAME”、“Director” 和 “Starring”。这些元素的标记名称并不是 XML 规范预先定义好的，而是由用户自己根据描述数据的需要而命名的。由此可以看出，XML 文档结构清晰、易读，而且它是根据开放的标准建立的。

和 HTML 文档一样，XML 文档实际上是一个用纯文本撰写的文本文件，可以使用任何一种文字编辑软件来创建和修改。例如，可以使用 Microsoft Windows 提供的“记事本”编辑器。XML 文档创建完成后应该用.xml 作为文件扩展名加以保存。

02 通常可以直接在 IE 浏览器中打开 XML 文档，就像打开 HTML 网页一样。如果 XML 文档并未链接有关的样式表，IE 浏览器将会显示文档中的全部文字内容，包括所有标记及数据的文字内容。在这种情况下，IE 浏览器将以不同颜色的代码来表示文档的不同组成部分，并且以可收缩 / 伸展的树状结构来清楚地标明文档中各个元素的层次结构。比如，将上面的 sample.xml 范例文档在 IE 浏览器中打开，将显示如图 1-4 所示的结果。

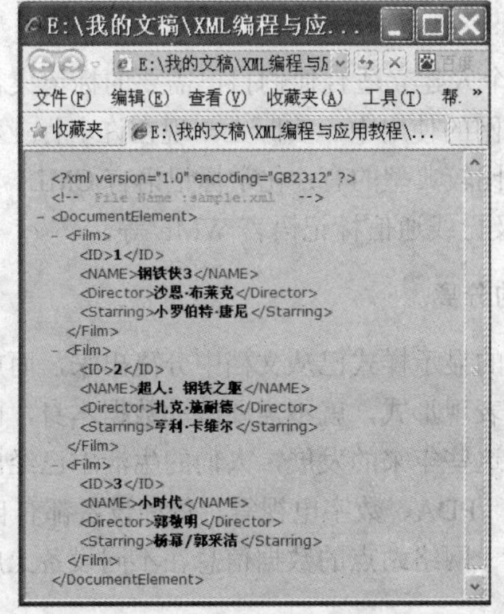

图 1-4　XML 文档显示结果

此时，在 IE 浏览器窗口中，如果单击某元素开始标记左端的减号“-”，将会使该元素的内容收缩起来；而单击元素标记左端的加号“＋”，将会使该元素已收缩的内容再次展开。如果单击根元素开始标记旁的减号“-”，将会使文档中的全部元素都收缩起来。

大家可以发现在 IE 浏览器中显示的 XML 文档几乎和源文档的格式与内容一样。这是因为对于 XML 文档本身而言，通常人们只关注它的数据内容，而它的显示形式是交给 CSS（层叠样式表）或 XSL（可扩展样式表）来定义的。如果 XML 文档包含了所链接的某个样式表，IE 浏览器将只显示 XML 文档中的数据，同时根据这个样式表中指明的显示规则来安排这些数据的显示格式。实际上，对于电子数据的存储和交换，仅仅需要一个 XML 文档就可以了，只有在需要将这些数据以某种形式显示出来时，才必须为其编写并链接相应的 CSS 或者 XSL 样式表文件。

在浏览器中打开某个 XML 文档时，如果在文档中出现任何差错，都会得到文档不能被显示的结果。各浏览器软件开发厂商已经达成协议，对 XML 文档实行严格的解析，任何细小的错误都会被报告。

1.4.5 XML 的优点

XML 的众多技术特点奠定了 XML 在互联网技术发展中的地位，应用前景十分广泛，比起之前的几种标记语言，具有十分明显的优势。

1. 良好的可读性

在 HTML 文档中数据是没有含义的，人们无法知道某个数据具体代表什么。然而在 XML 文档中，人们可以使用特定的标记为数据定义相关的语义。例如，可以规定某个数据代表物体，某个数据代表人名等。这样一来，XML 文档数据的可读性就大大提高了。

2. 方便的可扩展性

XML 允许各个组织或个人建立适合他们自己需要的标记集合或标记库，并且这些标记集合可以迅速地投入到互联网的使用中。实际上，现在许多行业和机构都在利用 XML 制订业内使用的标记语言标准。比较典型的有：化学标记语言 CML、数学标记语言 MathML、矢量图形标记语言 VML，以及无线通信标记语言 WML 等。

3. 数据内容与其形式的分离

在 XML 文档中，数据的显示样式已从文档中分离出来，而放入相关的样式表文件中。这样一来如果要改动数据的表现形式，就不需要改动数据本身，而只要改动控制数据显示的样式表文件就可以了。回顾这些年来的发展，人们的生活中已经出现了多种移动设备和数字设备，例如手机、掌上电脑、PDA、数字电视等，每种设备都有自己不同的显示规范。XML 的优势所在正是能够确保同一网络站点的数据信息在不同设备上成功显示。

4. 便于信息的检索

由于 XML 通过给数据内容贴上标记来描述其含义，并且把数据的显示格式分离出去，所以对 XML 文档数据的搜索就可以简单高效地进行。在此情况下，搜索引擎没有必要再去遍历整个文档，而只需查找指定标记的内容就可以了。这样一来，要做到在网上浏览时，每个页面所显示的正好是浏览者想要的东西，已经不再困难了。此外，XML 文档所附加的结构和语义信息，允许计算机立刻在本地处理大量数据，从而减轻网络服务器的负担，极大地降低了网络流量。

5. 可以轻松地跨平台应用

XML 文档是基于文本的，所以很容易被人和机器阅读，也非常容易使用，便于不同设备和不同系统间的信息交换。XML 可以定义自己的数据格式，很容易使用软件工具去读、写、交互这些格式的文档。比如，现今流行的企业 CRM（客户关系管理）软件，必须要与各种现有系统交互而产生单一的逻辑视图。不仅如此，XML 可以支持各种通道的数据传输，不同系统或不同设备之间完全可以采用 XML 作为信息交换的平台和媒介，建立起更为有效的应用。例如，XML 可以使得数据通过数字电视、手机、网络等进行传递，并进行个性化显示。这将是电子商务被更加广泛应用的一个前提。

6. 支持不同文字、不同语种间的信息交互

XML 所依赖的 Unicode 标准，是一个支持世界上所有主要语言的混合文字符号编码系统。在 HTML 网页文档中，一个文档通常采用一种语言，它可以是中文、英文、日文、阿拉伯文中的任何一种，也就是说，XML 技术不但使得各种信息能在不同的计算机系统之间交互，还能跨语种、跨文化进行交互。

7. 为科学实践与交流提供捷径

XML 为科学家进行科学实践，交流理论、计算机及实验结果提供了一种特别便利的途径。例如：MathML （数学标记语言）支持数学家在网页中插入表达式和几行相关的简单文字，于是浏览者就可以把这些表达式直接插入相关的数学软件供计算和制图使用；CML（化学标记语言）和 AML（天文学标记语言）能帮助研究人员检索大量的杂志引文，并迅速筛选到恰好适用于他们研究课题的论文；BSML（生物序列标记语言）则可以支持遗传学家交流和处理基因图谱，绘制基因序列分析工程所产生的信息，使研究者能轻易搜索巨大的遗传密码数据库，并把最终片段显示成有意义的图谱而不是杂乱无章的字母序列。

8. 大大改善网页的超链接性能

使用 XML 来描述网页数据，就如同为互联网制作了一个图书馆卡片目录。目前已经完成的 RDF（资源描述框架）将使数十亿通过超链接联系起来的网页，能够在 XML 的支持下发挥更大的作用。W3C 由此制订了一个基于 XML 的，并称为 XLink 的超文本链接标准来支持多目标的链接。此种链接能够在点击处直接插入其他网页的相关文本或图像，而不必关闭当前的网页。然而，XLink 最大的用途还在于它能将网页的使用指向一些核心数据库中的条目，而非页面本身。当页面地址变更时，网页制作者只需修改数据库记录便能自动更新所有指向它的链接。

9. 便于信息的长期保存

现代社会的绝大部分资料都是以电子文档形式保存的，并且不同格式保存的文档需要有相应的不同软件来将其打开。若干年后，很可能某些电子文档还在，但能够打开这些文档的软件已遭淘汰。此外，许多电子文档基本上是完好的，但哪怕仅有几个二进制位的错误就将导致整个文档不能打开。相比之下，以 XML 格式保存的文档就不会有上述问题。因为 XML

文档是基于文本的，并且文档中的每项数据都有清晰的语义，非常容易被打开和阅读。此外，XML 文档能够很容易地转换为其他格式的文档，所以非常适合用来作为信息的长期保存形式。

10. 适合面向对象的程序开发

XML 文档是非常容易阅读的，不但对人，对机器也是如此。XML 文档数据的逻辑结构是一种树形的层次结构，文档中的每一个元素都可以映射为一个对象，同时也可以有相应的属性和方法，因而非常适合于使用面向对象的程序设计方式来开发处理这些 XML 文档的应用程序。

1.4.6 XML 的应用及发展

XML 是一个强大的网络信息描述、组织和显示语言，是 Internet 的“世界语”，带给开发人员更为便利的开发环境，21 世纪会是 XML 广泛应用的时代。在以下领域，XML 将一展风采。

1. 数据交换

使用 XML 文档在应用程序之间，或者在同行业的公司之间交互数据已经得到越来越广泛的应用。XML 通过元素和属性来描述数据，并能够在数据传递过程中始终保持其特定的结构。多个应用程序可以共享和解析同一个 XML 文档，而不必使用传统的各自解析过程。XML 可以非常好地表示独立于平台和语言的数据内容。此外，使用 XML 文档进行数据交换，可使应用程序更具灵活性，因为不仅可以用数据元素的位置，还可以根据元素的标记名来存取对应的 XML 数据。

XML 文档能够运行在不同的系统平台之间，并能够转换成不同格式的目标文档，使其成为各种应用系统文档格式的优秀选择。此外，使用诸如 XSL 的样式表语言可以将 XML 文档转换为各种格式的文档，如转换为 HTML、WML、PDF、EDI 等格式，也就是说 XML 文档是各种格式文档相互转换的桥梁。

2. Web 服务

就目前来说，使用不同系统和不同编程语言的用户如要实现在 Web 上相互交流和共享数据，其基础就在于 Web 服务器采用 XML 方式在系统之间交换数据。统一采用 XML 能够使各种网络协议趋于一致，例如，在著名的 SOAP（Simple Object Access Protocol，简单对象访问协议）平台上便是如此。又如，Microsoft 公司的.NET 网络应用平台体系就是架构在 XML 之上的。在.NET 体系中，所有中间文档都以 XML 形式表示和传递。

XML 有利于信息的表达和结构化组织，从而使 Web 上的信息搜索更为有效。事实上，借助 XML，可以准确地表示几乎所有类型的信息，可以清晰地解释信息的内涵及信息之间的关联，并可以在最短的时间内准确定位用户所需的信息资源。由于 XML 允许采用 URL 别名，使得 Web 的维护更为方便，也使 Web 的应用更加稳定。XML 还可以使用数字签名，从

而 Web 的应用更为广阔。

Web 信息发布在企业的竞争中发挥着重要的作用。采用 XML 文档格式进行 Web 信息发布时，在 Web 服务器上只需提供一份 XML 文档，不同的客户端就可以根据自己的需求编制相应的应用程序来选取和制作不同内容的显示页面。XML 的广泛应用必将推动 Web 服务的不断发展，从而开创 Web 应用的新时代。

3. Web 集成

有人曾经预言："XML 将成为未来互联网领域占主导地位的标准通信协议，今后各类信息家电和手持设备都将使用 XML 技术。"目前确实已经有越来越多的系统和设备支持 XML，已使得 Web 应用开发商可以在 PDA（个人数字助理）与 Web 服务器之间使用 XML 格式来传递数据。将 XML 文档直接送进这些设备的目的是让用户能够自己掌握数据的显示方式，能够更加体验到其中的愉悦。例如，在常规的 C/S（客户机/服务器）网络模式下，为了获得数据排序或更换显示方式，必须向服务器发出申请，而采用 XML 技术则可以在客户端直接处理数据，不必经过"向服务器提出查询请求再返回结果"这样的往返过程。这样，也就不再需要在服务器上配置数据库系统。

4. 电子商务

XML 的一个主要目标市场是电子商务。从技术角度来讲，电子商务是通过互联网传输和交换商务活动信息，根据不同的商务数据进行人工或自动处理，所以，数据的标准化在商务数据传输和交换过程中起着至关重要的作用。在这里，HTML 显然是有缺陷的数据表示形式，不能令人满意地表示不同领域中所需的不同数据模型及各种数据的语义。然而，XML 的可扩展性以及数据的可读性和可理解性，就使其成为商务数据标准化和在互联网上进行数据交换的有力工具。

在电子商务中使用 XML 技术，应用程序就能够理解被交换信息中的数据含义及其商务概念，使得可以根据明确的商务规则来进行相应的处理并给出适当的回复。XML 的可扩展性，完全可以用来描述各种不同类型的商务往来单据，例如：各种发票和信用证，以及提货单、保险单、索赔单、税费清单等。除此之外，结构化的 XML 文档在网络上发送时可以被加密，并且可以加上数字签名，因此，XML 有望推动电子商务的大规模应用。

5. 数据库应用

XML 文档本身就是一个数据集合，所以可将其看成是一个数据库。世界上著名的数据库系统软件供应商，近年来都在他们的数据库产品中提供了对 XML 的支持。XML 格式的文档不仅可以存储各种数据，还可以定义数据结构，代替数据字典。采用 XML 技术可以明确地标记数据记录中的每一个字段内容，例如 XML 可以标记通讯录列表数据中每一笔记录的名字、住址与电话号码。另外，XML 甚至可以用来标记数据信息中的每一个片段，使得可以用不同的方式来显示这些信息，并且可用特定的有效方式来对数据资料进行搜寻、排序、筛选与处理。

在实际应用中，使用 XML 技术可以对数据源中不同格式的文档数据，按照预先定义的模板，用格式说明文档进行统一描述，有利于提取数据或作进一步处理，最后再转换为 XML 格式输出。这样一来，数据库中的记录集合与 XML 文档，甚至与网页中的表格数据等均可实现相互转换。

XML 文档作为一种数据库有其独特的优点，例如 XML 文档是自描述的和可交换的。当然，将 XML 文档作为一种数据库也有其不足之处，主要表现在需要对其内容进行解析和文本转换，因而造成数据访问速度迟缓，并且不能使用成熟的数据库管理系统所提供的许多功能对其进行有效的管理。

6. 网络出版

目前，互联网早已成为继报刊、电台和电视台之后的新型传播媒体。相对于传统媒体，数字化的网络媒体具有其不可比拟的优势。这些优势可归纳为：信息内容的综合性和丰富性，信息传播的开放性和交互性，以及信息传递的快捷性与超时空性等。因此，自互联网出现以来，各种媒体就迅速登录，纷纷利用互联网来提供各种信息的发布与出版服务。这种在互联网上出版和分发电子书报杂志的活动，被称为网络出版。

多年来，网络出版和网上信息发布主要是利用 HTML 技术，但是这种方式在跨媒体出版时会遇到不少麻烦。比如，现今的大多数报刊不仅需要在纸面上排版、印刷和发行，同时需要在网站的网页上排版和发布。如果能够将稿件的组织和筛选过程合并，然后分别自动进行组版，就可大大节省人力和时间。此外，随着手机、信息家电、PDA 等各种新的上网设备的出现，如果根据不同的显示设备要求来制作多个版本的网络出版物将会造成人力物力的巨大浪费。由此可见，单独的 HTML 方式已经不能满足网络出版的要求。在这种情况下，XML 文档所具有的数据内容与显示格式相分离的特点，将使其在跨媒体出版方面具有得天独厚的优势，并能够帮助实现一次制作、多次出版的目标。

7. 特定文档的组织

XML 文档的树形结构以及文本化的文档内容，使得 XML 更适合用来描述和制作某些以文字内容为主的文档，譬如小说、剧本以及各种非文学类著作等。举例来说，可以使用 XML 的特定标记来标注剧本中的某一幕、某个场景、某个镜头，包括旁白、台词、舞台位置等。

另外，XML 可扩展的自定义标记，将使得各类应用软件根据喜爱的格式来显示或打印有关的文档成为可能。同时，明确的语义标记也有利于搜寻、排序或管理文档中的信息，便于产生文档内容的概要列表，并利于以其他需要的方式来处理所包含的信息。

8. 系统配置文件

许多应用程序都将其配置数据存储在各种相关的文件中，例如 Windows 系统中的各种.ini 文件。虽然这样的文件格式已经使用多年并一直工作正常，然而，XML 则是标记各种应用程序配置数据的一种更为优秀的方式。例如，使用.NET 中的类，将某个应用程序的配置数据标记为 XML 格式，能使其更具可读性，并能够方便地将这些数据集成到应用系统中去。另外，使用 XML 配置文件的应用系统能够更方便地处理所需的配置数据，不像其他应用程序那样需要重新编译才能修改和维护应用系统。事实上，目前 Windows XP 操作系统，以及

Microsoft Office 和 Macromedia Dreamweaver 等流行软件，其系统配置文件已经是一些 XML 格式的文档。

1.5　XML 相关技术

XML 不仅仅是一种标记语言，广义的 XML 是一系列标准的集合，所以，XML 不是孤立的，W3C 定义了非常多的 XML 相关技术标准来辅助和完善 XML 的应用。单纯的 XML 文档是用来描述和保存数据的，而整个 XML 解决方案发展至今则包含了与 XML 相关的一系列技术。本节主要对这些相关技术进行简单的介绍。

1.5.1　文档类型定义（DTD）

XML 语言的可扩展性表现在用户可以根据需要，自己定义 XML 文档中各种元素之间的嵌套关系，并且可以将数据与其显示格式分开，因而 XML 文档可用来描述、存储和共享各种数据，从而有着广泛的用途。当然，这样的 XML 文档必须是格式正确的或有效的。所谓有效的 XML 文档，是指遵循一组比格式正确的文档更严谨的语法规范，用来规定 XML 文档的逻辑结构，并规定文档中所使用的标记、元素、属性、实体，以及它们之间的关系等。这样的语法规范被称为 DTD（Document Type Definition），即文档类型定义。

DTD 虽然是 XML 文档的选择性组件，但对于有效的 XML 文档则是必须的。DTD 可以为文档中的元素进行定义并命名，安排元素出现的顺序，规定可以使用的元素属性及其他特性。依据相关的 DTD 可以检查 XML 文档中的数据及其结构，验证该文档是否符合 DTD 的规定和要求，从而可以确保这个 XML 文档的正确性和有效性。

对于相同行业或同一应用领域中的 XML 文档使用统一的 DTD，可以保证这些文档数据共享和交换的顺利进行。此外，XML 的应用程序通常是根据有关文档 DTD 来进行编写的。

有了针对某类 XML 文档建立的 DTD，可以使程序开发人员不依赖具体的数据就能够知道此 XML 文档的逻辑结构，从而可以根据这个 DTD 为相关的 XML 文档编写用于显示的样式表，以及用于处理此类 XML 文档的应用程序。

1.5.2　层叠样式表（CSS）

XML 文档本身并不包含数据的显示格式信息。为了使 XML 文档所包含的数据根据需要以一定的格式显示出来，方便人们的阅读，就需要使用特定的样式表语言来对其进行格式描述。迄今为止，W3C 已经给出了两种样式表语言的推荐标准：一种是层叠样式表 CSS，另一种是可扩展样式表语言 XSL。

CSS（Cascading Style Sheets），中文意思是“层叠样式表”或“级联样式表”，是目前用来在浏览器中显示 XML 文档内容的主要方法。CSS 原本是一种针对 HTML 而提出的样式语言，包含了一系列样式描述规则，同样可以很好地用来描述 XML 文档数据的显示格式。利用 CSS，可以定义 HTML 文档或 XML 文档中各种元素数据的显示效果，包括位置、颜色、背景、边框、字体和特殊排版格式等。

因为在 XML 文档中包含的是由用户自己定义和创造的元素，浏览器并不知道如何在网页中适当地显示这些元素内容。建立特定的 CSS 文件并将它链接到相应的 XMI 文档，实际上是一种告诉浏览器如何显示 XML 文档中每个元素的方法。也就是说，附加 CSS 层叠样式表的 XML 文档可以直接在 IE 浏览器中打开，并能够按这个样式表规定的样式显示出 XML 文档的数据内容。

CSS 技术其实早已为广大网页设计人员所熟悉，在 HTML 网页中得到了大量的运用。CSS 的标准由 W3C 制订，到目前为止有 CSSl 和 CSS2 两个标准。其中 CSSl 标准在大多数浏览器中都得到了广泛的支持。

1.5.3 可扩展样式语言（XSL）

XSL（eXtensible stylesheet Language），中文意思是“可扩展样式表语言”，是设置 XML 文档显示样式的主要技术之一。使用 XSL 技术可以灵活地格式化和转换 XML 文档的数据，使其适合数据交换的需要和自动适应各种浏览器或 PDA 等设备的显示需要。

作为一种显示 XML 文档数据的技术规范，XSL 与 CSS 不同的是：XSL 文档是遵循 XML 规范定制编写的，也就是说，XSL 文档的内容符合 XML 的语法规定，因而可将 XSL 文档看成是一种特殊的 XML 文档。此外，XSL 在设置 XML 数据显示格式的功能上要比 CSS 强大得多。比如：CSS 不能决定 XML 文档中某些元素的显示与否及它们的显示顺序，而 XSL 却能规定显示 XML 文档中的哪些元素并能轻松地改变这些元素的显示顺序。

可将 XSL 看作是一种用来转换 XML 文档格式的样式表语言。换句话说，使用 XSL 技术可以将 XML 格式的文档转换为 HTML 格式的文档，从而可将转换后的结果交给各种浏览器进行浏览。事实上，XSL 包含了转换和格式化 XML 文档的各种规则和功能。XSL 的转换功能可将 XML 数据转换为符合另一种规范的数据，以满足某种特定处理器的需要，此种功能使其成为基于 XML 的电子商务和数据交换的有力工具。XSL 的格式化功能可用来灵活地描述和设置 XML 数据显示格式。对于那些需要经常按不同要求对数据进行显示和排序的 XML 文档，就应该使用相应的 XSL 来实现。

1.5.4 XSLT（XSL Transformation）

XSLT 的主要功能就是转换，它将一个没有形式表现的 XML 文档作为源树，将其转换为一个有样式信息的结果树。在 XSLT 文档中定义了与 XML 文档中各个逻辑成分相匹配的模板，以及匹配的转换方式。它可以很好地描述 XML 文档向其他任何一个格式的文档转换的方法，例如转换为另一个逻辑结构的 XML 文档、HTML 文档、XHTML 文档、VRML 文档和 SVG 文档等，不一而足。使用 XSLT 定义 XML 文档显示方式的基本思想是：通过定义转换模板，将 XML 源文档转换为带样式信息的可浏览文档，限于目前浏览器的支持能力，大多数情况下是转换为一个 HTML 文档进行显示。

1.5.5 文档对象模型（DOM）

文档对象模型（Document Object Model）简称为 DOM。与 HTML 技术中的 DOM 概念一样，XML DOM 是由一组代表 XML 文档中不同组成部分的程序对象组成，这些对象提供了各自的属性和方法，使得应用程序开发者能够通过编写脚本程序来显示和操纵 XML 文档相应的组件。W3C 的 DOM Level 标准定义了这些对象，以及各个对象所具有的属性、方法和事件等。DOM 技术为处理 XML 文档提供了一个编程接口。DOM 不仅可用来编写访问本地 XML 文档的应用程序，还可用来编写访问服务器端 XML 文档的应用程序。

XML DOM 以树形的层次节点来存储 XML 文档中的所有数据，每一个节点都是一个相应的对象，其结构与 XML 文档的层次结构相吻合，因此可以使用 DOM 节点树来访问任何形式的 XML 文档，并且可以使用 DOM 来显示和操纵 XML 文档中的任何组件，包括元素、属性、处理指令、注释及实体等。

事实上，可以把 DOM 看作是一种 ActiveX 对象，它绑定封装了若干个对 XML 文档进行访问的 API（Application Programming Interface，应用程序编程接口），应用程序开发者能够使用脚本语言来调用 DOM 对象的属性与方法，以达到访问、操作 XML 文档内容的目的。例如，可以利用 DOM 来加载 XML 文档，并对文档中的信息加以解析、截取、修改和删除等操作，甚至可以动态地创建新的 XML 文档。

1.5.6 XML 模式（XML Schema）

XML Schema 被称为 XML 模式或者 XML 架构，它是继 DTD 之后，用来规范和描述 XML 文档的第 2 代标准。虽然 DTD 在描述 XML 文档的结构和验证文档的有效性方面非常有用，但仍然存在着许多缺陷。例如，采用了非 XML 的语法规则、支持的数据类型不多、扩展性较差等。这些缺陷使 DTD 的应用受到很大的限制。为了解决上述问题，以 Microsoft 为首的多家公司提出了 XML Schema 规范。

XML Schema 可以用来详细规定 XML 文档的数据模式及组织结构。与 DTD 不同的是，XML Schemaa 总是以独立的文档保存，并且使用与 XML 文档相同的语法，使得 XML 文档达到从内到外的完美统一。此外，在对 XML 文档元素与属性的定义方面，XML Schema 具有比 DTD 更为强大的功能。

XML Schema 定义和描述了 XML 文档的结构、内容和语义，具体规定了一个 XML 文档中可以包含哪些元素，这些元素又可以具有哪些子元素，并规定这些子元素出现的次数和顺序等。另外，XML Schema 还具体规定了 XML 文档中每个元素和属性的数据类型。

1.5.7 XPath（XML Path Language）

XPath 是一种用来指明 XML 文档中部件地址的语言。XPath 采用简洁的非 XML 语法，是一种从 XSLT 中分离出来的表达式语言，主要用在 XSLT 和 XPointer 中：XPath 表达式通常出现在 URI（Uniform Resource Idemifier）和 XML 的属性值里。XPath 表达式求值是基于

XML 文档的抽象逻辑结构的，因此，XPath 被看作是一种在 XML 文档的层次结构里表示路径的方法。

在利用 XSL 进行转换的过程中，匹配的概念非常重要，具体的定位方法在 XPath 中给出。之所以要在 XSL 中引入 XPath 的概念，就是为了在匹配 XML 文档结构树时能够准确地找到某一个节点元素。可以把 XPath 比作文件管理路径，通过文件管理路径，可以按照一定的规则查找到所需要的文件；同样，依据 XPath 的规则，也可以很方便地找到 XML 结构文档树中的任何一个节点，这对 XSLT 来说是一个最基本的功能。

1.5.8 XLink（XML Link）

XLink 是一种用 XML 元素向 XML 文档中加入链接的机制，它提供了比 HTML 更加灵活的链接机制，不仅支持 HTML 的单向链接，还支持多目的的多方向链接，它甚至还允许单独提出链接，存放在数据库中或者是单独的文档中。XLink 通过 URI 引用来定位资源，URI 引用由 URI 和一个可选的块标识符构成，两者用“#”分开。对于定位 XML 文档来说，块标识符使用 XPointer 规定的格式；对于链接元素来说，应用软件可以通过获取元素的类型及属性名或通过名为 XLink 的名字空间来辨认和处理链接。这两种方法都能很简单地确定链接元素。

1.5.9 SAX（Simple API for XML）

读取和操纵 XML 文件的标准方法是 DOM（文档对象模型）。但是，这种方法需要读取整个文件并将它存储到树结构中，因而效率不高、缓慢，并且会过度使用资源。一种替代方法是使用 Simple API for XML。SAX 允许正在读取文档时处理该文档，这就避免了在采取操作之前等待存储文档的所有内容。

SAX 是由 XML-DEV 邮件列表的成员开发的，Java 版本由 David Megginson 维护。它们的目的是提供一种更自然的方法来使用 XML，这种方法不会涉及到使用 DOM 的那种开销，结果是基于事件的 API。解析器将事件（例如元素的开始或结束）发送给处理信息的事件处理程序，然后，应用程序可以自己处理数据。虽然原始文档保持不变，但 SAX 提供了操纵数据的方法，会将该方法导向另一个过程或文档。SAX 没有官方的标准，W3C 或其他官方组织也不维护 SAX，但在 XML 社区中，它是一个事实上的标准。

1.5.10 XML 查询语言（XQL）

XQL 用于定位和过滤 XML 文档中元素和文本的符号，它是 XSL 模式语法的自然扩展，为指向特定的元素或查找具有指定特征的节点提供了简单的可以理解的符号。XQL 最早是由 Microsoft 和 Texcel 等公司提出的一种 XML 查询语言，前面已经提到，XSL 模式语言提供了一种用于描述一类需要处理的节点的好方法。实际上是通过 XPath 来实现的，当然 XSL 是说明性的，而非过程性的。但 XSL 也有许多不足之处，如不支持表达式、不能在节点间进行等值连接、对多个分散的 XSL 文档没有一个形式化的查询机制、没有支持聚集操作等。XQL

则在 XSL 基础上提供了筛选操作和布尔操作，对节点集进行索引，并为查询、定位等提供了单一的语法形式，因而，在一定意义上可将 XQL 看作 XSL 的超集。

1.5.11 XPointer

XPointer 是一种在可扩展标记语言 XML 文件中定位数据的语言，其定位是根据数据在文件中的位置、字符内容以及属性值等特性进行的。XPoinier 由统一资源定位地址（URL）中“#”号之后的描述组成，XPointer 可单独使用或与 XPath 一起使用，XPath 是另一种在 XML 文件中定位数据的语言。在超文本标记语言（HTML）中，“#”号激活 HTML 页中特殊标记点的链接，XPointer 还允许基于内容的链接。这样，可以让读者直接链接到 XML 文件中某个单词、短语或字符串的下一个实例。

1.6 扩展练习

1. 使用 Windows 中的记事本，创建 HTML 脚本文件，以不同于正文的方式显示各级子标题，在 IE 浏览器中显示如图 1-5 所示的页面。

2. 使用 Windows 中的记事本，创建 HTML 脚本文件，在诗歌文本中换行显示和显示一条横线，在 IE 浏览器中显示如图 1-6 所示的页面。

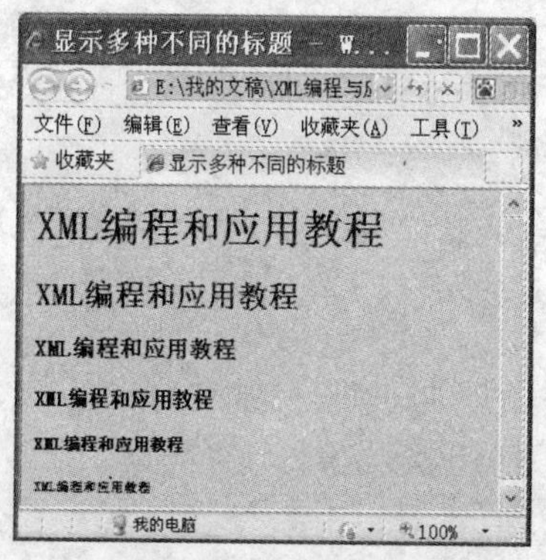

图 1-5 浏览器运行结果

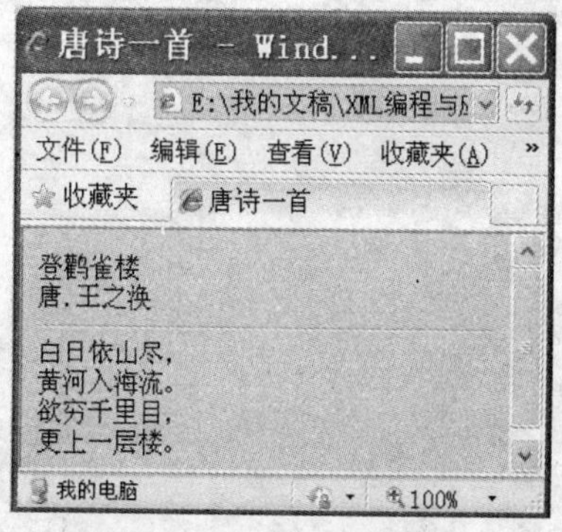

图 1-6 浏览器运行结果

3. 使用 Windows 中的记事本，创建 HTML 脚本文件，在 IE 浏览器中显示如图 1-7 所示的列表内容。

4. 使用 Windows 中的记事本，创建 HTML 脚本文件，在 IE 浏览器中显示如图 1-8 所示的表格内容。

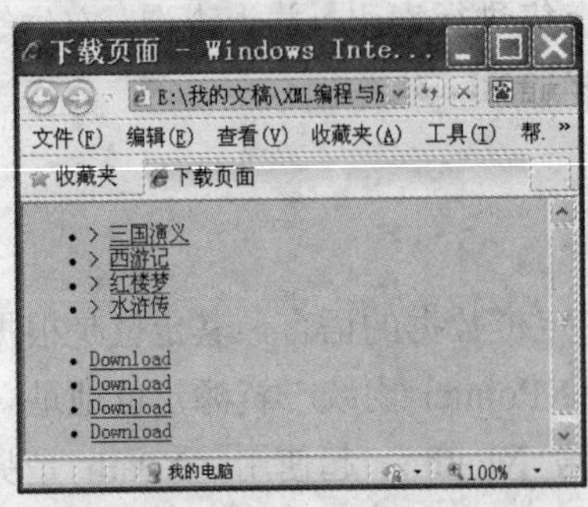

图 1-7 浏览器运行结果

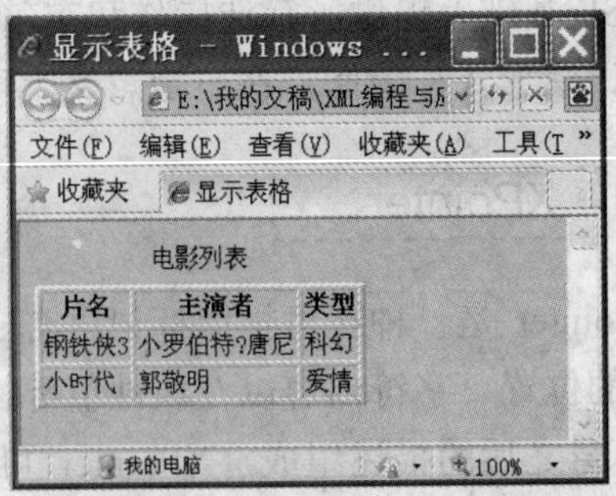

图 1-8 浏览器运行结果

5. 使用 Windows 中的记事本，根据本章中实例 1~4 创建 sample.xml 文件，并在 IE 浏览器中查看显示的效果。

第 2 章　XML 语法

XML 的基本语法知识及文档编码知识对于手工编写 XML 文档或用程序处理 XML 文档而言，都是非常重要的。XML 语法简单精炼，格式要求严格，对特殊字符的处理也很简单，所以很容易去掌握。本章从 XML 文档的结构入手，由简到繁，逐步展开介绍 XML 的语法及其元素、属性和命名空间等基本知识，为进一步学习 XML 的深层知识打下坚实的基础。

2.1 XML 文档的结构

XML 的逻辑结构用于约束 XML 文档的内容及其组织方式。一个 XML 文档必须首先符合逻辑结构要求，才可称为是一个规范的 XML 文档。如前所述，XML 文档是用来存储数据而不只是显示数据，存储数据不是杂乱无章地存储，而是以树状结构的方式来进行数据存储。这种良好的数据组织方式可方便数据提取。检验数据是否符合有效的组织方式，是逻辑结构要完成的主要目标。

2.1.1 XML 文档的组成

XML 文档采用一种特殊的结构对数据进行存档，保证最大程度地方便解析器程序对之进行处理。XML 文档应该看做是一个逻辑实体，而不是一个物理实体，因为 XML 文档并不是只保存在一台计算机中的一个物理文件里面。通常情况下，一个 XML 文档可能分散在很多物理文件中，这些物理文件中的一些也可能存在于不同的计算机系统中。

一个 XML 文档由两部分构成：第 1 部分是文档序言，第 2 部分是文档元素（节点），如图 2-1 所示。

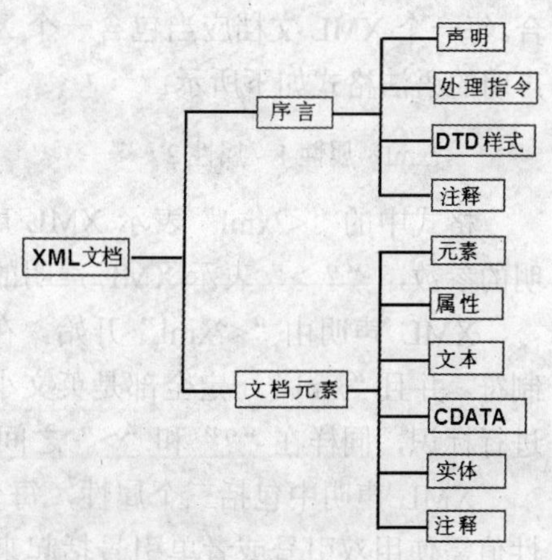

图 2-1　XML 文档结构

1. 文档序言

文档序言通常位于 XML 文档的顶端，根元素之前出现，它是一个特定的包含 XML 文档设定信息的部分。XML 文档序言由如下几个部分组成。

- XML 声明：用来设置 XML 文档解析时所需的基本参数。
- 处理指令：为某个特定类型的软件反馈一条特殊的指令。
- 文档类型定义：用来设置更多高级的信息，如实体、属性及与有效性相关的信息。
- 注释：用于提醒 XML 文档作者或临时标注出文档中不完善的部分。

2. 文档元素（节点）

XML 文档元素形成的是一个树状结构，因此文档元素也被称为根元素，根元素包含了文档中的所有其他元素和数据内容。

- 元素：是组成 XML 文档的基础构件，它将文档分成不同层次的区域，每个区域都有其独特的目的。
- 属性：是对元素的进一步描述和说明，一个元素可以有多个属性。每个属性都有它自己的名字和数值，属性是元素的一部分。
- 文本：是指 XML 元素的开始标记和结束标记之间的内容。
- CDATA：用于放置不需要进行解析的字符数据的区域段。
- 实体：是 XML 中的一种机制，是一种用于将多种不同型态的数据并入 XML 文件中的方法。在 XML 文件中，可以将经常使用的 XML 文字区段定义成实体，可以快速地将 XML 文字加入到需要的任何地方。这些文字区段可以由 XML 文本、其他的文字或非文字数据所组成。
- 注释：是对文档元素的必要说明，XML 文档被解析时，注释会被处理程序所忽略，而不会显示在浏览器中。

2.1.2 XML 文档的声明

XML 文档声明是为 XML 解析器进行文档处理时提供相关细节的一个很小的配置信息集合。每一个 XML 文档应当包含一个 XML 声明，并且 XML 声明必须放在文档的第一行。XML 声明的语法格式如下所示：

```
<?xml  属性 1  属性 2  … ? >
```

格式中的“<?xml”表示 XML 声明的开始，“属性 1 属性 2 …”表示的是 XML 声明的参数，“? >”表示 XML 声明的结束。

XML 声明由“<?xml”开始，在“<”、“?”以及“xml”之间不允许出现空格或其他控制符，并且“xml”一定全部是英文小写字母，而不能是大写字母。XML 声明结束时以“?>”进行标识，同样在“?”和“>”之间也不允许出现空格或其他控制符。

XML 声明中包括三个属性，每个属性设置的具体形式为：属性名称="属性值"。其中属性值需使用双引号或者单引号括起来，多个属性之间使用空格进行分隔。XML 声明中的三个属性的名称分别是：version、encoding 和 standalone。

1. version 属性

version 属性用来声明 XML 文档所遵循的 XML 标准版本。现在，通常情况下该属性的

值都是 1.0，尽管 XML 1.1 已经成为 W3C 的推荐标准，但是大部分 XML 解析器还在采用 XML 1.0 标准。version 是 XML 声明中必须包含的一个属性。

2. encoding 属性

encoding 属性用来告诉 XML 解析程序当前 XML 文档使用什么样的字符编码。该属性是可选的。当 XML 声明中没有明确给出字符编码方式时，XML 解析程序将默认为 XML 文档采用的是 UTF-8 字符编码。encoding 常用的属性值包括以下几种。

- UTF-8：是一个压缩的 Unicode 版本，使用单个字节表示最常用的字符，即 0～127 的 ASCII 字符，较少见的字符使用三个字节表示，特别是韩国音节和汉字。这种字符编码方式可以保证文档在基本包含英文字符的情况下比采用原始 Unicode 编码方式减少 50％的文档体积。
- GB2312：是一个简体中文字符集的中国国家标准，全称为“信息交换用汉字编码字符集——基本集”，由中国国家标准总局发布，1981 年 5 月 1 日开始实施。GB2312 编码通行于内地，新加坡等地也采用此编码。几乎所有的中文系统和国际化的软件都支持 GB2312。
- ISO-8859-1：通常叫做 Latin 1。Latin 1 包括了书写所有西方欧洲语言不可缺少的附加字符，其中 0～127 的字符与 ASCII 码相同。
- ASCII：即美国标准信息交换码（American Standard Code for Information Interchange），是一个原始的字符集，而且是到目前为止最通用的。它形成了所有字符集必须支持的最主要部分。它基本上定义了书写英语需要的全部字符，这些字符的编码是 0～127。

通过 encoding 进行 XML 文档的字符编码配置后，并不能确保 XML 解析程序就能正确地处理 XML 文档，还必须保证 XML 文档保存到磁盘时采用了合适的编码方式。例如，用户通过 Windows 系统的自带文本编辑器 Notepad 编写包含中文字符的 XML 文档时，使用 XML 文档的默认字符编码方式 UTF-8，随后采用 Notepad 的默认编码方式 ANSI 保存 XML 文档到磁盘。然而当该用户使用 IE 浏览器打开先前保存在磁盘上的 XML 文件时，会发现 IE 浏览器提示有非法字符存在。出现这个问题的根本原因在于，UIT-8 和 ANSI 两种字符编码在表示中文字符时不同，所以在为 XML 文档选择了特定字符编码的同时，也要确保选择了正确的编码方式来保存 XML 文档。

3. standalone 属性

standalone 属性定义了是否可以在不读取任何其他文件的情况下处理该文档。例如，XML 文档没有引用任何其他文件，则可以指定属性值为 yes。如果 XML 文档引用其他描述该文档可以包含的文件，则可以指定属性值为 no。因为 no 是 standalone 属性默认的属性值，所以较少会在 XML 声明中看到 standalone 属性。

需要注意的是，如果同时设置了 encoding 和 standalone 属性，standalone 属性必须位于 encoding 属性之后。

一个正确的 XML 文档声明的语句如下所示：

```
<?xml  version="1.0" encoding="GB2312" standalone="yes"?>
```

上面的代码声明使用的是 XML 1.0 版本，字符编码采用 GB2312，并且该 XML 文档不引用任何文件。

2.1.3 XML 文档的处理指令

XML 的处理指令简称 PI（Procession Instruction），其用途是为 XML 解析器提供传送给应用软件或脚本程序的信息，也可以利用处理指令来指定应用软件处理或显示文档的方法。XML 文档开头的声明语句就是处理指令的一个特例。

处理指令一般具有下列语法格式：

```
<? 目标程序名 指令 ? >
```

处理指令由“<?”开头，并以“?>”结束；“目标程序名”是该指令被引导到的处理软件或脚本程序的名字，需要注意大写字母或小写字母的 xml、xsl 等名称都已被保留，不能再作为其他处理软件或脚本程序的名字；“指令”是被传送到处理软件或脚本程序的信息，可由除了“?>”字符之外的任何连续字符组成。

可以在 XML 文档中使用的特殊处理指令是根据文档的解析器来决定的。如果使用 IE 浏览器作为 XML 解析器，则可使用标准处理指令来告诉 IE 浏览器如何处理或显示文档。

例如，下面的代码指定了一个到 CSS 样式表的引用：

```
<?xml-stylesheet  type="text/css" href="mystyle.css"?>
```

处理指令中的第一项是一个名字，称为指令的目标。上面的名字是“xml-stylesheet”，以 xml 开头的名字被保留为 XML 专用的处理名字。后面的指令告诉 IE 浏览器使用名为 mystyle.css 的层叠样式表来显示该文档。

可以将处理指令添加到 XML 文档中的任何地方，既可将处理指令放置在文档的序言中，也可放置在元素的内容中。此外，在需要时还可以将处理指令放置在文档类型定义（DTD）中，只要处理指令不是放在 DTD 文档的标记之中即可。

2.1.4 XML 文档的注释

任何成熟的计算机程序语言都必须有注释语句，用于对文档中其他形式的语句进行提示或说明。这是进行大型程序设计至关重要的一项要求，XML 文档也不例外。在 XML 文档中适当地添加一些有意义的注释文字，可以大大增加文档的可读性。

XML 文档中注释的语法格式如下：

```
<!--注释文字 -->
```

注释语句以“<!--”开始，以“-->”结束，在这两者之间，可以输入除了双连字符“--”之外的任何要说明的文字，甚至可以输入通常被禁止的“<”、“>”、“&”、单引号和双

引号等字符，注释内的任何字符都会被忽略。

如果希望除去 XML 文档的一块较大部分，只须利用注释括住那个部分即可，若要恢复这个注释掉的部分，只须除去注释标记即可。

下面是一个合法的 XML 注释：

```
<!-- 这是一个 XML 注释-->
```

可以将注释放在 XML 文档中除元素标记内部以外的任何地方，例如，下面是将注释放在文档序言中的例子：

```
<?xml version="1.0" encoding="GB2312"?>
 <!--放在 XML 文档序言中的注释 -->
 <姓名>
    王冬梅
 </姓名>
```

将注释放在文档的元素内容之中也是可以的，例如下面的代码：

```
<?xml version="1.0" encoding="GB2312"?>
<姓名>
<!--放在 XML 文档元素中的注释 -->
 王冬梅
</姓名>
```

注释并不影响 XML 文档的处理，通常是为了便于阅读和理解的。在添加注释时需要遵循以下规则：

- 注释里不能包含字符“-”或字符串“--”，XML 解析器可能把它们和注释结尾标志“-->”相混淆。
- 注释不能包含于标记的内部。
- 元素中的开始标记或结束标记不能被注释掉。
- 注释不能被嵌套。在使用一对注释符号表示注释文本时，要保证其中不再包含另一对注释符号。

例如，下面是一个不合法的注释：

```
<?xml version="1.0" encoding="GB2312"?>
<姓名  <!--放在 XML 文档元素中的注释 --> >
 王冬梅
</姓名>
```

上面的注释不合法是因为注释被放在了标记的内容中了。

【实例 2-1】XML 文档的总体结构

通过本例使读者对 XML 文档的结构有一个总体的了解。利用 Windows 中的记事本创建名为“sample.xml”的 XML 文档，具体代码如下：

```
1.  <?xml version="1. 0" encoding="GB2312" standalone="no"?>
2.  <!DOCTYPE filelist SYSTEM "book.dtd">
3.  <?xml-stylesheet type="text/css" href="book.css"?>
4.  <!-- File Name:book.xml -->
5.  <教程信息  书号="578-3-48666-9">
6.  <![CDATA[没有放在元素的内容中，是违法的！]]
7.  <教程>
8.    <名称>XML 基础教程</名称>
9.    <!—这里教程的作者-->
10.   <作者>杨毅</作者>
11.   <单价>28.00</单价>
12. </教程>
13. </教程信息>
```

代码解析：

在上面的 XML 文档中，第 1~4 行是序言部分，它由第 1 行的声明、第 2 行的处理指令、第 3 行的 DTD 外部样式链接（即 DTD 声明）和第 4 行的注释构成。第 5 行到最后一行是文档元素部分，也是 XML 的主体部分，其中，第 5 行中的“教程信息”是根元素，“书号”是属性，“578-3-48666-9”是属性值，第 8、10、11 行中的“名称”、“作者”和“单价”是其他元素，它们和根元素构成树状结构的层次关系。第 6 行是 CDATA 区段，第 9 行是文档元素中的注释。在各种元素中的中文就是文本内容，如第 8 行中的“XML 基础教程”、第 10 行中的“杨毅”和第 11 行中的“28.00”都是文本内容。

2.2 XML 文档的元素

元素是 XML 文档最基本的单位，它用于保存和组织数据，包含了标记、元素内容、属性等内容。

2.2.1 元素的定义

一个 XML 元素由一个起始标记、一个结束标记，以及标记之间的数据内容所组成，其语法格式如下：

```
<起始标记>数据内容</结束标记>
```

- 起始标记：一个元素开始的分隔符被称作起始标记，起始标记是一个包含在尖括号里的元素名称：“<元素名称>”，也可以把起始标记看作是“打开”了一个元素。下面是一些合法的起始标记：

```
<film>
```

```
    < FILM>
    <Film>
```

注 意

需要注意的是，由于 XML 文档是区分大小写的，所以，上面的三个例子不是相同的标记；而且，元素类型名可以使用任何合法字母，而不一定是 ASCII 码的字符。

- 结束标记：一个元素最后的分隔符被称作结束标记，结束标记由一个反斜杠和元素类型名组成，被围在一对尖括号中：</元素名称>。每一个结束标记都必须与一个起始标记相匹配，我们可以把结束标记理解为关闭了一个由起始标记打开的元素。下面是一些合法的结束标记，它们与前面列举的起始标记相对应：

```
    </film >
     </FILM >
    </Film >
```

XML 文档的元素可以分为非空元素和空元素两种。

1. 非空元素

绝大多数 XML 元素在其起始标记和结束标记之间通常会有一定的内容，元素的内容也称为“元素的数据”，它可以是文本，也可以是该元素所包含的若干个子元素，如在下面的例子中，就包含了多个非空元素。

```
<?xml version="1.0"    encoding="GB2312"?>
<Film>
        <ID>1</ID>
      <NAME>钢铁侠 3</NAME>
      <Director>沙恩 · 布莱克</Director>
     <Starring>小罗伯特 · 唐尼</Starring>
< /Film >
```

在上面的代码中，“ID”、“NAME”、“Director”和“Starring”等几个子元素都有各自具体的内容，因而都是非空元素；而“Film”元素虽然没有直接的数据内容，但因为包含了上面的子元素，所以当然也是非空元素了。

2. 空元素

空元素是指没有内容的元素，也就是在开始标记与结束标记之间没有数据内容的元素，例如，下面的元素就是空元素：

```
    <Name> </NAME>
```

在空元素情况下，也可以使用特殊的空元素标记来省略其结束标记，也就是仅使用一个单独的标记，而在标记名称的后面添加一个斜杠“ / ”。例如可将上面的空元素写成下面的形式：

```
<Name/>
```

在 XML 文档中，上面两种空元素的表示方式的效果是一样的。

虽然空元素没有具体的内容，却具有下面两种可能的用途：

- 可以利用空元素告诉XML应用程序，执行某个动作或显示某个对象。例如，在HTML中“BR”是空元素，它能告诉浏览器加入一个换行符；“HR”也是空元素，用来告诉浏览器加入一个水平分界线。这就显示了仅拥有特定元素名称而未含任何内容的空元素，仍然可以提供许多重要的信息给应用程序。
- 空元素可以通过属性来存储信息。例如，在 HTML 中图像元素“IMG”通常是一个空元素，在该元素的起始标记中会包含一些属性信息，用来告诉处理器在哪里可以找到需要的图形文档，以及如何显示该图形等。

实际上，许多空元素都可以携带各种属性，例如，下面是一个 XML 文档中的空元素的例子：

```
<钢铁侠3 导演="沙恩·布莱克" 主演="小罗伯特·唐尼"/>
```

2.2.2 元素的命名规则

XML 元素的标记名称也就是该元素的名称。由于在 XML 中，基本上没有什么保留字，所以我们可以利用任何词语来作为元素的名称，但是 XML 元素的命名必须遵守下列规范：

- 元素的名称可以包含字母、数字和其他字符，英文元素的名称必须以英文字母或下划线开头，中文元素的名称必须以汉字或下划线开头，如<246name>、<.id>和<?student>都是非法的元素名称。
- 元素的名称不能以 XML（或者 xml、Xml、xMl）开头。
- 元素的名称不能包含空格，如<name 246>也是非法的。
- 尽量避免使用“-”和“.”作为元素的名称，因为有可能引起混乱。
- 元素的命名应该遵循简单易读的原则。
- XML 文档往往都对应着数据表，我们应该尽量让数据库中的字段命名和相应的 XML 文档中的元素命名保持一致，这样可以方便数据变换。
- 非英文/字符/字符串也可以作为 XML 元素的名字，例如<歌曲>、<文章>等，这都是完全合法的名字。但是有一些软件不能很好地支持这种命名，所以我们最好尽量使用英文字母来进行命名。
- 在 XML 元素命名中不要使用“:”，因为 XML 命名空间需要用到这个十分特殊的字符。

2.2.3 元素的内容构成

元素的内容包含子元素、字符数据、字符引用、预定义实体引用等。

1. 子元素

子元素本身也是元素，被嵌套在上层元素之内，如果子元素也嵌套了其他元素，那么它同时也是父元素。

2. 字符数据

在一个元素的内容中，字符数据可以是不包含任何标记的起始定界符和 CDATA 段的结束定界符的任意字符串，也就是说，在元素的内容中字符数据不能有与符号“&”和小于号“<”，也不能有字符串“]]>”，如下面的例子。

- <name>&</name>：错误的字符数据，在元素内容中，不能出现与符号“&”。
- <name>／</name>：错误的字符数据，斜杠“／”不是标记的起始定界符。
- <name><</name>：错误的字符数据，小于号“<”是元素开始标记的起始定界符。
- <name>]]></name>：错误的字符数据，在元素的字符数据中，不能出现独立的 CDATA 段的结束定界符“]]>”。

3. 字符引用和预定义实体引用

在字符数据中，不能出现与符号“&”和小于号“<”，因为未经处理的小于号“<”和与符号“&”在 XML 文档中往往被解释为标记的起始定界符。

XML 中提供了 5 个预定义的实体引用。字符引用是以一个与符号“&”和井号“#”组成的字符串开始，并以一个分号“;”结束，在开始符号“&#”和结束符号“;”之间是所需字符的十进制代码或十六进制代码（ISO/IEC10646 字符集中字符的编码）。如果需要在字符数据中使用这些符号时该怎么做呢?只要是在 ISO/IEC10646 字符集中编码的字符，都可以通过字符引用的方式引用。

2.2.4　元素的特征

XML 文档中的元素可以以图形方式表示成为一个由上到下的树状结构。最外层的元素就像一棵树的根，该元素被称为“文档元素”或“根元素”，从根元素向下扩展分支到更小一级的元素，而这些更小的元素又以与根元素类似的方式向下延伸直到最内层的文本内容，最终构成一棵倒挂的 XML 文档树。图 2-2 就是一个典型的 XML 文档树。

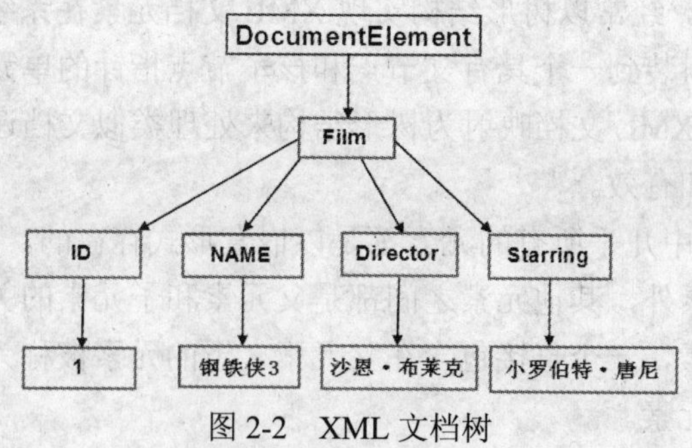

图 2-2　XML 文档树

每一个 XML 文档有且仅有一棵可能的文档树与之对应，这种无二义性的结构使得 XML 非常适合作为数据的容器。采用树形结构来描述 XML 文档元素组织结构能够很好地设计遍历 XML 文档的方法。XML 文档由最外层开始往最里层进行分析，即采用深度查找的方式对 XML 文档树进行遍历。

在 XML 文档树中，每一个点（可以是元素、文本或其他）都被称为一个节点。文档树中的每一个分支都可以看成是一棵树，通常这些树的分支被称为子树。

不管是整个 XML 文档树还是其中的子树都必须遵循形式良好的规则，即任何一个 XML 文档树的分支都应该能够通过 XML 分析程序的语法检测，不管其是不是一个完整的 XML 文档。为了保证形式良好的 XML 文档，任何元素都只能包含一个唯一的根元素，即一个 XML 文档树有且仅有一个根元素。

为了描述 XML 文档树中元素之间的关系，可以采用类似于家谱的方式来称呼树中不同位置的元素。例如，图 2-3 显示了一棵文档树中 node 节点与其他节点之间的关系。

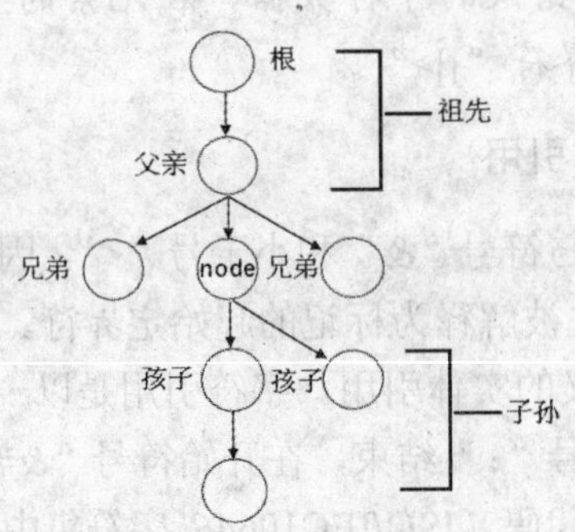

图 2-3　XML 文档树中的节点家谱关系

从根节点到节点 node 所经过路径上的所有节点被称为节点 node 的祖先节点，而该路径上与节点 node 有直接连接关系的节点被称为其父亲节点。与节点 node 拥有相同父亲的节点称为其兄弟节点，在节点 node 左边的兄弟节点称为前趋兄弟，而在其右边的兄弟节点称为后继兄弟。从节点 node 到文档树的最底部，所有与节点 node 有连通路径的节点被称为节点 node 的子孙节点，而与之有直接连接关系的节点被称为节点 node 的孩子节点。在 XML 文档树中任意一个节点都可以根据上面的描述方式找到其可能存在的父亲节点、孩子节点及兄弟节点。XML 文档树的根节点是文档树中所有其他节点的祖先节点。

XML 文档被处理时，经常以树形结构实现 XML 文档元素在系统内存中的存储结构。一个元素和文本数据都被封装到一个具有父节点和孩子节点指针的单元中，以面向对象接口方式来操作 XML 数据。将 XML 文档映射为树形结构来处理类似文档遍历和文本查找功能将比采用其他结构更加简单和有效。

事实上，XML 文档中几乎所有的元素都是以嵌套形式存在的。也就是说，XML 元素是相互关联的，除了根元素外，其他元素之间都是父元素和子元素的关系。一个包含几个嵌套元素的元素被称为父元素，一个直接包含在父元素之下的元素被称为该父元素的子元素、副元素，或父元素的嵌套元素。

【实例 2-2】创建一个具有层次结构的 XML 文档

本实例将演示如何让元素以嵌套形式存在，在 Windows 记事本中创建一个 XML 文档，命名为 double.xml，具体代码如下：

```
<?xml version="1.0" encoding="GB2312"?>
<!--一个嵌套元素的 XML 文档-->
<DocumentElement>
 <Film>
   <ID>1</ID>
   <NAME>钢铁侠 3</NAME>
   <Director>沙恩·布莱克</Director>
   <Starring>小罗伯特·唐尼</Starring>
 </Film>
 <Film>
   <ID>2</ID>
   <NAME>超人：钢铁之躯</NAME>
   <Director>扎克·施耐德</Director>
   <Starring>亨利·卡维尔</Starring>
 </Film>
 <!--其他电影元素-->
</DocumentElement>
```

代码解析：

上面的 XML 文档中，“DocumentElement”是文档的顶层根元素，“Film”元素是“DocumentElement”的子元素。而“ID”、“NAME”、“Director”和“Starring”都是“Film”的子元素，从而形成层次关系。

XML 文档中的元素必须正确地嵌套，如果一个元素是在另一个元素之中开始的，必须也在相同的元素之中结束。例如，下面的两个元素的嵌套格式是错误的：

```
<Film >
   <NAME>钢铁侠 3</Film >
</NAME>
```

2.3 XML 元素的属性

元素属性是对元素起描述作用的，通常包含一些关于元素的额外信息。元素可以只有一个属性，也可以是由多个属性组成的属性列表。

2.3.1 属性的定义

元素的属性是在该元素的起始标记中定义的一些可选内容，对于非空元素，其属性的基本定义格式为：

```
<开始标记 属性名称 1="属性值" 属性名称 2="属性值"…>数据内容</结束标记>
```

对于空元素，其属性的基本定义格式为：

```
<空标记 属性名称 1="属性值" 属性名称 2="属性值"…/>
```

在 XML 中设置属性时应注意遵守以下一些规则：

- 可以为一个元素定义多个属性，各个属性之间需要用空格分开。
- 每个属性总是以属性名和属性值的形式成对出现，中间用等号“=”相连。
- 属性名的命名规则与标记名的命名规则是一样的，同一个元素不允许有多个同名的的属性。
- 不但在自定义标记中可以有属性，XML 文档的处理指令中也可以有属性，例如，XML 声明版本信息的“version”属性。

例如，在下面的 Film 元素中定义一个名为“ID”的属性，其属性值被指定为 1：

```
<Film  ID ="1">钢铁侠 3</Film >
```

下面的代码在“电影”元素中定义两个属性：“主演”和“导演”，并分别给出相应的属性值：

```
<电影 主演="小罗伯特・唐尼" 导演="沙恩・布莱克">钢铁侠 3</电影 >
```

在空元素中包含属性的例子如下面的代码：

```
<image href="风景.gif"/>
```

在上面的代码中，image 元素包含了 href 属性，用来指定被显示图像文件所对应的 URL 地址。

为元素指定属性是另一种用来对元素进行说明或附加数据的方式。一般来说，应该将要存储的大量数据放置于元素的内容中，将元素不同的特性数据以及那些并不一定需要显示的资料放置在元素的属性中。

实际上，与一个 XML 元素相关的数据既可以用属性来表示，也可以用其子元素来表示，这是一种属性和元素的转换功能。

2.3.2 属性值的定义

元素的某个属性是由属性名与属性值对来表示的，属性值是包含在引号内的一串字符，所以也被称为属性值字符串。属性值的定义需要遵守下面的规则：

- 属性值字符串应该使用半角的单引号或双引号括起来。
- 在属性值的字符串中不能包含用来界定属性值的引号，当属性值本身必须含有单引号时，应该用双引号括起来；当属性值本身必须含有双引号时，应该用单引号括起来。

- 在属性值的字符串中不能包含“<”、“>”、“&”、单引号和双引号等字符，但可以包含预定义的特殊字符编码或内部实体引用。

根据上述规则，下面元素起始标记中的属性定义都是违法的：

```
<学生 姓名="王冬梅">
<学生 姓名="<王冬梅>">
<学生 姓名="王&东&梅">
```

如果要在属性值中使用双引号，则可以使用单引号来界定属性值字符串：

```
<学生 性别=' "女" '>王冬梅</学生>
```

同样的，如果要将单引号包含在属性值中，应该使用双引号来界定属性值字符串：

```
<学生 性别=" '女' ">王冬梅</学生>
```

如果属性值中要同时包含单引号和双引号，那么就要使用预定义的特殊字符编码来分别代表单引号和双引号，关于预定义字符编码后面会有介绍。

需要说明的是，如果建立一个不包含 DTD 的 XMIL 文档，可以为元素的属性赋予符合上述规则的任何值。然而，如果为一个 XML 文档建立了 DTD，并将元素的属性定义于该 DTD 声明之内，就能够限制可以被指定为属性值的数据类型和具体值。例如，可以在 DTD 中将某个元素的属性定义为其值只能接受“yes”或“no”。从这个意义上来说，将某些类型的数据存储到元素的属性中而不将其作为元素内容的好处是：对于这些类型的数据可以获得更多的控制权，方便 XML 解析器实现对这些数据的特殊处理。

2.3.3 元素和属性的转换

为元素指定属性是另一种用来对元素进行说明或附加数据的方式。一般来说，应该将要存储的大量数据放置于元素的内容中，将元素不同的特性数据以及那些并不一定需要显示的资料放置在元素的属性中。

实际上，与一个 XML 元素相关的数据既可以用属性来表示，也可以用其子元素来表示，这是一种属性和元素的转换功能。

例如，下面是具有两个属性数据的“图书”元素：

```
<图书 作者="曹雪芹" 价格="￥ 50.00">红楼梦</图书 >
```

也可以采用包含子元素的形式进行表示：

```
<图书>红楼梦
    <作者>曹雪芹</作者>
    <价格>￥ 20.00</价格>
</图书>
```

通常情况下，将元素的相关数据用子元素来表示比用属性来表示具有更大的灵活性。当然，具体使用哪种方法在很大程度上取决于 XML 文档编写者的偏爱与经验。

这里需要指出的是，当使用层叠样式表 CSS 来显示 XML 文档时，浏览器并不会显示元素的属性或属性值。但是，使用其他方式来显示 XML 文档时，就可以访问和显示元素中指定的属性与属性值，并可以根据不同的属性值执行不同的操作。

2.4 CDATA 段

在 XML 文档中的所有文本都会被解析器解析，而在标记 CDATA 中包含的所有标记、实体引用却被解析器忽略，被 XML 处理程序当作字符数据看待。

2.4.1 XML 中的特殊字符

在 XML 文档中有些字符是特殊字符，这些字符的特殊之处就在于这些字符在 XML 标记语言中已经被赋予了特殊的意义。例如“<”在 XML 标记语言中就表示所有标记的开始记号，因而是 XML 语言的保留字符。如果现在要求将字符“<”显示在页面上该如何处理呢？处理方法是给这些特殊字符定义一个特殊的编码。表 2-1 列出了所有这些特殊字符所对应的编码。

表 2-1 XML 中的特殊字符表

特殊字符	代替符号	特殊的原因
&	&	每一个代表符号的开头字符
>	>	标记的结束字符
<	<	标记的开始字符
"	"	设定属性的值
'	'	设定属性的值

【实例 2-3】特殊字符的使用

本例将创建一个 XML 文档，命名为 string.xml，使用 XML 中的代替字符替换“<”和“>”符号，具体代码如下：

```
<?xml version="1.0" encoding="GB2312"?>
<FilmList>
  <Film>
      <ID>1</ID>
      <NAME>&lt;钢铁侠 3&gt;</NAME>
      <Director>沙恩・布莱克</Director>
      <Starring>小罗伯特・唐尼</Starring>
  </Film >
</FilmList >
```

代码解析：

在上面的代码中，为了在“NAME”元素的数据“钢铁侠 3”前后添加“<”和“>”符

号，必须用对应的“<”和“>”来代替。

在 IE 浏览器中打开该文档，其显示结果如图 2-4 所示。

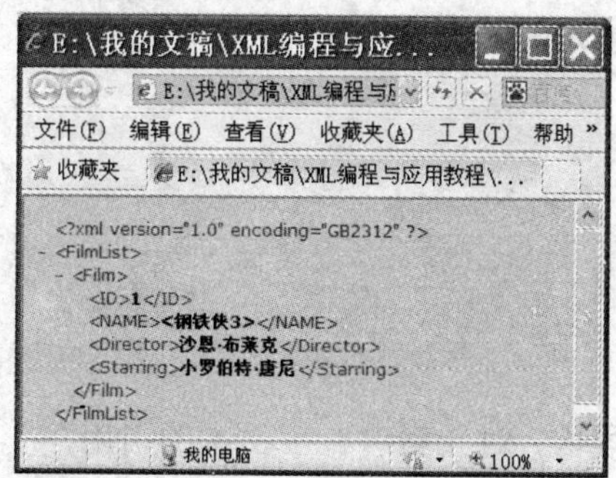

图 2-4　特殊字符的使用

2.4.2　CDATA 的格式

CDATA 是字符数据的意思，它的作用是告诉 XML 解析器该区段所包含的所有内容均应作为文字数据来处理，并原封不动地将这段文字传送给应用程序。

在 XML 文档中，使用 CDATA 区段的格式为：

```
<![CDATA[
  字符数据内容
]]>
```

CDATA 区段以“<![CDATA [”开始，并以“]]>”结束，在这两个定义符号之间，可以输入除“]]>”之外的任何字符数据。所有位于 CDATA 区段中的字符都将被 XML 解析器视为字符数据的内容，而不会把它们解释为某个 XML 标记、实体引用或者元素属性的一部分。需要注意的是，这里的关键词“CDATA”必须是大写字母。

下面是 XML 文档中一个合法的 CDATA 区段代码：

```
<![CDATA[
  在这里可以输入任何字符，包括<、>、&等
]]>
```

如果想要将包含原始代码或标记的一段内容如实地显示在浏览器中，就可以使用 CDATA 区段引用文本来实现，以防止 XML 解析器将“<”、“>”或“&”等字符解释成 XML 标记。

【实例 2-4】CDATA 区段的使用

本例创建一个 XML 文档，命名为 cdate.xml，使用 CDATA 区段来引用文本，具体代码如下：

```
<?xml version="1.0" encoding="GB2312"?>
<Films>
```

```
  <Film>
     <ID>1</ID>
     <NAME>钢铁侠 3</NAME>
     <Director>沙恩・布莱克</Director>
     <![CDATA[
       这是一个 CDATAD 区段
       <Starring>小罗伯特・唐尼</Starring>
     ]]>
  </Film>
</Films>
```

在本例中的 CDATA 区段内，对元素进行了文本的引用，在 IE 浏览器中打开该文档，其显示结果如图 2-5 所示。

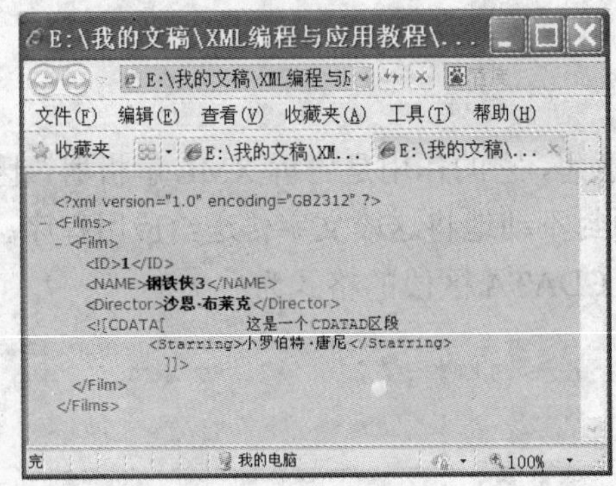

图 2-5　CDATA 的使用

2.4.3　CDATA 的位置

通常情况下，可以将 CDATA 区段放在元素中可以出现字符数据的任何地方，即在元素的内容中，而不是 XML 标记中。

在下面的 XML 文档中，CDATA 区段没有放在元素的内容中，所以是违法的：

```
<?xml version="1.0" encoding="GB2312"?>
<![CDATA[ 非法的位置，没有放在元素的内容中！ ]]>
<Films>
<Film>
     <ID>1</ID>
     <NAME>钢铁侠 3</NAME>
     <Director>沙恩・布莱克</Director>
     <Starring>小罗伯特・唐尼</Starring>
</ Film >
</Films>
```

虽然下面 XML 文档中的 CDATA 没有放在根元素的内容中，但却被包含在子元素的起始标记中，所以也是违法的：

```
<?xml version="1.0" encoding="GB2312"?>
<Films>
<Film>
    <ID>1</ID>
    <NAME ![CDATA[ 非法的位置，放在了子元素的起始标记中！ ]]>
钢铁侠 3
</NAME>
    <Director>沙恩·布莱克</Director>
    <Starring>小罗伯特·唐尼</Starring>
</Film >
</Films>
```

在使用 CDATA 区段时，需要注意以下三点：

- CDATA 必须为大写。
- CDATA 不允许嵌套，也就是在 CDATA 段内不能再包含 CDATA 段。
- CDATA 段的结束字符串“]]>”前不能有空格或换行符。

2.5　XML 命名空间

XML 命名空间能够使 XML 文档中的词汇易于被不同的应用程序所识别，同时又能够把 XML 文档中的词汇加以分组归类。XML 命名空间在其他 XML 相关技术中的应用面非常广。

2.5.1　概述命名空间

前面我们介绍过 XML 与 HTML 的根本区别在于：HTML 中的各种标记是已经定义好的、固定的，而 XML 的标记是自定义的、可扩充的。在大型而复杂的 XML 文档中，很可能会出现标记名称相同，然而其所代表的元素意义却各不相同的现象。尤其是将多个 XML 文档组合使用时，出现这种标记名混乱的现象几乎是不可避免的。

许多时候，两个同名的元素在不同的 XML 文档中可能会有不同的含义，如在售票信息管理系统所使用的 XML 文档中，<name>这个标记的含义通常表示电影的名称，而在学校管理部门所使用的 XML 文档中，<name>这个标记的含义却是学生的名字。如果我们编写一个包含电影名、主演、导演身份等信息的 XML 文档，就很可能在标注电影名和标注主演身份的两个地方使用同样的<name>标记，但它们却有不同的含义。这样一来，计算机程序就会无法分辨哪一个数据是学生的名字，哪一个数据是电影名称，进而给信息的自动化处理带来缺陷，这就是命名空间需要解决的问题。

例如，下面的 XML 文档在电影元素中包含了电影的信息，其中，第 1 个 NAME 元素是电影的名称，第 2 个 NAME 表示导演的名字，如果不加以区分，将会出现命名冲突的情况。

```
<?xml version="1.0" encoding="GB2312"?>
<Films>
<Film>
    <ID>1</ID>
    <NAME>钢铁侠 3</NAME>
    <NAME>沙恩·布莱克</ NAME >
    <Starring>小罗伯特·唐尼</Starring>
</ Film >
</Films>>
```

一个命名空间通常是和一个特定的 DTD 对应起来的，某个 DTD 中定义的元素名称集合就是其对应的命名空间中的元素名称集合。在 XML 文档中，对于不同命名空间的区分非常简单，即对于每一套特定应用的 DTD，赋予它一个独一无二的标识符来代表，如果在文档中使用某个 DTD 中定义的元素，就将该 DTD 的标识符作为元素名或属性名的前导符，这就相当于指明了这些元素的标记名称来自什么地方，或者说归属于哪个命名空间。如此一来，在同一个 XML 文档中即便使用了相同名称的元素标记，由于位于不同的命名空间中，就不会引起冲突和混淆了。

引入命名空间的概念，除了可以避免相同标记名称具有不同含义而产生的冲突之外，另一个原因是为了在同一个 XML 文档中可以使用不同的标记语言集合。目前在 XML 基础上制定的各种标记语言已经相当之多，例如：XHTML、XSLT、WML、MathML、CML 等。为了实现在同一个 XML 文档中能够引用不同领域的标记语言，就需要在 XML 文档中透过不同的命名空间来声明所引用的标记是源于何处的。

命名空间在 XML 文档中的具体应用，是通过在元素的标记名前添加一个独特的标识符来指明该标记的归属，因而这个标识符在 XML 文档中应该是唯一的。当然，每一个命名空间本身也应该是唯一的。在 XML 规范中，对命名空间的定义采取了一种相当巧妙的方法，即采用 Web 上某个唯一的 URI（Universal Resource Identifier，统一资源标识）来定义不同的命名空间。这个 URI 可以是 URL（Uniform Resource Loeator，统一资源定位器），也可以是 URN（Uniform Resource Name，统一资源名称），并将其与某个特定的命名空间标识符对应起来。

2.5.2 定义命名空间

命名空间通过给标识名称加一个网址（URL）定位的方法来区别这些名称相同的标识。命名空间的定义一般放置在元素的开始标记处，其使用语法格式：

```
<标记名 xmlns：标识符="URI">
```

对上面代码中各名词的含义说明如下：

- “标记名”是用户要在其中定义命名空间的某个元素标记的名称。
- “xmlns”是定义命名空间时所使用的固定词语，与其后面的“标识符”之间必须有冒号分割。

- “标识符”是用户为命名空间定义的对应标识名称。此名称在文档中应该是唯一的，并且不能含有冒号。
- “URI”即统一资源标识符，通常是这个命名空间的元素在 Web 上所归属文档的 URL 或 URN。

需要注意的是，命名空间的标识符不允许使用 xml、html、xsl、xmlns 等保留字。此外，定义语句中的 URI 通常只起一个标识的作用，并不是真的要从该网络资源得到什么，所以它的精确性并不重要，甚至根本就不存在。

XML 解析器在碰到一个命名空间定义之后，就会把其中的标识符与对应的 URI 绑定在一起。当需要为 XML 文档中的元素或属性指定某个命名空间时，是通过在元素的标记名或属性前添加所定义的命名空间标识符来实现的。当命名空间定义好以后，就可以在元素的开始标记处进行使用。

【实例 2-5】使用命名空间解决元素重名

创建一个 XML 文档，命名为 namespace.xml，分别定义两个命名空间来区分同名的“NAME”元素，具体代码如下：

```
<?xml version="1.0" encoding="GB2312"?>
<Films xmlns:films="http:www.bb.com" xmlns:director="http:www.dd.om">
  <Film>
       <films:NAME>钢铁侠 3</ films:NAME>
       <director:NAME>沙恩 · 布莱克</director:NAME>
     <Starring>小罗伯特 · 唐尼</Starring>
     </Film>
</Films>
```

在本例中根元素“Films”的起始标记中定义了“films”和“director”两个标识符，分别代表电影命名空间和导演命名空间。此后在文档中应用元素时，前面都添加特定的命名空间标识符。这样，应用程序在处理“NAME”同名元素时，就能够明确地区分哪一个是电影的名称，哪一个是导演的名字了。在 IE 浏览器中打开该文档，其显示结果如图 2-6 所示。

图 2-6 使用命名空间

在定义命名空间之后，除了文档中的元素可以添加命名空间标识符外，属性也可以添加命名空间标识符。

【实例 2-6】在属性中使用命名空间

创建一个 XML 文档，命名为 namespace1.xml，在“Film”元素的“Name”属性中使用命名空间，具体代码如下：

```
<?xml version="1.0" encoding="GB2312"?>
<Films xmlns:films="http:www.bb.com" xmlns:director="http:www.dd.com">
  <Film films:NAME="钢铁侠 3">
      <director:NAME>沙恩・布莱克</director:NAME>
      <Starring>小罗伯特・唐尼</Starring>
  </Film>
</Films>
```

在本例中，Film 元素的 NAME 属性内包含了一个特定的命名空间标识符“films”。在 IE 浏览器中打开该文档，其显示结果如图 2-7 所示。

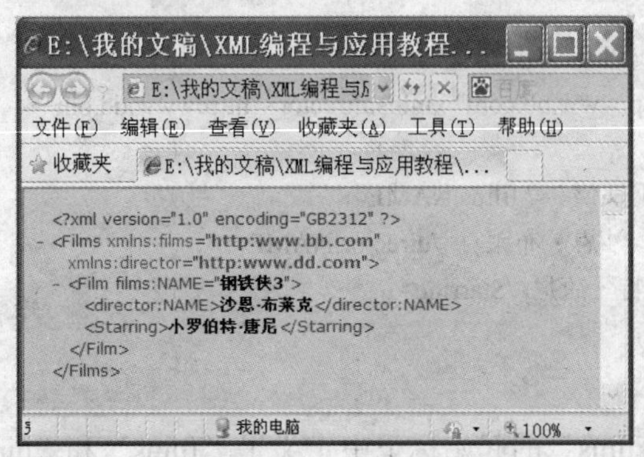

图 2-7　在属性中使用命名空间

2.5.3　默认命名空间

在实际编程的过程中，对于一个很长的 XML 文档来说，如果需要为文档中的每一个元素都添加命名空间标识将会是一件很麻烦的事，所以，可以将文档中使用较多的命名空间定义为默认命名空间，并设法使这个默认命名空间与某个元素及其子元素相关联。这样的话，在 XML 文档中为某个元素定义了默认命名空间后，该元素及其所有未加命名空间标识符的子元素均将归属于这个默认命名空间，除非它们另外拥有指定的命名空间标识符。

默认命名空间也是在元素的起始标记内进行定义的，与定义一般命名空间不同的是，默认命名空间的定义不使用标识符，具体的定义语法格式如下：

```
<标记名 xmlns ="URI">
```

由于在定义默认命名空间时并没有指出该命名空间对应的标识符，所以在其他元素的标

记中将无法引用这个命名空间，因此只能根据在哪一个元素的标记中定义的命名空间，就规定是该元素的默认命名空间，并且它的作用范围包括该元素的所有子元素。

【实例 2-7】使用默认的命名空间

创建一个 XML 文档，命名为 namespace2.xml，在根元素中定义默认的命名空间和一般的“director”命名空间，具体代码如下：

```
<?xml version="1.0" encoding="GB2312"?>
< Films xmlns="http:www.aa.com" xmlns:director="http:www.cc.om">
  <Film>
       <NAME>钢铁侠 3</NAME>
       <director:NAME>沙恩 · 布莱克</director:NAME>
      <Starring>小罗伯特 · 唐尼</Starring>
  </Film>
</Films >
```

在本例中，文档根元素“Films”的起始标记内定义了一个默认命名空间和一个标识符为“director”的命名空间，因而“Films”元素及其所有未添加命名空间标识符的子元素，都属于这个默认的命名空间，而只有其中第 2 个“Name”元素属于特别指定的“director”命名空间。在 IE 浏览器中打开该文档，其显示结果如图 2-8 所示。

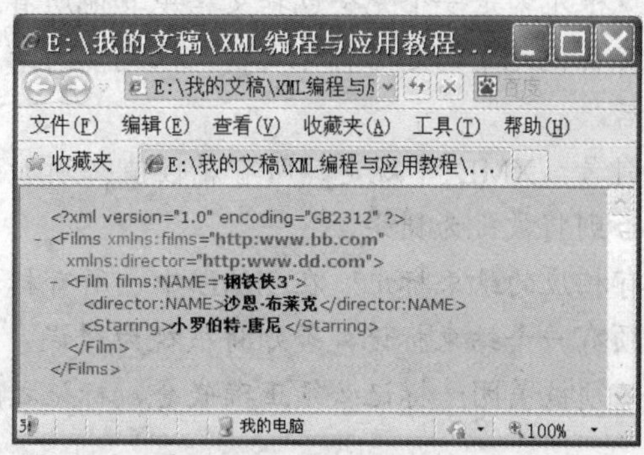

图 2-8 使用默认命名空间

前面我们已介绍过，一个默认命名空间的作用范围仅限于定义这个命名空间的元素及其子元素。另外，如果在为一个元素定义默认命名空间时未给出其 URI 参数，那么这个元素将不属于任何命名空间。

需要指出的是，定义默认命名空间之后，可以作用到有关的元素，但无法作用到元素所包含的属性。换句话说，对元素的属性来说是不存在默认命名空间的。

2.6 格式良好的 XML 文档

在定义 XML 文档时必须符合一定的规则，按照规则定义的文档被称为格式良好的 XML 文档，如果 XML 文档在定义时要按照与其关联的 DTD 或 XML Schema 中的规则匹配，则这类 XML 文档被称为有效的。

2.6.1 创建格式良好的 XML 文档

一个格式良好的 XML 文档是指：如果一个 XML 文档包含一个或多个元素，各元素都能正确地嵌套，并且在需要的情况下正确地使用了属性和实体参照，符合 XML 的基本语法规范。

对于一个 XML 文档来说，只有其是格式良好的，才能够被 XML 解析器正确地解析出来，并进一步显示在浏览器中或者交给有关的应用程序处理。要创建一个格式良好的 XML 文档，必须符合下面的一些规则。

- 文档的第一行必须是 XML 声明语句：用以指明该文档是 XML 文档以及所使用的 XML 规范版本。
- 注意大小写：在 XML 文档中，大小写是有区别的。注意在写元素时，前后标识大小写要保持一致。例如将<Person>LEE</ Person >，写成< Person >LEE</ person >是错误的。我们最好养成一种习惯，或者全部大写，或者全部小写，或者大写第一个字母，从而减少因为大小写不匹配产生的文档错误。
- 所有的 XML 文档必须有且只有一个根元素：良好格式的 XML 文档必须只有一个根元素，即紧接着声明后面建立的第一个元素，其他元素都是这个根元素的子元素，属于根元素一组。根元素是一个完全包括文档中其他所有元素的元素。根元素的起始标记要放在所有其他元素的起始标记之前。根元素的结束标记要放在所有其他元素的结束标记之后。
- 属性值必须使用引号：XML 中规定，所有属性值必须加引号，可以是单引号，也可以是双引号，否则将被视为错误。
- 所有的标记必须有相应的结束标记：在 XML 中，所有标记必须成对出现，有一个开始标记，就必须有一个结束标记，否则将被视为错误。
- 所有的空标记也必须被关闭：标记必须正确嵌套，标记之间不得交叉，必须以规则性的次序来出现。
- 在需要的时候，正确地引用字符参照和实体参照：对于文档中的一些特殊字符应该使用对应的特殊编码代替。

在 XML 文档中任何的差错，都会得到同一个结果：网页不能被显示。各浏览器开发商已经达成协议，对 XML 实行严格而挑剔的解析，任何细小的错误都会被报告。

2.6.2 有效的 XML 文档

由于在 XML 文件中，使用的大多都是自定义的标记，因此，如果两个同行业的公司要用 XML 文件相互交换数据的话，他们之间必须有一个约定——即编写 XML 文件可以用哪些标记、母元素中能够包括哪些子元素、各个元素出现的顺序、元素中的属性怎样定义等。这样他们在用 XML 交换数据时才能够畅通无阻。这种约定可以是 DTD（Document Type

Definition，文档格式定义），也可以是 XML Schema（XML 模式）。

一个格式良好的 XML 文档应该遵守 XML 语法规则，而一个有效的 XML 文档应该既是一个结构良好的 XML 文档，同时还必须符合 DTD 或是 XML 模式所定义的规则，因此，结构良好的 XML 文档不一定是有效的 XML 文档，但有效的 XML 文档一定是结构良好的 XML 文档。

DTD 定义了 XML 文档中可用的合法元素，通过定义一系列合法的元素决定了 XML 文档的内部结构。XML Schema（XML 模式）是基于 XML 的 DTD 替代品，而且 DTD 和 Schema 可以相互替代。

例如，DTD 文件 film.dtd 的内容如下所示：

```
<?xml version="1.0" encoding="UTF-8"?>
<!ELEMENT FILMDATA (FILM)+>
<!ELEMENT FILM (NAME, DIRECTOR,STARRING,PRICE)>
<!ELEMENT NAME (#PCDATA)>
<!ELEMENT DIRECTOR (#PCDATA)>
<!ELEMENT STARRING (#PCDATA)>
<!ELEMENT PRICE (#PCDATA)>
<!ATTLIST   FILM   ID   CDATA   #REQUIRED >
```

在该 DTD 文件中定义了 XML 文档中能够使用的元素名称和类型，关于 DTD 的详细内容将在第 4 章中详细说明。

下面的例子就是一个有效的 XML 文档：

```
<?xml version="1.0" encoding="UTF-8" ?>
<!DOCTYPE FILMDATA SYSTEM "film.dtd">
< FILMDATA >
    < FILM   ID="1" >
        <NAME>钢铁侠 3</NAME>
<DIRECTOR>沙恩・布莱克</DIRECTOR>
        <STARRING>小罗伯特・唐尼</STARRING>
<PRICE>￥25.00</PRICE>
</ FILM >
</FILMDATA >
```

该 XML 文档中的定义符合 film.dtd 中的规范，因此被称为有效的。其中，第 2 行的代码用来指定该 XML 文档的 DTD 文件。

2.7 扩展练习

1. 使用 Windows 记事本创建本章所有实例中的 XML 文档，并使用浏览器进行运行，查看运行的效果。

2. 使用 Windows 中的记事本，创建一个格式良好的 XML 文档，命名为“test.xml”：首先，进行文档声明，然后是根元素“news”，根元素下的子元素“title”中的数据内容为“为国争光”，第 2 个子元素“content”中的数据内容为“中国队获得奖牌数第一！”，打开浏览器显示如图 2-9 所示的效果。

3. 在 IE 中查看上题 test.xml 的有效性。把 XML 的编码格式改为“UTF-8”，运行浏览器查看如图 2-10 所示的显示结果，并说出发生错误的原因。

图 2-9　浏览器显示结果

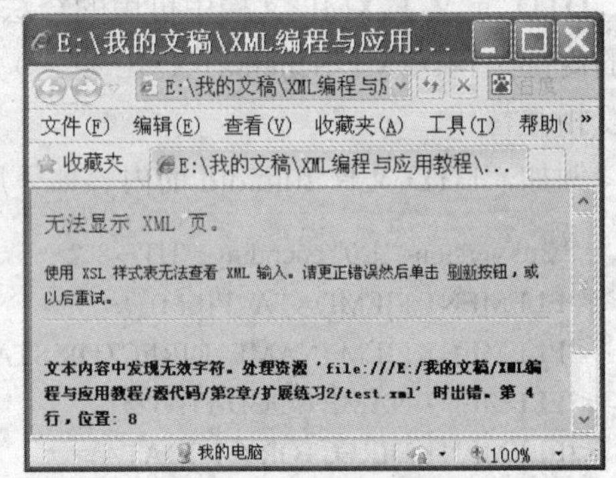

图 2-10　浏览器显示结果

4. 按照 XML 的格式，把表 2-2 的数据内容转换为 XML 文件，并在浏览器中查看如图 2-11 所示的显示结果。

表 2-2　图书列表

图书名称	图书编号	作者	出版社
一问一世界	9787214068828	杨澜	江苏人民出版社
经济大棋局，我们怎么办	9787564210625	时寒冰	上海财经大学出版社
百年孤独	9787544253994	加西亚·马尔克斯	南海出版社
妈妈胜过好老师	9787506345040	尹建莉	作家出版社

5. 在上题的 XML 文档中创建默认命名空间和带有标识符的命名空间，其中默认命名空间作用于图书列表根元素，带有标识符的命名空间作用于作者元素，最后，在浏览器中显示的结果如图 2-12 所示。

6. 在上题的基础上，将第 2 本图书信息以 CDATA 区段文本引用的方式显示，最后，在浏览器中显示的效果如图 2-13 所示。

7. 在第 4 题的基础上，将 XML 文档中的“图书编号”元素作用为“图书”元素的属性来进行显示，运行文档后的效果如图 2-14 所示。

8. 在记事本中创建以下 XML 文档，运行 IE 浏览器，查看显示效果，如果运行无法显示 XML 文档内容，请找出错误的原因并进行修改，最终让文档内容可以正确地显示。

```
<?xml version="1.0" encoding="GB2312">
  <PEOPLE>
    <NAME>WANG Fang<NAME>
    <:Telephone>020-85544455
```

```
        <DUTY>人事部经理</DUTY>
    </:Telephone >
    <COMPANY>美国庄臣股份有限公司</COMPANY>
    <ADD  RESS>北京中关村高科技园区</ADD  RESS>
</people>
```

```
<?xml version="1.0" encoding="gb2312" ?>
- <图书列表>
  - <图书>
      <图书编号>9787214068828</图书编号>
      <图书名称>一问一世界</图书名称>
      <作者>杨澜</作者>
      <出版社>江苏人民出版社</出版社>
    </图书>
  - <图书>
      <图书编号>9787564210625</图书编号>
      <图书名称>经济大棋局，我们怎么办</图书名称>
      <作者>时寒冰</作者>
      <出版社>上海财经大学出版社</出版社>
    </图书>
  - <图书>
      <图书编号>9787544253994</图书编号>
      <图书名称>百年孤独</图书名称>
      <作者>加西亚·马尔克斯</作者>
      <出版社>南海出版社</出版社>
    </图书>
  - <图书>
      <图书编号>9787506345040</图书编号>
      <图书名称>妈妈胜过好老师</图书名称>
      <作者>尹建莉</作者>
      <出版社>作家出版社</出版社>
    </图书>
  </图书列表>
```

图 2-11　浏览器显示效果

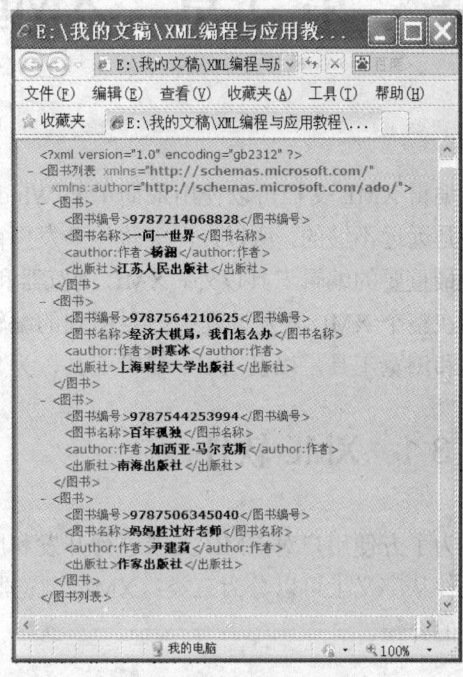

图 2-12　浏览器显示效果

```
<?xml version="1.0" encoding="gb2312" ?>
- <图书列表 xmlns="http://schemas.microsoft.com/"
    xmlns:author="http://schemas.microsoft.com/ado/">
  - <图书>
      <图书编号>9787214068828</图书编号>
      <图书名称>一问一世界</图书名称>
      <author:作者>杨澜</author:作者>
      <出版社>江苏人民出版社</出版社>
    </图书>
  - <![CDATA[
          <图书>
              <图书编号>9787564210625</图书编号>
              <图书名称>经济大棋局，我们怎么办</图书名称>
              <author:作者>时寒冰</author:作者>
              <出版社>上海财经大学出版社</出版社>
          </图书>

    ]]>
  + <图书>
  + <图书>
  </图书列表>
```

图 2-13　浏览器显示效果

```
<?xml version="1.0" encoding="gb2312" ?>
- <图书列表>
  - <图书 图书编号="9787214068828">
      <图书名称>一问一世界</图书名称>
      <作者>杨澜</作者>
      <出版社>江苏人民出版社</出版社>
    </图书>
  - <图书 图书编号="9787564210625">
      <图书名称>经济大棋局，我们怎么办</图书名称>
      <作者>时寒冰</作者>
      <出版社>上海财经大学出版社</出版社>
    </图书>
  - <图书 图书编号="9787544253994">
      <图书名称>百年孤独</图书名称>
      <作者>加西亚·马尔克斯</作者>
      <出版社>南海出版社</出版社>
    </图书>
  - <图书 图书编号="9787506345040">
      <图书名称>妈妈胜过好老师</图书名称>
      <作者>尹建莉</作者>
      <出版社>作家出版社</出版社>
    </图书>
  </图书列表>
```

图 2-14　浏览器显示效果

第 3 章　XML 应用开发工具

编辑 XML 文档可以使用最简单的 Windows 记事本，但若仅拥有如此功能，对开发 XML 程序是远远不够的，所以，许多软件开发厂商还提供了一些功能强大的 XML 开发集成环境。除了最重要的编辑工具以外，XML 浏览器和 XML 解析器的选择也是必不可少的。本章主要介绍在整个 XML 开发过程中需要用到的编辑器、解析器和浏览器，方便读者熟悉 XML 分析工具和浏览工具，以及 XML 编辑工具，为 XML 程序的开发打好一定的基础。

3.1　XML 软件

为了方便用户对 XML 文档进行开发和应用，软件服务厂商推出了各种 XML 的软件，这些软件从广义上可以分为三类：XML 浏览器、XML 解析器和 XML 编辑器，本节分别进行简要的介绍。

3.1.1　XML 浏览器

XML 文档的数据需要通过浏览器来显示，所以，浏览器的选择也十分的重要。目前，浏览 XML 一般选 Internet Explorer 和 Mozilla Firefox 两种，而且版本越新对 XML 文档支持程度越高。

1. Internet Explorer

Internet Explorer（IE）是 Microsoft 公司开发的 Web 浏览器，它是当今两大主流浏览器之一。IE 是最先支持 XML 的浏览器，支持命名空间，并在 IE 5.0 中开创了 XML+CSS、XML+XSL 的 Web 浏览方式，使得浏览 XML 网页得到了实现。但 IE 5.0 对 CSS 的支持并不完全，至今为止，IE 5.0 尚不能完全支持 CSSl，即便是支持的部分也存在一些错误。不过在 IE 的几个后续版本中 IE 设计团队在努力改进 IE 浏览器对于 CSS 的支持。现在的 IE 最新版已经能够较好地支持扩展 CSS 2.1 了。

IE 可以直接加载不包含样式信息的 XML 文档。这时，浏览器将显示外观良好的树形结构，并带有小小的“+/-”图标，单击图标，可以将子树隐藏或展开。实际上，这就是 IE 的默认样式单。通过默认样式单，可以快速查看别人的 XML 文档，并能获得对 XML 文件的内容和结构的感性认识。使用 IE 浏览器打开没有使用样式表的 XML 文档，将得到如图 3-1 所

示的显示效果。

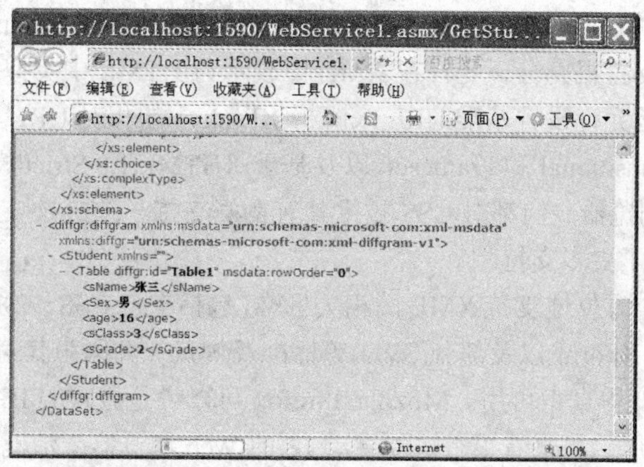

图 3-1　利用 IE 浏览器打开无样式表的 XML 文档

IE 本身是不支持 XML 文档的有效性检查的。为此，微软还提供了一个称为 IE Tools 的插件，安装了这个插件后，在 IE 的右键菜单中就增加了 Validate XML 和 View XSL Output 两个功能菜单项。其中前一个菜单项可以根据指定的 DTD 对 XML 文件的有效性进行检查，而后一个菜单项则结合指定的 XSL 样式单输出 XML 文档转化的结果。这两个功能无疑给 XML 的开发者提供了非常好的工具。

Microsoft 是一个 XML 的积极推动者，提出了很多领域内的基于 XML 的标准提案，并且有些提案已由一些标准组织提升为标准。另一方面，它也在身体力行地开发支持各种标准的工具，在很大程度上使得 XML 的技术得到了应用和推广。IE 现在已经发展到 IE 8.0，提供了更多新的功能以及对原有功能的修正。有关 IE 的详细介绍和软件下载请参考网页 http://www.microsoft.com / windows / products / winfamily / ie / default.mspx。

2. Mozilla Firefox

Firefox 是 Mozilla 基金会（Mozilla Foundation）旗下主推的一款 Web 浏览器。Mozilla 基金会起源于原来的网景公司内部的一个称为 Mozilla 的组织。网景公司的著名 Web 浏览器 NetScape Navigator 在其公司内部一直都被称为 Mozilla，后来由于在和微软公司的 IE 浏览器的竞争中失败，网景公司关闭，将所有业务转给非盈利的 Mozilla 组织，并最终建立 Mozilla 基金会。

Firefox 是基于 Mozilla 平台的最流行的浏览器。它的成长速度异常快速，并且它是开放源码软件取得成功的代表。Firefox 承诺为 XML 开发人员提供完善的 Web 浏览器，帮助推动在 Web 上发展缓慢的客户端 XML 特性的采用。目前很多 Web 技术的发展，包括 Firefox 浏览器特性的发展，都使得 Web 浏览器逐渐发展为完整的专用应用程序开发平台，而不再是简单的 Internet 浏览工具。

Firefox 也能够在非验证模式下解析普通的 XML，包括名称空间，可以在 XML 中嵌入可移植的 xml：stylesheet 处理指令用于告诉 Firefox 加载 CSS 样式表或 XSLT 转换，自动向用户显示处理后的结果而不是原始 XML。在这种情况下，如果要查看原始 XML，可以通过浏览器的“查看源代码”特性来显示。

Firefox 不支持 DTD 验证或其他任何验证技术，如 W3C XML Schema（WXS）或 RELAX NG。但对 XLink 的支持很充分，允许在 XML 中表示与 HTML 中类似的链接。Firefox 也支持 XML Base，该规范允许设置基准 URL 来解析 XLink 中的相对 URL。Mozilla Firefox 支持 XHTML 1.0 Strict、Transitional 和 Frameset，以及基于 XHTML 1.0 Strict 模块化的 XHTML 1.1。

Mozilla 系列的浏览器一向都对 CSS 技术具有良好支持。Firefox 支持 CSS 2 的大部分内容，并对 CSS 3 提供了更多支持。

Mozilla Firefox 全方位地支持 XML 的相关标准，包括支持 CSS、XSLT、命名空间、XLink、XPointer、MathML、XForm 以及部分 SVG 等标准及规范，并因为其对 DOM 有很好的底层支持，而使得 XML 变得真正可用。Mozilla Firefox 可以说是微软的 IE 浏览器的强有力的竞争对手，而且从其发展趋势来看很有可能撼动 IE 的 Web 浏览器统治地位。有关 Mozilla Fire 的详细介绍和软件下载请参考网页 http：//www.mozilla.org / 。

3.1.2 XML 解析器

XML 解析器承担着对 XML 文档处理的关键作用，它将 XML 文档中的数据提取出来，组织成树状结构，再送到应用处理程序、浏览器等后期工序中去。XML 解析器可以分为两类：支持有效性检查的解析器和不支持有效性检查的解析器。

- 支持有效性检查的解析器：这种类型的解析器在检查文档是否符合格式良好的基础上，进一步结合 DTD 检查文档是否符合 DTD 中对文档格式的规定，来判断这个文档是否有效。解析器必须读入并分析出整个 DTD，外加 XML 文档中所有的外部已分析的实体引用，并报告出文档与 DTD 声明相冲突的地方，以及不满足 DTD 有效性约束的地方。
- 不支持有效性检查的解析器：这种类型的解析器只负责检查 XML 文档是否满足格式良好的语法规定，包括 XML 文档中包含的内部 DTD 文档是否满足格式良好的规定。此类分析器不会对 XML 文档所引用的外部 DTD 文档进行分析，进而检查 XML 文档的有效性，但对于出现在 XML 文档内部的 DTD 子集，却仍旧需要进行部分分析。因为在对格式良好的文档进行分析时需要使用内部 DTD 声明中的信息，包括使用内部实体替换正文、提供默认属性值等。

无论是哪一种解析器，都要求检测文档或已分析实体是否存在与格式良好的 XML 文档定义相冲突的地方，目前，大多数 XML 解析器都是免费的，一些大的公司，如 Microsoft、IBM、DataChannel、Textuality 等，都根据当前的官方推荐标准（DOM）以及一些民间事实标准（SAX）开发了自己的 XML 分析器，并提供免费下载。

1. XML4J

IBM 公司的 XML4J 完全是用 Java 开发的，它曾经是功能比较全面且支持有效性检查的 XML 解析器之一。IBM 还有一个采用 C++编写的 XML 解析器，称为 XML4C。现在不论是

XML4J 还是 XML4C，IBM 都不再提供支持，因为 IBM 公司已经将这两个 XML 解析器源码卖给 Apache 软件基金会。

2. Xerces

Xerces 是 Apache 软件基金会（Apache Software Foundation）的 XML 项目的一部分，它分别使用 Java、C++和 Perl 编写了 XML 的解析器，支持有效性检查。使用 Java 编写的 XML 解析器被称为 Xerces-J。使用 C++编写的 XML 解析器被称为 Xerces-C 或 Xerces-C++。

3. Microsoft 的 MSXML

MSXML 是微软公司发布的一个 XML 解析器，已经内嵌至 IE 4.0、IE 5.0 及以上版本，它的发布实际上早于 XML 1.0 版本的最终颁布。MSXML 支持一般的语法检查，但同时也提供有效性检查，它利用 Java 将一个 XML 文档中的数据组织为树形结构。

4. Oracle 的 XML Parser

XML Parser 是 Oracle 公司发布的一个 XML 解析器，采用 Java 编写，支持通过 SAX（XML 的简单 API）或 DOM（文档对象模型）进行 XML 文档的语法分析，可以选择是否对文档的有效性进行检查。Oracle 在用于 Java、C、C++和 PL/SQL 的 XML 开发者工具箱中提供了 XML 解析器。每个解析器都是独立的 XML 组件，这些组件分析 XML 文档（或独立的 DTD），以便应用程序能够对其进行处理。解析器支持 DOM 和 SAX 接口、XML 命名空间、验证和非验证模式以及 XSL 转换。在所有 Oracle 平台上都可以获得这些解析器。

5. XP

XP 的编写者是 James Clark，是一个用 Java 编写的解析器，能够对 XML 文档进行格式良好的合法性检查。虽然它不支持有效性检查，但已经可以处理所有的外部实体，即一个外部 DTD 的子集。XP 中包含 SAX 引擎，它更适合于应用在 Java 应用程序中，在 Java Applet 中则稍显逊色。

表 3-1 中列出了当前主流的 XML 解析器的性能。

表 3-1　当前主流的 XML 解析器的性能

	IBM 的 XML4J、Apache 的 Xerces	Microsoft 的 MSXML	Oracle 的 XML Parser	Jame Clark 的 XP
对文档是否有良好格式的检查	是	是	是	是
文档有效性检查	是	是	是	否
XML Schema 支持	是	否	否	否
命名空间支持	是	是	是	否
XSLT 支持	通过 LotusXSL 实现对 XSLT 的支持	是	是	否

（续表）

	IBM 的 XML4J、Apache 的 Xerces	Microsoft 的 MSXML	Oracle 的 XML Parser	Jame Clark 的 XP
Java	是	否	是	是
Win32	通过 Java 实现	通过 Java 实现	是	否
SAX 1.0	是	是	是	是
SAX 2.0	是	是	否	否
DOM Level1 1.0	是	是	是	否
DOM Level2 1.0	是	否	否	否
是否开放源代码	是	否	否	是

3.1.3 XML 编辑器

XML 编辑器是简化 XML Schema 和 XML 实例设计的有效工具。好的编辑器可以提高 XML 的设计效率、简化设计过程，并能减少设计人员对 XML 语法的依赖。早期的 XML 编辑器曾经在很大程度上只是对文本编辑器进行了“化妆”的封装器，而现在已经发展成崭新的开发环境，它们充分简化了使用面向 XML 技术的过程。最简单的编辑器就是 Windows 记事本。目前，开发人员可以使用的 XML 编辑器的范围很广，下面介绍几个比较常用的 XML 编辑器。

1. XML Writer

XML Writer 是一个共享软件，它是由 Wattle Software 公司开发的 XML 编辑软件，XML Writer 的用户界面如图 3-2 所示。

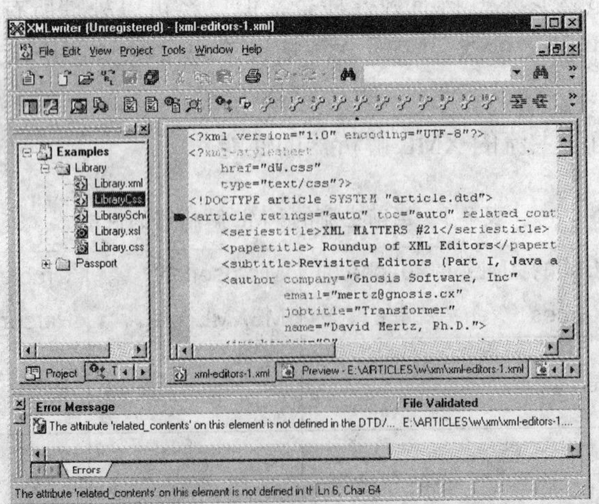

图 3-2　XML Writer 用户界面

该软件的主界面同 Microsoft 公司的集成开发环境——Visual Studio 非常相似，可以对 XML 文档进行编辑，将不同的元素用不同的颜色区分开来，同时还可以利用外挂式浏览器

的方式进行预览。但它不支持所见即所得，其页面的浏览只能利用专用的浏览器实现，因此，其不过是一个功能强大的编辑器而已。

XML Writer 具有以下一些主要的特性：

- 根据 DTD 和 XML Schema 检测 XML 文档的有效性。
- 执行 XSL 转换。
- 遵守最新的 W3C 规范。
- 能够通过插件功能使用不同的解析器和工具。
- 智能输入助手，以方便文档编辑。
- 基于 TagBar 的 DTD 和 XML Schema 文档可视化交互显示工具。
- 支持重复性代码片段的快速输入。
- 根据 DTD / XSD Schema 生成 XML 示例文档。
- 支持 DTD 和 XSD Schema 的相互转换。
- 提供项目管理及批处理功能。
- 提供即时语法单元色彩的高亮显示功能。

XML Writer 比较有特色的功能包括“Load TagBar”、“Validate XML File”、“Convert Using XSL”。第 1 个功能用于从 DTD 和 Schema 文件中提取标记，并通过树形结构显示在 TagBar 中；第 2 个功能用于验证 XML 文档的有效性；最后一个功能根据 XSL 样式单将 XML 文档转换成相应的 HTML 文档输出。XML Writer 的其他功能还包括为 XML 文档定义 CSS 样式、支持 XQL 等。另外，它也提供了集成开发环境 IDE（Integrated Development Environment），面向项目管理。

XML Writer 是用 C++编写而成，较现有的一些基于 Java 的 XML 编辑器而言运行速度快、效率高。该软件可运行在 Windows 98/ME/2000/XP/Vista 系统环境下。

2. XMLSpy

Altova XMLSpy 是一个符合行业标准的 XML 开发环境。它为用户提供最佳的可扩展标记语言编辑器、模式设计器、代码生成器、文件转换器、调试器、配置器，并支持 XSLT（可扩展样式表语言转换）、XQuery（XML 查询语言）、WSDL（Web 服务描述语言）、SOAP（简单对象访问协议）技术和.NET、Eclipse 等集成开发环境。

XMLSpy 在功能上较 XML Writer 有所提高。它支持 Unicode、多字符集，且支持 Well-formed 和 Validated 两种类型的 XML 文档，并可编辑 XML 文档、DTD、Schema，以及 XSLT。

它的最大特点是提供了 4 种视窗：

- XML 结构视窗：以树形结构编辑 XML 文档，包括 XML、XSL 文档，但对 DTD 文档的显示相对较为简单。
- 增强表格视窗：以表格的方式显示出文档中的某一项元素的数据库项。
- 源代码视窗：可以查看和修改文档源码，并且以不同的颜色标注不同的元素。

- 支持 CSS 和 XSL 的预览视窗：采用内嵌 IE 的方式在软件内对 XML 文档进行浏览，支持 CSS 和 XSL。

3. Stylus Studio

Stylus Studio 是一种 XML 集成开发环境，具有功能强大的 XML 编辑器、XSLT 调试器及其他 XML 工具，能显著提高 XML 的开发效率，最大限度地释放了开发人员的生产力和创造力。

Stylus Studio 提供了一套完整的 XML 工具和特性集，可用于 XML、XSL/XSLT、XQuery、SQL/XML、XPath、Web 设计、Web 服务程序、关联数据库、JSP 编辑、XML-Java 调试互连以及许多其他的 XML 相关技术。Stylus Studio 是一款功能齐全的综合性开发工具。

4. Visual XML

Visual XML 由 Pierre Morel 开发，能够以树形结构显示 XML、DTD 文档。有的版本支持多种数据库，如 Oracle、Access、SQL Server、Informix、Sybase、DB2，能够实现同数据库的集成，并可通过 Wizard 方式进行数据库的浏览、SQL 语句和存储过程的创建和执行，以图形界面实现 XML 元素同数据库对象的绑定，同时创建 XML 文档和 DTD 文档。但是，Visual XML 创建新文件时速度比较慢，元素、属性的添加和移位等操作不是非常灵活。

3.2 Altova XMLSpy

Altova XMLSpy 是由 Icon Information Systems 公司出品的一个用于 XML 工程开发的集成开发环境。Altova XMLSpy 可连同其他工具一起进行各种 XML 及文本文档的编辑和处理、进行 XML 文档（比如与数据库之间）的导入导出、在某些类型的 XML 文档与其他文档类型间作相互转换、关联工程中的不同类型的 XML 文档、利用内置的 XSLT 1.0/2.0 处理器和 XQuery 1.0 处理器进行文档处理，甚至能够根据 XML 文档生成代码。Altova XMLSpy 可用于涉及 XML、XML Schema、XSLT、XQuery、SOAP、WSDL 和 Web 服务技术的企业级应用的设计、编辑和调试。它是提高 J2EE、.NET 和数据库开发人员开发效率的终极利器。这里介绍的版本是 Altova XMLSpy 2011 中文企业版。

3.2.1 Altova XMLSpy 的安装

在使用 Altova XMLSpy 2011 中文企业版之前，首先必须将它安装在本地计算机上。安装 Altova XMLSpy 2011 中文企业版的步骤如下：

01 双击 XMLSpyEnt2011_ZH.exe 文件图标，系统将打开如图 3-3 所示的安装向导。

02 单击“下一步”按钮，将弹出如图 3-4 所示的准备安装对话框，读取安装包的内容。

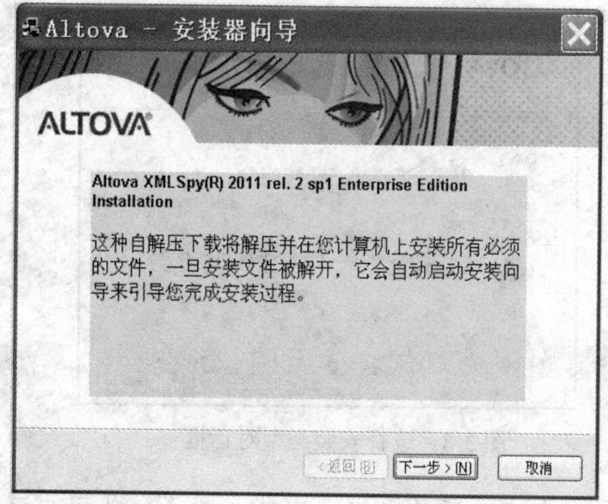

图 3-3 XMLSpy 2011 安装向导

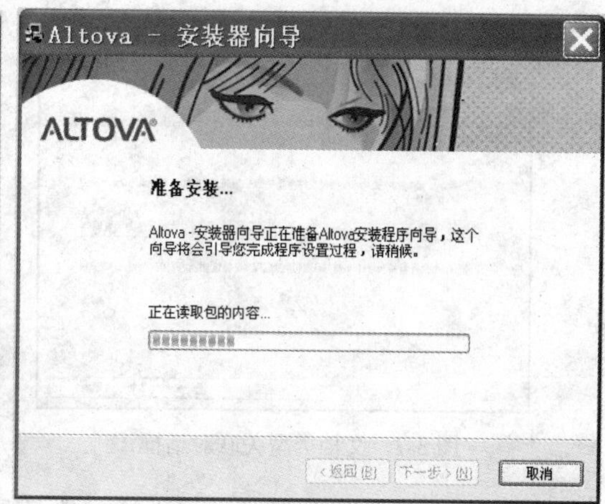

图 3-4 准备安装对话框

03 读取完毕安装包的内容后，弹出如图 3-5 所示的安装确认对话框。

04 如果要取消安装，可以单击“取消”按钮，如果要继续安装可以单击“下一步”按钮，弹出如图 3-6 所示的软件许可协议对话框。

图 3-5 安装确认对话框

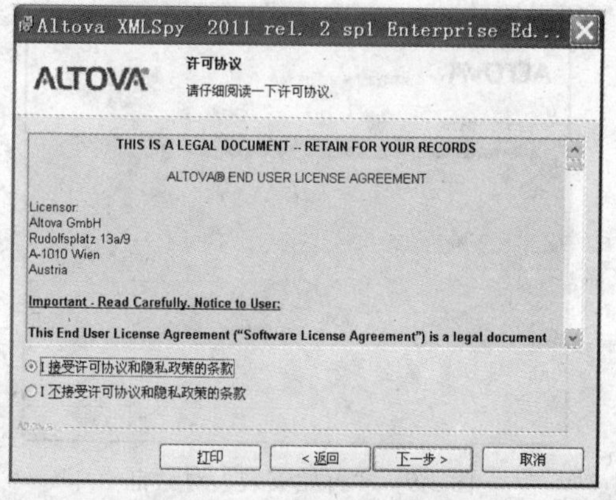

图 3-6 软件许可协议对话框

05 在软件许可协议对话框中给出了许可协议的全文，用户必须同意该协议的所有条款才可以使用该软件。选中第一个单选按钮，表示同意接受该许可协议的全部条款。单击“下一步”按钮，弹出如图 3-7 所示的文档类型关联对话框。

06 在文档类型关联对话框中有三个复选框，可让用户选择 XMLSpy 支持的相关文件类型，用户可以根据实际需要加以选择，选择完毕后，单击“下一步”按钮，弹出如图 3-8 所示的选择安装类型对话框。

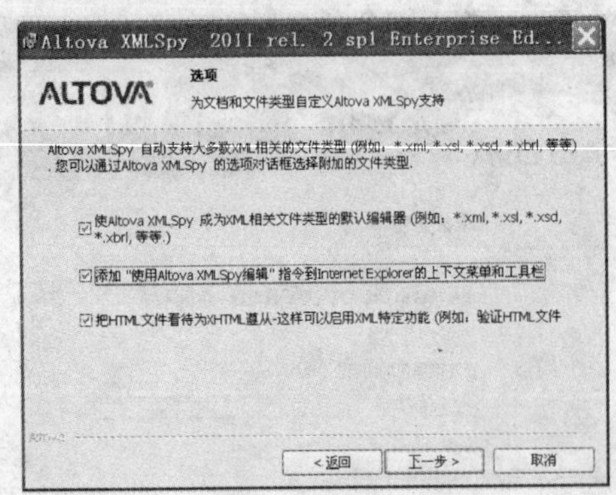

图 3-7　文档类型关联对话框

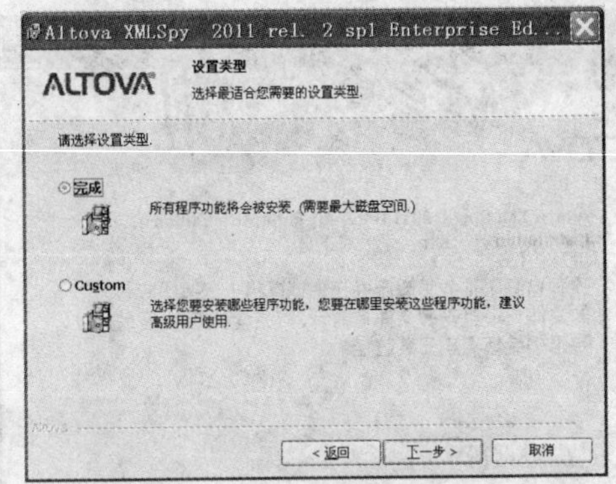

图 3-8　选择安装类型对话框

07 在选择安装类型对话框中可以选择是完全安装还是自定义安装。对于一般用户而言，最常用的情况是选择"完成"模式；当然如果要节省硬盘空间，可以选择"Custom"模式，即自定义安装需要的组件。选择完毕后，单击"下一步"按钮，弹出如图 3-9 所示的开始安装对话框。

08 单击"安装"按钮，开始安装，并显示如图 3-10 所示的安装进度条。

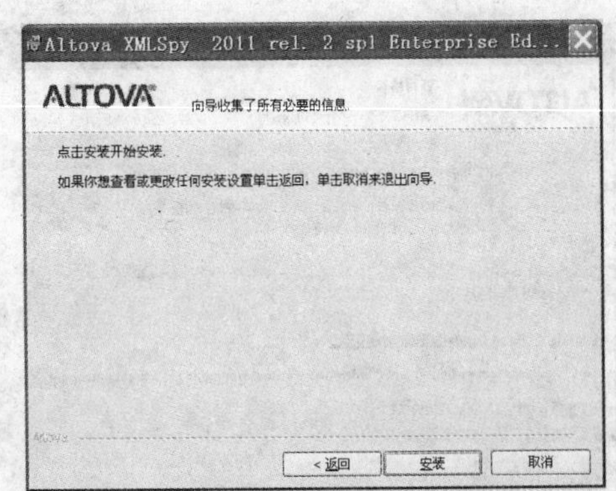

图 3-9　"开始安装"对话框

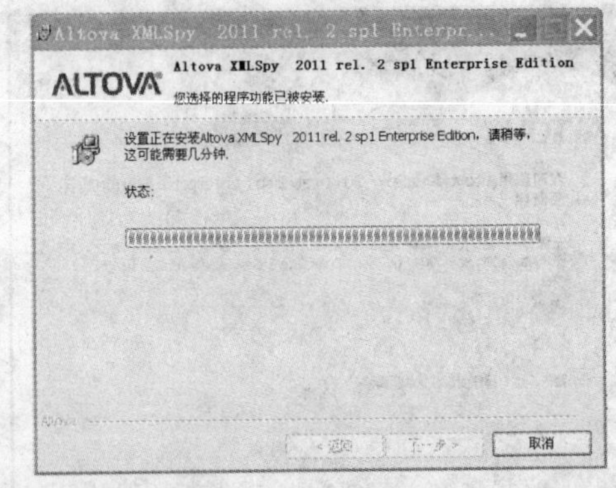

图 3-10　安装进度条

09 安装完成后将显示如图 3-11 所示的安装完成对话框。至此，XMLSpy 2011 中文企业版安装完毕，单击"完成"按钮退出。

图 3-11　安装完成对话框

3.2.2　Altova XMLSpy 的主界面

安装好 Altova XMLSpy 2011 中文企业版后，在 Windows 的开始菜单中会出现 Altova XMLSpy 的子菜单，选择“开始”|“所有程序”|“Altova MissionKit 2011”| “Altova XMLSpy 2011”命令，就可以进入如图 3-12 所示的 XMLSpy 2011 主界面。

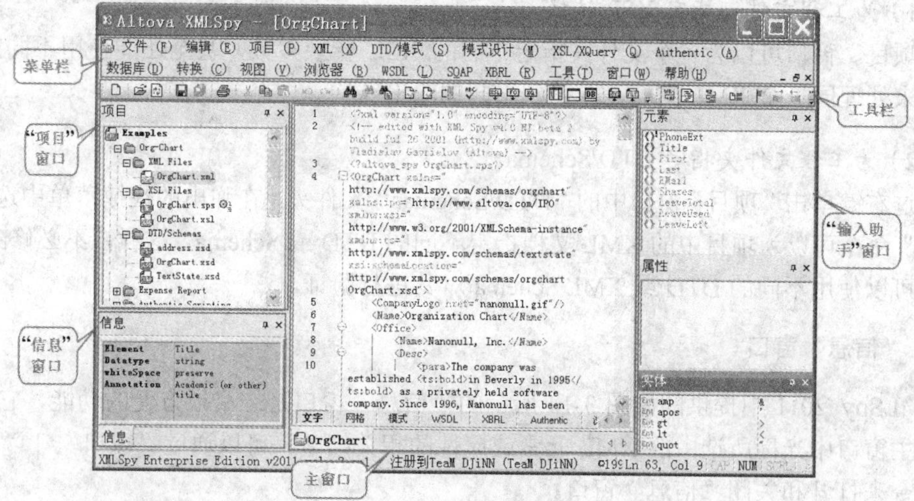

图 3-12　XMLSpy 2011 主界面

Altova XMLSpy 2011 的主界面主要由下列 4 个部分组成。

- “项目”窗口：在该窗口中将文件组织为工程，并可对这些文件进行编辑。
- “信息”窗口：在该窗口中显示当前编辑项的信息。
- 主窗口：显示正在编辑中的文档窗口。可用的文档视图数目与正在编辑的文档类型有关。可以根据需要在各种视图间切换。
- “输入助手”窗口：输入助手泛指那些在文档编辑过程中提供帮助的窗口，XMLSpy 2011 中提供了多种不同的输入助手。可用的输入助手窗口将根据正在编辑的文档类型和主窗口的文档视图的不同而变化。

我们可以将这些窗口停靠在菜单条和工具条的下面，或者在菜单条和工具条的下方自由放置。它们的位置和大小都是可以调整的，除此之外，还可以通过 XMLSpy 2011 菜单栏中的“窗口”菜单来设置这些窗口的开关。

1. “项目”窗口

XMLSpy 2011 使用常见的树形结构视图来管理 XML 工程中的各个文件和 URL。我们可以根据文件扩展名或其他任意标准将文件和 URL 放置到各个文件夹中。

如图 3-13 所示的“项目”窗口是以工程文件夹的形式来组织和管理项目，它可以将文件夹映射到文件系统中的某个物理目录，也可以将文件系统中不同物理路径上的多个文件加入到一个文件夹中。工程文件夹是一种逻辑上的文件夹，表示一组文件的逻辑集合，它不是文件系统中的某个物理目录。

我们可以通过“窗口” | “项目窗口”命令来打开和关闭 “项目”窗口，可以使用“项目”菜单中的命令来进行工程的管理。

在“项目”窗口中可以实现以下的功能。

（1）为工程文件夹指定 XSL 转换

“项目”窗口可以为各个文件夹指定不同的 XSL 转换参数，甚至还能使用不同的 XSL 样式表来处理同一个 XML 文档，以得到不同的输出结构。

（2）为工程文件夹指定 DTD/Schema

通过右键单击“项目”窗口中的“DTD/Schemas”文件夹，在弹出的快捷菜单中选择“添加文件”命令可以为项目中的 XML 文档指定不同的 DTD 或 Schema。这样，不必修改 XML 文档就可以使用不同的 DTD 或 XML Schema 对其进行验证。

2. “信息”窗口

XMLSpy 2011 中提供的如图 3-14 所示的“信息”窗口是一个很方便的功能，它主要用于显示主窗口中光标所选中的 XML 元素或属性的相关细节。可以通过“窗口” | “信息窗口”命令来打开和关闭“信息”窗口。

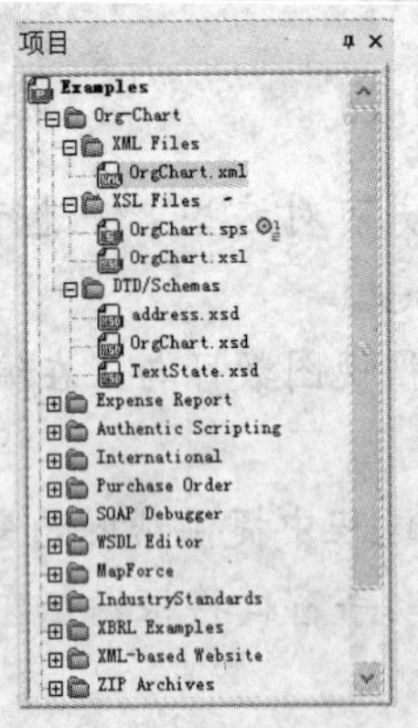

图 3-13 “项目”窗口

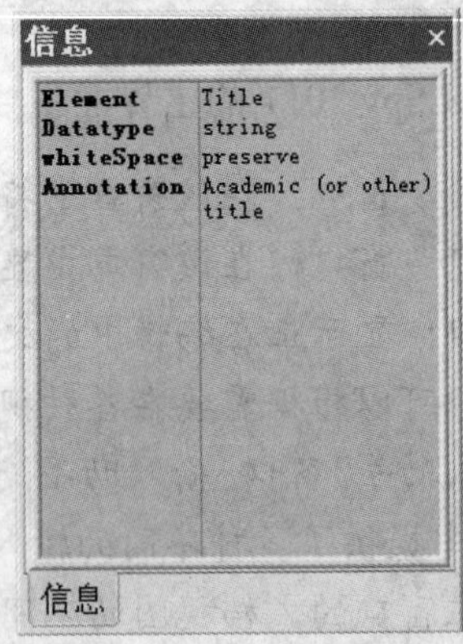

图 3-14 “信息”窗口

3. 主窗口

XMLSpy 2011 中的主窗口是用来显示和编辑文档的区域。在主窗口中可以实现以下的功能。

（1）管理多个已打开的文件

- 同时打开/编辑任意多个 XML 文档。
- 主窗口中已打开的文件各有一个文档窗口，这些文档窗口在主窗口的底部各有一个与之对应的标签。
- 当这些窗口处于层叠、平铺或最小化状态时，它们的窗口标题栏中将显示文件的名称以及“最小化”、“最大化”、“关闭”按钮。

- 单击标题栏上的“最大化”按钮或“最小化”按钮可以将文档窗口放到最大或最小。
- 如果最大化其中一个文档窗口，那么所有文档窗口都将最大化。
- 可以使用“窗口”菜单中的相关命令将文档窗口层叠或平铺。
- 如果要编辑一个文件，只需点击一下该文件对应文档窗口的标题栏或窗口内部即可进入编辑状态。
- 可以通过使用快捷键“Ctrl+Tab”或“Ctrl+F6”来依次浏览所有已打开的文件。

（2）快速使用文件命令

利用鼠标右击位于主窗口底部的文件标签，将出现一个如图 3-15 所示的列有各种文件命令（如打印、关闭等）的上下文菜单，可以用其中的命令对一个打开文件作相关处理。

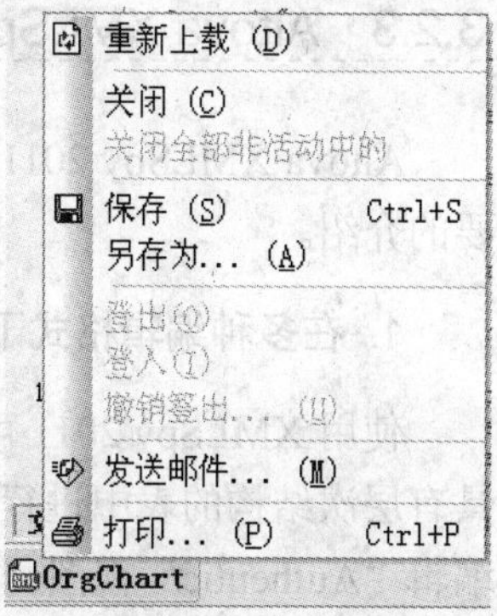

图 3-15　文件标签上下文菜单

（3）主窗口视图

XMLSpy 2011 为 XML 文档提供了多种视图。这些视图有的是编辑视图，有的是浏览器视图，主要包括如下视图。

- “文字”视图：一种具有语法分色显示的源代码级编辑视图。
- “网格”视图：在网格视图中，文档被显示为一种结构化的网格，能以图形化的方式对文档进行处理。该视图内部还支持一种数据库/表视图，用于以表格形式显示多个相同类型的元素。
- “模式”视图：用于查看和编辑 XML Schema 文档。
- “WSDL”视图：用于查看和编辑 WSDL 文档。
- “Authentic”视图：用于根据 StyleVision Power Stylesheets 来编辑 XML 文档。
- “浏览器”视图：一个集成的、支持 CSS 和 XSL 样式表的视图。

可以通过点击文档窗口底部的“视图”按钮在不同的文档视图间进行切换或者使用“视图”菜单中的命令来切换文档视图。

4．“输入助手”窗口

XMLSpy 2011 提供了智能的编辑功能以帮助用户快速创建有效的 XML 文档。这些功能把所有可供选择的元素、属性和实体等列在其中，以供用户选择，我们称之为“输入助手”窗口，如图 3-16 所示。

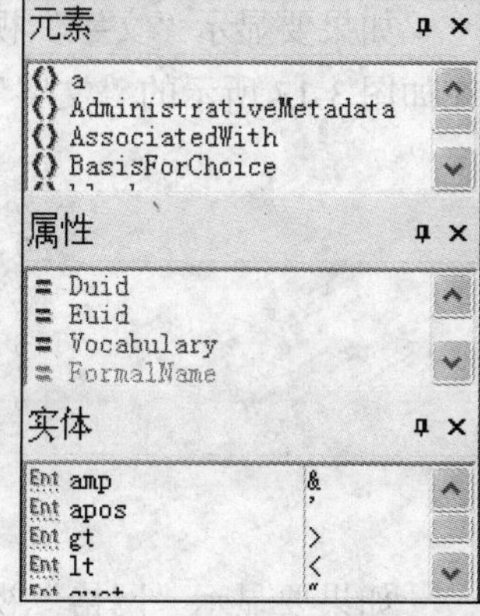

图 3-16　“输入助手”窗口

在编辑文档时，“输入助手”窗口将根据当前的光标位置显示出结构化编辑选项。“输入助手”窗口将从 DTD、XML Schema 或 StyleVision Power 样式表获取所需信息。比如，在编辑一个 XML 数据文档，那么“输入助手”窗口中将显示可插入当前光标位置的元素、属性和实体。我们可以通过“窗口”|“输入助手”命令来打开和关闭“输入助手”窗口。

“输入助手”窗口会随着当前视图的不同而有所变化。根据 XMLSpy 2011 所支持的视图种类，输入助手主要可以分为如下几类。

- “文字”视图和“网格”视图。
- “模式”视图。
- “WSDL”视图。
- “Authentic”视图。

3.2.3 Altova XMLSpy 的主要功能

Altova XMLSpy 2011 所支持的功能非常强大，本节我们仅仅对其中的主要功能作一个简要的介绍。

1. 在多种编辑格式下编辑 XML 文档

使用 XMLSpy 2011 可以将 XML 文档作为普通文本来编辑“文字”视图，也可以在一个具有层次结构的表中进行编辑增强型的“网格”视图，还可以在图形化的所见即所得视图中编辑“Authentic”视图。对于 XML Schema 和 WSDL 文档，可以使用“模式”和“WSDL”视图，它的图形化用户界面极大地简化了复杂 Schema 和 WSDL 文档的创建。可以根据需要在各种视图间切换。“浏览器”视图可用于浏览 XSLT 样式表对 XML 文档的转换结果和 HTML 文档。

下面我们用一个简单的 XML 文档来做一下演示，XML 文档的具体代码如下：

```
<?xml version="1.0" encoding="GB2312"?>
<employees>
<employee>
        <name>李锋</ name >
    </employee>
</employees>
```

如果要显示“文字”视图，可以单击文档显示区域下面的“文字”按钮，该 XML 文档在如图 3-17 所示的“文字”视图中以普通文本的形式进行显示。

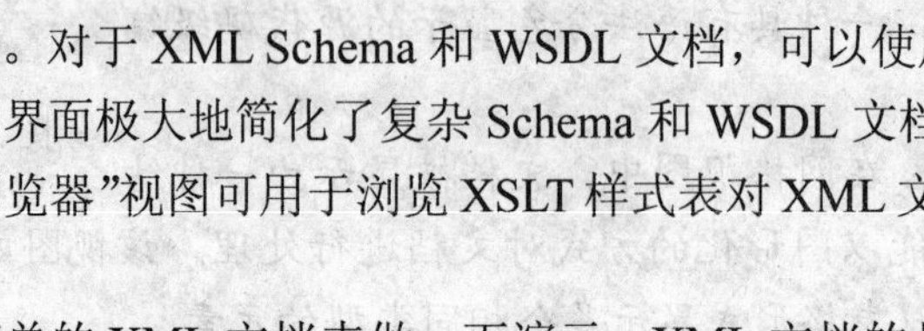

```
1   <?xml version="1.0" encoding="GB2312"?>
2   <employees>
3       <employee>
4           <name>李锋</ name >
5       </employee>
6   </employees>
7
```

文字 | 网格 | 模式 | WSDL | XBRL | Authentic | 浏览器

图 3-17 “文字”视图

如果要显示“网格”视图，可以单击文档显示区域下面的“网格”按钮，该 XML 文档在如图 3-18 所示的“网格”视图中以具有层次结构的表的形式进行显示。

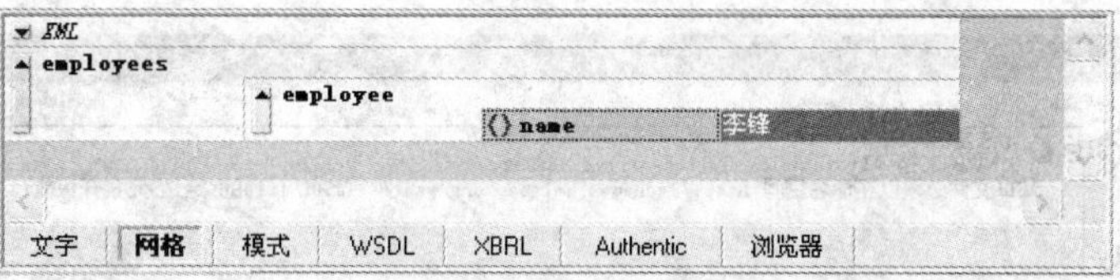

图 3-18　“网格”视图

如果要显示“浏览器”视图，可以单击文档显示区域下面的“浏览器”按钮，该 XML 文档在如图 3-19 所示的“浏览器”视图中以类似于 IE 浏览器的显示形式进行显示。

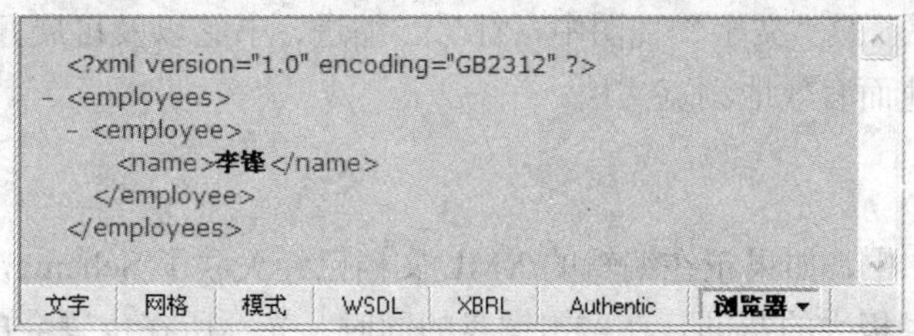

图 3-19　“浏览器”视图

对于 XML Schema 和 WSDL 文档，则可以使用“模式”视图和“WSDL”视图，并以图形化用户界面的方式来创建复杂的 Schema 和 WSDL 文档，从而极大简化了 XML Schema 和 WSDL 文档的创建过程。单击文档显示区域下面的“模式”或“WSDL”视图按钮，将以如图 3-20 所示的图形化形式显示 Schema 文档。

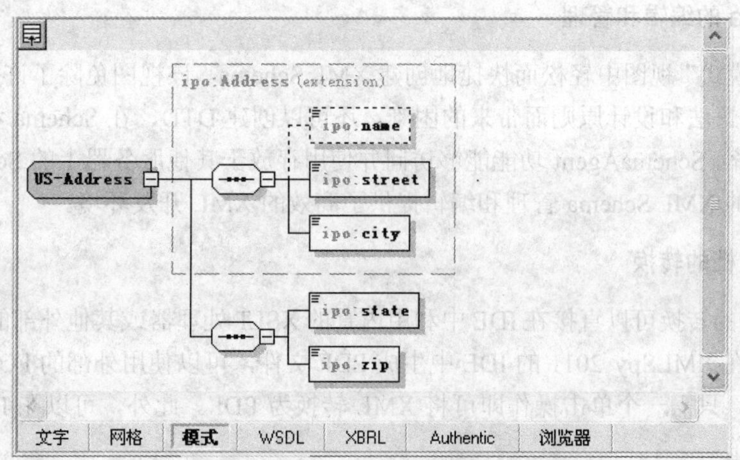

图 3-20　“模式”视图

2. 良构性（well-formedness）检查和内置验证器（validator）

在切换视图或保存文件时， XMLSpy 2011 将会自动对 XML 文档进行良构性检查。如果是关联了 Schema（DTD 或 XML Schema）的 XML 文件，还会对它进行验证。对于其他类型的文档，也会作语法和结构上的检查。检查的结果将在如图 3-21 所示的验证视图中显示。

图 3-21　验证视图中显示的检查结果

3. 结构化编辑

在如图 3-17 所示的“文字”视图中，行号、缩进、书签以及可展开/折叠的元素显示等功能将协助我们快速而有效地浏览文档。

4. 智能编辑

在“文字”视图中，如果正在编辑的 XML 文档已经关联了 Schema，那么自动完成功能将在编辑过程中提供极大的帮助。在敲击键盘的同时，光标所在位置会出现一个列有元素、属性和允许出现的枚举型属性值的窗口。此外，在完成开始标签的输入时，自动完成功能会自动插入相应的结束标签，而在弹出窗口中选择的属性也会被自动插入并被引号括起来。如果一个元素下必须出现某些元素或属性，那么可以选择在该元素被插入时为它自动生成那些必须的成分。此外，每个视图都有一组输入助手，通过它们可以往文档中插入成分，如插入一个元素等，或为主窗口中选中的成分指定属性。

5. Schema 的编辑和管理

可以在“模式”视图中轻松而快捷地创建 XML Schema。该视图免除了许多由学习 XML Schema 结构、语法和设计原则而带来的困难。还可以创建 DTD、在 Schema 和 DTD 间进行转换和生成档案，SchemaAgent 功能能够访问并使用存放于其他服务器上的 Schema——所有这些都为专业的 XML Schema 管理和编辑提供了高效的 XML 开发环境。

6. XML 文档的转换

XML 文档的转换可以直接在 IDE 中利用内置的 XSLT 处理器或其他外部的 XSLT 处理器进行，如果要在 XMLSpy 2011 的 IDE 中生成 PDF 文件，可以使用外部的 FO 处理器；在指定样式表之后，只需一个单击操作即可将 XML 转换为 PDF。此外，可以在 IDE 中给 XSLT 转换传递参数值。

7. XPath 求值

对于一个给定的 XML 文档，XPath 的求值功能可以列出一个 XPath 表达式返回的序列（或结点集）。可以将文档结点或选择一个元素作为上下文结点。XPath 求值的结果将显示在如图 3-22 所示的 XPath 视图中。

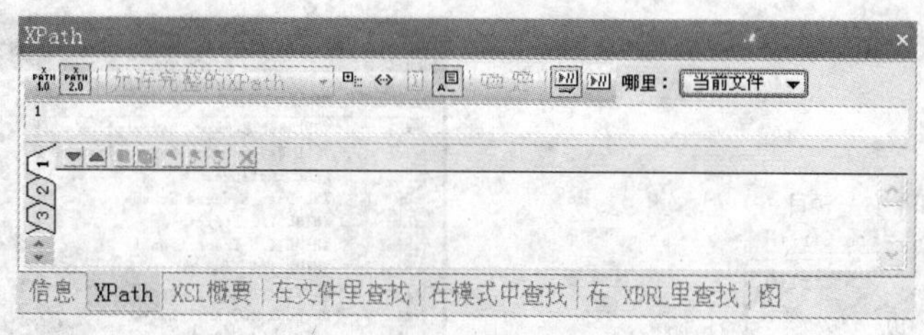

图 3-22 XPath 视图

8. XML 工程管理

在 XMLSpy 2011 中，我们可以将相关的文件组织为工程。与其他开发工具不同的是，在 XMLSpy 2011 中工程可以是一个树状结构，也就是说，可以在一个工程下创建另一个工程。工程中可以包含 Schema 文档、XML 文档、转换文件和输出文件等。

工程中的文件被列在“项目”窗口中，以便访问工程中的文件。此外，我们还可以为整个项目或整个目录做统一的设定，例如，为整个目录的文件指定一个 Schema 文档或 XSLT 文件。

9. 数据库导入

可以将数据库中的数据导入为一个 XML 文件，并生成一个与数据库结构对应的 XML Schema 文件。目前 XMLSpy 2011 支持 MS Access、MS SQL Server、Oracle、MySQL、Sybase、IBM DB2 的数据库导入。

10. 与各种常用开发工具集成

XMLSpy 2011 可以与 Visual Studio .NET 开发环境集成，也可以作为插件的形式与 Eclipse 开发环境集成。

11. 代码自动生成

在 XMLSpy 2011 中如果要使用 Java、C++或 C#代码来处理 XML 文档中的数据，代码自动生成功能可以根据 XML 文档来生成包含有关 Schema 的类定义代码，也可以直接根据 DTD 或 XML Schema 生成代码。

3.2.4 Altova XMLSpy 的使用

通过前面几节的介绍，我们已对 Altova XMLSpy 2011 集成开发环境有了一个初步的认识，再此基础上，下面就通过一个例子来演示如何使用 XMLSpy 2011 来创建和查看 XML 文档的过程。

【实例 3-1】使用 XMLSpy 2011 创建和查看 XML 文档

01 运行 XMLSpy 2011，单击如图 3-23 所示的菜单栏中的“文件”|“新建”命令，弹出如图 3-24 所示的“选择新文件”对话框。

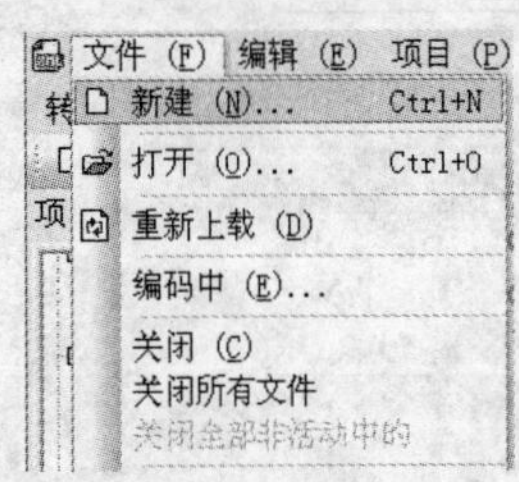

图 3-23 “文件”菜单

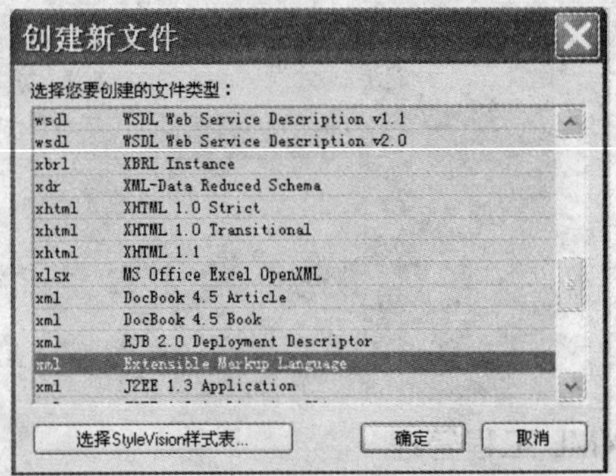

图 3-24 “选择新文件”对话框

02 在“选择新文件”对话框中列出了系统支持创建的所有文档类型，我们可以根据实际需要选择要创建的文件类型。本例要创建的是 XML 文档，所以使用默认的选项“xml Extensible Markup Language”，单击“确定”按钮，弹出如图 3-25 所示的“新文件”对话框。

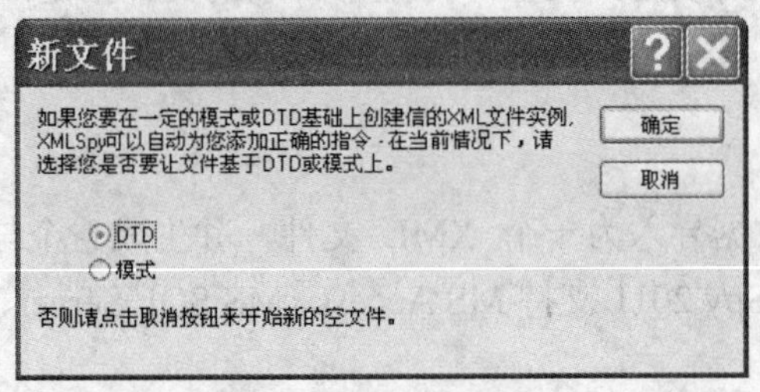

图 3-25 “新文件”对话框

03 在“新文件”对话框中，我们可以通过单选按钮将新创建的 XML 文档与相应的 DTD 或模式文件相关联。由于本例中不使用 DTD 和模式，所以单击“取消”按钮进入如图 3-26 所示的 XML 编辑界面，也就是进入了“文字”视图。

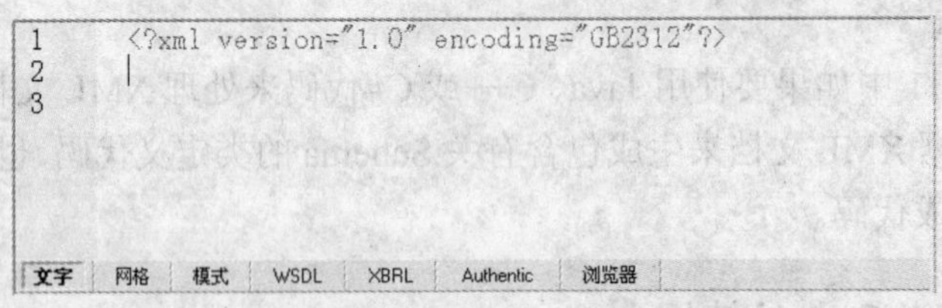

图 3-26 “文字”视图

04 在“文字”视图中，从第 2 行开始，输入以下代码：

```
<film>
  <name> 钢铁侠 3</name>
  <director>沙恩・布莱克</director>
  <starring>小罗伯特・唐尼</starring>
  <price>￥ 38.00</price >
</film>
```

05 代码编写完成后，在“文字”视图中显示如图 3-27 所示的 XML 文档。

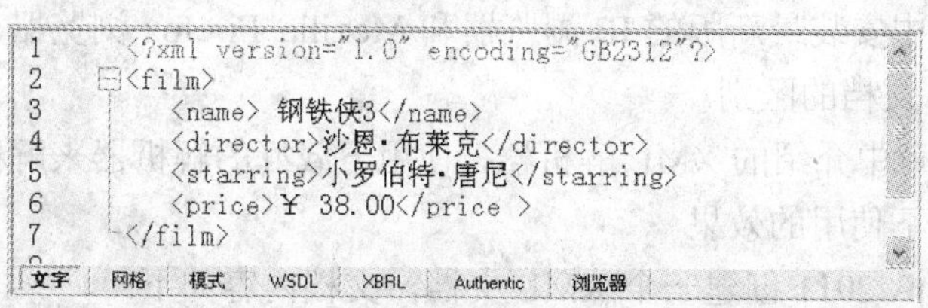

图 3-27 输入代码后的“文字”视图

06 单击工具栏中的“保存”按钮，将此文档保存为名称为“Example.xml”的 XML 文档后，在视图窗口最下端选择“浏览器”视图，即可查看如图 3-28 所示的显示结果。

图 3-28 “浏览器”视图

07 在“浏览器”视图界面中我们可以单击 film 元素左边的一个加号（＋）或减号（－）来展开或收缩元素的结构。如果想再次查看原始的 XML 源文件，直接在视图窗口最下端选择“文字”视图即可。

08 如果 XML 文档中存在错误，在 XMLSpy 2011 中的验证视图内会报告出现错误的信息，例如，将本例代码中的最后一行去掉，验证视图将显示如图 3-29 所示的错误信息。

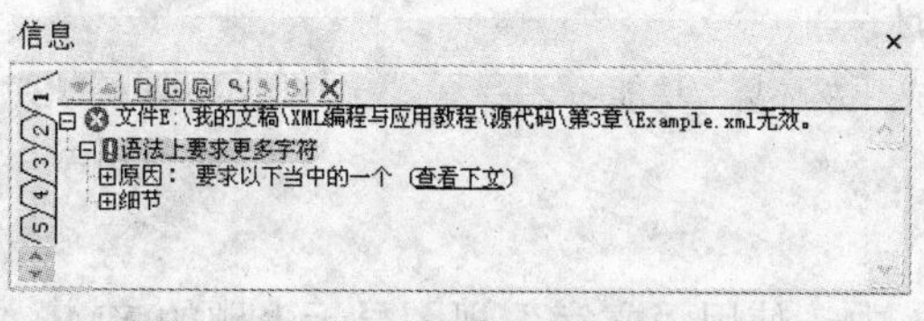

图 3-29 验证视图显示的错误信息

3.3 扩展练习

1．在本地电脑上安装 Altove XMLSpy 2011 集成开发环境，并熟悉软件的主界面和各种操作界面。

2．对 XMLSpy 开发环境进行适当的配置和调试，例如，修改文本编辑时显示的字体大小和编辑界面的背景颜色等。

3．使用安装好的 XMLSpy 软件，对第 1 章和第 2 章中所有的实例进行创建、运行并验证文件的有效性。

4．在上题的基础上，在 XMLSpy 2011 中，分别查看 XMLSpy 所有支持的各种视图，区别其界面的异同和不同的作用。

5．在本地电脑中安装最新版的 IE 浏览器和 Mozilla Firefox 浏览器，比较使用两种不同的浏览器显示 XML 文档的区别。

6．下载两个本章中介绍的 XML 解析器，使用下载好的解析器来解析一下本章实例中的 XML 文档，比较一下使用的效果。

7．使用 XMLSpy 2011 创建一个 XML 文档，文档内容如下：

```
<?xml version="1.0" encoding="gb2312" ?>
<软件列表>
<软件信息>
    <软件名称>Altova XMLSpy</软件名称>
    <公司>Icon Information-Systems</公司>
    <版本>2011</版本>
    <功能>XML 集成开发环境</功能>
</软件信息>
  <软件信息>
    <软件名称>Eclipse</软件名称>
    <公司>IBM</公司>
    <版本>5.8</版本>
    <功能>JAVA 集成开发环境</功能>
  </软件信息>
  <软件信息>
      <软件名称>Visual Studio</软件名称>
      <公司>Microsoft</公司>
      <版本>2010</版本>
      <功能>.NET 集成开发环境</功能>
  </软件信息>
</软件列表>
```

8．在 XMLSpy 2011 中，使用“文字”视图显示上题的 XML 文档，如图 3-30 所示。

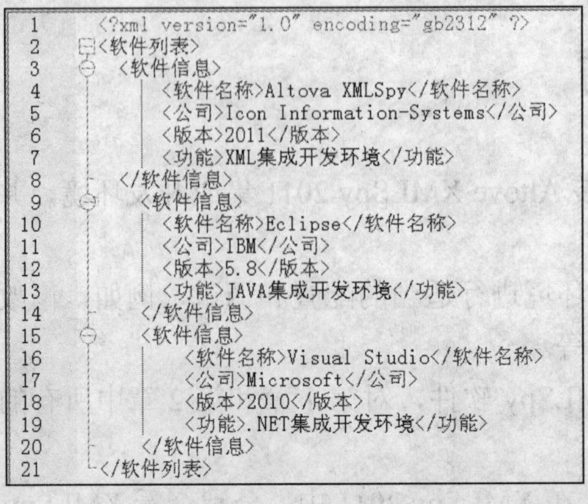

```
<?xml version="1.0" encoding="gb2312" ?>
<软件列表>
  <软件信息>
      <软件名称>Altova XMLSpy</软件名称>
      <公司>Icon Information-Systems</公司>
      <版本>2011</版本>
      <功能>XML集成开发环境</功能>
  </软件信息>
    <软件信息>
      <软件名称>Eclipse</软件名称>
      <公司>IBM</公司>
      <版本>5.8</版本>
      <功能>JAVA集成开发环境</功能>
    </软件信息>
    <软件信息>
        <软件名称>Visual Studio</软件名称>
        <公司>Microsoft</公司>
        <版本>2010</版本>
        <功能>.NET集成开发环境</功能>
    </软件信息>
</软件列表>
```

图 3-30　“文字”视图

9．在 XMLSpy 2011 中，使用“网格”视图显示上题的 XML 文档，如图 3-31 所示。

XML

= version	1.0
= encoding	gb2312

软件列表

软件信息 (3)

	() 软件名称	() 公司	() 版本	() 功能
1	Altova XMLSpy	Icon Information-Systems	2011	XML集成开发环境
2	Eclipse	IBM	5.8	JAVA集成开发环境
3	Visual Studio	Microsoft	2010	.NET集成开发环境

图 3-31　“网格”视图

10．在 XMLSpy 2011 中，使用“浏览器”视图显示上题的 XML 文档效果，如图 3-32 所示。

```
<?xml version="1.0" encoding="gb2312" ?>
- <软件列表>
  - <软件信息>
      <软件名称>Altova XMLSpy</软件名称>
      <公司>Icon Information-Systems</公司>
      <版本>2011</版本>
      <功能>XML集成开发环境</功能>
    </软件信息>
  - <软件信息>
      <软件名称>Eclipse</软件名称>
      <公司>IBM</公司>
      <版本>5.8</版本>
      <功能>JAVA集成开发环境</功能>
    </软件信息>
  - <软件信息>
      <软件名称>Visual Studio</软件名称>
      <公司>Microsoft</公司>
      <版本>2010</版本>
      <功能>.NET集成开发环境</功能>
    </软件信息>
  </软件列表>
```

图 3-32　“浏览器”视图

第 4 章　规范 XML 文档的 DTD

XML 的一个主要目的是允许应用程序之间自由交换结构化的数据。为此，必须首先定义用于交换信息的 XML 文档格式，并达成一致。这不仅需要任何 XML 文档都是格式良好的，还需要确保该文档是有效的。换言之，就是该文档要严格遵循已达成一致的结构、业务逻辑和规则。为此，可以定义一个模式来定义 XML 文档的结构，并借此验证 XML 文档的有效性。定义 XML 文档结构有两种解决方案：一是采用文档类型定义 DTD，二是采用 XML Schema。本章将主要讲解如何利用 DTD 验证 XML。

4.1　认识 DTD

DTD 是用来规范 XML 文件的格式，它必须出现在文件头中，以便 XML 校验器在一开始便可以得到 XML 文件的格式定义。DTD 是一套关于标记符的语法规则，它定义了可用在文档中的元素、属性和实体，以及这些内容之间的相互关系。

4.1.1　DTD 的概念

DTD 是用于描述、约束 XML 文档结构的一种方法，它定义了 XML 文档中的合法元素。XML 中可以创建一个或多个元素（也就是 HTML 中所谓的标记），这些元素集（也叫标记集）通过 DTD 来定义。DTD 是可有可无的，用它来描述、约束 XML 文档的结构，其目的主要在 XML 文档的开头对文档内容和大体结构进行描述，以便提供对文档内容进行严格检验的依据。

1. 描述文档内容和结构

DTD 用于描述并规定 XML 文档中可用的词汇，即文档中元素和属性的名称。DTD 在指定 XML 文档所用词汇的同时，还定义了文档的大体结构。例如，可以进行如下各种情况的定义：

- XML 根元素或其他元素的名称。
- 元素的属性列表，包括这些属性的数据类型和取值方式（是否可选、固定取值、默认取值等）。

- 元素的子元素列表，包括子元素的名称、出现顺序，以及出现频率（出现一次或多次等）。
- 元素是否能拥有任意名字的子元素或属性。
- 元素是否能拥有文本内容。

除了声明元素和属性之外，用 DTD 还可以声明实体，以便在 XML 文档中引用。实体的用途一般有以下几种：

- 代替不能在文档中直接出现的字符（如在 XML 文本内容中用“< ”代替标记字符“<”）。
- 代替不方便在文档中出现的内容（如若干不能被 XML 处理程序识别的文字）。
- 代替在 XML 文档中重复出现的内容（如著作权声明文字、公司名称等）。
- 代替外部文件（如一份在 XML 文档以外的文档）。
- 代替外部二进制资源（如图片、多媒体文件）。

2．验证文档的合法性

在 DTD 中规定了 XML 文档可用的词汇及文档结构后，就可使用该 DTD 来验证 XML 文档的结构是否有效。许多 XML 解析器在读取文档的同时，可以使用 DTD 验证文档。下面是使用 DTD 检查 XML 文档的一些场合：

- 发现文档标签的拼写错误。例如，使用 DTD 验证可以轻易发现在几万个“编号”元素当中的某个被误拼为“变好”，而使用拼写检查软件是很难发现此类问题的。
- 检查文档的结构顺序是否符合规定的标准。例如，检查某外部程序传入的 XML 文档中，“电影”元素是否有“编号”属性、是否具有“片名”子元素等。
- 检查是否使用了规定的词汇编写文档。例如，某份关于计算机硬件配置的大型文档中，是否会意外地混入诸如“外卖电话”之类的无关内容。

使用 DTD 可以轻松完成这些工作，而且不用编写任何一行代码。

3. 提高 XML 应用的开发效率和规范程度

在具有错误检测的环境下能够方便地排除 XML 文档中的错误，从而提高了开发效率。

DTD 在 XML 文档中不是必需的内容，就如本书的示例，很多都没有对应的 DTD 文档。这有以下几个原因：本书的 XML 示例文档不是大范围应用的行业标准，不要求同行按照统一的模板执行。每个文档结构都可以简单灵活，能描述清楚问题即可：在大多数情况下，本书的实例不必经过验证，这些实例很多都非常小，仅靠肉眼和大脑就足以分析出其结构，出现问题也很容易发现，不必借用 DTD 来验证，所以，在下面几种情况下，可以考虑不使用 DTD 验证 XML 文档：

- DTD 文档的使用范围很小，使用者不多。
- XML 文档非常简单，数量也不多。
- 所使用的 XML 解析器不支持 DTD 验证，或没有严格验证文档结构的需要。

- 为提高对 XML 文档的处理效率，禁用 DTD 验证。
- 基于安全理由，禁用外部 DTD 验证功能。

这里建议尽量写出合法的 XML 文档，一来结构严谨，二来便于以后使用程序处理该文档。

4.1.2 DTD 的基本结构

每个有效的 XML 文档必须指定它对于哪个 DTD 是有效的。这个 DTD 可以包含在相应的 XML 文档中，也可以独立定义在一个 DTD 文档中，以便其他的 XML 文档调用。前者称为内部 DTD，后者称为外部 DTD，特别是后者，它往往是一个行业或者一个领域内所有 XML 文档所遵守的一个公共标准性协议。

通过使用文档类型声明在 XML 文档中使用 DTD。文档类型声明在 XML 处理指令和根元素之间的位置。文档类型声明包括文档类型定义或标识 DTD 文档的 URL。

文档类型声明以“<!DOCTYPE”开头，以“]>”结束，通常将开始和结束标记放在不同的行上。内部文档类型定义（即内部 DTD）是包含在 XML 文档内部的 DTD，其基本语法格式如下：

```
<!DOCTYPE 根元素名称[
<!ELEMENT 子元素名称 (#PCDATA) >
]>
```

对语法中的各个参数说明如下。

- <!DOCTYPE：文档类型声明的起始定界符。
- 根元素名称[：一个 XML 文档只有一个根元素，如果 XML 文档使用 DTD，那么文档总的根元素名称就在内部 DTD 中指定。
- <!ELEMENT 子元素名称 (#PCDATA) >：用来定义出现在文档中的元素。
-]>：文档类型声明的结束定界符。

【实例 4-1】内部 DTD 的 XML 文档结构

下面通过一个实例来简单地了解包含内部 DTD 的 XML 文档结构，具体操作步骤如下：

01 运行 XMLSpy 2011，进入“文字”视图，将原来的代码去掉并键入以下代码：

```
<?xml version="1.0" encoding="GB2312"  standalone="yes"? ?>
<!DOCTYPE FILMDATA[
<!ELEMENT FILMDATA (FILM)+>
<!ELEMENT FILM (NAME, DIRECTOR,STARRING,PRICE)>
<!ELEMENT NAME (#PCDATA)>
<!ELEMENT DIRECTOR (#PCDATA)>
<!ELEMENT STARRING (#PCDATA)>
<!ELEMENT PRICE (#PCDATA)>
```

```
9.  <!ATTLIST FILM ID CDATA #REQUIRED>
10.  ]>
11. <FILMDATA>
12.   <FILM ID="1">
13.       <NAME>钢铁侠 3</NAME>
14.       <DIRECTOR>沙恩・布莱克</DIRECTOR>
15.       <STARRING>小罗伯特・唐尼</STARRING>
16.       <PRICE>￥25.00</PRICE>
17.   </FILM>
18. </FILMDATA>
```

代码解析：

在上面的代码中，第 1 行中的 standalone="yes"表明了该文档不依赖于外部 DTD 文件，第 2 行~第 10 行中的“<!DOCTYPE”标记和“] >”标记之间的内容是文档类型声明。

第 3 行~第 8 行以“<!ELEMENT”开头的语句为元素类型声明语句，此种语句定义了 XML 文档中可以出现的某个元素，包括元素的名称、数据类型以及该元素可以包含的各个子元素等。例如在上述文档的 DTD 中，声明了“FILMDATA”根元素可以有任意多个“FILM”子元素，声明了“FILM”元素应该有“NAME”、“DIRECTOR”、“STARRING”和“PRICE”4 个子元素。

第 9 行以“<!ATTLIST”开头的语句为属性列表声明语句，此种语句定义了可以在指定元素内包含的各个属性的名字，以及这些属性的数据类型与默认值等，如上述文档的 DTD 中，声明了“FILM”元素有“ID”属性，其属性值均为字符数据，并且是必需的。

除此之外，在一份 DTD 声明中还可以包含若干条注释语句，其格式与一般 XML 文档中的注释语句相同。

02 将此文档保存为 film.xml 文件。

03 使用 IE 浏览器运行该文件，查看运行后的结果如图 4-1 所示。页面中的“<!DOCTYPE FILMDATA（View Source for full doctype…）>”说明了该文档是一个内部定义的 DTD。

图 4-1　XML 文档显示结果

XML 文档通过 URL 引用的独立 DTD 称为外部子集（即外部 DTD），外部子集在物理上位于一个独立的文件中，该文件的扩展名为.dtd，外部子集可以供多个 XML 文档使用。如果需要在 XML 文件中使用外部 DTD，那么必须在 XML 文档的文档类型定义部分通过 URL 引用外部 DTD，语法格式声明如下：

```
<!DOCTYPE 根元素名称 SYSTEM  "DTD-URL"
```

或：

```
<!DOCTYPE 根元素名称 PUBLIC "DTD-name"  "DTD-URL"
```

对语法中的各个参数说明如下。

- <!DOCTYPE：关键字，表示引用外部 DTD。
- 根元素名称：在外部 DTD 中定义的根元素。
- SYSTEM：关键字，是指该外部 DTD 文件是私有的，即由用户创建但没有公开发行，只在个人或几个合作者之间使用。
- PUBLIC：关键字，是指该外部 DTD 文件是公有的，用 PUBLIC 关键字的 DTD 都有一个逻辑名称 DTD-name，必须在调用时指明这个逻辑名称。使用 PUBLIC 关键字通常表示 DTD 的使用范围相对广一些（例如 HTML 文档中也可以使用 DTD）。
- DTD-URL：通过 URL 将外部 DTD 引用到 XML 文档中。例如有一个名为 rule.dtd 的外部 DTD 文件，存放在某出版社的 URL 为 www.bookpress.com 的地方，那么在 XML 文档中的引用如下所示：

```
<!DOCTYPE book SYSTEM "http:// www.bookpress.com/rule.dtd"
```

【实例 4-2】外部 DTD 的 XML 文档结构

下面通过一个实例来简单地了解包含内部 DTD 的 XML 文档结构，具体操作步骤如下：

01 打开 Windows 记事本，输入具体的 DTD 文档代码：

```
<?xml version="1.0" encoding="GB2312"?>
<!ELEMENT FILMDATA (FILM)+>
<!ELEMENT FILM (NAME, DIRECTOR,STARRING,PRICE)>
<!ELEMENT NAME (#PCDATA)>
<!ELEMENT DIRECTOR (#PCDATA)>
<!ELEMENT STARRING (#PCDATA)>
<!ELEMENT PRICE (#PCDATA)>
<!ATTLIST FILM ID CDATA   #REQUIRED>
```

02 将此文档保存为 film.dtd。

03 打开 Windows 记事本，输入具体的 DTD 文档代码：

```
<?xml version="1.0" encoding="GB2312" standalone="no"?>
<!DOCTYPE FILMDATA SYSTEM "film.dtd">
<FILMDATA>
```

```
    <FILM ID="1">
        <NAME>钢铁侠 3</NAME>
        <DIRECTOR>沙恩·布莱克</DIRECTOR>
        <STARRING>小罗伯特·唐尼</STARRING>
        <PRICE>￥25.00</PRICE>
    </FILM>
</FILMDATA>
```

代码解析：

在上面代码中的第一行内 standalone="no"表明了该文档使用了外部 DTD 文件。第 2 行在该 XML 文档中引用外部 DTD 文档“film.dtd”，由于本 XML 文档和所引用的 DTD 文档在同一目录下，所以使用相对路径就可以了。

04 将此文档保存为 film.xml。

05 使用 IE 浏览器运行该文件，查看运行后的结果如图 4-2 所示。可以看到，图 4-2 和图 4-1 运行的结果完全相同，只是使用 DTD 文件的方式不同而已。外部 DTD 文档可以被多个 XML 文档共享，而内部 DTD 文档只能被它所在的 XML 文档使用。

图 4-2　XML 文档显示结果

4.2 DTD 中的定义元素

定义元素，即对 XML 文档中所使用元素及其使用方法的定义，定义包括元素名称、构成元素基本类型和元素内容类型。

4.2.1 声明元素类型

在有效的 XML 文档中，使用元素前必须进行元素类型声明。元素类型声明不仅说明了所关联的 XML 文件中可能存在的元素以及元素名称，而且给出了元素的具体类型，如空元素、文本元素或嵌套子元素，通过层层深入地声明 XML 元素来定义 XML 文档中元素的层次关系。也就是说，DTD 通过元素之间的父子关系来描述 XML 文档中元素的结构关系。

在 DTD 中元素类型是通过 ELEMENT 标记声明的，语法格式如下：

```
<! ELEMENT  元素名 元素内容>
```

对语法中的各个参数说明如下。

- ELEMENT：是关键字，表示对元素类型进行声明。
- 元素名：为当前元素指定元素名称。
- 元素内容：元素名后面的内容用来指定元素的内容类型，它可以分为 EMPTY（空）、子元素型、混合型、ANY（任意）和#PCDATA 共 5 种类型。

前面 film.dtd 文件中的部分代码如下所示：

```
<!ELEMENT FILMDATA (FILM)+>
<!ELEMENT FILM (NAME, DIRECTOR,STARRING,PRICE)>
<!ELEMENT NAME (#PCDATA)>
<!ELEMENT DIRECTOR (#PCDATA)>
<!ELEMENT STARRING (#PCDATA)>
<!ELEMENT PRICE (#PCDATA)>
```

代码解析：

在上面的代码中，第 1 行声明了一个“FILMDATA”元素类型，它可以包含最少要出现一次以上的多个“FILM”类型的元素；第 2 行声明了一个“FILM”元素类型，该元素类型中只可以包含 4 个子元素类型：NAME、DIRECTOR、STARRING、PRICE，而且这几个子元素类型的出现次序是固定不变的，出现次数只能是一次；第 3~6 行分别声明了 NAME、DIRECTOR、STARRING 和 PRICE 共 4 个元素类型，这些元素类型的元素内容都是文本内容。

4.2.2 元素基本类型

元素的基本类型有 5 种：EMPTY 类型、ANY 类型、#PCDATA 类型、子元素类型和混合类型，下面进行一一介绍。

1. EMPTY 类型

关键字 EMPTY 用于定义空元素，该元素只可能有属性而不会有元素内容。声明空元素的语法如下：

```
<!ELEMENT 元素名 EMPTY>
```

例如，下面的代码声明了一个空元素“电影”：

```
<!ELEMENT 电影 EMPTY>
```

在符合该声明的 XML 文档中，电影元素的标记应该如下所示：

```
<电影/>
```

或：

```
<电影></电影>
```

2. ANY 类型

ANY 是文档类型定义中使用很频繁的一个关键字，特别是对于文档根标记的声明。我们在定义一个 DTD 文档时通常很难准确地确定一个标记是否具有子标记的情况，此时一般的做法是指定该标记的子标记为 ANY 类型，表示可以是任意的标记，这样在它之中可以包含 DTD 中定义的其他任何元素或已编译的字符数据，包括：PCDATA、元素或元素与 PCDATA 的混合内容，另外，元素内容为 ANY 的元素也可以是空元素。其声明语法格式如下：

```
<!ELEMENT 元素名 ANY>
```

而在文档刚开始定义时，我们并不明确将来的应用领域要有多少个标记，所以唯一的做法就是标记为 ANY 类型，表示可以包含任何标记和可解析数据。建议一般只把文档的根元素规定为 ANY 类型。将根元素设为 ANY 类型后，元素出现的次数和顺序不受限制。

例如，下面的代码声明了一个名为电影的根元素，该元素可以包含任何标记：

```
<!ELEMENT 电影 ANY>
```

这样，在文档的实际开发过程中可以再逐步完善该标记的子标记的具体定义，从而将 ANY 关键字替换掉。

3. #PCDATA 类型

#PCDATA 表示标记的内容是可解析文本，所谓的可解析文本就是非标记文本，为防止与关键字混淆，应加“#”前缀。用#PCDATA 规范了的元素不能再包含子元素。例如，“Nice to meet you”是不包含标记的文本，而“Nice to meet <word> you </word >”就不是可解析的数据类型，因为其中包含有标记< word >和</word >。另外数据类型定义文档中不同元素定义的次序没有先后关系，但文档的语法对大小写敏感。#PCDATA 的声明格式如下：

```
<!ELEMENT 元素名 (#PCDATA )>
```

例如，下面的代码声明了一个名为电影的元素，它只能包含字符数据，即非标记文本，但它不能包含自己的子元素。

```
<!ELEMENT 电影 (#PCDATA )>
```

4. 子元素类型

元素可以包含一系列的子元素，子元素内容用于指定某个元素可以包含哪些子元素及它们的出现次序，其语法格式如下：

```
<!ELEMENT 元素名 (子元素列表)>
```

例如，下面的代码指定了“电影”元素下有一个子元素“片名”：

```
<!ELEMENT 电影 (片名)>
```

根据子元素间的关系，子元素的内容模型可以有两种结构：序列和选择。

（1）序列

序列定义了子元素所要遵循的顺序，子元素之间要用逗号“，”隔开，所有的子元素出现的次数也可以具体指定，通过在子元素列表中的每个子元素的后面加限定符号来限制子元素出现的次数。元素限定符，也称为元素指示符，关于元素限定符后面会详细介绍。如果子元素没有限定符号，那么该子元素必须出现且只能出现一次。其语法格式如下所示：

```
<!ELEMENT 元素名 (子元素1，子元素2，子元素3…)>
```

例如，下面的代码指定了“电影”元素必须包含子元素“片名”、“导演”和“主演”，并且三个子元素只能出现一次，在 XML 文档中子元素必须按照指定的顺序出现：

```
<!ELEMENT 电影 (片名，导演，主演)>
```

（2）选择

有些时候，需要在两个或多个互斥的子元素中进行选择，也就是多选一的情况。比如，一个人的性别可以是男或女，两者中只能有一种情况。子元素之间要用“或”连接符“|”隔开，其语法格式如下所示：

```
<!ELEMENT 元素名 (子元素1|子元素2|子元素3…)>
```

其中“(子元素 1|子元素 2|子元素 3…)”部分为选择性元素列表，具体使用时必须要在这个列表中选择一个。

例如，下面的代码指定“会员”元素必须包含可选的“手机号码”、“座机号码”和“E-mail”这三个元素：

```
<!ELEMENT 会员(手机号码|座机号码|E-mail)>
```

5. 混合类型

混合型内容说明元素既可以包含子元素，又可以包含已编译的字符数据，即文本数据。其语法格式如下：

```
<!ELEMENT 元素名（#PCDATA| 子元素1| 子元素2| …）*>
```

为避免出现错误，混合型内容元素的声明必须遵循这一格式，即以# PCDATA 开始，后面是混合型内容中可能出现的子元素类型，每个子元素只需声明一次，在混合类型后面追加星号“*”，这种元素称为限定符。

例如，下面代码中的“电影”元素就是一个混合元素：

```
<!ELEMENT 电影 (#PCDATA|片名|导演|主演| |票价) * >
```

带有字符数据的混合子元素会严重地限制文档的结构，因为我们只能指定可出现的子元素名称，而不能限定它们出现的顺序及每个元素的出现次数，或者它们是否出现，所以，在 XML 文档中，最好避免使用混合元素。

需要注意的是混合元素在声明时，在其语法结构中除了可以改变子元素数目以外，其他的任何改动都是不合法的，也就是说，不能在包括#PCDATA 的元素声明中使用逗号、问号

或加号；用竖线分隔的元素和#PCDATA 的列表是合法的；其他用法是不合法的。例如，下面的例子就是不合法的：

```
<!ELEMENT 电影 (片名,导演,主演,票价,#PCDATA) * >
```

4.2.3　元素限定符

元素限定符用于在 DTD 中规定子元素出现的顺序和次数。语法分析器将这些限定符与 XML 文档内部的数据模式相匹配，判别出一个文档是否是格式良好的。在表 4-1 中列出 DTD 中常用的元素限定符。

表 4-1　DTD 中常用的元素限定符

符号	用途	示例	示例说明
( )	用来给元素分组	(name|sex|birthday)，(telephone|mobilephon)，id	分成三组
|	在列出的元素中选择一个	(telephone|mobilephon)	表示 telephone 或者 mobilephon 元素必须出现，两者至少选择一个
+	列出的元素最少出现一次，但可以出现多次（1 或多次）	(number+)	表示 number 元素必须出现，而且可以出现多个成员
*	列出的元素允许出现 0 次到任意多次（0 到多次）	(hobby *)	表示 hobby 元素可以出现零次到多次
?	列出的元素可以出现，但只能出现一次（0 到 1 次）	(age?)	表示 age 元素可以出现，也可以不出现，如果出现的话，最多只能出现一次
,	列出的元素必须按指定的顺序出现	(name,sex,birthday)	表示元素 name、sex、birthday 必须出现，并且按这个顺序出现

下面我们来看几个关于元素限定符使用的例子。

例如，以下的代码指定“电影列表”元素可以包含一个或多个“电影”子元素：

```
<!ELEMENT 电影列表 (电影) +>
```

对于以某种方式组合在一起的两个或多个元素的元素组的出现次数，可通过把内容规范中的元素名用圆括号括起来指定，后面也可以跟加号、星号或问号。例如，下面的代码表示元素“电影”包含一个“主演”元素，后跟任意多个“类别”和“发行日期”的元素组，“主演”后必须至少有一个“类别”和“发行日期”的元素组，而且在这些元素组中“类别”都必须在“发行日期”之前：

```
<!ELEMENT 电影(主演，(类别，发行日期)) +>
```

遵循这个规则的标记应该如下面的代码所示：

```
<电影>
  <主演>李冰冰</主演>
```

```
<类别>科幻</类别>
<发行日期>2013 年</发行日期>
<类别>爱情</类别>
<发行日期>2012 年</发行日期>
<类别>战争</类别>
<发行日期>2012 年</发行日期>
</电影>
```

例如，下面的代码表示元素“电影”可以包含多个“主演”元素，也可能不包括任何元素：

```
<!ELEMENT 电影 (主演)*>
```

遵循这个规则的标记应该如下面的代码所示：

```
<电影>
  <主演>甄子丹</主演>
  <主演>黎明</主演>
  <主演>谢霆锋</主演>
</电影>
```

或：

```
<电影></电影>
```

例如，下面的代码表示元素“电影”至多包含一个“主演”元素；

```
<!ELEMENT 电影 (主演？) >
```

遵循这个规则的标记应该如下面的代码所示：

```
<电影>
  <主演>范冰冰</主演>
</电影>
```

或：

```
<电影></电影>
```

【实例 4-3】XML 元素的声明

本实例将演示如何在 XML 文档的内部 DTD 中进行元素的定义。具体实现的步骤如下：

01 运行 XMLSpy 2011，进入“文字”视图中，将原来的代码去掉并键入以下代码：

```
<?xml version="1.0" encoding="gb2312" standalone="yes"?>
<!--DTD 定义-->
<!DOCTYPE 电影列表 [
<!--元素定义-->
<!ELEMENT 电影列表 (电影*)>
```

```
<!ELEMENT 电影 (片名,编号?,导演+,主演,票价)>
<!ELEMENT 片名 (#PCDATA)>
<!ELEMENT 编号 (#PCDATA)>
<!ELEMENT 导演 (#PCDATA)>
<!ELEMENT 主演 (#PCDATA)>
<!ELEMENT 票价 (#PCDATA)>
]>
<!--内容定义-->
<电影列表>
<电影>
        <片名>钢铁侠 3</片名>
        <编号>54856486</编号>
        <导演>沙恩·布莱克</导演>
        <导演>大卫·里维斯</导演>
        <主演>小罗伯特·唐尼</主演>
        <票价>80.00</票价>
</电影>
<电影>
        <片名>小时代</片名>
        <导演>郭敬明</导演>
        <主演>杨幂/郭采洁</主演>
        <票价>50.00</票价>
</电影>
</电影列表>
```

代码解析：

在上面的代码中，DTD 规定 XML 文档的根元素为“电影列表”，其下有 0 个或多个“电影”元素，“电影”元素又包含 5 个元素，分别是“片名”、“编号”、“导演”、“主演”和“票价”，其中，“编号”元素后的“?”表示该元素可以出现也可以不出现，“导演”元素后的“+”表示导演至少有一个，也可以有多个。在紧接着的 XML 文档中，有两个“电影”元素，分别描述了“钢铁侠 3”和“小时代”两部电影，后者没有“编号”元素，前者导演有两位，后者仅一位。

02 选择菜单栏上的“XML”|“Validate”命令或按下键盘上的 F8 键进行文档有效性的验证，验证的结果如图 4-3 所示。有效的 XML 文档必定是一个格式良好的 XML 文档，所以，如果我们的 XML 文档中存在语法错误，那么当验证时首先会提示语法错误，并且会给出相应的语法错误提示，以及在出错的位置以高亮度进行显示。

03 将此文档保存为 film.xml 文档。

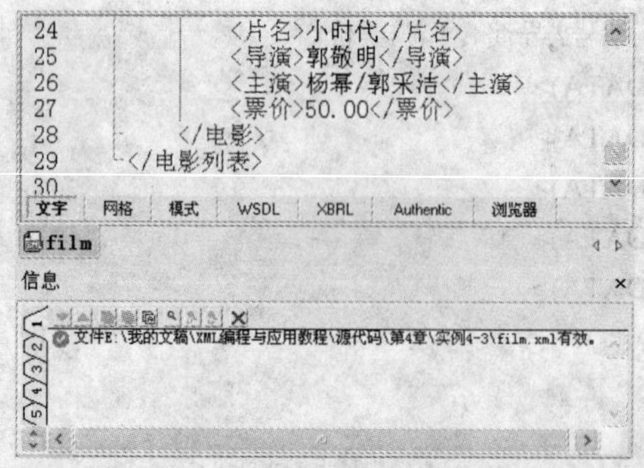

图 4-3　验证结果

4.3　DTD 中的定义属性

元素属性就是该元素区别于其他元素的特有本质。为了详细描述某元素，在定义元素时可同时定义该元素的属性。元素可以定义属性也可以不定义属性。元素属性定义包括属性名称、变量类型、预定义属性等，属性可以有一个，也可以有多个；多个属性时，各属性的排列次序对 XML 不构成限制。

4.3.1　属性的声明

对于一个有效的 XML 文档来说，必须在相应的 DTD 中明确地声明与文档中元素一起使用的所有属性。对元素的属性加以声明后，可以达到如下的效果：

- 设定某个元素所具有的各个属性及其名称。
- 设定每个属性的数据类型。
- 设定该属性是必须有的还是可选的，是否具有固定的属性值，或者设定该属性值省略时的默认值。

在有效的 XML 文档中，应将这些在 DTD 中所声明的属性名称和具体的属性值包含在元素的起始标记中。

在 DTD 中，属性声明的语法格式如下：

```
<!ATTLIST Element_name
Attribute_name   TYPE   [added_declare]
Attribute_name   TYPE   [added_declare]
…
>
```

对语法中的各个参数说明如下：

- <!ATTLIST>：表示属性定义语句的开始，ATTLIST 是关键字，必须大写。
- Element_name：表示元素名，用来指定对该元素的属性进行声明。

- Attribute_ name：表示该元素具有的某个属性名，属性的命名规则与元素的命名规则是一致的。
- TYPE：表示属性的数据类型。
- added declare：表示属性的附加声明，是一个可选项。

一个元素可以定义多个属性，这些属性可以在一行中定义，各个属性之间必须用空格隔开，也可以分为多行定义。

下面的声明语句为“电影”元素定义了“类别”和“发行日期”两个属性，这两个属性的数据类型都定义为 CDATA 的字符数据。其中：“类别”属性的附加声明“科幻”为该属性的默认值；而“发行日期”属性的附加声明为#REQUIRED，表示必须为该属性指定一个字符数据值，而没有事先规定的默认值。

```
<!ATTLIST 电影
  类别 CDATA "科幻"
  发行日期 CDATA   #REQUIRED
>
```

下面是一个包含上述属性声明的 DTD 代码：

```
<!DOCTYPE 电影列表[
<!ELEMENT 电影(片名，(导演|票价|主演)，编号)>
<!ATTLIST 电影
  类别 CDATA "科幻"
发行日期 CDATA   #REQUIRED
>
<!ELEMENT 片名 (#PCDATA)>
<!ELEMENT 导演 (#PCDATA)>
<!ELEMENT 票价 (#PCDATA)>
<!ELEMENT 主演 (#PCDATA)>
<!ELEMENT 编号(#PCDATA)>
]>
```

根据上述 DTD，相应 XML 文档中的下面两个“电影”元素都是合法的。

```
 <电影 发行日期="2013">
   <片名>钢铁侠 3 </片名>
   <导演>沙恩·布莱克</导演>
   <编号>54856486</编号>
</电影>
<电影 类别="爱情" 发行日期="2013">
   <片名>小时代</片名>
   <导演>王冬</导演>
   <编号>44889865</编号>
</电影>
```

4.3.2 属性的类型

在 DTD 中声明属性的语法格式时属性类型是属性声明中所必须的，最常见的属性类型是 CDATA，即字符数据的属性，除此之外，表 4-2 中列出了 XML 规范允许为元素的属性指定的 10 种类型。

表 4-2 属性的类型

类型名称	说明
CDATA	属性值为普通的字符数据
ID	属性值在 XML 文档中必须是唯一的
IDREF	表示该属性值参考了 XML 文档中另一个 ID 属性
IDREFS	表示该属性值参考了用空格隔开的多个 XML 文档中的 ID 属性
ENTITY	表示该属性的设定值是一个外部实体，例如是一个图片文件
ENTITIES	表示该属性值包含了多个外部实体，不同的实体之间必须用空格隔开
NMTOKEN	属性值只能由字母、数字、下划线、连字符、圆点、冒号等字符组成
NMTOKENS	属性值能够由多个 nmtoken 组成，每个 nmtoken 之间用空格隔开
NOTATION	属性值是在 DTD 中声明过的注解名称（声明用什么应用软件解读某些二进制文件，如图片等）
Enumerat	列出能够赋予该属性的各种值的列表，只能从中选定属性值

1. CDATA 类型

属性类型 CDATA 的含义不同于第 2 章中介绍的 CDATA 区段，属性类型 CDATA 表示可以包含任意字符串，但不允许使用小于号“<”、大于号“>”、与符号“&”、双引号“"”和单引号“'”这几个字符。如果需要使用这几个特殊字符，则必须使用实体引用，如“<”和“>”等来替换它们。

例如，下面的属性声明定义了“电影”元素的“类别”和“发行日期”两个属性的属性值必须是字符串：

```
    <!ATTLIST 电影 类别 CDATA "战争"
<!ATTLIST 电影 发行日期 CDATA   #REQUIRED>
```

需要注意的是，在 DTD 中声明 XML 元素的内容必须为字符串时，应该使用#PDACTA，声明属性的属性值必须是字符串时，应该使用 CDATA。

【实例 4-4】XML 元素的声明

本实例演示如何在 XML 文档的内部 DTD 中声明 CDATA 属性，具体实现的步骤如下：

01 运行 XMLSpy 2011，进入“文字”视图，将原来的代码去掉并键入以下代码：

```
<?xml version="1.0" encoding="gb2312" standalone="yes"?>
<!--DTD 定义-->
```

```
<!DOCTYPE 合同汇总[
<!--元素定义-->
<!ELEMENT 合同汇总 (合同)*>
<!ELEMENT 合同 (合同号,金额)>
<!ELEMENT 合同号 (#PCDATA)>
<!ELEMENT 金额 (#PCDATA)>
<!--元素属性定义-->
<!ATTLIST 合同 类别 CDATA #REQUIRED>
]>
<!--内容定义-->
<合同汇总>
  <合同 类别="出口">
    <合同号>10001</合同号>
    <金额>￥150000</金额>
  </合同>
   <合同 类别="出口">
     <合同号>10002</合同号>
     <金额>＄150000</金额>
  </合同>
 </合同汇总>
```

代码解析：

在上面的代码中，DTD 规定 XML 文档的根元素为“合同汇总”，其下有一个“合同”元素，“合同”元素又包含一个属性“类别”，该属性的属性值为普通的字符数据。

02 选择菜单栏上的“XML”|“Validate”命令或按下键盘上的 F8 键进行文档有效性的验证，验证的结果如图 4-4 所示。

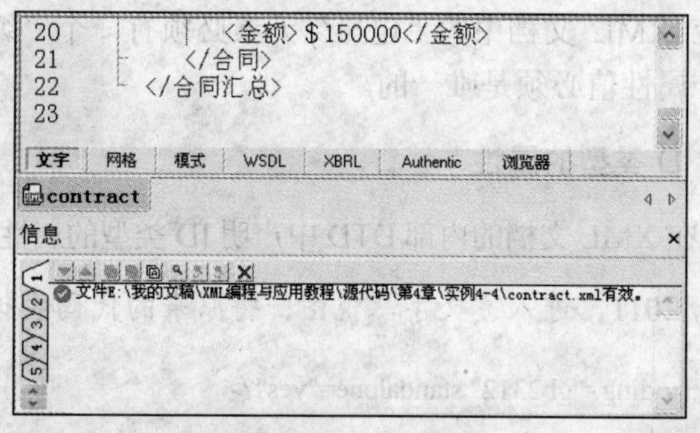

图 4-4　验证结果有效

03 将此文档保存为 contract.xml 文档。

04 如果我们将 XML 文档中的 XML 部分代码写为如下的形式，那么验证的结果将如图 4-5 所示，在验证结果的信息提示中显示验证无效的原因是因为在第 2 个“合同”元素中缺少了必须的属性“类别”。

```
<合同汇总>
  <合同 类别="出口">
    <合同号>10001</合同号>
    <金额>￥150000</金额>
  </合同>
   <合同>
     <合同号>10002</合同号>
     <金额>$150000</金额>
  </合同>
 </合同汇总>
```

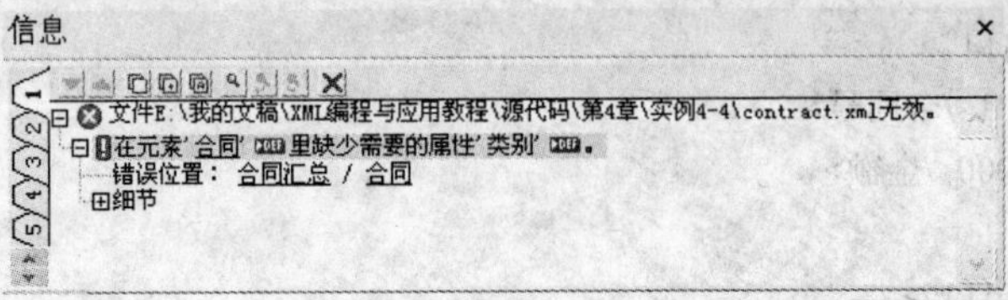

图 4-5 验证结果无效

2. ID 类型

ID 类型的属性要求其每一个属性值在 XML 文档中都必须是唯一的。ID 类型的属性值通常是由解析器或脚本程序调用的，在声明时一般不应该指定默认值，也不应使用#FIXED 附加声明。

例如，下面的属性声明语句为“电影”元素定义了一个名为“编号”的属性，属性类型为 ID，并且附加了#REQUIRED 声明：

```
<!ATTLIST 电影 编号 ID  #REQUIRED >
```

这就意味着在相应 XML 文档中的“电影”元素必须有一个“编号”属性，并且 XML 文档中每个员工的这个属性值必须是唯一的。

【实例 4-5】声明 ID 类型的属性

本实例将演示如何在 XML 文档的内部 DTD 中声明 ID 类型的属性，具体实现的步骤如下：

01 运行 XMLSpy 2011，进入“文字”视图，将原来的代码去掉并键入以下代码：

```
<?xml version="1.0" encoding="gb2312" standalone="yes"?>
<!DOCTYPE 电影列表 [
<!ELEMENT 电影列表 (电影) *>
<!ELEMENT 电影 (片名,主演)>
<!ELEMENT 片名 (#PCDATA)>
<!ELEMENT 主演 (#PCDATA)>
<!ATTLIST 电影 编号 ID #REQUIRED>
]>
```

```
<电影列表>
  <电影 编号="E001">
     <片名>钢铁侠 3</片名>
     <主演>小罗伯特·唐尼</主演>
</电影>
<电影 编号="E002">
     <片名>小时代</片名>
     <主演>杨幂/郭采洁</主演>
</电影>
</电影列表>
```

代码解析：

在上面的代码中，DTD 规定 XML 文档的根元素为“电影列表”，其下有“电影”、“片名、主演”三个元素，其中，“电影”元素又包含一个“编号”属性，该属性的属性值为 ID 类型。

02 选择菜单栏上的“XML”|“Validate”命令或按下键盘上的 F8 键进行文档有效性的验证，验证的结果如图 4-6 所示。

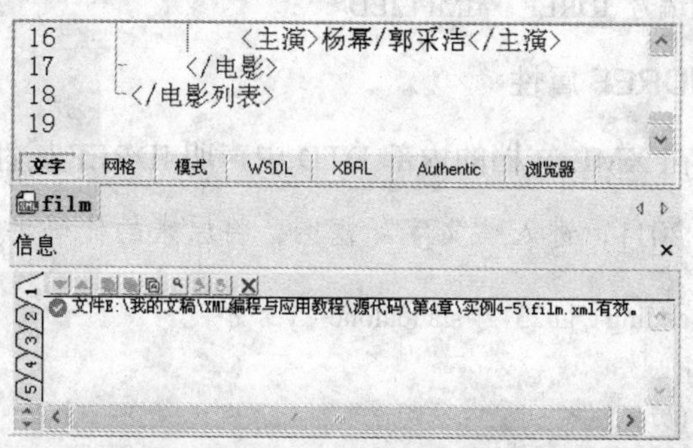

图 4-6 验证结果

03 将此文档保存为 film.xml 文档。

04 如果我们将 XML 文档中的 XML 部分代码改写为如下的形式，那么验证的结果会如图 4-7 所示，在验证结果的信息提示中显示验证无效的原因是因为编号“E001”重复出现了。

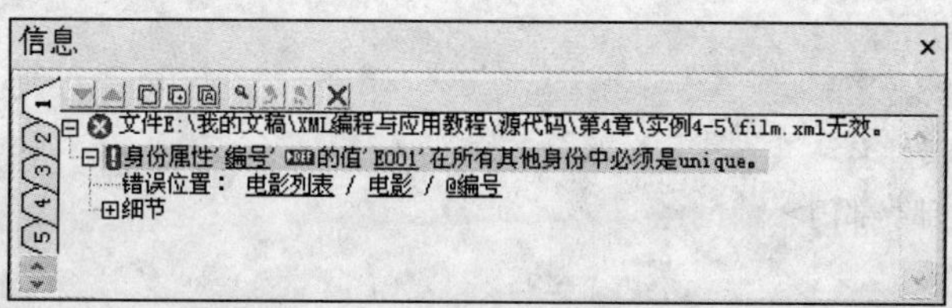

图 4-7 验证结果无效

```
<电影列表>
  <电影 编号="E001">
     <片名>钢铁侠 3</片名>
```

```
    <主演>小罗伯特·唐尼</主演>
</电影>
<电影 编号="E001">
    <片名>小时代</片名>
    <主演>杨幂/郭采洁</主演>
</电影>
</电影列表>
```

3. IDREF 类型

IDREF 类型的属性，要求其属性值必须引用 XML 文档中其他元素的 ID 类型属性的值。这样做的好处是：可以保证这种类型属性的属性值引用的是 XML 文档中出现过的一个唯一的属性值。

例如，下面的属性声明语句为“员工”元素定义了“编号”和“主管编号”两个属性，“编号”属性的类型为 ID 并且附加了#REQUIRED 声明；“主管编号”属性的类型为 IDREF 并附加了#IMPLIED 声明：

```
<!ATTLIST 员工 编号 ID   #REQUIRED >
<!ATTLIST 员工 主管编号 IDREF   #IMPLIED>
```

【实例 4-6】声明 IDREF 属性

本实例将演示如何在 XML 文档的内部 DTD 中声明 IDREF 属性，具体实现的步骤如下：

01 运行 XMLSpy 2011，进入“文字”视图，将原来的代码去掉并键入以下代码：

```
<?xml version="1.0" encoding="gb2312" standalone="yes"?>
<!DOCTYPE 员工表 [
<!ELEMENT 员工表 (员工*)>
<!ELEMENT 员工 (姓名,部门?)>
<!ELEMENT 姓名 (#PCDATA)>
<!ELEMENT 部门 (#PCDATA)>
<!ATTLIST 员工 编号 ID #REQUIRED>
<!ATTLIST 员工 主管编号 IDREF #IMPLIED>
]>
<员工表>
<员工 编号="E001">
    <姓名>王琴</姓名>
    <部门>开发部</部门>
</员工>
<员工 编号="E002" 主管编号="E001" >
    <姓名>张宁</姓名>
    <部门>开发部</部门>
</员工>
</员工表>
```

代码解析：

在上面的代码中，DTD 规定 XML 文档的根元素为“员工表”，其下有“员工”、“姓名”、“部门”三个元素，其中，“员工”元素又包含一个“编号”和“主管编号”两个属性，前者的属性值为 ID 类型，后者的属性值为 IDREF 类型。

02 选择菜单栏上的“XML” | “Validate”命令或按下键盘上的 F8 键进行文档有效性的验证，验证的结果如图 4-8 所示。

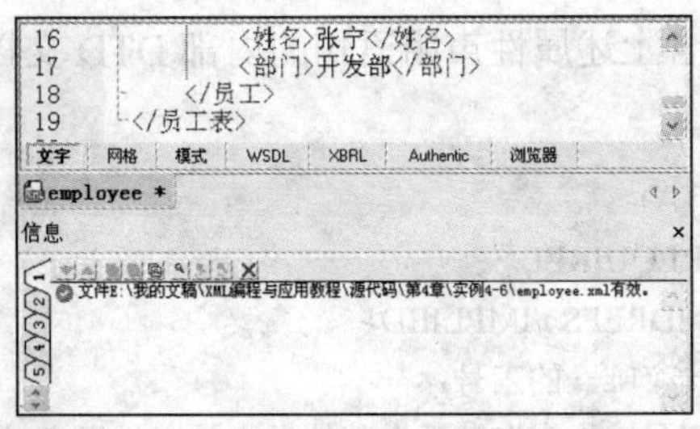

图 4-8　验证结果

03 将此文档保存为 employee.xml 文档。

04 如果我们将 XML 文档中的 XML 部分代码改写为如下的形式，那么验证的结果会如图 4-9 所示，在验证结果的信息提示中显示验证无效的原因是因为主管编号“E003”这个属性值并没有在此文档中出现过。

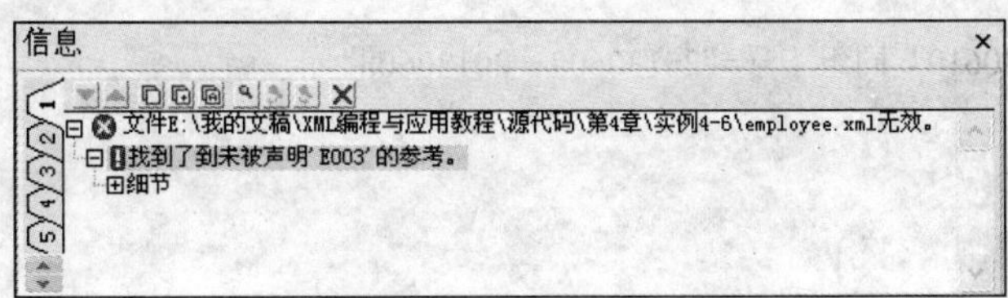

图 4-9　验证结果无效

```
<员工表>
<员工 编号="E001">
      <姓名>王琴</姓名>
      <部门>开发部</部门>
</员工>
<员工 编号="E002" 主管编号="E003" >
      <姓名>张宁</姓名>
      <部门>开发部</部门>
</员工>
</员工表>
```

4．IDREFS 类型

IDREFS 类型的属性与 IDREF 类型的属性相似，其差别在于：IDREFS 类型的属性允许使用 XML 文档中多个元素的 ID 类型的属性值作为其属性值。注意，在多个 ID 属性值之间需要用空格分开，并放在同一对引号之中。

例如，下面的属性声明语句为“员工”元素设定了“工号”和“同组工号”两个属性，“工号”属性的类型为 ID，并且附加了#REQUIRED 声明；“同组工号”属性的类型为 IDREFS，并且附加了#IMPLIED 声明，因此该属性的值应来自其他多个元素的 ID 类型属性的值，但此属性不是必须的。

```
<!ATTLIST 姓名 工号 ID #REQUIRED>
<!ATTLIST 姓名 同组工号 IDREFS #IMPLIED>
```

例如，下面就是一个包含上述属性声明语句的内部 DTD 文档和 XML 文档元素：

```
<!ELEMENT 员工表 (姓名*)>
<!ELEMENT 姓名 (#PCDATA)>
<!ATTLIST 姓名 工号 ID #REQUIRED>
<!ATTLIST 姓名 同组工号 IDREFS #IMPLIED>
<!--每一个员工都必须具有一个唯一的工号-->
<!--另外有一个可选的同组工号，由来自若干个其他元素的工号组成-->
<员工表>
 <姓名 工号="20130607">李平</姓名>
<姓名 工号="20130608">张秦</姓名>
<姓名 工号="20130609" 同组工号="20130607  20130608">
王权
</姓名>
<姓名 工号="20130610" 同组工号="20130609  20130608">
范维
</姓名>
</员工表>
```

5. ENTITY 类型

ENTITY 类型的属性包含在 DTD 的其他位置声明的未解析实体的名称中，它能够使人们把外部二进制数据，即外部未解析的普通实体链接到文档。ENTITY 的属性值是在 DTD 中声明的未解析常规实体的名称，它与外部数据相连。

ENTITY 典型的例子就是图像，图像不论何种格式都是以二进制的形式存储的，如果 XML 浏览器支持图像类型，就可以在 DTD 中使用以下声明，从而在 XML 文档中包含图像。

```
<!ELEMENT Image EMPTY>
<!ATTLIST Image Sources ENTITY #REQUIRED>
<!ENTITY Picture SYSTEM "Pic.jpg">
```

然后，在文档要求的图像位置，插入图像标记：

```
<Image Sources="Picture"/>
```

6. ENTITIES 类型

ENTITIES 类型像 IDREFS 类型一样也可以理解为 ENTITY 的复数形式。ENTITIES 类型

的属性包含在 DTD 的其他位置声明的多个未解析实体名称中，其间用空白隔开。每个实体名称引用一个外部的非 XML 数据源。这个方法的最大用途是显示幻灯片，如下所示：

```
<!ELEMENT 幻灯片 EMPTY>
<!ATTLIST 幻灯片 Sources   ENTITIES #REQUIRED>
<!ENTITY  Picl   SYSTEM   "a. JPG">
<!ENTITY  Pic2   SYSTEM "b.JPG">
<!ENTITY  Pic3   SYSTEM "c.JPG">
```

将幻灯片嵌入到 XML 文档中，需要插入以下的标记：

```
<幻灯片 Sources="Pic1   Pic2   Pic3"/>
```

7．NMTOKEN 类型

NMTOKEN 类型的属性值是一个有效 XML 数据的名称代号，是由英文字母、数字、小圆点“.”、下划线“_”、连字号“-”、冒号“:”等组成，这里有几点需要注意：

- 不能包括空格。
- 除“:”以外，其他字符都可以作为开头字符。
- “:”可以出现在中间，但由于它是命名域的关键字符，所以一般不提倡使用。

正因为 NMTOKEN 属性类型对于字符的严格要求，使得它在一些常用编程语言中都是合法的数据，这就为编程语言对 XML 文档数据的操作打下了良好的基础。

例如，要将“员工”元素的“联系电话”属性指定成 NMTOKEN 类型，可以在 DTD 中进行如下声明：

```
<!ELEMENT 员工（#PCDTAT）>
<!ATTLIST 员工 联系电话 NMTOKEN #REQUIRED>
```

有了以上的声明之后，即可在 XML 文档中为“联系电话”属性指定一个以数字开头的属性值：

```
<员工 联系电话="020-69874145">赵海涛</员工>
```

【实例 4-7】声明 NMTOKEN 属性

本实例将演示如何在 XML 文档的内部 DTD 中声明 NMTOKEN 属性，具体实现的步骤如下：

01 运行 XMLSpy 2011，进入“文字”视图，将原来的代码去掉并键入以下代码：

```
<?xml version="1.0" encoding="GB2312" standalone="yes"?>
<!DOCTYPE 元曲[
<!ELEMENT 元曲 (曲名,内容)>
<!ELEMENT 曲名 (#PCDATA)>
<!ELEMENT 内容 (#PCDATA)>
<!ATTLIST 曲名 作者 NMTOKEN #REQUIRED>
]>
```

```
<元曲>
<曲名 作者="MaZiYuan">天净沙 秋思</曲名>
  <内容>
  枯藤老树昏鸦，小桥流水人家，
  古道西风瘦马。夕阳西下，
  断肠人在天涯。
 </内容>
</元曲>
```

代码解析：

在上面的代码中，DTD 规定 XML 文档的根元素为“元曲”，其下有“曲名”、“内容”两个元素，其中，“曲名”元素又包含一个“作者”属性，属性值为 NMTOKEN 类型。

02 选择菜单栏上的“XML” | “Validate”命令或按下键盘上的 F8 键进行文档有效性的验证，验证的结果如图 4-10 所示。

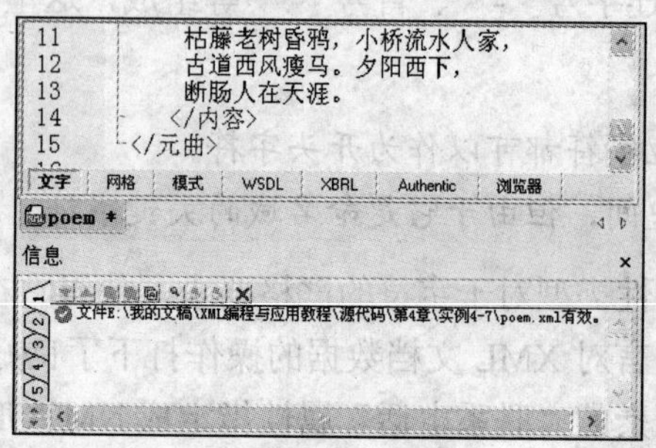

图 4-10　验证结果

03 将此文档保存为 poem.xml 文档。

04 如果我们将代码中“曲名”元素的“作者”属性值设置为“***”，那么验证时就会出错，验证结果如图 4-11 所示，在验证结果的信息提示中显示验证无效的原因是因为“作者”的属性值没有遵循 NMTOKEN 类型。

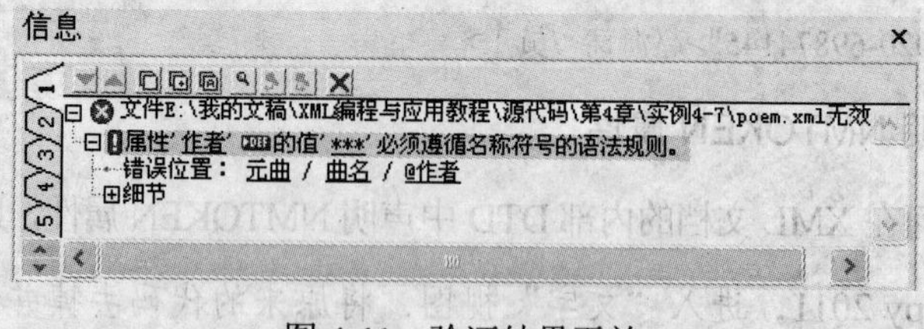

图 4-11　验证结果无效

8. NMTOKENS 类型

NMTOKENS 类型相当于 NMTOKEN 类型的复数形式，其属性值可以包含数个以空格隔开的名称代号，并应使用引号将这些名称代号括起来。

例如，要将前文中“员工”元素的“联系电话”属性指定成 NMTOKENS 类型，则可在 DTD 中进行如下声明：

```
<!ELEMENT 员工 #PCDATA)>
    <!ATTLIST 员工 联系电话 NMTOKENS #REQUIRED>
```

进行上述声明之后，即可在 XML 文档中为“联系电话”属性指定一个以空格分隔的由多个号码组成的属性值：

```
<员工 联系电话="020-54878459   13621604803">赵海涛</员工>
```

9. NOTATION 类型

NOTATION 类型也称为“标注类型”。在 XML 文档中引入外部不可解析实体之后，由于 XML 解析器无法解析这些二进制文件，就需要使用 NOTATION 类型的属性来指定能对这些二进制文件进行处理的应用程序所在的位置，也就是说，当某个属性的类型被声明为 NOTATION 时，这个属性的值就表明了能对不可解析实体处理的应用软件。

需要注意的是，在 DTD 中声明一个 NOTATION 类型的属性时，必须首先声明一个具体的 NOTATION 用来指向应用软件所在的位置，声明的方式有两种：一种是使用 MIME 类型，格式为：

```
<!NOTATION 记号名 SYSTEM "MIME 类型">
```

另一种是使用一个 URL 路径，指定一个处理程序的路径，格式为：

```
<!NOTATION 记号名 SYSTEM   "URL 路径名">
```

下面是一个使用 NOTATION 属性的例子：

```
<?xml version="1 0" standalone="yes"?>
<!DOCTYPE library[
<!ELEMENT library(movie)>
<!ELEMENT movie EMPTY>
<!ATTLIST movie player NOTATION(gif|mp)   #REOUIRED>
<! NOTATION   gif   SYSTEM "Image/gif">
<!NOTATION   mp   SYSTEM   "movPlayer.exe">
]>
<library>
    <movie player="mp"/>
</library>
```

代码解析：

上面的代码中为 movie 元素的 player 属性指定了两种可选的演示设备：一种是 movPlayer.exe，用来播放.mov 文件；另一种则用来绘制 GIF 图像，这两种设备在 DTD 中分别定义了记号名 gif 和 mp。记号 gif 采用 MIME 类型的方式定义，而记号 mp 则采用 URL 路径名指定一个外部处理程序。

10. Enumerat 类型

Enumerat 类型即为枚举类型，此种类型的属性必须从一组给定的值中选择一个作为其属

性值。需要注意的是，定义这种类型的属性时并不使用专门的关键字，而是在属性声明语句的类型位置上给出可选的属性值列表，各属性值之间必须用“|”隔开。

例如，下面的语句是为“电影”元素声明名为“类别”的枚举类型属性，属性值只能是“科幻”、“战争”、“爱情”三者之一，如果指定一个其他的属性值将会发生违反有效性的错误。该语句同时还设定“科幻”为其默认的属性值：

```
<!ATTLIST 电影 类别 (科幻|战争|爱情) "科幻">
```

在下面的 DTD 中包含了这样的一个属性声明语句：

```
<DOCTYPE 电影[
<!ELEMENT 电影(片名，主演，票价)>
<!ATTLIST 电影 类别 (科幻|战争|爱情)  "科幻">
<!ELEMENT 片名(#PCDATA)>
<!ELEMENT 主演(#PCDATA)>
<!ELEMENT 票价(#PCDATA)>
]>
```

4.3.3 属性的附加声明

在 DTD 中，对某个属性的附加声明（added_declare）是属性定义中的一个可选内容。附加声明指明了该属性是必要的还是可选的，是一个预设的固定属性值还是一个当属性值被省略时的默认值。表 4-3 列出了属性附加声明的各种类型。

表 4-3　属性附加声明的类型

附加声明	说明
#REQUIRED	表示在该元素的标记中必须给出此属性的属性值
#IMPLIED	表示在该元素的标记中可以不出现此属性
#FIXED AttValue	表示该元素的属性值是所给定的固定值
Default_Value	在该元素的标记中如果没有指定属性值，则给定的这个内容就是该属性的值

1. #REQUIRED

在某个元素属性的附加声明中使用#REQUIRED，表示在相应的 XML 文档中该元素的这个属性是必须的，且必须给出一个属性值。

例如，下面的 DTD 语句声明了“电影”元素的“类别”属性是必须的，并且其属性值应该是一个字符数据：

```
<!ATTLIST 电影 类别 CDATA  # REQUIRED >
```

根据上面的声明，在 XML 文档中下列“电影”元素都是有效的：

```
<电影 类别="科幻">钢铁侠 3</电影>
<图书 类别="爱情">小时代</电影>
```

但是，根据上面的声明，在 XML 文档中下面的“电影”元素是无效的：

```
<电影>中国合伙人</电影>
```

2．# IMPLIED

在某个元素属性的附加声明中使用#IMPLIED，表示在 XML 文档中该元素的这个属性是可有可无的。

例如，下面的语句声明了“电影”元素的“类别”属性不是必须的：

```
<!ATTLIST 电影 类别 CDATA   #IMPLIED >
```

根据上面的声明，在 XML 文档中下列“电影”元素都是有效的：

```
<电影>钢铁侠 3</电影>
<电影 类别="爱情">小时代</电影>
```

3．# FIXED AttValue

在某个元素属性的附加声明中使用# FIXED AttValue 的形式，表示在 XML 文档中该元素的这个属性值是所给定的固定值，不能更改。其中的 AttValue 应该是一个用引号括起来的字符串，表示默认的固定属性值。“电影”元素的“类别”属性值固定为“科幻”，不允许指定其他的内容：

```
<!ATTLIST 电影 类别 CDATA   # FIXED   "科幻">
```

根据上面的声明，在 XML 文档中下列“电影”元素都是有效的：

```
<电影>钢铁侠 3</电影>
<电影 类别="科幻">超人：钢铁之躯</电影>
```

但是，根据上面的声明，在 XML 文档中下面的“电影”元素是无效的：

```
<电影 类别="爱情">小时代</电影>
```

4．Default_Value

在属性的附加声明中如果直接给定一个字符串，则表示在 XML 文档中如果该元素不给出这个属性的属性值，将采用给定的字符串作为其属性值。其中的 Default_Value 应该是一个用引号括起来的字符串，表示默认属性值。

例如，下面的语句声明了“电影”元素的“类别”属性默认值为“科幻”，但仍可以指定其他的内容：

```
<!ATTLIST 电影 类别 CDATA "科幻">
```

根据上面的声明，在 XML 文档中下列两个“电影”元素都是有效的：

```
<电影>钢铁侠 3</电影>
<电影 类别="爱情">小时代</电影>
```

另外，根据上述声明，在 XML 文档中下列“电影”元素也是有效的：

```
<电影 类别="战争">辽沈战役</电影>
```

4.4 DTD 中的引用

前面几节讲述了 DTD 的各组成部分的基本语法，这一小节将讲述如何引用 DTD。引用 DTD 的方法有两种：内部 DTD 引用与外部 DTD 引用。内部 DTD 引用即在 XML 文档中直接设定 DTD；外部 DTD 引用则是在 XML 文档中引用一个扩展名为.dtd 的独立文件。

4.4.1 内部 DTD 的引用

内部 DTD 是指把 DTD 的内容定义在 XML 的文件序言区域中，它不能被其他 XML 文档共享。其语法格式在第 4.1.2 小节中已经做过介绍，前面的实例使用的基本都是内部 DTD，大家可以参考这些例子的代码和实现步骤，这里不再赘述。

4.4.2 外部 DTD 的引用

外部 DTD 是一个独立于 XML 文档的文件，使用.dtd 作为文件扩展名。这种文件实际上就是一个文本文件，可用任何文本编辑器来创建。

因为外部 DTD 独立于 XML 文档，所以它可以提供给多个 XML 文档引用，这样就可使引用同一个外部 DTD 的多个 XML 文档具有相似的结构。对于一批类似文档使用同一个 DTD 的优点在于可以省去必须将 DTD 声明语句区段复制到各个 XML 文档中才能使用的麻烦，并且在需要对 DTD 中的声明语句进行修改时，仅需要修改这个 DTD 文件的内容就可以完成，而不必反复地编辑所有使用这个 DTD 文件的 XML 文档，因而大多数行业内部的 XML 文档都采用外部 DTD 来加以规范和验证。

除了没有内部 DTD 中的“<!DOCTYPE [ ]>”语句外，外部 DTD 的创建方式、语法和内部 DTD 是一样的。特别需要指出的是，一个外部 DTD 文件同样应该由 XML 声明语句开头，因为 DTD 是从 SGML 继承过来的一种文档验证机制，在 DTD 文件的开头使用 XML 声明语句，说明这个文件是用于 XML 文档而不是用于 SGML 文档的 DTD 文件。

根据外部 DTD 性质的不同，又可将其分为私有 DTD 文件和公共 DTD 文件两种。私有 DTD 文件是指并未公开的 DTD 文件，通常属于某个组织内部或个人所有；公共 DTD 文件则是为某一应用领域或行业所制定，被国际上的标准组织或行业组织广泛认可的、公开的、标准的 DTD 文件。

为了引用一个外部 DTD，必须对 XML 文档声明部分进行如下修改：首先，在 XML 声明中必须说明这个文件不是自成一体的，即 standalone 属性的属性值不再是“yes”，而是“no”：

```
<?xml version="1.0" encoding="GB2312" standalone="no"?>
```

另外，应添加文档类型声明表示一个外部 DTD。

引用外部 DTD 的语法格式在第 4.1.2 小节中已经介绍过，使用 PUBLIC 关键字用于引用外部 DTD 文件的基本语法格式中的 DTD-URL，被称为 FPI（Formal Public Identifier，正式公用标识符），FPI 有严格的形式，以保证它的全球唯一性，FPI 的格式为：

```
"前缀//使用者标识//文本类//文本描述//所用语言"
```

对 FPI 的详细介绍如下。

- 前缀：前缀为“+”（注册公共标识）或“-”（未注册公共标识）。ISO 有时使用 ISO 及标准号作为前缀，但这只适用于 ISO。注册可以保证使用者标识的唯一性，但由于有权分配注册公共标识的机构很少，所以未注册公共标识更常见。
- 使用者标识：用于标识拥有这个公共标识的个人或组织，注册可以确保使用者标识的唯一性。如果未注册，就要选用适当的名称来保证使用者标识的唯一性，建议使用公司的名称或使用域名，如果使用个人姓名有可能会引起冲突。
- 文本类：用于标明与公共标识相联系的文档类型。常见的有 XML 文档和 DTD。
- 文本描述：有关文档的描述，不可以包含“//”字符串。
- 所用语言：文档使用的语言。

【实例 4-8】外部 DTD 的实现

本例将演示如何使用 XMLSpy 2011 创建外部 DTD 并在 XML 中进行引用，具体操作步骤如下：

01 打开 XMLSpy 2011，选择菜单栏中的“文件”|“新建”命令，弹出如图 4-12 所示的“创建新文件”对话框。

02 我们可以选择要创建的文件类型，本实例要创建的是 DTD 文档，所以选择“dtd Document Type Definition”选项，单击“确定”按钮，即可进入如图 4-13 所示的 DTD 文档的“文字”视图。

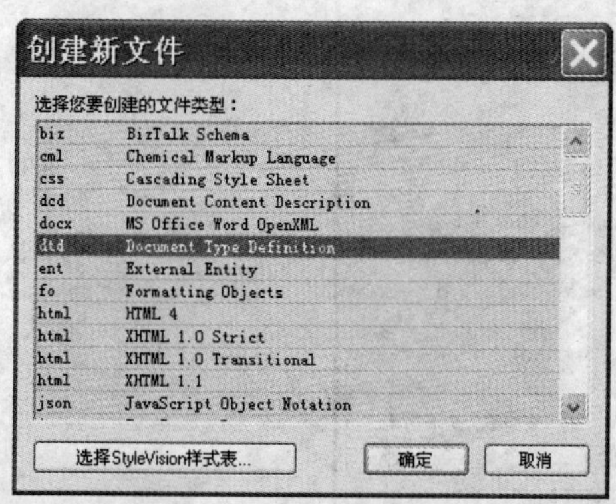

图 4-12　“创建新文件”对话框

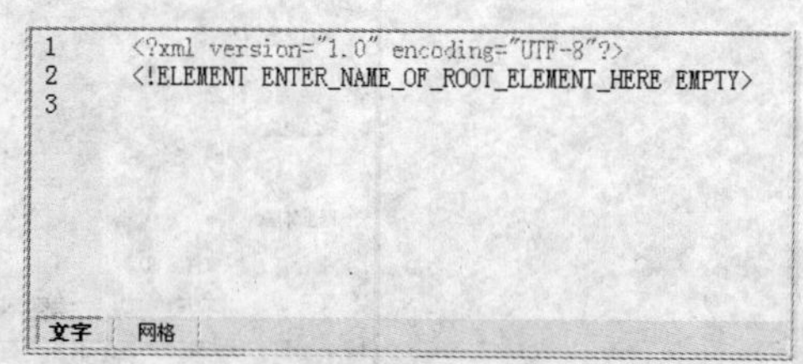

图 4-13　“文字”视图

03 在编辑窗口中，将第 2 行代码去掉并输入以下代码：

```
<!ELEMENT 电影列表 (电影)*>
```

```
<!ELEMENT 电影 (片名,主演)>
<!ELEMENT 片名 (#PCDATA)>
<!ELEMENT 主演 (#PCDATA)>
<!ATTLIST 电影 编号 ID #REQUIRED>
```

代码解析：

在上面的代码中，DTD 规定 XML 文档的根元素为“电影列表”，其下有 “电影”、“片名、主演”三个元素，其中，“电影”元素又包含一个“编号”属性，该属性的属性值为 ID 类型。

04 单击菜单栏上的“文件”|“保存”命令，在“另存为”对话框中输入文件名：film，选择保存的路径，单击“确定”按钮。

05 在 XMLSpy 2011 中新建一个 XML 文档，弹出如图 4-14 所示的“新文件”对话框。

06 在对话框中选择 DTD 单选按钮，单击“确定”按钮，弹出如图 4-15 所示的 XML Spy 对话框。

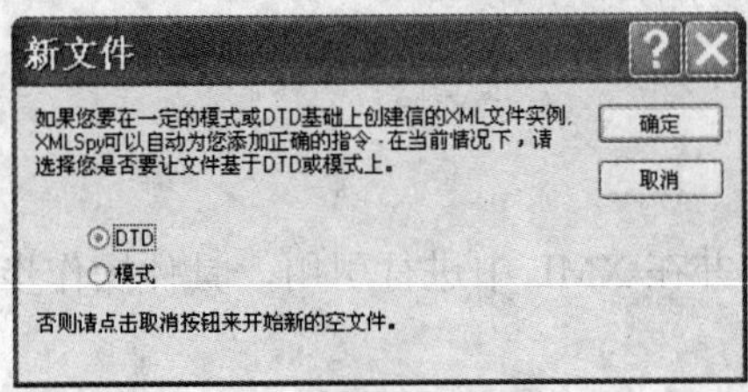

图 4-14 “新文件”对话框

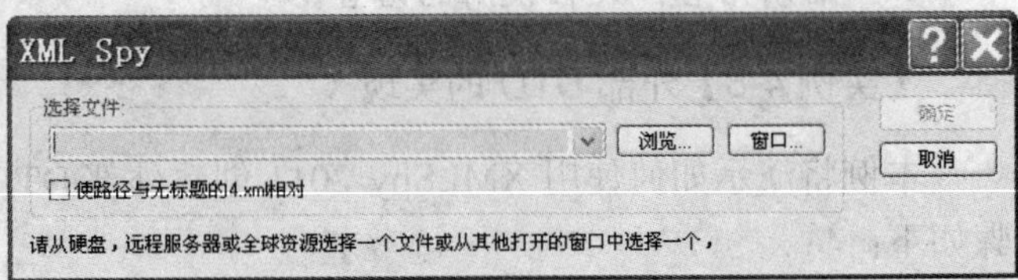

图 4-15 “选择文件”对话框

07 在该对话框中可以选择要与 XML 文档进行关联的外部 DTD 的文件路径及文件名，单击“浏览”按钮，弹出如图 4-16 所示的“打开”对话框。

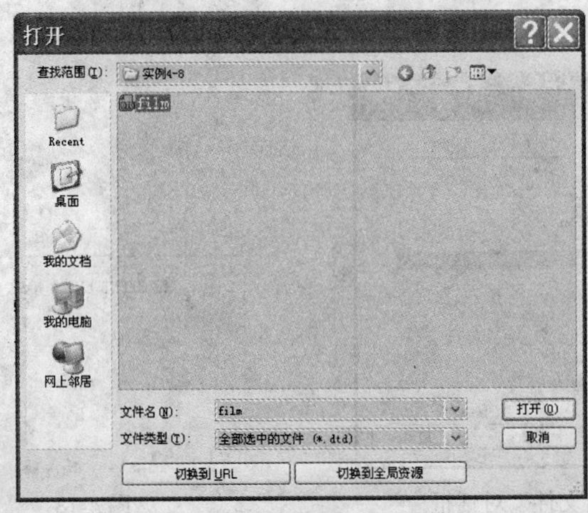

图 4-16 “打开”对话框

08 选择刚才所创建的 DTD 文档，单击“打开”按钮后，返回如图 4-15 所示的对话框。如果选中对话框中的复选框，那么，所选择的 DTD 文档将以相对路径的形式进行显示，如

图 4-17 所示。

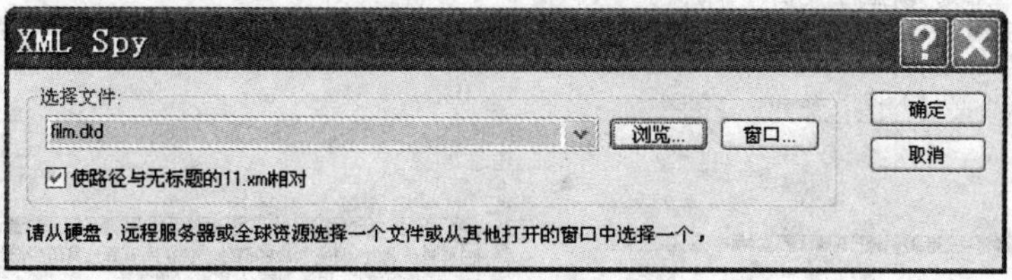

XML Spy

选择文件:

film.dtd　浏览...　窗口...　确定　取消

☑ 使路径与无标题的11.xml相对

请从硬盘，远程服务器或全球资源选择一个文件或从其他打开的窗口中选择一个，

图 4-17　以相对路径形式显示

09 单击“确定”按钮，即可进入如图 4-18 所示的“文字”视图。从该图中可以看到，我们已经将 DTD 文档和 XML 文档关联到了一起。

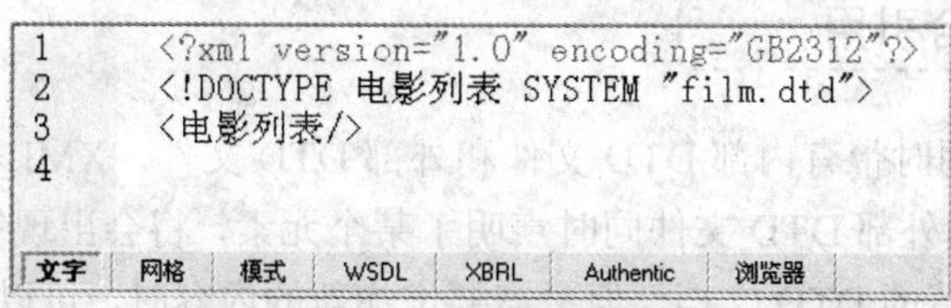

图 4-18　XML 文档编辑界面

10 将文档保存为 film.xml。

11 在 XML 文档中填充数据，使得 XML 文档中的内容如下所示：

```
<?xml version="1.0" encoding="GB2312" standalone="no"?>
<!DOCTYPE 电影列表 SYSTEM "film.dtd">
<电影列表>
  <电影 编号="E001">
     <片名>钢铁侠 3</片名>
     <主演>小罗伯特·唐尼</主演>
</电影>
<电影 编号="E002">
     <片名>小时代</片名>
     <主演>杨幂/郭采洁</主演>
  </电影>
</电影列表>
```

12 选择菜单栏上的“XML”|“Validate”命令或按下键盘上的 F8 键即可进行文档的验证，验证的结果如图 4-19 所示。

13 如果我们将 XML 文档中的两个编号属性的值都改为相同的“E001”，那么验证的结果会如图 4-20 所示。有效的 XML 文档必定是一个格式良好的 XML 文档，所以，如果 XML 文档中存在语法错误，那么当验证时，会首先提示语法错误，并且会给出相应的语法错误提示，以及在出错的位置以高亮度进行显示。

图 4-19 验证结果

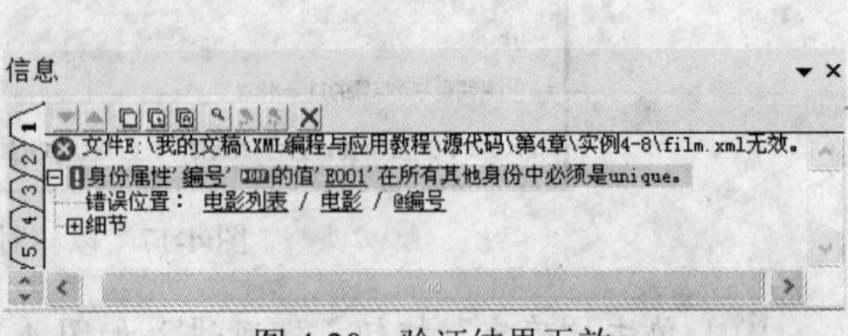

图 4-20 验证结果无效

4.4.3 DTD 的混合引用

如果 XML 文件同时带有内部 DTD 文件和外部 DTD 文件，XML 解析器会将二者合一。如果内部 DTD 文件和外部 DTD 文件同时声明了某个元素，将会出现错误。如果不准备更改一个已经获得广泛支持的 DTD 文档，但又需要增加新的内容时，可以同时使用内部 DTD 和外部 DTD。内部 DTD 可以方便地增加新内容，而又不影响其他使用同一外部 DTD 的 XML 文档的有效性。混合引用 DTD 的格式如下所示：

```
<!DOCTYPE 根标记名 SYSTEM "URI" [
    内部 DTD 内容
]>
```

或：

```
<!DOCTYPE 根标记名 PUBLIC FPI "URI" [
    内部 DTD 内容
]>
```

【实例 4-9】DTD 的混合引用

本例将演示如何在 XML 文档中对 DTD 文档进行混合引用，具体操作步骤如下：

01 打开 XMLSpy 2011，创建一个名为“film”的外部 DTD 文档，编辑的代码如下：

```
<?xml version="1.0" encoding="gb2312"?>
<!ELEMENT 电影列表 ANY>
<!ELEMENT 电影 (片名,主演)>
<!ELEMENT 片名 (#PCDATA)>
<!ELEMENT 主演 (#PCDATA)>
```

02 创建一个名为“film”的 XML 文档，编辑代码如下：

```
<?xml version="1.0" encoding="GB2312"?>
<!DOCTYPE 电影列表 SYSTEM "film.dtd"[
 <!ELEMENT 导演 (#PCDATA)>
```

```
]>
<电影列表>
  <电影>
      <片名>钢铁侠 3</片名>
      <主演>小罗伯特·唐尼</主演>
</电影>
<导演>沙恩·布莱克</导演>
</电影列表>
```

代码解析：

在上面的代码中，第 2 行在内部 DTD 中使用电影列表 SYSTEM "film.dtd"引用了 film.dtd 外部文档，并在第 3 行声明了“导演”元素。

03 选择菜单栏上的“XML”|“Validate”命令或按下键盘上的 F8 键即可进行文档的验证，验证的结果如图 4-21 所示。

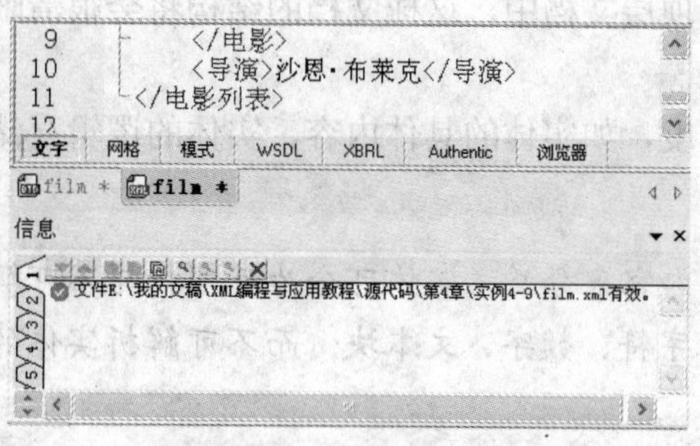

图 4-21　验证结果

4.5　DTD 中的实体

实体（Entity）是一种替代物，用于内容转义，在 XML 文档中可以直接用实体名来代替实体值使用。实体可以定义在文档的前言部分，也可以定义在 DTD 中。无法通过键盘输入的字符、与 XML 规范保留字相同的字符、一些重复出现的长串字符、一个文档或一幅图片等需要定义为实体才能在经解析器解释后正确地显示出来。

4.5.1　什么是实体

XML 中预定义的常规实体引用“<”、“>”、“&”、“'”和“"”分别表示特殊符号“<”、“>”、“&”、“'”和“"”。但是仅仅这些是不够的，因为每个 XML 文档可以从许多来自不同的数据源或文件中提取所需要的数据和声明。此时就需要使用一个载体把提取出的数据或文本片段载入到 XML 文档中，这个载体就是实体。具体来说，在 XML 中，实体一词具有广泛的含义，基本含义是指与 XML 文档相关的任何下列形式的存储单元：

- 有效的 XML 文档本身。
- 外部的 DTD 子集。
- 定义成 DTD 中外部实体的外部文档。
- 在 DTD 中定义的、用引号括起来的字符串。

实体是一个预先定义的数据或数据集合，通过实体可以方便地被任何需要这些数据的地方引用。另外，通过实体也可以将非 XML 数据（如可以将图形和影像等二进制数据）引用到 XML 文档中。

在 DTD 文件中定义的实体，可以在与该 DTD 文件关联的 XML 文档中引用，当解析器在解析实体引用时，将使用实体内容来替换实体引用。在实际应用中，XML 文档的数据及文本可以来自多个不同的文件。例如，一个大型企业有很多部门，每个部门又有很多员工。如果把企业的所有信息都编写在一个 XML 文档中，不仅会造成阅读困难，而且在编写文档时也会带来不便；如果把企业信息按一定的规则分割成多个 XML 文件，然后再通过实体引用把这些文档合并到一个顶层文档中，这样文档的结构将会很清晰而且易于阅读，同时也可以降低维护成本。

我们可以从不同的角度，如实体的具体内容、实体的逻辑存储和实体的使用范围来对实体进行分类：

- 按照实体的具体内容来分类，实体可分为可解析与不可解析两类。可解析实体的具体内容为简单的字符、数字、文本块；而不可解析实体的具体内容则为图片、声音等二进制文件。
- 按照实体的逻辑存储来分类，实体可分为内部实体与外部实体两类。内部实体是在文档内部设定的；而外部实体，则是一个外部独立的物理存储对象，如某个外部文件。
- 按照使用的范围来分类，实体可分为一般实体与参数实体两类。一般实体用来构成文档的具体内容，可出现在 XML 文档中，也可出现在 DTD 中；而参数实体只能出现在 DTD 中，不能出现在 XML 文档中。

4.5.2 普通实体

普通实体应用在 XML 文档的内容中，而且在 DTD 中可以使用普通实体来插入文本，但是不可以在 DTD 中将其与它们的声明本身一起使用。在 DTD 中，按照引用方式不同，普通实体还可以分为普通内部实体和普通外部实体两种。

1. 普通内部实体

普通内部实体就是实体的内容已经包含在 DTD 文件中，并且可以在 XML 文档中引用的实体。普通内部实体一般包含常用文本和较难输入的文本内容，DTD 文件中的内部普通实体是用<!EN TITY>声明定义的。普通内部实体的语法格式如下：

```
<!ENTITY  Entity_Name  Entity_Value>
```

对语法格式中的参数含义说明如下。

- <! ENTITY：表示开始声明一个实体，关键字 ENTITY 必须大写。
- Entity_Name：表示实体的名称。该名称必须以字母或下划线开始，并允许与文档中的元素或属性名称相同。另外，实体名称中字母的大小写是不同的，例如名为 NAME 的实体和名为 name 的实体是两个不同的实体。
- Entity_Value：表示实体的具体内容。内部普通实体的内容是一串包含在单引号或双引号内的连续字符，称之为“字符串”，其中不能包含“&”字符和“%”字符。

在 XML 文档或者 DTD 中引用普通内部实体时，需要在实体名称前添加“&”符号，在实体名称后添加“;”符号。其语法格式如下：

```
&Entity_Name;
```

例如，下面的 XML 文档中包含了一个内部 DTD 声明，其中分别定义了一个名为“starring”的普通内部实体，并在该文档的元素中进行了引用：

```
<?xml version="1.0" encoding="gb2312" standalone="yes"?>
<!DOCTYPE 电影列表 [
<!ELEMENT 电影列表 (电影)*>
<!ELEMENT 电影 (片名,主演)>
<!ELEMENT 片名 (#PCDATA)>
<!ELEMENT 主演 (#PCDATA)>
<!ENTITY starring "小罗伯特·唐尼">
]>
<电影列表>
<电影 >
    <片名>钢铁侠 3</片名>
    <主演>&starring;</主演>
</电影>
  <电影>
   <片名>小时代</片名>
   <主演>杨幂/郭采洁</主演>
</电影>
</电影列表>
```

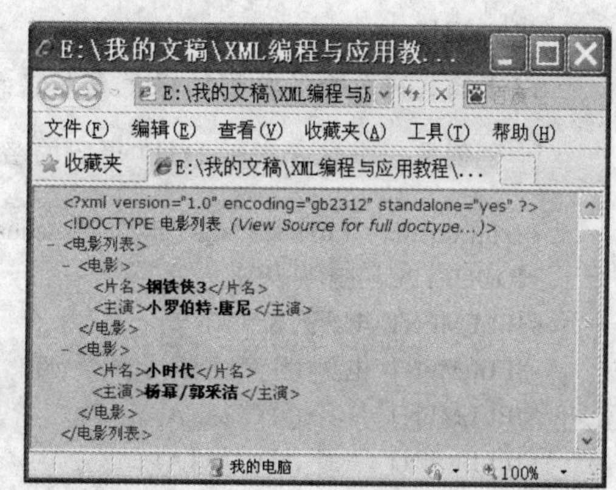

图 4-22　普通内部实体

IE 浏览器中的 MSXML 解析器工作时，将把文档中所引用的这个“starring”实体替换成该实体所包含的内容“小罗伯特·唐尼”，如图 4-22 所示。

2. 普通外部实体

XML 允许其他 XML 文档或文档片段嵌入到该 XML 文档中，通过实体引用可以使解析器在指定资源上找到所需要的文档或文档片段，并将这些文档组合成一个新的 XML 文档。普通外部实体通过 URI 来定位资源数据，普通外部实体的格式主要是 SYSTEM 格式。

SYSTEM 格式的实体内容是一个外部文件，该外部文件由个人或工作小组定义并认可。其语法格式为：

```
<!ENTITY   Entity_Name SYSTEM   Entity_URL>
```

对语法格式中的参数含义说明如下。

- SYSTEM 是定义为外部实体的关键字。
- Entity_URL 是该实体所对应文件的 URL，可以是完整的 URL 地址，也可以是相对地址，此地址需要用单引号或双引号括起来。

在 XML 文档中引用普通外部实体时，同样需要在实体名称前添加“&”符号，在实体名称后添加“;”符号。其语法格式如下：

```
&Entity_Name;
```

【实例 4-10】普通外部实体的使用

本例将在名为 film.xml 文档的内部 DTD 声明中，将一个独立存在的 XML 文件定义成一个名为“out”的普通外部实体，并在文档内的元素中加以应用。具体实现步骤如下：

01 打开 XMLSpy 2011，创建一个名为“out.xml”的 XML 文档，其代码如下：

```
<?xml version="1.0" encoding="gb2312" ?>
<电影>
<片名>钢铁侠 3</片名>
<主演>小罗伯特・唐尼</主演>
<导演>沙恩・布莱克</导演>
<票价>￥80.00</票价>
</电影>
```

代码解析：

以上的代码包含了电影的根元素和它的 4 个子元素：片名、主演、导演和票价。

02 创建一个包含内部 DTD 声明的名为 film.xml 的 XML 文件，具体代码如下：

```
<?xml version="1.0" encoding="gb2312" standalone="no"?>
<!DOCTYPE 电影列表[
<!ELEMENT 电影列表   ANY>
<!ELEMENT 电影 (片名,主演,导演,票价)>
<!ELEMENT 片名 (#PCDATA)>
<!ELEMENT 主演 (#PCDATA)>
<!ELEMENT 导演 (#PCDATA)>
<!ELEMENT 票价 (#PCDATA)>
<!ENTITY film SYSTEM   "out.xml">
]>
```

```
<电影列表>
&film;
</电影列表>
```

代码解析：

以上的关键代码是 DTD 中的最后一条声明普通外部实体“film”，并且在 XML 内容中的根元素“电影列表”之间进行引用。

03 该文档在 IE 浏览器中打开的显示结果如图 4-23 所示。

图 4-23　普通外部实体

4.5.3　参数实体

与普通实体不同的是，参数实体的内容不仅可以包含文本，还可以包含元素类型声明、属性列表声明、一般实体声明、标签声明、处理指令或注释等。普通实体可在 XML 元素中加以引用，也可以在 DTD 中引用，但参数实体只能在 DTD 中引用，并且通常情况下只能在外部 DTD 文档中引用。参数实体分为内部参数实体和外部参数实体两种。

1. 内部参数实体

内部参数实体是指在外部 DTD 中定义的一段具体内容，并只能在该 DTD 的其他声明语句中引用的已解析实体。

声明内部参数实体的语法格式如下：

```
<!ENTITY  %  Entity_Name  Entity_Value>
```

对语法格式中的参数含义说明如下。

- %：表示声明的是一个参数实体。
- Entity_Name：表示内部参数实体的名称，命名规则与一般实体的命名规则相同。注意，其与百分号“%”之间应该有空格隔开。

在 DTD 中引用内部参数实体时，需要在实体名称前添加“%”符号，在实体名称后添加

“;”符号。其语法格式如下：

```
% Entity_Name;
```

例如，在一个外部 DTD 中通过使用内部参数实体来声明“电影列表”元素，具体代码如下：

```
<?xml version="1.0" encoding="gb2312"?>
  <!ELEMENT 电影列表 ANY>
  <!ENTITY % film "(片名，主演，导演，票价)">
  <!ELEMENT 电影 %film;>
  <!ELEMENT 片名 (#PCDATA)>
  <!ELEMENT 主演 (#PCDATA)>
  <!ELEMENT 导演 (#PCDATA)>
  <!ELEMENT 票价 (#PCDATA)>
```

代码解析：

上面的代码在声明“电影”元素之前，先声明了一个内部参数实体“film”，它的实体内容包含了一个用来定义元素类型的字符串：“(片名，主演，导演，票价)”，这个参数实体被 DTD 中的“电影”元素声明语句引用。

2. 外部参数实体

为了便于编写和维护 XML 文档，将 DTD 文档从 XML 中独立出来，并将 DTD 文档按照逻辑关系分割为多个 DTD 文档，最后再通过外部参数实体来将这些分散的 DTD 组合成为一个完整的 DTD 文档。外部参数实体允许将较小规模的 DTD 组合来创建较大规模的 DTD，即在一个 DTD 中可以引用另一个 DTD 文档，从而可以使用 DTD 中的元素及属性的声明。

声明外部参数实体的语法格式为：

```
<!ENTITY  %  Eentity_Name SYSTEM  Entity _URL >
```

对语法格式中的参数含义说明如下。

- SYSTEM：是定义为外部实体的关键字。
- Entity_ URL：是外部实体文件的 URL。可以是完整的 URL 地址，也可以是相对地址。此地址需要用单引号或双引号括起来。

在 DTD 中引用外部参数实体时，同样需要在实体名称前添加“%”符号，在实体名称后添加“;”符号。其语法格式如下：

```
% Entity_Name;
```

【实例 4-11】外部参数实体的使用

本例中将创建两个外部 DTD 文档，其中一个 DTD 文档引用另一个 DTD 文档，然后，在 XML 文档中再进行引用，从而实现一个有效的 XML 文档。具体实现步骤如下：

01 打开 XMLSpy 2011，创建一个名为“film1.dtd”的 DTD 文档，具体代码如下：

```
<?xml version="1.0" encoding="gb2312" ?>
<!ELEMENT 电影 (片名, 主演,导演,票价)>
<!ELEMENT 片名 (#PCDATA)>
<!ELEMENT 主演 (#PCDATA)>
<!ELEMENT 导演 (#PCDATA)>
<!ELEMENT 票价 (#PCDATA)>
```

02 再创建一个名为“film2.dtd”的 DTD 文档，具体代码如下：

```
<?xml version="1.0" encoding="GB2312"?>
<!ELEMENT 电影信息 ANY>
<!ENTITY % pub SYSTEM "film1.dtd">
%pub;
```

代码解析：

在以上代码中使用了内部参数实体“pub”来引用 film1.dtd 文档的内容。

03 最后，创建一个名为“film”的 XML 文档，具体代码如下：

```
<?xml version="1.0" encoding="GB2312" standalone="no"?>
<!DOCTYPE 电影信息 SYSTEM "film2.dtd">
<电影信息>
  <电影>
    <片名>钢铁侠 3</片名>
    <主演>小罗伯特·唐尼</主演>
    <导演>沙恩·布莱克</导演>
    <票价>￥80.00</票价>
  </电影>
</电影信息>
```

代码解析：

以上的代码在第 2 行使用外部参数实体来引用 film2.dtd 文档的内容，该文档在 IE 浏览器中打开的显示结果如上图 4-23 所示。

4.6 扩展练习

1. 使用 XMLSpy 2011，创建本章所有实例中的 DTD 文档和 XML 文档，然后验证它们的有效性，并在浏览器中查看文档运行的结果。

2. 根据下面的 XML 文档，分析文档中元素的关系和属性情况，在 XMLSpy 2011 中编写内部 DTD 文档，并通过验证，使之成为一个有效的 XML 文档，该文档在 IE 浏览器中运行的结果如图 4-24 所示。

```
<?xml version="1.0" encoding="GB2312"?>
<worker>
   <name>李东</name>
   <sex>男</sex>
   <age>28</age>
   <address>&address;</address>
   <name>张来</name>
   <sex>女</sex>
   <age>33</age>
   <address>南京市玄武区中山南路 9 号</address>
</worker>
```

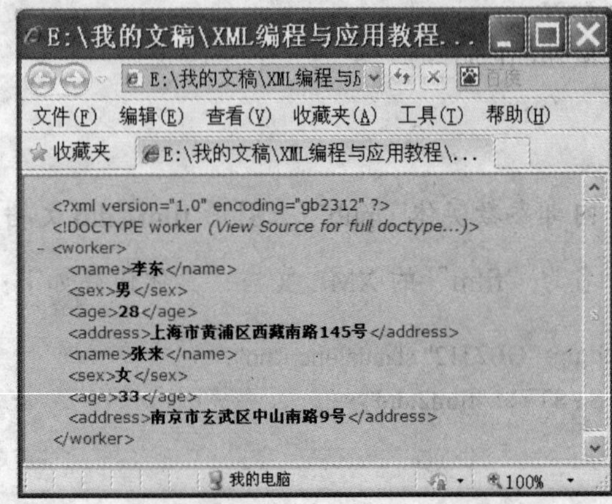

图 4-24　浏览器显示的结果

3. 根据上机题 1 中的 XML 文档，在 XMLSpy 2011 中编写外部 DTD 文档，并进行验证，使之成为一个有效的 XML 文档，该文档在 IE 浏览器中运行的结果如图 4-24 所示。

4. 根据下面的外部 DTD 文档，在 XMLSpy 2011 中编写有效的 XML 实例，并要求通过 DTD 的验证。该文档在 IE 浏览器中运行的结果如图 4-25 所示。

```
<!ELEMENT EMPLOYEES (INFORMATION+)>
<!ELEMENT INFORMATION (NAME,SEX,BIRTHDAY,ADDRESS,POSTCODE,PHOTO)>
<!ELEMENT NAME (#PCDATA)>
<!ELEMENT SEX (#PCDATA)>
<!ELEMENT BIRTHDAY (#PCDATA)>
<!ELEMENT ADDRESS (#PCDATA)>
<!ELEMENT POSTCODE (#PCDATA)>
<!ELEMENT PHOTO EMPTY>
<!ATTLIST INFORMATION    ID CDATA #REQUIRED
          TEAMID CDATA #REQUIRED>
<!ATTLIST PHOTO    src ENTITY #REQUIRED>
<!ENTITY pic1 SYSTEM "pboto.jpg" NDATA jpg>
<!NOTATION jpg PUBLIC "img">
```

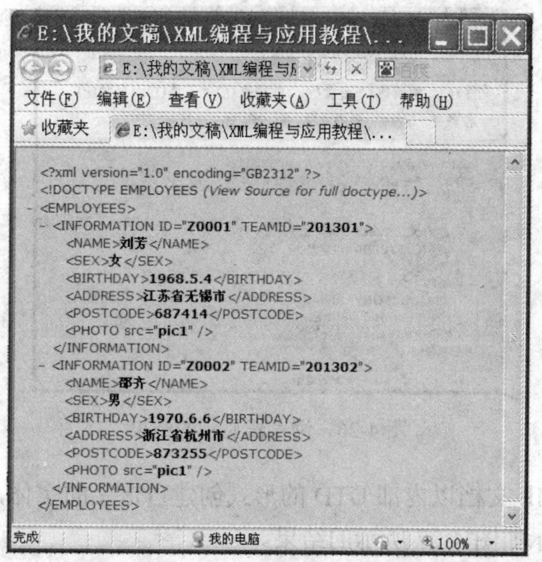

图 4-25　浏览器显示的结果

5. 根据上机题 2 的方法编写有效的 XML 实例，使用 XMLSpy 2011 将外部 DTD 修改为内部 DTD，然后再通过验证，如果不能通过验证，请找出原因并调试解决。该文档在 IE 浏览器中运行的结果如图 4-25 所示。

6. 根据下面的 XML 文件，在 XMLSpy 2011 中编写符合该文件要求的两个外部 DTD 文档，来实现一个外部参数实体的有效 XML 文档，要求必须通过验证。该文档在 IE 浏览器中运行的结果如图 4-26 所示。

```
<?xml version="1.0" encoding="GB2312"?>
<!DOCTYPE GOODS[
<!ELEMENT GOODS (TV|COMPUTER)+>
<!ENTITY % tv_decls SYSTEM "tv.dtd">
<!ENTITY % computer_decls SYSTEM "computer.dtd">
%tv_decls;
%computer_decls;
]>
<GOODS>
<TV>
  <BRAND>SONY</BRAND>
  <PRICE>10000</PRICE >
</TV>
<COMPUTER>
  <BRAND>SONY</BRAND>
  <PRICE>6000</PRICE >
</COMPUTER>
</GOODS>
```

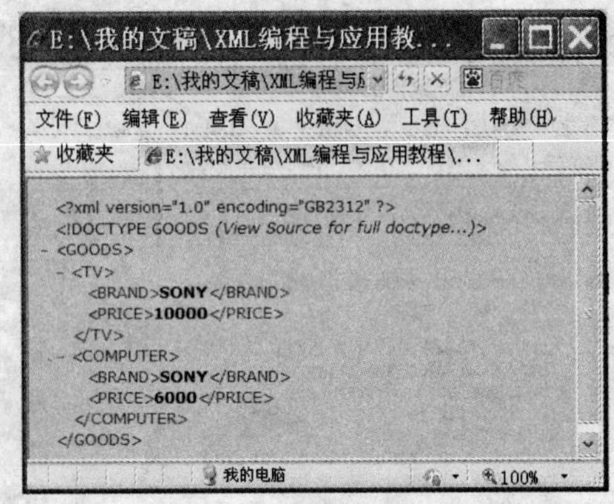

图 4-26　浏览器显示的结果

7. 根据下面的 XML 文档以内部 DTD 的形式创建自定义的实体，当运行 XML 文档后，能够在 IE 浏览器中显示如图 4-27 所示的结果。

```
<COMPANY >
  <NAME>&note1;</NAME>
  <ADDRESS>&note2;</ADDRESS>
</COMPANY >
```

图 4-27　浏览器显示的结果

8. 根据上题的 XML 文档，在 XMLSpy 2011 中编写有效的外部 DTD，然后再通过验证，该 XML 文档最后在 IE 浏览器中运行的结果如图 4-27 所示。

第 5 章　XML 模式

XML 是一种结构化很强的数据存储文档。定义 XML 文档结构有两种方式，即模式（Schema）和文档类型定义（DTD）。XML Schema 是对 XML 文档结构的定义和描述，其主要作用是用来约束 XML 文件，并验证 XML 文件的有效性。本章主要讲述如何使用 XML Schema 定义 XML 文档。

5.1 Schema 概述

XML Schema 是 2001 年 5 月正式发布的 W3C（万维网联盟）的推荐标准，经过数年的大规模讨论和开发，已经成为全球公认的 XML 环境下首选的数据建模工具。

XML Schema 又称为“XML 模式”或者“XML 架构”，用来定义和描述 XML 文档的结构、内容和语义。XML Schema 就像一幅蓝图，声明了 XML 文档中允许的数据和结构，具体规定了 XML 文档中可以包含哪些元素，这些元素又可以具有哪些子元素，并规定这些子元素出现的顺序及其次数等。另外，XML Schema 还具体规定了 XML 文档中每个元素和属性的数据类型。

虽然文档类型定义 DTD 源于 SGML 规范，同时也是 XML 1.0 规范的重要组成部分和描述 XML 文档结构的正式规范，但是，DTD 还存在如下一些缺点：

- DTD 是基于正则表达式的，描述能力有限。
- DTD 没有数据类型的支持，在大多数应用环境下能力不足。
- DTD 的约束定义能力不足，无法对 XML 实例文档做出更细致的语义限制。
- DTD 不够结构化，重用的代价相对较高。
- DTD 并非使用 XML 作为描述手段，而 DTD 的构建和访问并没有标准的编程接口，无法使用标准的编程方式进行 DTD 维护。

XML 文档处理的自动化要求有一种更为严格、更为全面的解决方案，这方面的需求包括：如何对文档结构、属性、数据类型等进行约束，以及如何使一个应用程序的不同模块之间能够互相协调等，因此，以微软公司为首的众多公司提出了 XML Schema，在保留并扩充 DTD 原有的文档结构说明能力的同时，来解决 DTD 先天性的不足。W3C 的 XML Schema 工作组也致力于制定定义 XML 文档的结构、内容和语义的方法。

实际上，XML Schema 也是 XML 的一种应用，它是将 DTD 重新使用 XML 语言规范来定义。从某种意义上讲，这充分体现了 XML 自描述性的特点，与 DTD 相比，XML Schema 具有以下一些优势。

1. 一致性

与 DTD 不同，XML Schema 直接借助 XML 本身的特性，用 XML 语法来定义文档的模式。使得 XML 文档及其模式定义实现了从内到外的统一。此外，XML Schema 本身是一种 XML 文档，可以被现有的 XML 编辑制作工具所编辑，被 XML 语法解析器所解析，被 XML 应用系统所利用，使既有投资得到了最大程度的保护。

2. 扩展性

尽管 DTD 中定义了一些数据类型，但基本都是针对属性类型定义的，并且类型非常有限，XML Schema 不仅支持 DTD 中的所有原始数据类型，还支持整数、浮点数、日期、时间、字符串、URL 以及其他对数据处理和验证有用的数据类型。除了规范中定义的数据类型以外，还可以利用 XML Schema 创建自己的数据类型，并可以基于其他数据类型派生出新的数据类型，从而具有良好的可扩展性。

3. 易用性

XML Schema 优于 DTD 的另一个原因要归结于 DOM 和 SAX。作为一种 XML API，DOM 和 SAX 只是对 XML 实例文档有效，对于 DTD 则无能为力，不可能通过 DOM 或 SAX 来判定在 DTD 中一个元素的属性类型或者某元素的子元素允许出现的次数。但是，使用 XML Schema 则不存在这一问题，因为对 XML 文档结构进行描述的 XML Schema 是一种“形式良好”的 XML 文档，用 DOM 和 SAX 进行访问和处理就非常容易了。

4. 规范性

同 DTD 一样，XML Schema 也提供了一套完整的机制以约束 XML 文档中元素的使用，但相比之下，后者基于 XML 语法，更具规范性。XML Schema 利用元素的内容和属性来定义 XML 文档的整体结构，如哪些元素可以出现在文档中、元素间的关系是什么、每个元素有哪些内容和属性，以及元素出现的顺序和次数等，一目了然。

5. 互换性

正如每个人都可定义自己的 DTD 一样，我们也可根据需要设计适合自己应用的 XML Schema，并且可以同其他人交换彼此的 XML Schema。利用 XML Schema，我们能够书写 XML 文档，验证文档的合法性。另外，通过映射机制，还可以将不同的 XML Schema 进行转换，以实现更高层次的数据交换。例如微软公司的 BizTalk Setver，对此就有很好的支持。

Schema 文档就是用来验证 XML 文档的正确性，用来判断实例是否符合模式中所描述的所有约束，涉及到检查实例中所有的元素和属性。

Schema 主要检验如下内容：

- 验证数据的显示格式是否正确，以及是否超出值的范围。
- 验证所有必需的信息都存在。
- 确保不同使用者对文档理解的方式相同。

除了对 XML 文档的验证外，Schema 文档还在一定程度上扩充实例：

- 为元素和属性添加默认值和固定值。
- 使具有简单类型的元素和属性值中的空白符规范化。

5.2 Schema 的格式

XML Schema 文档是由元素、属性、命名空间和 XML 文档中的其他节点构成的，其中至少包含 Schema 根元素和 XML 模式命名空间的定义、元素的定义。XML Schema 有两种重要的 Schema 模型：Microsoft XML Schema 和 W3C XML Schema，这两种模式定义的 XML 文档结构都是相同的，两者只是在结构声明、描述、命名空间的使用和 Schema 文件后缀名方面有所不同。本书主要介绍 W3C 发布的 XML Schema 规范。

【实例 5-1】简单的 XML Schema 实例

下面通过一个简单的 XML Schema 实例来了解一下 XML Schema 的基本格式，具体实现步骤如下：

01 打开 XMLSpy 2011，选择菜单栏中的“文件”|“新建”命令，弹出如图 5-1 所示的“创建新文件”对话框。

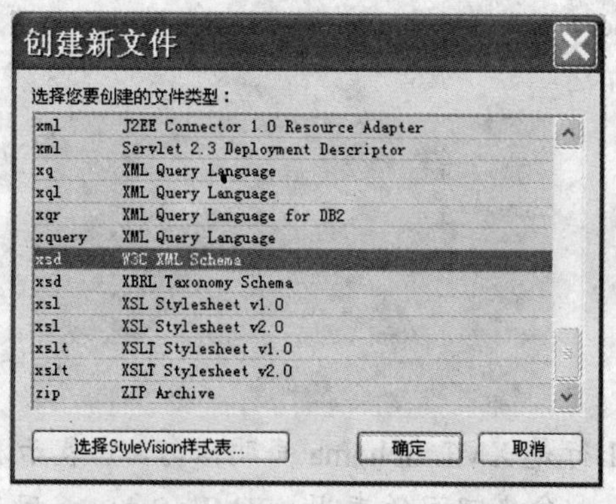

图 5-1 “创建新文件”对话框

02 在这个对话框中，我们可以选择要创建的文件类型，本实例要创建的是 XML Schema 文档，所以选择“xsd W3C XML Schema”选项，单击“确定”按钮，即可进入如图 5-2 所示的 XML Schema 文档的“文字”视图。

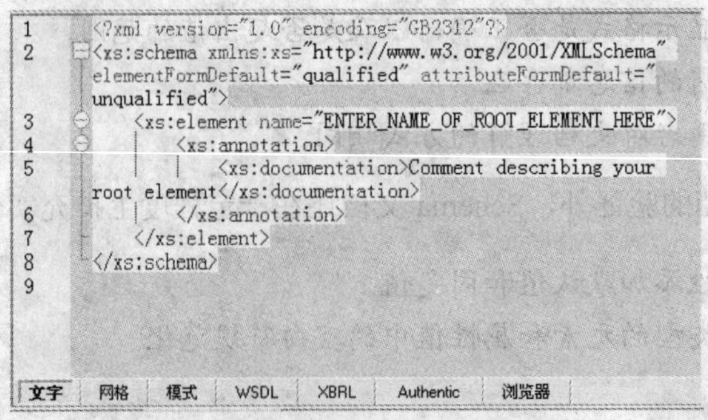

图 5-2 “文字”视图

03 在编辑窗口中，将第 2 行代码去掉并输入以下代码：

```
1.  <xsd:schema xmlns:xsd="http://www.w3.org/2001/XMLSchema">
2.  <xsd:element name="电影">
3.    <xsd:complexType>
4.      <xsd:sequence>
5.        <xsd:element name="片名" type="xsd:string"/>
6.        <xsd:element name="主演" type="xsd:string"/>
7.        <xsd:element name="发行情况">
8.          <xsd:complexType>
9.            <xsd:sequence>
10.             <xsd:element name="发行国家"  type="xsd:string"/>
11.             <xsd:element name="发行日期"  type="xsd:string"/>
12.             <xsd:element name="拷贝数量"  type="xsd:string"/>
13.           </xsd:sequence>
14.         </xsd:complexType>
15.       </xsd:element>
16.   </xsd:sequence>
17.   </xsd:complexType>
18. </xsd:element>
19. </xsd:schema>
```

代码解析：

在上面的代码中，第 1 行是 XML Schema 声明语句，它表示 XML Schema 文档的根元素是 schema，并包含了 schema 命名空间的声明。XML Schema 用元素<element>定义 XML 文档中的元素。在 XML Schema 中，如果元素包含子元素或者是带有属性，则被称为复杂类型；反之，如果元素仅仅包含数字、字符串或者其他数据等，但不包含任何子元素，则称为简单类型。复杂类型的元素采用 complexType 来定义。

第 3~17 行定义了复杂类型的顶级元素“电影”，其中，第 8~14 行定义了复杂类型的元素“发行情况”。

第 5、6、11、12 行中的属性 type 用于定义数据类型，数据类型有很多，例如 string、int、

double、dateTime、Boolean、long、integer、float 等，但要以“xsd:”开头。

“发行情况”元素包含子元素，第 4、9 行中的 sequence 表示子元素要按既定的次序依次出现。第 19 行是结束标记语句，它指明该 XML Schema 的描述到此为止。

04 单击菜单栏上的“文件”|“保存”命令，在“另存为”对话框中输入文件名：film，选择保存的路径，单击“确定”按钮。

05 在 XMLSpy 2011 中新建一个 XML 文档时，会弹出如图 5-3 所示的“新文件”对话框。

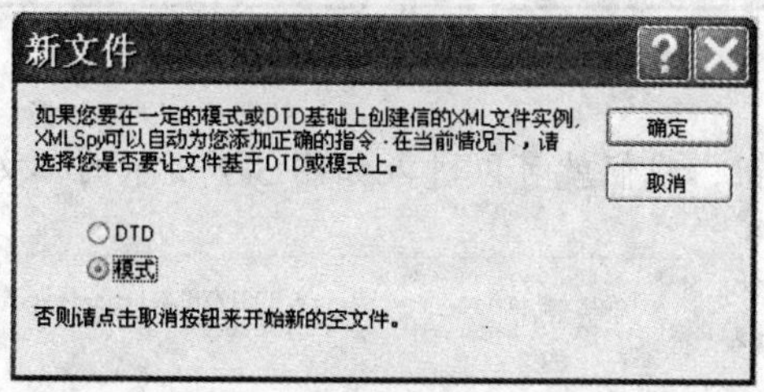

图 5-3 “新文件”对话框

06 在对话框中选择“模式”单选按钮，单击“确定”按钮，弹出如图 5-4 所示的 XMLSpy 对话框。

图 5-4 XML Spy 对话框

07 这个对话框是要求我们选择与 XML 文档进行关联的 XML Schema 的文件路径及文件名，单击“浏览”按钮，弹出如图 5-5 所示的“打开”对话框。

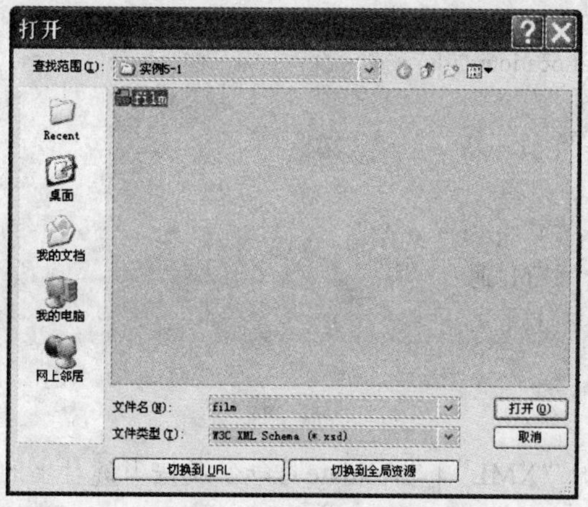

图 5-5 “打开”对话框

08 选择刚才所创建的 film.xsd 文件，单击“打开”按钮后，返回到如图 5-4 所示的 XMLSpy 对话框。如果选中对话框中文件名下面的复选框，那么，所选择的 DTD 文档将以相对路径的形式进行显示，如图 5-6 所示。

图 5-6 以相对路径形式显示的对话框

09 单击“确定”按钮，我们就可以进入如图 5-7 所示的“文字”视图。

```
<?xml version="1.0" encoding="GB2312"?>
<电影 xmlns:xsi="http://www.w3.org/2001/XMLSchema-instance"
xsi:noNamespaceSchemaLocation="film.xsd">
    <片名/>
    <主演/>
    <发行情况>
        <发行国家/>
        <发行日期/>
        <拷贝数量/>
    </发行情况>
</电影>
```

文字 网格 模式 WSDL XBRL Authentic 浏览器

图 5-7 “文字”视图

代码解析：

从上图中我们可以看到，通过<电影 xmlns:xsi="http://www.w3.org/2001/XMLSchema-instance"xsi=noNamespaceSchemaLocation="film.xsd">的声明，可以知道 XSD 文档已和 XML 文档关联到了一起。

10 将文档保存为 film.xml。

11 在该 XML 文档中填充数据，使得 XML 文档中的内容如下所示：

```
<?xml version="1.0" encoding="GB2312"?>
<电影 xmlns:xsi="http://www.w3.org/2001/XMLSchema-instance"
xsi:noNamespaceSchemaLocation="film.xsd">
<片名>钢铁侠 3</片名>
<主演>小罗伯特·唐尼</主演>
<发行情况>
    <发行国家>美国</发行国家>
    <发行日期>2013</发行日期>
    <拷贝数量>1000</拷贝数量>
</发行情况>
</电影>
```

12 选择菜单栏上的“XML” | “Validate”命令或按下键盘上的 F8 键即可进行文档的验证，验证的结果如图 5-8 所示。

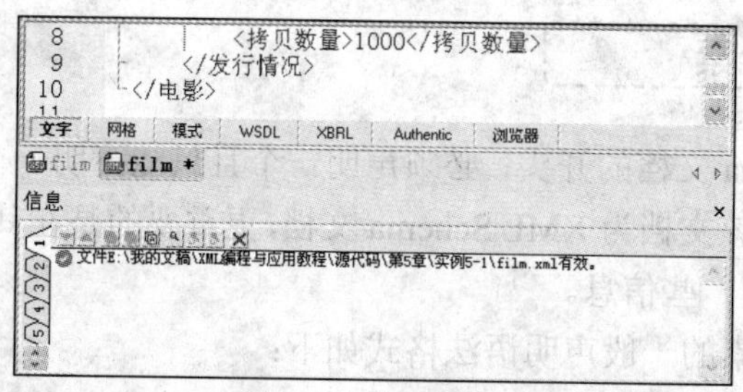

图 5-8 验证结果

13 运行该 XML 文档，在 IE 浏览器中显示如图 5-9 所示的效果。

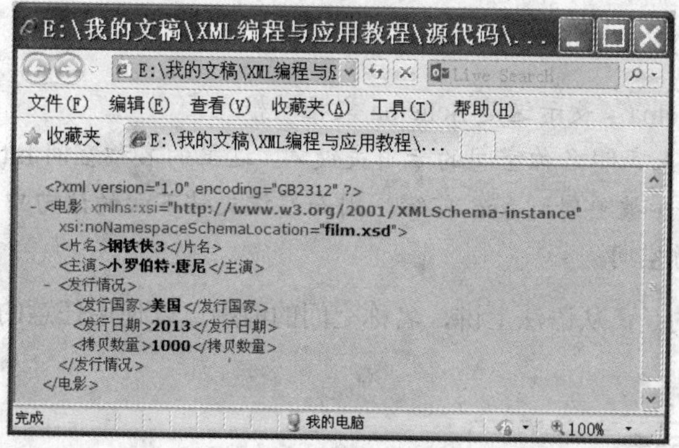

图 5-9 浏览器运行效果

从上面的实例可以看出，XML Schema 是扩展名为“.xsd”的一个文本文件，使用 XML 语法来编写。其基本的结构为：

```
<xsd:schema xmlns:xsd="http://www.w3.org/2001/XMLSchema">
  … <!--Schema 的内容-->
</xsd:schema>
```

在 XML Schema 的基本结构中，XML Schema 文件的根元素必须是 schema，XML Schema 文档就是一种 XML 文档，它不像 DTD 那样有着特殊语法；schema 元素有一个属性 xmlns，用于指定整个 XML Schema 位于 http://www.w3.org/2001/XMLSchema 名称空间中，名称空间的前缀是 xsd。例如，“xsd:string”、xsd 这种形式的关联目的是用来标识元素和简单类型属于 XML Schema 语言的词汇表，而不是模式文档自己的词汇表；省略部分是 Schema 的内容，它列出了一系列类型定义，以及至少一个元素声明。

5.3 Schema 的元素声明

开发 Schema 文档的过程实际上就是声明 XML 元素的过程，元素是创建 XML 文档的基本组成单位。

5.3.1 schema 根元素

在一个 XML Schema 文档的开头，必须声明一个且只能声明一个名为 schema 的根元素。这个根元素不但表明了该文档为 XML Schema 文档，更重要的是在其中指明了所使用的 XML Schema 名称空间及其他一些信息。

XML Schema 根元素的一般声明语法格式如下：

```
<xsd: schema   xmlns:xsd="http://www.w3.org/2001/XMLSchema">
…
</xsd: schema>
```

对上面格式中的参数含义说明如下。

- “xsd: schema”表示这是 Schema 文档的根元素。
- xmlns 是用来声明名称空间的专用关键词，这里的名称空间 http://www.w3.org/2001/XMLSchema 被映射到 xsd 前缀，因而在该文档下面的语句中均可用 xsd 前缀来表示这个名称空间。

这里需要注意的是，从语法上讲，名称空间的前缀可以使用任意的标识符，而不只局限于 xsd。

5.3.2 element 元素

XML Schema 中的元素是利用 element 标识符来声明的，其语法格式为：

```
<element   bstract|block|default|final|fixed|form|id|maxOccurs|minOccurs|name|nillable|ref|
substitutionGroup| type>
<annotation |simpleType|complexType|unique|key|keyref>…
</element>
```

在上面的语法格式中，从“<element”开始，一直到“>”前，都是 element 元素的属性，这些属性都是可选的，如 name 属性；尖括号“<>”中的都是 element 元素的子元素，这些子元素也都是可选的，如 simpleType 子元素。

对 element 元素的常用属性说明如表 5-1 所示。

表 5-1 element 的常用属性

属性名称	说明
block	派生的类型，block 属性用于防止具有指定派生类型的元素被用于替代该元素
id	规定该元素的唯一 ID
maxOccurs	规定 element 元素在父元素中可出现的最大次数。该值可以是大于或等于零的整数。若不想对最大次数设置任何限制，请使用字符串 "unbounded"，默认值为 1
minOccurs	规定 element 元素在父元素中可出现的最小次数。该值可以是大于或等于零的整数，默认值为 1。如果父元素是 schema 元素，则不能使用该属性

（续表）

属性名称	说明
name	规定元素的名称
nillable	指示是否可以将显式的零值分配给该元素，此项应用于元素内容，并且不是该元素的属性， 默认值为 false
ref	对另一个元素的引用，ref 属性可包含一个命名空间前缀
type	规定内建数据类型的名称，如 simpleType 或 complexType 元素的名称
form	该元素的形式。默认值是包含该属性的 schema 元素的 elementFormDefault 属性值
substitutionGroup	可用来替代该元素的名称。该元素必须是具有相同的类型或从指定元素类型派生的类型
abstract	指示元素是否可以在实例文档中使用。如果该值为 true，则元素不能出现在实例文档中

对 element 元素的常用子元素说明如表 5-2 所示。

表 5-2　element 的常用子元素

元素名称	说明
annotation	定义批注
simpleType	定义一个简单类型，确定与具有纯文本内容的属性或元素的值有关的信息以及对它们的约束
complexType	定义一个复杂类型，用于确定属性集和元素内容
unique	指定属性或元素值（或者元素和属性的组合）在指定范围内必须是唯一的，该值必须唯一或为零
key	指定属性或元素值（或一组值）必须是指定范围内的键。键的范围为实例文档中包含的elememt。键意味着数据在指定范围内应该是唯一的、不为零的并且始终存在
keyref	指定属性或元素值（或一组值）与指定的 key 或 unique 元素的值对应

例如，下面的代码声明了元素“经理”和“员工”，并且这两个元素在 XML 文档中出现的次数不限：

```
<xsd:element name="经理"  type="xsd:string"  maxOccurs="unbounded" />
<xsd:element name="员工"  type="xsd:string"  maxOccurs="unbounded" />
```

在上面的声明中，maxOccurs 的值为 unbounded 表示经理和员工元素在 XML 文档中出现的次数不限。

在某些场合，XML 文档中的有些元素根本没有内容，也就是说其内容模型是空的。为了定义内容是空的类型，可以通过这样的方式：首先定义一个元素，它只能包含子元素而不能包含元素内容，然后在其中不定义任何子元素。使用这样的方式就能够定义出内容模型为空的元素，当然空元素可以包含属性。

例如，下面声明了一个名为“电影”的空元素：

```
<xsd:element name="电影"
```

```
<xsd:complexType>
  <xsd:complexContent>
  <xsd:: restriction base="xsd:anyType">
  <xsd:attribute name="catagory" type="xsd:string" use="required"/>
  </xsd:restriction>
  </xsd:complexContent>
</xsd:complexType>
</xsd:element>
```

在上面的声明中，对于定义元素进行了约束声明，其类型为 anyType。anyType 类型不以任何形式约束其包含的内容，以这个方式声明的元素都是不受约束的，所以元素的值可以为整型，也可以为任何其他的字符序列，甚至是字符和元素的混合。如果需要表示不受约束的元素内容，例如，在元素中包含诗句，其中可能需要嵌入标记来支持国际化的表示，那么默认的声明（无约束）或者较少的约束形式会比较合适。

对应上面声明的 XML 文档中的影片元素定义如下所示：

```
<电影  catagory="action"/>
```

5.3.3 默认值和固定值

默认值和固定值通过给空元素增加值的方式来扩展实例。如果文档中存在空的元素，模式处理器根据模式文档的定义，会插入默认值或固定值。在 XML Schema 中，默认值和固定值分别通过 default 和 fixed 属性设置。两个属性只能出现其中之一，它们是互斥的。

如果元素为空，就填入默认值。例如，在下面的代码中声明了 town 元素，并指定了默认值为“haian”。

```
<xsd:element name="town"   type="xsd:string"   default="haian" />
```

必须注意的是，元素声明中“空”的定义根据数据类型的不同而有所不同。某些数据类型允许空值，包括 string 等。任何允许空字符串值的类型，元素都不会认为是空的，从而对于字符串类型元素，默认值不会被填充。相反，integer 数据类型的空元素通常会被认为是空的，从而将被填入默认值。另外，如果元素的 xsi: nillable 属性被设置为 true，那么就不会插入它的默认值。

表 5-3 列出了对于元素默认值的设置与 XML 文档中标记的对应情况说明。

表 5-3　XML 文档中标记的对应情况

情况	扩充实例结果	扩充之前	扩充之后
指定值	保持原始值	<starring>海清</starring>	<starring>海清</starring>
空元素（integer）	填充值	<count></count>	<count>100</count>
空元素（string）	没有填充值	<starring></starring>	<starring></starring>
元素为空	没有填充值	<count xsi:nillable="true"/>	<count xsi:nillable="true"/>

例如，在下面的代码中，使用了元素的默认值属性：

```
<?xml version="1.0" encoding="gb2312"?>
<xsd:schema xmlns:xsd="http://www.w3.org/2000/10/XMLSchema">
<xsd:element name="newsname" type="xsd:string"/>
<xsd:element name="type" type="xsd:string" default="sports" />
<xsd:element name="date" type="xsd:integer" default="20130711" />
</xsd:schema>
```

请注意以上声明中“type”和“date”元素使用了默认值属性 default，对应的是上表中第 3 和第 2 种情况。

固定值与默认值在相同的情况下添加，它们的差别仅在于如果元素拥有一个值，则该值必须和固定值相等。当模式解析器确定元素值和固定值是否相等时，会考虑到元素的数据类型。例如，下面的代码给“type”和“count”元素设置了默认值属性 fixed。

```
<xsd:element name="type" type="xsd:string" fixed="1" />
<xsd:element name="count" type="xsd:integer" fixed="1" />
```

上面的“count”元素的数据类型为 integer，所以整数 1 的所有形式在实例中都会被接受，包括 01、+1 和周围包含空白符的 1。相反，对于“type”元素具有数据类型 string。字符串“01”是无效的，因为与字符串“1”并不相等。按照以上的属性声明，对应 XML 的实例标记情况如表 5-4 所示。

表 5-4　XML 中对应标记的有效和无效

有效实例	无效实例	有效实例	无效实例
<count>1</count>	<price>2</price>	<count></count>	<type></type>
<count>01</count>	<type>01</type>	<count/>	<type>　　</type>
<count>+1</count>	<type>+1</type>	<type>1</type>	<type/>

5.3.4　引用和替代元素

有时，一个元素在 XML 文档中的不同位置上出现多次，如果在描述其结构的 Schema 文档中对于该元素的声明重复定义的话，不仅会影响编写文档的速度，同时也增加了文档的复杂性。这时我们可以使用元素引用来解决这种问题，即使用 element 元素的 ref 属性。使用 ref 属性可以直接将其指向另一个元素定义模块，从而避免在文档中多次定义同一元素，使文档更具可读性。引用元素的语法格式如下：

```
<xsd:element  name="元素名称" ref="要引用的元素名称">
```

【实例 5-2】使用 ref 属性实现元素的引用

在 XML Schema 文档中声明一个“artist”属性，然后在“film”元素中进行引用，具体实现步骤如下：

01 打开 XMLSpy 2011，创建一个名为“film.xsd”的 XML Schema 文档，具体代码如下：

```
<?xml version="1.0" encoding="GB2312"?>
<xsd:schema xmlns:xsd="http://www.w3.org/2001/XMLSchema">
<xsd:element name="film">
    <xsd:complexType>
        <xsd:sequence>
            <xsd:element name="name" type="xsd:string"/>
            <xsd:element ref="artist"/>
        </xsd:sequence>
    </xsd:complexType>
</xsd:element>
<xsd:element name="artist">
    <xsd:complexType>
        <xsd:sequence>
            <xsd:choice>
                <xsd:element name="starring" type="xsd:string"/>
                <xsd:element name="director" type="xsd:string"/>
            </xsd:choice>
        </xsd:sequence>
    </xsd:complexType>
</xsd:element>
</xsd:schema>
```

代码解析：

上面的代码在描述元素“film”的结构时，要追加子元素“artist”，而元素“artist”的定义在另一部分，所以可以通过 ref 属性引用元素“artist”声明的部分。

02 创建一个名为“film.xml”的 XML 文档，并与 film.xsd 文档相关联，具体代码如下：

```
<?xml version="1.0" encoding="GB2312"?>
<film xmlns:xsi="http://www.w3.org/2001/XMLSchema-instance"
xsi:noNamespaceSchemaLocation="film.xsd">
<name>钢铁侠 3</name>
    <artist>
      <starring>小罗伯特·唐尼</starring>
</artist>
</film>
```

03 选择菜单栏上的“XML”|“Validate”命令或按下键盘上的 F8 键即可进行文档的验证，验证的结果如图 5-10 所示。

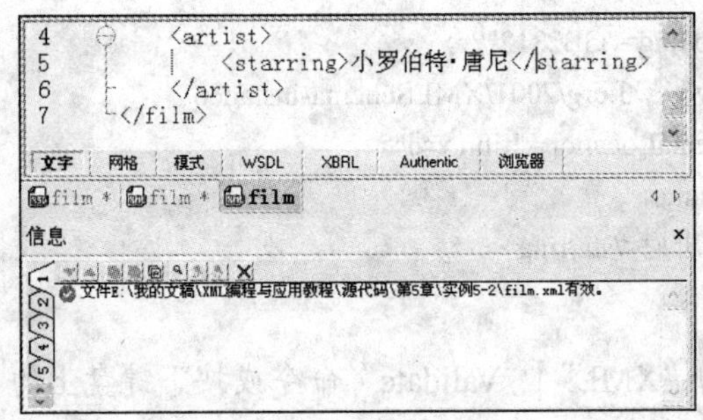

图 5-10　验证结果

代码解析：

在上例中，我们使用“ref”属性引用了元素“artist”的声明，其实，它之中的元素“starring”的内容才是文档真正想表达的，那么如何做才可以直接使用指定的“starring”元素而不用包含在元素“artist”中呢？这其实也很容易实现，只要再声明一个名为“starring”的元素，指定其 substitutionGroup 的值为“artist”就可以了。元素的语法格式如下：

```
<xsd:element name="元素名称" substitutionGroup="要关联元素的名称">
```

【实例 5-3】使用 ref 属性实现元素组的替换

在 XML Schema 文档中声明一个 artist 属性，然后在 film 元素中进行引用，具体实现步骤如下：

01 打开 XMLSpy 2011，创建一个名为“film.xsd”的 XML Schema 文档，具体代码如下：

```
<?xml version="1.0" encoding="GB2312"?>
<xsd:schema xmlns:xsd="http://www.w3.org/2001/XMLSchema">
<xsd:element name="film">
    <xsd:complexType>
        <xsd:sequence>
            <xsd:element name="name" type="xsd:string"/>
            <xsd:element ref="director"/>
        </xsd:sequence>
    </xsd:complexType>
</xsd:element>
<xsd:element name="director" type="xsd:string"/>
<xsd:element name="starring" type="xsd:string" substitutionGroup="director"/>
</xsd:schema>
```

代码解析：

上面的代码在声明元素“starring”时，使用 substitutionGroup 元素与“director”元素相关联，然后在“film”元素的声明中使用“ref”元素进行引用。

02 创建一个名为“film.xml”的 XML 文档，并与 film.xsd 文档相关联，具体代码如下：

```
<?xml version="1.0" encoding="GB2312"?>
<film xmlns:xsi=http://www.w3.org/2001/XMLSchema-instance
    xsi:noNamespaceSchemaLocation="film.xsd">
    <name >钢铁侠 3</name>
    <starring>小罗伯特·唐尼</starring>
</film>
```

03 选择菜单栏上的“XML”|“Validate”命令或按下键盘上的 F8 键即可进行文档的验证，验证的结果如图 5-11 所示。

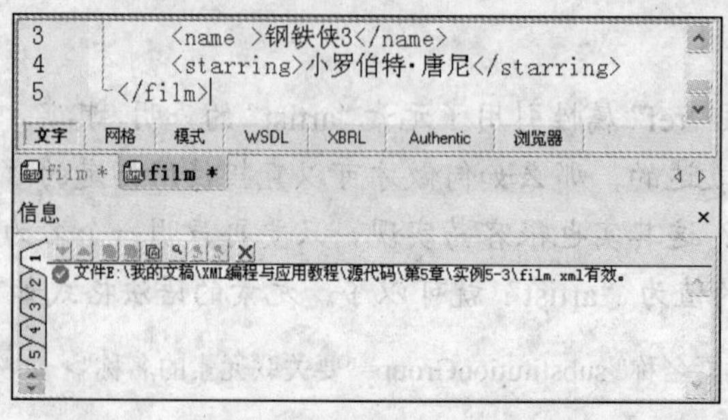

图 5-11 验证结果

5.4 Schema 的属性声明

属性声明用于命名属性并使之与某个特定的简单类型相关联。在 XML Schema 中，实现的方法是使用 attribute 元素。在 XML Schema 文档中可以按照定义元素的方法定义属性，但受限制的程度较高。它们只能是简单类型，只能包含文本，且没有子属性。属性是没有顺序的，而元素是有顺序的。在某些场合属性是非常有用的。通常，对于元数据使用属性，而对于数据则使用元素。例如，利用属性描述单位、语言或元素值的时间相依性。声明属性的语法格式如下：

```
<xsd: attribute   name="属性名" type="属性类型" />
```

对上面的语法格式参数的含义说明如下。

- attribute: 用于声明属性的关键字。
- name: 标识属性名。
- type: 指明该属性的类型。属性类型只能是简单类型。

可以使用 use 关键字指定属性是否出现，use 有三种取值：optional（可以出现，也可以不出现）、required（必须出现）和 prohibited（不能出现），默认值是 optional。

例如，下面的代码，“编号”属性必须出现，“电话”属性不能出现，“年龄”属性可选：

```
<xsd: element name="电影" type="电影类型">
<xsd: complexType name="电影类型">
```

```
<xsd：simpleContent>
  <xsd：extension base=<xsd：string">
     <xsd：attribute name="编号"type="xsd：integer" use="required"/>
     <xsd：attribute name ="主演" type="xsd：string" use="optional"/>
     <xsd：attribute name="导演" type="xsd：string" use="prohibited"/>
  </xsd：extension>
</xsd：simpleContent>
</xsd：complexType >
```

对应于上面 XML Schema 文档中的声明，XML 文档中的“电影”元素可以如下表示。

```
<电影 编号="20130711" 主演="小罗伯特·唐尼">钢铁侠 3</电影>
```

在属性的声明中也可以设置默认值和固定值。默认值同样使用“default”关键字来为属性定义，默认值是指在属性没有出现的情况下，自动分配给此属性的值。“default”只在“use”关键字取默认值或“optional”时才有意义。例如，在下面的代码中，设置“语言”属性的默认值为“中文”：

```
<xsd：attribute name="语言" type="xsd：string" default="中文" / >
```

可以使用“fixed”关键字为属性指定一个固定值，固定值是指自动分配给此属性的值，并且无法为其定义其他的值。例如，下面的代码设置“语言”属性的固定值为“中文”：

```
<xsd：attribute name="语言" type="xsd：string" fixed="中文" / >
```

5.5 Schema 的数据类型

XML Schema 的数据类型分为：简单类型和复杂类型。这两种数据类型之间的主要区别是复杂类型可以像数据一样包含其他元素，而简单类型只能包含数据。

5.5.1 简单类型

简单数据类型又分为内置数据类型和自定义简单类型，自定义简单类型都是直接或间接由内置数据类型衍生出来的。简单类型是指一个元素中仅仅包含数字、字符串或其他文本数据，但不包括子元素。

1. 内置数据类型

在 XML Schema 规范中，有 44 种内置数据类型，这些数据类型可以用来描述元素的内容和属性值，其中常用的内置数据类型如表 5-5 所示。

表 5-5 XML Schema 支持的部分内置数据类型

内置数据类型	说明
string	字符串数据
boolean	布尔型，元素只能取真（True）或假（False）的值
date	表示日期，格式是 YYYY-MM-DD
dateTime	日期时间型，其形式为 YYYY-MM-DD hh:mm:ss
time	时间型，格式为 HH:MM:SS
decimal	任意精度和位数的十进制数
integer	整数
uri-reference	元素包含一个 URL
float	标准的 32 位浮点数，如 12.88

在 XML Schema 中声明内置数据类型的元素语法为：

```
<xsd:element name="元素名称" type="内置数据类型">
```

对以上语法结构中参数的含义说明如下。

- name：表示元素名称。
- type：该属性用于指定内置数据类型。

例如，下面声明了 4 个内置数据类型的元素：片名、导演、主演和票价。

```
<xsd:element name="片名"   type="xsd:string"/>
<xsd:element name="导演"   type="xsd:string"/>
<xsd:element name="主演"   type="xsd:string"/>
<xsd:element name="票价"   type="xsd:string"/>
```

2. 自定义简单类型

在一个学生管理系统中，如果我们把学生的“电话”和“邮编”两个元素定义为 string 类型的话，其实并不完整，因为“电话”元素的值可以是 11 位的手机号码或者是由区号加 8 位本地号组成的字符串。而“邮编”元素的值只可以是由 6 位数字字符组成的字符串，所以，需要更加精确地定义，因此 XML Schema 提供了自定义简单类型来解决上述的问题。

自定义简单类型总是通过已有简单类型进行约束（restriction）派生出来的。自定义一个简单类型，并声明元素的语法格式如下：

```
<xsd: element name="元素名称" type="自定义简单类型名">
<xsd: simpleType name="自定义简单类型名">
<xsd: restriction base="现有类型名称">
  <!—约束内容-->
</xsd: restriction >
```

```
</xsd：simpleType>
```

对上面的语法格式参数的含义说明如下。

- simpleType：该元素用于定义和命名新的简单类型。
- restriction：该元素用来对现有的类型进行约束。

restriction 元素采用 base 属性指定新类型引用的基类型名，并且包含一个或多个子元素，用于辅助进行派生限制，标识约束值范围的细节，我们称这些子元素为约束面。根据面的不同，这个元素或属性具有不同的有效值。表 5-6 是 XML Schema 中常用的约束面的说明。

表 5-6　XML Schema 中常用的约束面

约束面	说明
minExclusive	定义数值的下限，所允许的值必须大于此值
minInclusive	定义数值的上限，所允许的值必须小于或等于此值
length	定义所允许的字符或者列表项目的精确数目，必须大于或等于 0
minLength	定义所允许的字符或者列表项目的最小数目，必须大于或等于 0
maxLength	定义所允许的字符或者列表项目的最大数目，必须大于或等于 0
totalDigits	定义所允许的阿拉伯数字的精确位数，必须大于 0
fractionDigits	定义所允许的最大的小数位数，必须大于等于 0
maxExclusive	定义数值的上限，所允许的值必须小于此值
maxInclusive	定义数值的上限，所允许的值必须小于或等于此值
whiteSpace	定义空白字符（换行、回车、空格以及制表符）的处理方式
enumeration	定义可接受值的一个列表
Pattern	定义可接受的字符的精确序列

例如，下面约束人名长度，它的值的范围为字符串长度，那么应当定义基于简单类型的 string，然后定义它的值的范围为 2~10：

```
<xsd:simpleType name="personName">
    <xsd:restriction base="xsd:string">
        <xsd:minInclusive value="2"/>
    <xsd:maxInclusive value="10"/>
</xsd:restriction>
</xsd:simpleType>
```

上面的例子显示了由一个基本类型定义和两个值域区间描述的组合，通过这三个要素对 personName 实施定义。

【实例 5-4】自定义简单类型的使用

将本章实例 5-1 中的内置数据类型的“主演”和“拷贝数量”元素修改为自定义简单类

型的元素，具体实现的步骤如下：

01 打开 XMLSpy 2011，创建一个名为“film.xsd”的 XML Schema 文档，具体代码如下：

```
<?xml version="1.0" encoding="GB2312"?>
<xsd:schema xmlns:xsd="http://www.w3.org/2001/XMLSchema">
<xsd:element name="电影">
    <xsd:complexType>
        <xsd:sequence>
            <xsd:element name="片名" type="xsd:string"/>
            <xsd:element name="主演" type="主演类型"/>
            <xsd:element name="发行情况">
                <xsd:complexType>
                    <xsd:sequence>
                        <xsd:element name="编号" type="xsd:integer"/>
                        <xsd:element name="发行时间" type="xsd:string"/>
                        <xsd:element name="发行国家" type="xsd:string"/>
                        <xsd:element name="拷贝数量" type="数量类型"/>
                    </xsd:sequence>
                </xsd:complexType>
            </xsd:element>
        </xsd:sequence>
    </xsd:complexType>
</xsd:element>
<xsd:simpleType name="主演类型">
    <xsd:restriction base="xsd:string">
        <xsd:minLength value="6"/>
        <xsd:maxLength value="20"/>
    </xsd:restriction>
</xsd:simpleType>
<xsd:simpleType name="数量类型">
    <xsd:restriction base="xsd:integer">
        <xsd:minInclusive value="1"/>
        <xsd:maxInclusive value="10000"/>
    </xsd:restriction>
</xsd:simpleType>
</xsd:schema>
```

代码解析：

上面的代码中，“主演类型”和“数量类型”是自定义的简单类型，我们对主演类型做如下限制：<xsd: restrlction base="xsd: string">代表它是基于一个字符串类型，是通过约束内置数据类型 string 而引出的，再用 minLength 和 maxLength 约束面来描述该字符串的长度，

其 value 属性的值为 6 和 20；对数量类型做如下限制：<xsd：restrlction base="xsd：integer">代表它是基于一个整数类型而引出的，再用 minInclusive 和 maxInclusive 约束面来描述该整数的取值范围，其 value 属性的值为 1 和 10000。

02 创建一个名为“film.xml”的 XML 文档，并与 film.xsd 文档相关联，具体代码如下：

```
<?xml version="1.0" encoding="GB2312"?>
<电影 xmlns:xsi="http://www.w3.org/2001/XMLSchema-instance"
xsi:noNamespaceSchemaLocation="film.xsd">
    <片名>钢铁侠 3</片名>
<主演>小罗伯特·唐尼</主演>
    <发行情况>
      <编号>1589874</编号>
      <发行时间>2013 年</发行时间>
      <发行国家>美国</发行国家>
      <拷贝数量>5000</拷贝数量>
    </发行情况>
</电影>
```

03 选择菜单栏上的“XML”|“Validate”命令或按下键盘上的 F8 键即可进行文档的验证，验证的结果如图 5-12 所示。

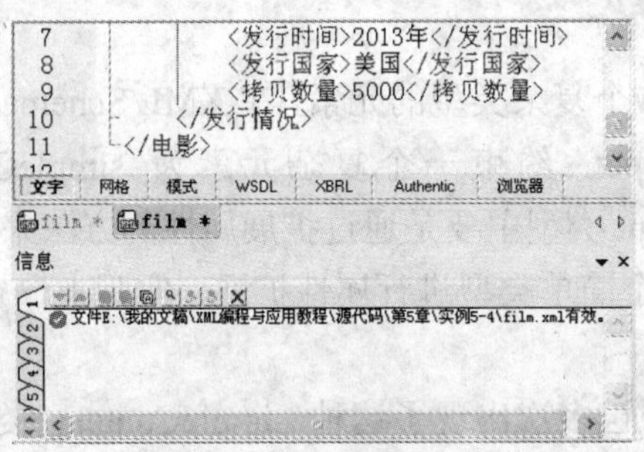

图 5-12　验证结果

04 如果我们将上面代码中的“主演”或“拷贝数量”修改成不正确的类型，例如将拷贝数量改成数字 0 的话，验证将失败，如图 5-13 所示。

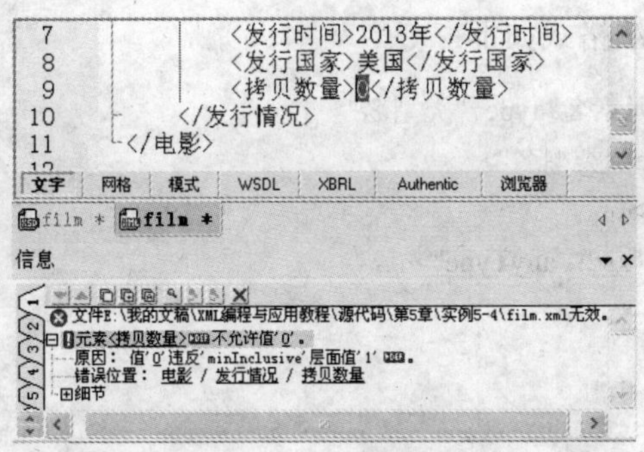

图 5-13　验证结果

5.5.2 复杂类型

复杂类型和简单类型之间最根本的区别就是：复杂类型的内容中可以包含其他元素或属性，但简单类型既不能包含子元素，也不能带有任何属性。

1. simpleContent 元素的声明

simpleContent 元素是指元素内容中仅包含文本，不含子元素，但包含属性的复杂元素，simpleContent 类型是在简单类型的基础上通过增加属性派生而来的，这种类型的派生方式不同于前面介绍的约束派生（restriction），称为扩展派生（extension）。

声明 simpleContent 元素的语法格式如下：

```
<xsd：element name="元素名称" type="类型名">
<xsd：complexType name="类型名">
<xsd：simpleContent>
  <xsd：extension base="简单类型">
    <xsd：attribute name="属性名 1" typet="属性类型"/>
    <xsd：attribute name="属性名 2" type=="属性类型"/>
    …
  </xsd：extension>
</xsd：simpleContent>.
</xsd：complexTypet
```

simpleContent 元素是一个复杂类型的元素，在 XML Schema 中声明一个元素为复杂类型时使用关键字 complexType。约束一个复杂元素为 simpleContent 类型时使用关键字 simpleContent。simpleContent 类型主要是通过扩展属性的方法来进行派生，使用 extension 元素的 base 属性指明要对哪个简单类型进行属性扩展，实际上，定义 simpleContent 最主要的作用就是声明属性。

在前面的实例和代码中已多次出现了这种 simpleContent 类型的元素定义，这里不再赘述。

2. complexContent 元素的声明

complexContent 元素是指元素内容中包含子元素，且包含属性的复杂元素。声明 complexContent 元素的语法格式如下：

```
<xsd：element  name="元素名" type="类型名">
<xsd：complexType name="类型名">
  <xsd：complexContent>
  <xsd：restriction base="xsd：anyType">
      …<!--子元素声明-->
      …<!--属性声明-->
  </ xsd：restriction>
  </ xsd：complexContent>
```

```
</ xsd：complexType>
```

对上面语法格式中参数的含义说明如下。

- complexType：用于定义复杂类型的关键字。
- name：指明复杂类型的名称。
- complexContent：标记内部是子元素和属性的声明。complexContent 类型一般由 anyType 类型通过约束派生（restriction）而来。
- anyType：是导出所有简单类型和复杂类型的基类型。一个 anyType 类型不以任何形式约束其包含的内容。以 anyType 为基类型，最常用的是约束派生而不是扩展派生，因为 anyType 是任意类型。对其进行扩展仍然是任意类型，这本身并没有多大意义。我们可以像使用其他类型一样使用 anyType，如：<xsd:element name="a" type="xsd:anyType"/>，用这个方式声明的元素是不受约束的，所以元素 a 的值可以为 123，也可以为任何其他的字符序列，甚至是字符和元素的混合。实际上，anyType 是默认类型，所以上面的代码可以省略地写为：<xsd:element name="a"/>。

在 XML Schema 中，当没有声明一个复杂类型是 simpleContent 还是 complexContent 时，默认的状态为 complexContent，并且以 anyType 为基类型，通过约束派生而来，因此，声明 complexContent 元素的语法可以简化为：

```
<xsd：element name="元素名" type="类型名">
  <xsd：complexType name="类型名">
    …<!--子元素声明-->
    …<!--属性声明-->
  </xsd：complexType>
```

一个 complexType 元素通常会包含多个子元素。XML Schema 提供了 4 种分组结构来指示子元素的顺序，它们是：all、sequence、choice 和 group。

（1）all 分组

使用 all 定义的元素组，在组中所有的元素成员都可以出现一次或者根本不出现，而且元素能够以任何顺序出现。其语法格式如下：

```
<all  maxOccurs="0|1" minOccurs="0|1">
  …<!--要组合的元素声明-->
</all>
```

all 元素只能出现在内容模型的最顶层。此外，all 元素组的成员必须是独立元素（不能包含 sequence 和 choice），在 all 元素定义的内容模型中的元素都不可以出现超过一次，也就是说元素的 minOccurs 和 maxOccurs 属性允许的值为 0 和 1。

例如，下面是一个使用 all 分组的示例代码：

```
<xsd:element name="电影">
<xsd:complexType>
```

```
    <xsd:all>
        <xsd:element name="片名" type="xsd:string" />
        <xsd:element name="主演" type="xsd:string" />
        <xsd:element name="导演" type="xsd:string" minOccurs="0"/>
         <xsd:element name="票价" type="xsd:integer" minOccurs="0" />
    </xsd:all>
  </xsd:complexType>
</xsd:element>
```

根据上面的定义，下面显示了电影的两个有效实例。其中，第 2 部电影由于“导演”和“票价”元素定义了 minOccurs 等于 0，所以可以不出现。

```
<电影>
  <片名>钢铁侠 3</片名>
<主演>小罗伯特·唐尼</主演>
<导演> 沙恩·布莱克 </导演>
<票价>80.00</票价>
</电影>
<电影>
  <片名>小时代</片名>
<主演>杨幂/郭采洁</主演>
</电影>
```

（2）sequence 分组

sequence 分组要求分组序列中的每个成员在实例文档中出现的顺序与定义的顺序相同。每个元素允许出现的次数由 element 的 minOccurs 和 maxOccurs 属性控制，如果没有给出 minOccurs 和 maxOccurs 属性，则默认值为 1。其语法格式如下：

```
<xsd：sequence>
 …<!--要组合的元素声明-->
 </xsd：sequence>
```

例如，下面是一个使用 sequence 分组的示例代码：

```
<xsd:element name="电影">
    <xsd:complexType>
            <xsd:sequence>
                <xsd:element name="片名" type="xsd:string" />
                <xsd:element name="主演" type="xsd:string" />
                <xsd:element name="导演" type="xsd:string" />
            </xsd:sequence>
    </xsd:complexType>
 </xsd:element>
```

根据上面的定义，下面显示了电影的有效实例，它的子元素都以正确的顺序出现：

```
<电影>
<片名>钢铁侠 3</片名>
  <主演>小罗伯特·唐尼</主演>
  <导演>沙恩·布莱克</导演>
</电影>
```

（3）choice 分组

choice 分组相当于 DTD 中的“|”，当子元素组合到 choice 中时，这些元素中只有一个元素必须在实例文档中出现，用于互斥的情况。choice 元素本身也可以具有 minOccurs 和 maxOccurs 属性，用于确定可以进行多少次。choice 组还可以允许任意数量的子元素以任意顺序出现。只要通过把 choice 组的“maxOccurs”属性设置为“unbounded”即可允许子元素以任何顺序出现，出现任意次数。另外，为了指定更加高级的内容，sequence 和 choice 可以彼此嵌套，且可以进行任意层数的嵌套。其语法格式如下：

```
<choice  id="ID" maxOccurs="大于或等于 0 的整数|unbounded" minOccurs="大于或等于 0
的整数">
…<!--要组合的元素声明-->
</choice>
```

例如，下面是一个使用 choice 分组的示例代码：

```
<xsd:element name="电影">
<xsd:complexType name="tempType">
<xsd:sequence>
<xsd:element name="片名" type="xsd:string"/>
<xsd:element name="票价" type="xsd:string"/>
<xsd:choice minOccurs="0" maxOccurs="unbounded">
<xsd:element name="主演" type="xsd:integer"/>
<xsd:element name="导演" type="xsd:integer"/>
</xsd:choice>
</xsd:sequence>
</xsd:complexType>
</xsd:element>
```

根据上面的定义，下面显示了两个都是有效的实例，每一个实例包含一个符合 choice 组中声明的子元素。如果出现多个子元素，或者根本没有任何元素出现，那么该实例将是无效的。

```
<电影>
<片名>钢铁侠 3</片名>
  <票价>80.00</票价>
  <主演>小罗伯特·唐尼</主演>
</电影>
```

或：

```
<电影>
<片名>小时代</片名>
  <票价>60.00</票价>
  <导演>郭敬明</导演>
</电影>
```

（4）group 分组

group 分组是将若干个元素声明归为一组，以便将它们当做一个组并入复杂类型定义。其语法格式为：

```
<group   maxOccurs="大于或等于 0 的整数|unbounded" minOccurs="大于或等于 0 的整数"
name="组名" ref ="组名">
…<!--要组合的元素声明-->
</ group >
```

在上面的语法格式中，name 用来为组元素分配一个名字，不能包含冒号；ref 用来在复合元素中引用一个组。

【实例 5-5】group 分组的使用

本例将定义“电影”根元素、“主演”元素组和“类型”元素组：“主演”元素组引用 group 分组的 “男演员”子元素和“女演员”子元素；“类型”元素组使用由 choice 分组构成的“中文”子元素和“英文”子元素。具体实现的步骤如下：

01 打开 XMLSpy 2011，创建一个名为“group.xsd”的 XML Schema 文档，具体代码如下：

```
<?xml version="1.0" encoding="GB2312"?>
<xsd:schema xmlns:xsd="http://www.w3.org/2001/XMLSchema">
<xsd:element name="电影" type="演员"/>
<xsd:complexType name="演员">
      <xsd:sequence>
            <xsd:group ref="主演"/>
            <xsd:element name="片名" type="类型"/>
      </xsd:sequence>
</xsd:complexType>
<xsd:complexType name="类型">
      <xsd:choice>
            <xsd:element name="中文" type="xsd:string"/>
            <xsd:element name="英文" type="xsd:string"/>
      </xsd:choice>
</xsd:complexType>
<xsd:group name="主演">
      <xsd:sequence>
            <xsd:element name="男主演" type="xsd:string"/>
```

```
            <xsd:element name="女主演" type="xsd:string"/>
        </xsd:sequence>
    </xsd:group>
    </xsd:schema>
```

代码解析：

在上面的代码中，“男主演”子元素和“女主演”子元素组成了一个名为“主演”的元素组。在引用“主演”元素组时就可以一起引用这两个子元素了。

02 创建一个名为“group.xml”的 XML 文档，并与 group.xsd 文档相关联，具体代码如下：

```
<?xml version="1.0" encoding="GB2312"?>
<电影 xmlns:xsi=http://www.w3.org/2001/XMLSchema-instance
xsi:noNamespaceSchemaLocation="group.xsd">
<男主演>小罗伯特·唐尼</男主演>
    <女主演>格温妮丝·帕特洛</女主演>
<片名>
        <中文>钢铁侠 3</中文>
</片名>
</电影>
```

03 选择菜单栏上的“XML”|“Validate”命令或按下键盘上的 F8 键即可进行文档的验证，验证的结果如图 5-14 所示。

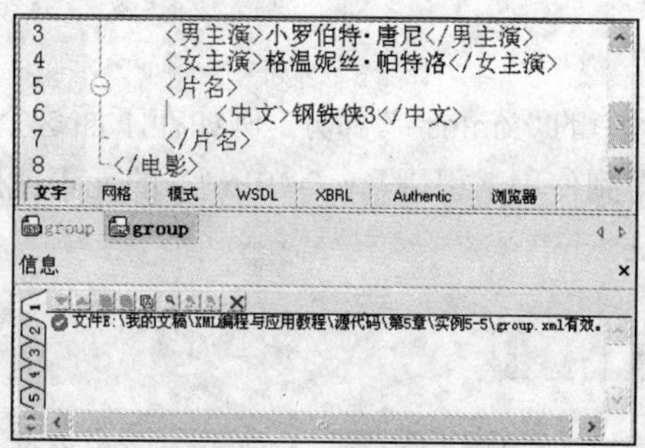

图 5-14　验证结果

5.6　Schema 的名称空间

名称空间是 XML Schema 中的重要部分，它提供了一种避免元素命名冲突的方法。名称空间的用途在于为 XML 中使用的名称提供一个容器。

5.6.1 名称空间的类型

XML Schema 中的名称空间有些复杂，共有三种不同类型的名称空间：目标名称空间、标准名称空间和默认名称空间。下面的三行代码分别使用了这三种不同的名称空间：

```
<xsd: schema targetNamespace="http: //www.itzcn.net/xml"
    xmlns: xsd="http: //www.w3.org/2001/xmlSchema"
    xmlns="http: //www.itzcn.net/xml">
```

1. 目标名称空间

目标名称空间就是代码中的 targetNamespace，需要用该 Schema 的 XML 文档要遵守的名称空间。一个 XML Schema 文档定义一系列的元素、数据类型和属性。它们的名称都各有一定的作用范围，而它们的作用范围在它们的目标名称空间中是有效的，在上面的例子中，可以看到该文档的目标名称空间为：http://www.itzcn.net/xml。目标名称空间的命名必须遵守 URL 的语义，但该目标名称空间并不是指一个具体的文件，仅仅是给它一个名字而已。

2. 标准名称空间

标准名称空间就是：http：//www.w3.org/2001/xmlSchema，因为它是定义 Schema 语法的标准空间，也是定义所有 XML Schema 元素的名称空间（带有 xsd 前缀的元素）。schema、element、simpleType、string 等关键字、内置数据类型和标准的 XML Schema 语法结构都属于该标准名称空间。

3. 默认名称空间

默认名称空间就是上例中的“xmlns=”部分。例如在下面这个元素声明中“<xsd：element name="film">”，任何一个得到使用、引用（ref="film"）的元素或属性都应该遵守这个默认的名称空间 http://www.itzcn.net/xml。

5.6.2 名称空间的引用

如果要把 XML Schema 文档引用到 XML 文档中，可以分为以下两种情况。

1. 在 XML Schema 文档中已经定义目标名称空间

如果希望对上面的实例进行名称空间的定义，那么 XML 文档中就应该利用如下代码来关联.xsd 文档：

```
<根元素名称 xmlns="http: //www.itzcn.net/xml"
        xmlns: xsi="http: //www.w3.org/2001/xmlSchema-instance"
        xsi: schemaLocation="http://www.itzcn.net / xml/要关联的文档名.xsd"属性名="属性值" / >
```

在上面的代码中，xsi 为实例化后的 XML 文档中的名称空间前缀，引用的名称空间为：“http://www.w3.org/2001/xmlSchema-instance”。xsi: schemaLocation 表示从目标名称空间

http://www.itzcn.net/xml 引用要关联的 xsd 文件。

2．在 XML Schema 文档中没有定义目标名称空间

如果在 XML Schema 文档中只使用了标准名称空间 http://www.w3.org/2001/xmlSchema，那就需要使用以下代码来关联 XML 文档：

```
<根元素名称 xmlns：xsi="http：//www.w3.org/2001/xmlSchema-instance"
            xsi：noNamespaceSchemaLocation="要关联的文档名.xsd"
            属性名="属性值"
/>
```

上面代码中的 xsi:noNamespaceSchemaLocation 表示没有定义目标名称空间，而是从本地引用要关联的 xsd 文档。

5.7 创建可视化的 XML Schema

为了让我们大大提高编辑 XML Schema 的工作效率，而不用担心由于手工输入的原因，出现拼错字母等不必要的失误，在 XMLSpy 2011 开发环境中提供了对这方面的强大支持，通过可视化的界面可以对 XML Schema 进行创建。

【实例 5-6】使用 XMLSpy 2011 可视化创建 XML Schema 文档

需要使用的 XML 文档的结构如下：

```
<?xml version="1.0" encoding="gb2312" ?>
<电影 编号="20130911">
<片名>钢铁侠 3 </片名>
<导演>沙恩·布莱克</导演>
<主演>小罗伯特·唐尼</主演>
<票价>80.00</票价>
</电影>
```

根据上面的 XML 文档结构来可视化创建一个 XML Schema 文档，具体步骤如下：

01 打开 XMLSpy 2011，选择菜单栏上的“文件”|“新建”命令，弹出“创建新文件”对话框，在对话框中选择“xsd　W3C XML Schema”选项，单击“确定”按钮，进入 XML Schema 文档的“文字”视图。

02 单击界面下面的“网格”按钮，将界面切换到网格视图编辑界面，我们就在该视图中进行可视化的 XML Schema 文档编辑。此时，界面中已经按照文档的层次关系自动列出了 XML 文档声明和 XML Schema 文档声明的两个编辑表格，单击 XML 和 xs:schema 左边的黑三角，会依次展开一个树状结构来显示这两个声明中可用的属性名称和属性值，其中有些值是可以修改的，例如，编码方式项 encoding 的默认值为 UTF-8，本例我们要将它改为 GB2312，以便使用中文。在 xs:schema 编辑表格中包含了它的根元素 xs:element，单击其左面的黑三角，

也会展开可供编辑的元素名称，如图 5-15 所示。

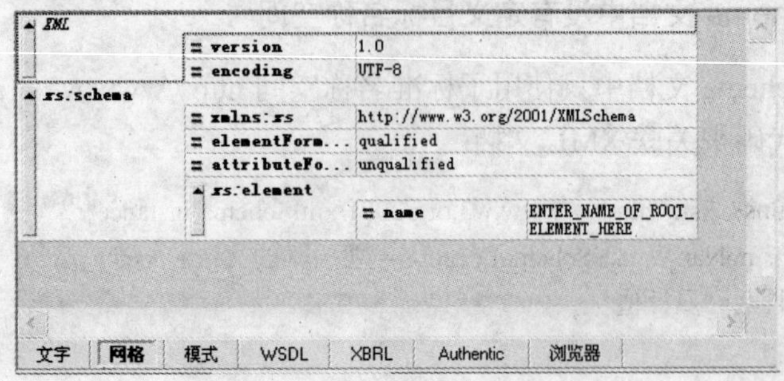

图 5-15 “网格”视图

03 在“=name”后的表格中输入根节点名称“电影”。单击右侧“元素”框里的“插入”按钮，在弹出的选项列表中双击“xs:complexType”，将“电影”元素设置成复杂类型，此时，在“name”元素下会出现“xs:complexType”，如图 5-16 所示。

图 5-16 “网格”视图

04 单击右侧“元素”框里的“添加子元素”按钮，在弹出的选项列表中双击“xs:sequence”，设置“电影”元素的子元素按顺序排列，此时，在“xs:complexType”下会出现“xs:sequence”，如图 5-17 所示。

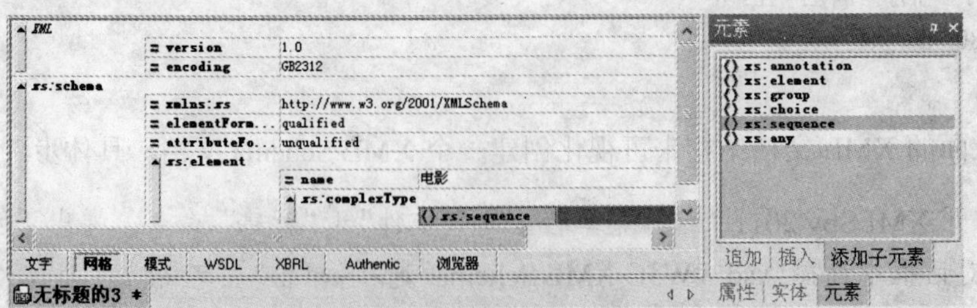

图 5-17 添加 xs:sequence

05 单击右侧“元素”框里的“添加子元素”按钮，在弹出的选项列表中双击选择“xs:element”，设置“电影”的第一个子元素，此时，在“xs:sequence”下会出现“xs:element”，如图 5-18 所示。

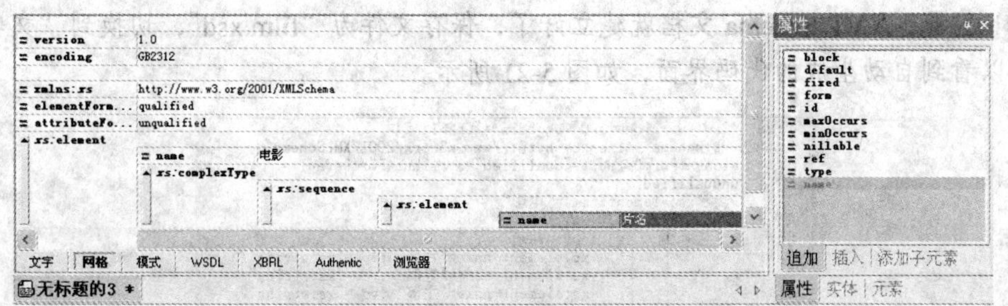

图 5-18　添加 xs:element

06 单击右侧“属性”框里的“添加子元素”按钮，在弹出的选项列表中双击“=name”，设置“电影”的第一个子元素的名称属性，此时，在“xs:element”下会出现“=name ”的编辑表格，在其右边的表格中输入“片名”。

07 按照第 6 步的方法为“xs:element”添加一个数据类型属性“type”，属性值为“xs:string”。

08 重复第 5~7 步，依次在“xs:sequence”下添加其他的三个属性：导演、主演和票价，并设置它们的属性名称和属性值，如图 5-19 所示。

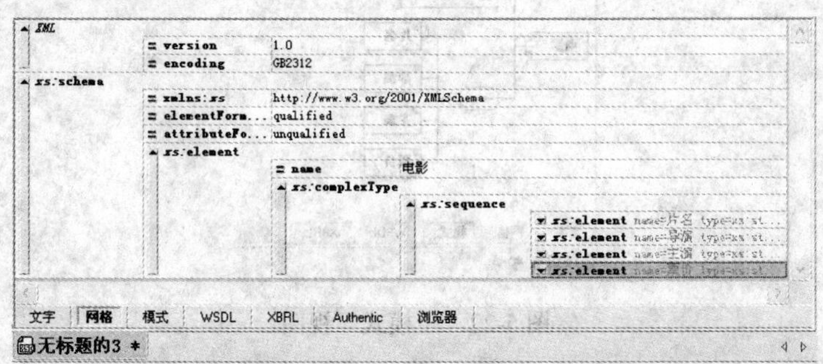

图 5-19　添加其他元素

09 按照上面的方法为“电影”元素添加一个 “xs:attribute”，设置它的名称 name 为“编号”，数据类型 type 为“xs:string”，如图 5-20 所示。

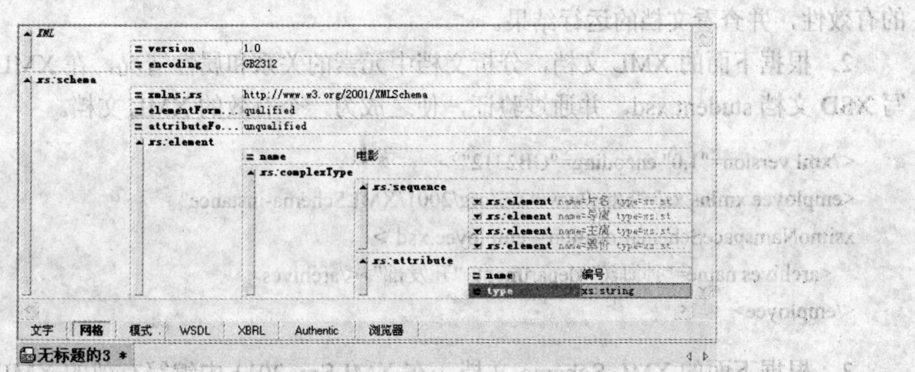

图 5-20　添加属性

10 至此，XML Schema 文档就建立好了，保存文件为“film.xsd”，切换到“文字”视图，可以看到自动生成的代码界面，如图 5-21 所示。

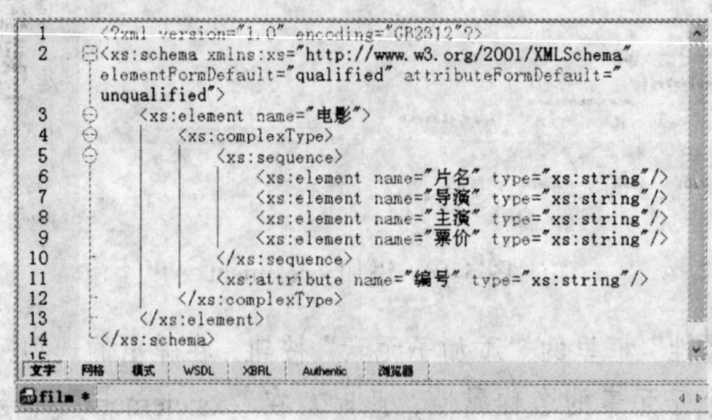

图 5-21　自动生成的代码

11 切换到“模式”视图，单击“element”元素前的图标，可以看到如图 5-22 所示的 XML Schema 文档结构图。

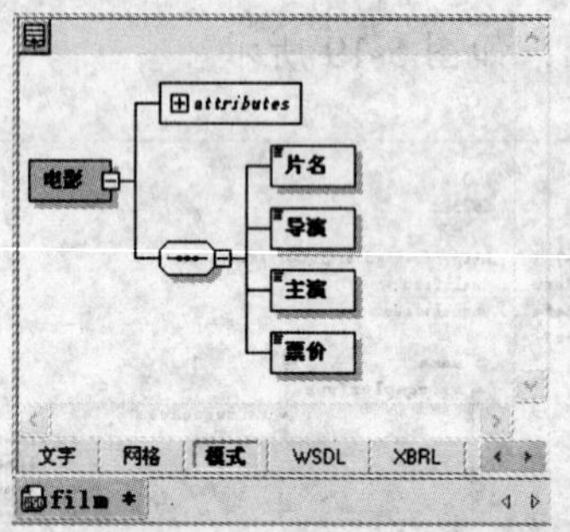

图 5-22　“模式”视图

5.8 扩展练习

1．使用 XMLSpy 2011，创建本章所有实例中的 XSD 文档和 XML 文档，然后验证它们的有效性，并查看文档的运行结果。

2．根据下面的 XML 文档，分析文档中元素的关系和属性情况，在 XMLSpy 2011 中编写 XSD 文档 student.xsd，并通过验证，使之成为一个有效的 XML 文档。

```
<?xml version="1.0" encoding="GB2312"?>
<employee xmlns:xsi="http://www.w3.org/2001/XMLSchema-instance"
xsi:noNamspaceSchemaLocation="employee.xsd">
  <archives name="孙海涛" department="开发部"></archives>
</employee>
```

3．根据下面的 XML Schema 文档，在 XMLSpy 2011 中编写有效的 XML 实例，并要求通过 XML 模式的验证。

```
<?xml version="1.0" encoding="UTF-8"?>
<xs:schema xmlns:xs="http://www.w3.org/2001/XMLSchema">
<xs:element name="studentlist">
    <xs:complexType>
        <xs:sequence>
            <xs:element ref="student" maxOccurs="unbounded"/>
        </xs:sequence>
    </xs:complexType>
</xs:element>
<xs:element name="student">
    <xs:complexType>
        <xs:sequence>
            <xs:element ref="name"/>
            <xs:element ref="sex" minOccurs="0"/>
            <xs:element ref="age" maxOccurs="unbounded"/>
        </xs:sequence>
        <xs:attribute name="id" use="required">
            <xs:simpleType>
                <xs:restriction base="xs:int">
                    <xs:enumeration value="20131011"/>
                    <xs:enumeration value="20131012"/>
                </xs:restriction>
            </xs:simpleType>
        </xs:attribute>
        <xs:attribute name="class" use="required">
            <xs:simpleType>
                <xs:restriction base="xs:byte">
                    <xs:enumeration value="1"/>
                    <xs:enumeration value="2"/>
                </xs:restriction>
            </xs:simpleType>
        </xs:attribute>
    </xs:complexType>
</xs:element>
<xs:element name="sex">
    <xs:simpleType>
        <xs:restriction base="xs:string">
            <xs:enumeration value="女"/>
        </xs:restriction>
    </xs:simpleType>
</xs:element>
<xs:element name="name">
```

```
        <xs:simpleType>
            <xs:restriction base="xs:string">
                <xs:enumeration value="王婷婷"/>
                <xs:enumeration value="陈磊"/>
            </xs:restriction>
        </xs:simpleType>
    </xs:element>
    <xs:element name="age">
        <xs:simpleType>
            <xs:restriction base="xs:byte">
                <xs:enumeration value="18"/>
            </xs:restriction>
        </xs:simpleType>
    </xs:element>
    </xs:schema>
```

4．根据下面的 XML 文档，分析文档中元素的关系情况，在 XMLSpy 2011 中编写 XSD 文档 order.xsd，要求使用 choice 对元素进行分组并通过验证，使之成为一个有效的 XML 文档。

```
<student >
<studentInfo>
    <name>洪一英</name>
</studentInfo>
<studentInfo>
    <sex>女</sex>
</studentInfo>
</student>
```

5．根据下面的 XML 文档，分析文档中元素的关系和属性情况，在 XMLSpy 2011 中编写 XSD 文档，使用 choice 元素来声明只有一个元素的出现，并通过验证，使之成为一个有效的 XML 文档。

```
<?xml version="1.0" encoding="GB2312"?>
<News>
   <sportsnews>中国队获得冠军！</sportsnews>
</News>
```

6．根据下面的 XML 文档，分析文档中元素的关系和属性情况，在 XMLSpy 2011 中编写 XSD 文档，使用 sequence 元素来声明，使元素按照模式中指定的顺序显示，并通过验证，使之成为一个有效的 XML 文档。

```
<?xml version="1.0" encoding="GB2312"?>
<News>
```

```
    <woldenews>俄载三枚卫星火箭升空后爆炸！</woldenews>
<sportsnews>中国队获得冠军！</sportsnews>
    <nationalnews>广东江门取消核燃料项目。</nationalnews>
</News >
```

7．根据下面的 XML 文档，分析文档中元素的关系和属性情况，在 XMLSpy 2011 中编写 XSD 文档，并通过验证，使之成为一个有效的 XML 文档。

```
<?xml version="1.0" encoding="GB2312"?>
<网上书城>
  <图书集合>
    <图书类别 uid="TECH">
      <名称>科技类</名称>
      <描述>关于科学技术方面的书籍</描述>
      <书>
        <ISBN>7-115-090029-7/TP.2000</ISBN>
        <名称>"Visual Basic 6 XML 专业书籍</名称>
        <作者>James Britt</作者>
         <作者>Teun Duynstee</作者>
         <页数>565</页数>
      </书>
      <书>
        <ISBN>7-111-07889-6</ISBN>
        <名称>Building the Data Warehouse</名称>
        <作者>W.H.Inmon</作者>
        <页数>227</页数>
      </书>
    </图书类别>
    <图书类别 uid="ESSAY">
      <名称>散文类</名称>
      <描述>关于人文精神思想类方面的书籍</描述>
      <书>
        <ISBN>7-80127-424-5/G.192</ISBN>
        <名称>火与冰</名称>
        <作者>余杰</作者>
        <页数>382</页数>
      </书>
    </图书类别>
</图书集合>
</网上书城>
```

8．在 XMLSpy 2011 的“网格”视图下，通过可视化的方式，创建扩展练习 2~7 的 XML Schema 文档，并进行文档有效性的验证。

第 6 章　修饰 XML 文档的 CSS

XML 为存储结构化数据提供了强大的方法，但是它没有提供关于数据如何显示的信息，这实际上是 XML 的优点：数据的结构完全与数据表示无关。当有必要表示格式化 XML 文件中的数据时，格式化的详细信息置于层叠样式表 CSS 中。通过使用 CSS 来控制 XML 文档中各元素的呈现方式。本章将详细介绍层叠样式表 CSS 的概念、使用层叠样式表 CSS 的方法，以及如何将 CSS 与 XML 结合起来综合运用。

6.1 CSS 入门

引入 CSS 的原因是在 HTML 中，虽然有<b>、<u>、<i>和<p>等标签可以控制文本或图像等的显示效果，但这些标签的功能非常有限，而且有些特定的网站需求利用这些标签是不能够完成的。

CSS 是层叠样式表，即多重样式定义被层叠在一起成为一个整体，在网页设置中是标准的布局语言，用来控制元素的尺寸、颜色和排版。CSS 是由 W3C 发明的，用来取代基于表格的布局、框架以及其他非标准的表现方法。

可以使用 CSS 将“网页结构代码”和“网页格式风格代码”分离，从而使网页设计者对网页的布局进行更多的控制。利用样式表，可以将站点上的所有网页都指向某个（或某些）CSS 文件，设计者只需要修改 CSS 文件中的某一行，整个网页上对应的样式都会随之发生改变。

6.1.1 CSS 基础知识

从 20 世纪 90 年代初，HTML 被发明开始，样式就以各种形式出现了，不同的浏览器结合了它们各自的样式语言为用户提供页面效果的控制，此时的 HTML 版本只含有很少的显示属性。

随着 HTML 的成长，为了满足设计师的要求，HTML 获得了很多显示功能。但是随着这些功能的增加，HTML 代码开始变得越来越冗长和杂乱，于是 CSS 就随之出现了。

CSS 的概念是在 1994 被提出的，其实，当时已经有过一些样式表语言的建议了，但 CSS 是第一个含有“层叠”概念的样式表语言。

1995 年， W3C 刚刚建立，它们对 CSS 的发展很感兴趣，为此组织了技术小组进行开发。1996 年底，CSS 初稿已经完成，同年 12 月 CSS 规范的第一版本出版，即 CSS 1。

1997 年初，W3C 内组织了 CSS 的技术小组开始讨论第一版中没有涉及到的问题，其讨论结果促成了 1998 年 5 月出版 CSS 规范的第 2 版，即 CSS 2。

CCS 3 标准最早于 1999 年开始制订，并于 2001 年初提上 W3C 研究议程。在 2011 年 6 月 7 日，W3C 发布了第一个 CSS 3 建议版本。CSS 3 的重要变化是采用模块来增加扩展功能，目前 CSS 3 还在不断完善中。

CSS 是一组格式设置规则，用于控制 Web 页面的外观。通过使用 CSS 样式设置页面的格式，可将页面的内容与表现形式分离。页面内容存放在 HTML 文档中，而用于定义表现形式的 CSS 规则则存放在另一个文件中或 HTML 文档的某一部分，通常为文件头部分。将内容与表现形式分离，不仅可使维护站点的外观更加容易，而且还可以使 HTML 文档代码更加简练，缩短浏览器的加载时间。概括来说，CSS 具有如下特点。

1. 丰富的样式定义

CSS 允许定义更为丰富的文档样式外观，CSS 有设置文本属性及背景属性的能力，允许为任何元素创建边框并调整边框与文本之间的距离，允许改变文本的大小写、修饰方式（例如加粗、斜体等）、文本字符间隔，甚至是隐藏文本以及其他的页面效果。

2. 易于使用和修改

CSS 能够将样式定义代码集中于一个样式文件中，以实现某种页面效果，这样就不用将样式代码分散到整个页面文件代码中，从而方便管理。另外，还可以将几个 CSS 文档集中应用于一个页面，也可以将 CSS 样式表单独应用于某个元素，逐渐应用到整个页面。如果必须要调整页面的样式外观，只需要修改 CSS 样式表的样式定义代码即可。

3. 多页面应用

不仅可以将多个 CSS 样式表应用于一个页面，也可以将一个 CSS 样式表应用于一个网站的多个页面。通过在各个页面中引用 CSS 样式表，可以保证网站风格及格式的统一。

4. 层叠

例如，一个 CSS 样式表定义了一个网站的 10 个页面的样式外观，但由于需求的变化，要求在保持外观的情况下对其中一个页面布局进行更改，此时可以应用 CSS 样式表的层叠特性再创建一个只适用于该页面的 CSS 样式表，该样式表中包含修改的那一部分样式的定义代码，将两个不同的样式表同时应用到该页面，在新的样式表中定义的样式规则将代替原来样式表定义的样式规则，而原来样式表中定义的其他外观样式（没有被改动过的）仍被应用。

5. 页面压缩

一个拥有精美页面的网站，往往需要大量或重复的表格以及 Font 标记，以形成各种规格的文字样式，这样做的后果是产生大量的标记，从而使页面文件的大小增加。将用于描述页面的相似布局的代码形成块放到 CSS 样式表中，可以大大减少页面文件的大小，这样在加载页面时，时间也会减少。

6.1.2 CSS 举例

CSS 采用元素匹配模式，将样式套用到对应的 XML 元素上，从而使各个元素呈现出不同的表现风格。CSS 只能控制浏览器显示 XML 元素的文本内容，而不能指定属性、处理指令等内容的显示样式。

为了让大家对 CSS 样式表的作用有一个大概的认识，本小节通过一个例子比较一下使用了 CSS 样式表的 XML 文档和没有使用 CSS 样式表的 XML 文档的区别。

【实例 6-1】一个简单的 CSS 实例

下面通过一个实例，让大家了解 CSS 对 XML 所能带来的功效，具体实现步骤如下：

01 运行 XMLSpy 2011，创建一个 XML 文档，命名为 poem.xml，具体代码如下：

```
<?xml version="1.0" encoding="GB2312" ?>
<poem>
    <name>登鹳雀楼</name>
    <writer>唐.王之涣</writer>
    <content>白日依山尽</content>
    <content>黄河入海流</content>
    <content>欲穷千里目</content>
    <content>更上一层楼</content>
</poem>
```

提示

由于 poem.xml 没有使用对应的层叠样式表 CSS，浏览器根本不知道应该如何处理元素内容的显示方式，所以，在如图 6-1 所示的浏览器中显示的效果与文档的源代码类似。

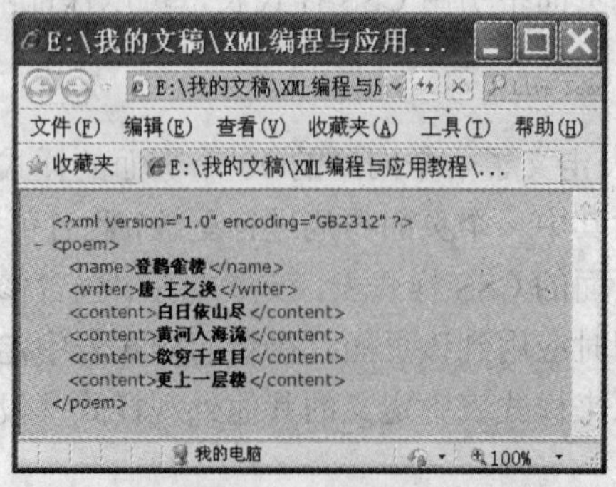

图 6-1 没有使用样式表的 XML 文档显示

02 再创建一个为 poem.xml 文档设置显示格式的简单 CSS 样式表文件，命名为 poem.css，具体代码如下：

```
/*File Name :poem.css */
name{
```

```
display:block;
        font-size: 20pt;
        letter-spacing:10pt;
        text-align:center
}
writer{
display:block;
        font-size:10pt;
        font-weight:bold;
        letter-spacing:10pt;
        line-height:40pt;
        text-align:center;
        color: Black
}
content{
display:block;
        font-size: 20pt;
        font-weight:bold;
        line-height: 30pt;
        letter-spacing:10pt;
        text-align:center;
        color: Black
}
```

03 为了引用创建好的样式表文件来格式化显示 XML 文档的内容，必须将相应的样式表文件链接到这个 XML 文档中。对于上述的 XML 文档和相应的 CSS 文件 poem.css，只需在 poem.xml 文档中增加下面的链接语句即可：

```
<?xml-stylesheet type="text/css" href="poem.css"?>
```

代码解析：

这个样式表链接语句应该放置在 XML 文档开头序言部分的 XML 声明语句之后。

04 在 IE 浏览器中打开 poem.xml 文档，即可见到如图 6-2 所示的显示结果。

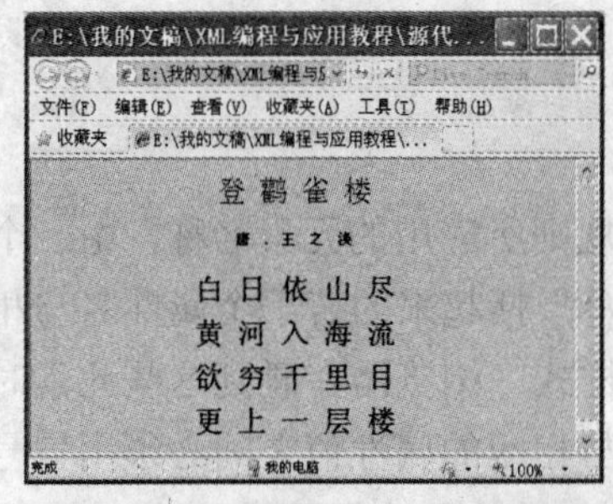

图 6-2　使用样式表的 XML 文档显示

可以看到，使用样式表之后 XML 文档中所有的标记文字以及注释内容已不再显示，各个元素所包含的数据将分别以样式表中指定的格式显示出来。

创建一个带有样式表的 XML 文档，需要遵循下列步骤：

01 构思所要建立 XML 文档所需要的资源及相关数据内容。

02 建立对应的 XML 文档。

03 建立与 XML 文档相对应的 CSS 文档，指定 XML 文档中各个元素的显示方式，并调试至最佳效果。

6.2 CSS 语法

CSS 的定义语法是由三部分构成：选择器（selector）、属性（property）和属性值（value），一个 CSS 的基本语法格式如下：

```
selector {
  property1: value;
  property2: value;
  …
  propertyN: value
}
```

在上面的代码中，selector 是选择器，最普通的选择器就是元素的名称；property1、property2 和 propertyN 为属性名；value 用于指定属性的值；每对属性名/属性值后一般要跟一个分号，但是，大括号内只有一对属性名/属性值的情况除外。

对于 IE 浏览器来说，CSS 样式表中字母的大小写是不加区分的，因而在 CSS 中，NAME、Name、name 这几种写法都是一样的。然而，当 CSS 应用于 XML 文档时，忽略字母的大小写将会带来一定的问题。这是因为 XML 文档中是区分字母大小写的，所以可以拥有多个相同名称但不同字母大小写的不同元素。但在 CSS 中，如名为 NAME、Name 和 name 的元素将会被视为相同的元素，这样一来也就无法为这些元素分别设置不同的属性。因此，如果想使用 CSS 来显示 XML 文档，就应该让文档中各种元素的名称都完全不同，而不仅仅是字母大小写的不同。

6.3 CSS 选择器

CSS 选择器用于指定样式规则所应用的元素名称，由一个或多个元素名或特定的标识构成，紧跟其后的是用花括号“{}”括起来的若干个属性名与相应的属性值对，用来对选择器所指定的元素设置具体的显示样式。浏览器在碰到这些元素时，就使用定义好的样式来显示它们。花括号中每一个属性名与相应的属性值之间必须用冒号“：”分隔。

例如，在下面的规则中 NAME 就是选择器。

```
CONTENT{
    display:block;
    font-weight: bold;
  font-size:16pt
}
```

上面的代码将文档中的 CONTENT 元素的显示格式设置为：在块中单独显示一行；文字的大小为 16 磅；文字为粗体。需要注意的是我们可以把上述的代码写成一行，如下所示：

```
CONTENT{ display:block;font-weight: bold;font-size:16pt}
```

但为了提升代码的可读性，建议分多行编写。

CSS 中的每一条格式设置语句都是从选择器开始的，选择器可以有如下多种不同的形式。

1. 一个或多个元素（Tag）选择器

选择器除了可以为某一个元素设置显示的格式外，也可以为多个不同的元素设置显示的格式，只需将这些元素的名称包含在选择器中，并以逗号来分隔每一个元素的名称即可。例如，下面的格式设置语句同时应用于 ID、TITLE、CONTENT 和 TYPE 等多个不同的元素：

```
ID,TITLE,CONTENT,TYPE{
        display:block
}
```

本例将多种元素全部包含在单一的规则中进行设置，而不是将它们分散在不同的规则中设置，可以让 CSS 样式表变得更短，并且更容易理解和维护。当然，也可以为同一个元素分别设置多个规则。例如，下面的几个规则都是为 CONTENT 元素设置的：

```
CONTENT{ display:block}
CONTENT{ font-weight: bold}
CONTENT{ font-size:16pt}
```

2. 类（Class）选择器

不管是 HTML 还是 XML 文档，有些内容都是可以分类处理的，相应地，对于某一类的内容可以定义不同的样式进行显示。这样就可以在相应的 CSS 文件中对相同名称、不同 Class 的属性元素设定不同的规则，从而增加样式设置的灵活性。例如，有一个段落是粗体的，而另一个段落则为正常的字体，可以把 Class 属性加到两个元素或其中一个元素上，然后为给定的 Class 中的元素编写一个规则。

类选择器的定义方法有如下两种。

（1）与元素不相关的类选择器的定义方法

```
.Class {
  property1: value;
  property2: value;
```

```
  ...
  propertyN: value
}
```

这种类选择器是定义时在 Class 的名称前面加了一个“.”。

（2）与元素相关的类选择器的定义方法

```
Tag.Class {
  property1: value;
  property2: value;
  ...
  propertyN: value
}
```

这种类选择器是在定义时使用 Tag.Class 的方式表示该 Class 是与元素相关的选择器，后面的定义和 Class 选择器相同。

【实例 6-2】类选择器的使用

本例将演示如何通过使用类选择器对 XML 中文本的显示格式进行设置，具体的操作步骤如下：

01 在 XMLSpy 2011 中创建一个相同元素带有不同 Class 属性的 XML 文件，命名为 employee.xml。其中第 1 个和第 3 个 Employee 元素的 Class 属性值为“1”，而第 2 个 Employee 元素的 Class 属性值为“2”，具体的代码如下：

```
<?xml version="1.0" encoding="GB2312"?>
<?xml-stylesheet   type="text/css"   href="employee.css"?>
<Employees>
 <Employee Class="1">
     <NAME>张涛</NAME>
     <SEX>男</SEX>
     <AGE>39</AGE>
     <DEPARTMENT>开发部</DEPARTMENT>
 </Employee>
 <Employee Class="2">
     <NAME>李雪萍</NAME>
     <SEX>女</SEX>
     <AGE>32</AGE>
     <DEPARTMENT>销售部</DEPARTMENT>
 </Employee>
 <Employee Class="1">
     <NAME>付佳琪</NAME>
     <SEX>男</SEX>
     <AGE>28</AGE>
```

```
    <DEPARTMENT>人事部</DEPARTMENT>
  </Employee>
  </Employees>
```

代码解析：

上面代码中的 3 个 Employee 元素的 Class 属性可根据要求设置成为符合题意的数值。

02 再创建一个为不同的Class属性设置不同显示样式的CSS文件，命名为employee.css，具体代码如下：

```
Employee {
        display:block;
        margin-top:16px
}
NAME {
        display:block;
        font-weight:bold
}
Employee.1{
        font-size:18px
}
Employee.2{
        font-size:22pt;
        font-style:italic
}
Name,SEX,AGE,DEPARTMENT{
                        margin:6px
}
```

代码解析：

在上面的代码中，为 Class 属性值为 1 的 Employee 元素设置以 18 磅字号显示，为 Class 属性值为 2 的 Employee 元素以 22 磅字号的斜体字显示。

03 将 employee.css 样式表链接到 employee.xml 文档后，在 IE 浏览器中打开该文档的显示结果，如图 6-3 所示。

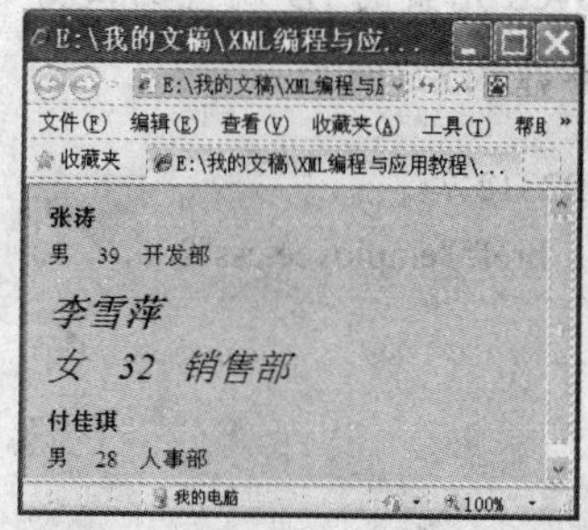

图 6-3　使用类选择器的 XML 文档显示

3. 标识（ID）选择器

在 HTML 或 XML 文档中，往往需要唯一地标识一个元素，即赋予它一个 ID 标识，以便在对整个文档进行处理时能够较快地找到这个元素，CSS 也可以将 ID 标识作为选择符进行样式设定。例如，要将某张列表中的一个元素变成粗体来与同类进行对照，从而达到强调它的目的，这种情况下可编写作用于此元素 ID 属性的规则。

标识选择器的定义方法也有两种。

（1）与元素不相关的标识选择器的定义方法

```
#ID {
property1: value;
property2: value;
…
propertyN: value
}
```

这种标识选择器是定义时在 ID 的名称前面加了一个“#”，后面的定义和类选择器相同。

（2）与元素相关的标识选择器的定义方法

```
Tag#ID{
property1: value;
property2: value;
…
propertyN: value
}
```

这种标识选择器是在定义时使用 Tag#ID 的方式表示该 ID 是与元素相关的选择器，后面的定义和前面的选择器相同。

【实例 6-3】标识选择器的使用

本例将演示如何通过使用标识选择器对 XML 中文本的显示格式进行设置，具体的操作步骤如下：

01 在 XMLSpy 2011 中创建一个相同元素带有不同 ID 属性的 XML 文件，命名为 employee.xml。其中第 1 个 Employee 元素的 ID 属性的值为“1”，而第 2 个和第 3 个 Employee 元素的 ID 属性的值为“2”，具体的代码如下：

```
<?xml version="1.0" encoding="GB2312"?>
<?xml-stylesheet   type="text/css"   href="employee.css"?>
<Employees>
 <Employee ID="1">
     <NAME>张涛</NAME>
     <SEX>男</SEX>
     <AGE>39</AGE>
```

```
        <DEPARTMENT>开发部</DEPARTMENT>
    </Employee>
    <Employee ID="2">
        <NAME>李雪萍</NAME>
        <SEX>女</SEX>
        <AGE>32</AGE>
        <DEPARTMENT>销售部</DEPARTMENT>
    </Employee>
    <Employee ID="2">
        <NAME>付佳琪</NAME>
        <SEX>男</SEX>
        <AGE>28</AGE>
        <DEPARTMENT>人事部</DEPARTMENT>
    </Employee>
    </Employees>
```

02 创建一个为不同的 ID 属性设置不同显示样式的 CSS 文件，命名为 employee.css，具体代码如下：

```
Employee {
        display:block;
        margin-top:16px
}
NAME {
      display:block;
      font-weight:bold
}
Employee#1{
          font-size:18px
}
Employee#2{
          font-size:22pt;
          font-style:italic
}
Name,SEX,AGE,DEPARTMENT{
                          margin:6px
}
```

代码解析：

在上面的代码中，设置 ID 属性值为 1 的 Employee 元素以 18 磅字号显示，设置 ID 属性值为 2 的 Employee 元素以 22 磅字号的斜体显示。

03 将 employee.css 样式表链接到 employee.xml 文档后，在 IE 浏览器中打开该文档的显示结果，如图 6-4 所示。

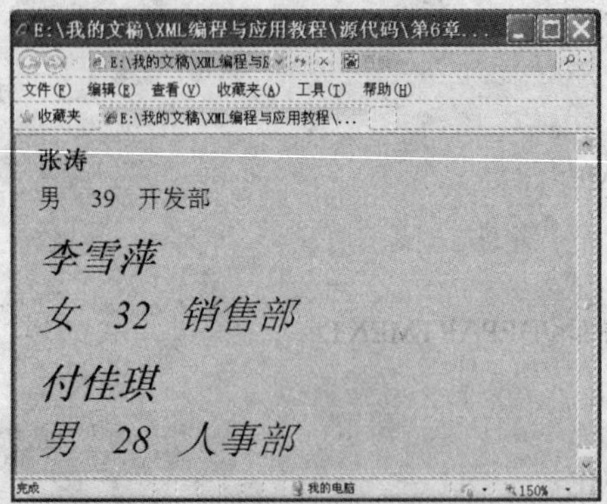

图 6-4 使用标识选择器的 XML 文档显示

6.4 CSS 属性

被选择的元素的 CSS 样式属性可能很多，通过设置这些属性值可以改变相应元素的显示方式。最常用的元素属性有字体属性、色彩属性、边框属性、布局属性、背景属性、文本属性等。

6.4.1 显示属性的设置

在 CSS 中，通常使用 display 属性来控制浏览器元素的文字显示效果。表 6-1 列出了 display 的属性值。

表 6-1 display 的属性值

display 属性值	说明
block	将元素以块方式显示，通过换行与其他元素分开显示
inline	在同一行显示元素
none	隐藏元素，使元素在页面中不可见
list-item	以列表方式显示元素

CSS 规定 display 属性是不能被子元素继承的，所以如果将父元素的 display 属性设定为 block，不等于为其子元素设定了该属性。然而，在以下两种情况下是例外的：

- 如果将父元素的 display 属性设定为 none，则子元素实际上继承了 none 的属性设定，因为，当父元素被隐藏起来时，所有的子元素将同时被隐藏。
- 父元素的 inline 属性值实际上也会被子元素继承，因为 IE 浏览器默认以 inline 方式显示元素内容。

【实例 6-4】CSS 显示属性的使用

本实例将演示如何在 XML 文档中通过使用 CSS 样式来显示文本字体的大小，具体操作

步骤如下：

01 在 XMLSpy 2011 中创建一个相同元素带有不同 ID 属性的 XML 文件，命名为 employee.xml。其中第 1 个 Employee 元素的 ID 属性的值为“1”，而第 2 个 Employee 元素的 ID 属性的值为“2”，第 3 个 Employee 元素不使用选择器，具体的代码如下：

```
<?xml version="1.0" encoding="GB2312"?>
<?xml-stylesheet  type="text/css"  href="employee.css"?>
<Employees>
 <Employee ID="1">
    <NAME>张涛</NAME>
    <SEX>男</SEX>
    <AGE>39</AGE>
    <DEPARTMENT>开发部</DEPARTMENT>
 </Employee>
 <Employee ID="2">
    <NAME>李雪萍</NAME>
    <SEX>女</SEX>
    <AGE>32</AGE>
    <DEPARTMENT>销售部</DEPARTMENT>
 </Employee>
 <Employee>
    <NAME>付佳琪</NAME>
    <SEX>男</SEX>
    <AGE>28</AGE>
    <DEPARTMENT>人事部</DEPARTMENT>
 </Employee>
 </Employees>
```

02 创建一个为不同的 ID 属性设置不同显示样式的 CSS 文件，命名为 employee.css，具体代码如下：

```
Employee {
        display:block;
        margin-top:16px
}
NAME {
        font-weight:bold
}
Employee#1{
         font-size:25px;
         font-style:italic
}
```

```
Employee#2{
        font-size:20px;
        font-style:blod
}
DEPARTMENT{
        display:none
}
```

代码解析：

因为Employee元素的display属性值被指定成block，所以IE浏览器总是在整个Employee元素的文字内容之前或之后加入换行，Employee元素拥有的文字内容包括该元素所有子元素的文字内容。又因为上述样式表并没有为 NAME、SEX、AGE和DEPARTMENT元素指定display属性值，这些元素也未能从它们的Employee父元素继承display属性值，因而浏览器将inline作为这些元素的默认属性值，所以，浏览器在这些元素之间并不加入换行，而是将这些元素显示在同一行上。此外，因为DEPARTMENT元素的display属性值被指定为none，所以浏览器并不显示该元素的内容。

03 在IE浏览器中打开该文档的显示结果如图6-5所示。

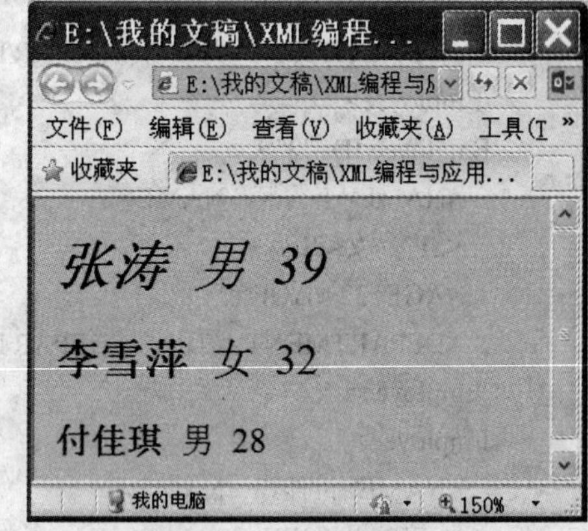

图 6-5 display 属性设置效果

6.4.2 字体属性的设置

XML文档中最主要的信息是由文本信息构成的，文字和符号就是存储信息的主要载体。CSS 语法提供了下面一系列的 font 属性，用来设置元素文字的字体、字号和文字样式等，该属性在XML样式表分类中属于通用字体类，由CSS样式表定义。font属性的常见子属性如表6-2所示。

表 6-2 font 属性的常见子属性

font 的子属性	说明
font-family	设置文字的字体
font-style	设置文字的字形
font-weight	设置文字的粗细
font-variant	设置文字字母的大小写
font-size	设置文字的大小

1. font-family 属性

font-family 属性用于设置文字的字体，如果在字体名称中出现空格，必须使用双引号将

字体括起来，如“Times New Roma”。

font-family 属性可用的值取决于用户系统中已经安装的字体，在 Windows 系统的安装目录下单位的“fonts”文件夹中保存了系统安装的所有字体。

font-family 属性的属性值可以有几个，在指定 font-family 属性的时候，可以同时指定几个字符集。这样，在浏览器找不到第 1 个字符集的时候可以按顺序使用第 2 个字符集显示字体。例如：

```
CONTENT{
    font-family: "楷体_gb2312"，"宋体"，"黑体"
}
```

上面的样式说明了可以使用“楷体_gb2312”、“宋体”、“黑体”三种字体来显示 CONTENT 元素。如果系统中找不到“楷体_gb2312”，则用“宋体”；如果也没有“宋体”，则使用“黑体”，按出现的先后顺序优先选择。

2. font-size 属性

font-size 属性用于设置元素文字的相对或者绝对大小尺寸。font-size 属性的属性值如表 6-3 所示。

表 6-3　font-size 属性的属性值

font-size 属性值	说明
xx-small	利用这个参数定义的字体，是所有相对大小取值中最小的
x-small	利用这个参数定义的字体，仅大于 xx-small 的字体
small	利用这个参数定义的字体，在相对大小值中默认为小字体
medium	默认值，也是 7 种字体的相对大小值中的中字体
large	利用这个参数定义的字体，在相对大小值中默认为大字体
x-large	利用这个参数定义的字体，在相对大小值中仅小于 xx-large 的字体
xx-large	利用这个参数定义的字体，是所有相对大小值中最大的字体

利用上表中的属性值设置出的字体，大小之间是有固定比例的，比如 x-small 是 xx-small 的 1.5 倍，small 是 x-small 的 1.5 倍，medium 是 small 的 1.5 倍，large 又是 medium 的 1.5 倍，其他的可以依次类推。例如：

```
CONTENT {
    font-size:medium
}
```

上面的代码说明使用中字体来显示 CONTENT 元素。

font-size 属性的属性值都需要指定文字尺寸的大小，尺寸的设置可以采用绝对尺寸值、相对尺寸值和百分数尺寸值三种方式。

（1）绝对尺寸值

所谓绝对尺寸值，是指使用标准的度量单位来精确设定尺寸值。可用于 CSS 中的绝对尺寸单位如表 6-4 所示。

表 6-4　绝对尺寸单位

单位	说明
in（英寸）	1 英寸约等于 2.54 厘米
cm（厘米）	
mm（毫米）	
pt（磅）	1 英寸等于 72 磅
pc（皮卡）	1 皮卡等于 12 磅

例如，下面的代码将 CONTENT 元素的字体大小尺寸设置为 16 个像素：

```
CONTENT {
        font-size:16pt
}
```

（2）相对尺寸值

相对尺寸值是指一个相对于元素目前字形大小的尺寸，或相对于屏幕上像素点的尺寸值。可用于 CSS 中的相对尺寸单位如表 6-5 所示。

表 6-5　相对尺寸单位

单位	说明
em	当前字体中字母 m 的宽度
ex	当前字体中字母 x 的宽度
px	像素点

例如，下面的代码将元素的字体大小设置为 12 个像素：

```
CONTENT {
        font-size:12px
}
```

（3）百分数尺寸值

在 CSS 中还可以使用百分数来指定属性的尺寸值，这种方式实际上也是一种尺寸的相对表示方式。例如，下面的代码将元素的字体大小设置为其父元素字号大小的一半：

```
CONTENT {
        font-size:50%
}
```

3. font-style 属性

font-style 属性用来设置元素文字的字型，font-style 属性的属性值如表 6-6 所示。

表 6-6 font-style 属性的属性值

font-style 属性值	说明
normal	表示使用正常体，该参数是 font-style 属性的默认值
italic	表示使用斜体显示文字
oblique	表示使用倾斜幅度不大的斜体显示文字

oblique 和 italic 的区别在于：前者可以由系统手工调节倾斜程度，后者则是一种一般的斜体字。

4. font-weight 属性

font-weight 属性用来设置元素字体的粗细程度，用于决定文本以黑（粗）或浅（细）来显示文本，font-weight 属性的属性值如表 6-7 所示。

表 6-7 font-weight 属性的属性值

font-weight 属性值	说明
normal	表示正常值，即使用标准字体（没有加深色彩），是 font-weight 属性的默认值
bold	表示使用标准的黑体文本
bolder	表示使用比标准黑体还要深的颜色显示文字（为相对参数）
lighter	表示使用比标准黑体稍浅的颜色显示文字（为相对参数）

除了上表中的属性值以外，还可以使用 100、200、300、400、500、600、700、800、900 来表示其粗细程度，100 表示最细、400 表示正常值 normal，700 表示标准黑体，相当于 bold，取值为 900 时最粗。例如下面的代码：

```
CONTENT {
    font-weight:bold
}
DEPARTMENT{
    font-weight:500
}
```

5. font-variant 属性

font-variant 属性用来设置元素文字字母的大小写，font-variant 属性的属性值如表 6-8 所示。

表 6-8 font-variant 属性的属性值

font-variant 属性值	说明
normal	表示使文字保持原有的大小写状态，是 font-variant 属性的默认值
small-caps	表示将文字全部转换成小型大写字母，如果该字型没有真正的小型大写字母，系统将会把大写字母缩小到小写字母的尺寸，使整个文本以大写字母的形式出现

例如，下面的代码将 CONTENT 元素的文字字母全部转换成小型大写字母：

```
CONTENT {
        font-variant: small-caps
}
```

6.4.3 色彩属性的设置

color 属性用于设置指定元素字体的色彩，该属性在 XML 样式表分类中属于通用混合类，由 CSS 样式表标准定义。对于每一个色彩属性的相应属性值可以有 4 种表示方式，即：英文色彩名称、十进制 RGB、十六进制 RGB 和百分数 RGB。

1. 使用英文色彩名称

CSS 所允许使用的英文色彩名称与 Windows 调色板提供的名称相同，例如：red、yellow、blue、green、white、black 等。表 6-9 中列出了各种常用英文色彩名称及其对应的中文含义。

表 6-9　常用英文色彩名称及其中文含义

英文色彩名称	中文含义	英文色彩名称	中文含义
white	白色	teal	深青色
red	红色	olive	橄榄色
fuchsia	品红色	blue	蓝色
pink	粉红色	gold	金色
lime	酸橙色	navy	海蓝色
yellow	黄色	purple	紫色
maroon	酱紫色	silver	银色
green	绿色	gray	灰色
aqua	浅绿色	black	黑色

2. 使用各种 RGB 表示方式

各种 RGB 表示方式都是用 Red（红色）、Green（绿色）和 Blue（蓝色）三种颜色的混合比例来表示某种颜色。其中：十进制 RGB 表示方式的取值范围为十进制数 0~255；十六进制 RGB 表示方式的取值范围为十六进制数 00~FF；百分数 RGB 表示方式的取值范围为百分数 0%~100%。表 6-10 列出了几种常用颜色及其对应的 3 种 RGB 色彩值。

表 6-10　颜色名称参数对应色彩数值

颜色	十进制 RGB	十六进制 RGB	RGB 百分数
纯红色	rgb(255,0,0)	#FF0000	rgb(100%,0%,0%)
纯蓝色	rgb(0,0,255)	#0000FF	rgb(0%,0%,100%)
纯绿色	rgb(0,255,0)	#00FF00	rgb(0%,100%,0%)

（续表）

颜色	十进制 RGB	十六进制 RGB	RGB 百分数
白色	rgb(255,255,255)	#FFFFFF	rgb(100%,100%,100%)
黑色	rgb(0,0,0)	#000000	rgb(0%,0%,0%)
浅紫色	rgb(255,204,255)	#FFCCFF	rgb(100%,80%,100%)
浅灰色	rgb(153,153,153)	#999999	rgb(60%,60%,60%)
褐色	rgb(153,102,51)	#996633	rgb(60%,40%,20%)
粉红色	rgb(255,204,204)	#FFCCCC	rgb(100%,80%,80%)
橙色	rgb(255,204,0)	#FFCC00	rgb(100%,80%,0%)

使用 RGB 格式可以指定的颜色种类数要比使用英文颜色名称丰富得多，这是因为对于红色、绿色、蓝色三种颜色中的任何一种都可以指定 256 种（从 0~255）不同深度的色彩值，这样总共可以组合出 16,777,216 种不同的自定义颜色。

例如，要把 NAME 和 SEX 元素的文字颜色设定为蓝色，可以使用下列 4 条语句之一进行设置：

```
AGE,SEX{
        color:bule
}
AGE,SEX {
        color:rgb(0,0,255)
}
AGE,SEX {
        color:rgb(0%,0%,100%)
}
AGE,SEX {
        color: #0000FF
}
```

另外，需要注意的是 color 属性是能够被子元素继承的，也就是说，如果子元素没有设置 color 属性，则子元素的文字颜色将显示父元素设置的 color 属性的文字颜色。

【实例 6-5】CSS 中 color 属性的使用

本实例将演示如何在 XML 文档中通过使用 CSS 样式来显示文本的颜色，具体操作步骤如下：

01 在 XMLSpy 2011 中创建一个 XML 的文档，命名为 poem1.xml，具体代码如下：

```
<?xml version="1.0" encoding="GB2312" ?>
<?xml-stylesheet   type="text/css"   href="poem1.css"?>
<poem>
    <name>登鹳雀楼</name>
    <writer>唐.王之涣</writer>
```

```
    <content class="1">白日依山尽</content>
    <content class="2" >黄河入海流</content>
    <content class="3">欲穷千里目</content>
    <content class="4">更上一层楼</content>
</poem>
```

02 再创建一个样式表文件 poem1.css，具体代码如下：

```
name{
    display:block;
    font-size:22pt;
    color:blue
}
writer{
    display:"block";
    color:red
}
content.1{
        display:block;
        color:#FOF
}
content.2{
        display:block;
        color:rgb(100%,50%,50%)
}
content.3{
        display:block;
        color:rgb(000,000,256)
}
content.4{
        display:block;
        color:rgb(000,256,256)
}
```

03 在上面的代码中，我们使用 color 属性对 name、writer 和 content 的元素进行文字色彩样式的不同设定。利用 IE 浏览器打开 poem1.xml 文档的效果如图 6-6 所示。

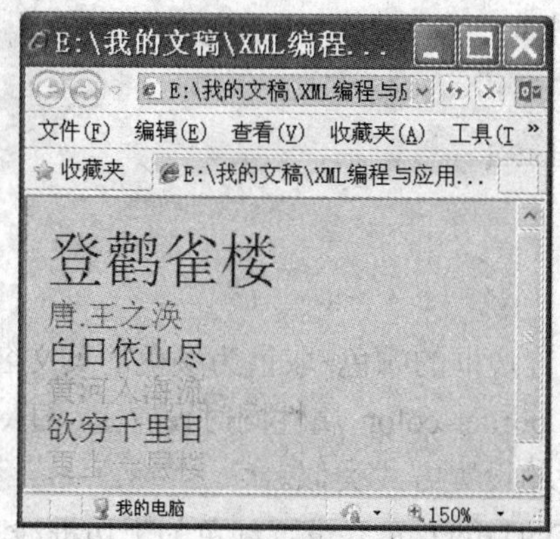

图 6-6　使用 color 属性的 XML 文档显示

6.4.4　边框属性的设置

在 CSS 中，可以为元素的内容添加边框，并能够指定边框线的样式、颜色、尺寸，以及元素与其边框的距离等属性。

1. border-style 属性

border-style 属性可用来同时设置边框四周的样式，设置该属性后，其他相应的边框属性才能设置，border-style 属性的属性值如表 6-11 所示。

表 6-11　border-style 属性的属性值

border-style 属性值	说明
none	设置不显示边框，是 border-style 的默认值
dotted	设置边框线为点划线
dashed	设置边框线为虚线
solid	设置边框线为实线
double	设置边框线为双实线
groove	设置边框线具有 3D 效果
ridge	设置边框线具有 3D 效果
inset	设置边框线具有沉入效果
outset	设置边框线具有浮出效果

使用 border-style 属性可以同时设置上、下、左、右边框的样式。具体的设置是：如果同时给定 4 个属性值，则分别为上、下、左、右边框的样式；如果给定 3 个属性值，则第 1 个为上边框样式，第 2 个为左、右边框样式，第 3 个为下边框样式；如果给定两个属性值，则第 1 个为上、下边框样式，第 2 个为左、右边框样式；如果给定一个属性值，则同时为上、下、左、右边框的样式。

例如，下面的代码是为 CONTENT 元素添加由实线构成的上、下边框线，由点划线构成的左、右边框线：

```
CONTENT{
        border-style:solid dotted
}
```

2. border-color 属性

border-color 属性用于设置边框的颜色，取值为颜色的英文名称或 RGB 值，默认时边框和元素的颜色相同。可以使用 border-color 属性同时设置上、下、左、右边框的颜色，具体的设置方式与 border-style 属性的设置方式类似。

例如，下面的代码为 CONTENT 元素设置红色的上边框线、蓝色的下边框线、黄色的左边框线和绿色的右边框线：

```
CONTENT{
        border-color: red blue yellow green
}
```

3. border-width 属性

border-width 属性用于设置边框的宽度，该属性除了可以使用各种表示大小的尺寸外，还可以使用如表 6-12 所示的属性值。

表 6-12　border-width 各属性的含义

Border-width 属性值	说明
thin	设置细线边框
medium	设置中等边框
thick	设置粗线边框

可以使用 border-width 属性同时设置上、下、左、右边框的宽度，具体的设置方式与 border-style 属性的设置方式类似。

例如，下面的代码为 CONTENT 元素设置上边框为粗线、下边框线的宽度为 1 个像素、左边框为细线和下边框线的宽度为 1 个像素：

```
CONTENT{
        border-width:thick 1px thin 1px
}
```

6.4.5　布局属性的设置

CSS 中元素的布局是通过元素的定位属性、margin 属性、padding 属性来实现的。

1. 定位属性

通过 CSS 的定位属性可以设置元素的位置、宽度和高度。可以通过某个元素的上、下、左、右与其他元素的距离来对其进行相对的定位，属性值可以是各种尺寸的表示方式。表 6-13

中列出了可以设置元素位置的属性。

表 6-13　元素的定位属性

定位属性	说明
top	设置元素顶端与其他元素的距离
bottom	设置元素底端与其他元素的距离
left	设置元素左端与其他元素的距离
width	设置元素的宽度
height	设置元素的高度
right	设置元素右端与其他元素的距离

例如，下面的代码设置 CONTENT 元素的宽度为 200 像素，高度为 300 像素：

```
CONTENT {
        width: 200px;
        height:300px
}
```

2. margin 属性

在默认情况下，CSS 中元素的页边距为 0。当我们需要设置元素与页面上、下、左、右边界的距离时可以使用 margin 属性，其属性值可以是各种尺寸的表示方式。表 6-14 列出了可以设置元素页边距的属性。

表 6-14　设置元素页边距的属性

页边距属性	说明
margin	同时设置元素上、下、左、右边界的距离
margin-top	设置元素到顶端边界的距离
margin-bottom	设置元素到底端边界的距离
margin-left	设置元素到左端边界的距离
margin-right	设置元素到右端边界的距离

例如，下面的代码设置 CONTENT 元素与页面底端的距离为 1.8 英寸：

```
CONTENT {
        margin-bottom: 1.8in
}
```

使用 margin 属性设置上、下、左、右边距时，如果同时给定 4 个属性值，则分别为上、下、左、右边距；如果给定 3 个属性值，则第 1 个为上边距，第 2 个为左、右边距，第 3 个为下边距；如果给定 2 个属性值，则第 1 个为上、下边距，第 2 个为左、右边距；如果给定 1 个属性值，则同时为上、下、左、右边距。

例如，下面的代码设置 CONTENT 元素与四周的距离均为 16 个像素：

```
CONTENT {
        margin: 16px
}
```

3. padding 属性

在边框属性设置完毕后，元素与边框的距离可能会出现过于接近的情况，因此需要设置 padding 属性，使得边框与元素之间的距离不会太靠近，从而提高了显示时的美观程度。padding 属性可以分别用来设置元素与其上、下、左、右边框的间距，属性值可以是绝对宽度或相对于父元素宽度的百分比。

表 6-15 中列出了可以设置元素与边框间距的属性。

表 6-15　设置元素边框间距的属性

边框间距属性	说明
padding	设置元素与四周边距的距离
padding-top	设置元素与上边框的距离
padding-bottom	设置元素与下边框的距离
padding-left	设置元素与左边框的距离
padding-right	设置元素与右边框的距离

例如，下面的代码为 CONTENT 元素添加由细虚线构成的边框，并分别设定了该元素与顶边框、底边框的宽度为元素宽度一倍的间距，设置元素与左边框、右边框的宽度为元素的父元素宽度 50%的间距：

```
CONTENT {
border-style: dashed;
border-width: thin;
padding-top:1em
padding-bottom:1em
padding-left:50%
padding-right:50%
}
```

可以使用 padding 属性同时设置元素与上、下、左、右边框的距离，具体的设置方式与 margin 属性的设置方式类似。例如，下面的代码设置 CONTENT 元素与上、下边框的距离为 18 个像素，与左、右边框的距离为 10 个像素：

```
CONTENT {
    border-style: dashed;
            border-width:thin;
            padding:18px 10px
}
```

6.4.6 背景属性的设置

在 CSS 中，除了能够使用 color 属性来设置元素的文字前景颜色外，还可以使用 background 属性来设置元素的背景颜色或背景图像。background 属性的常见子属性如表 6-16 所示。

表 6-16　background 属性的常见子属性

background 的子属性	说明
background-color	设置元素的背景颜色
background-image	设置元素的背景图像
background-repeat	设置元素背景图像的重复方式
background-attachment	设置元素背景图像是否与元素内容一起滚动
background-position	设置元素背景图像相对于文字的位置

1. background-color 属性

background-color 属性用于设置元素的背景颜色，其属性值的表示方式与 color 属性类似。例如，下面的代码将 CONTENT 元素的文字设置为黄色，背景色设置为红色：

```
CONTENT{
        color:yellow;
        background-color:red
}
```

2. background-image 属性

background-image 属性用于设置指定元素的背景图像，其参数值可用以下 3 种方式指定。

- none：表示元素不用图像作背景。
- url：用作背景图像文件的 URL 地址。
- 用作背景图像文件的名称：必须是和 CSS 样式表文件位于同一目录下的图像文件。

需要注意的是：如果同时指定了背景图像与背景颜色（即使用 background-color 属性），则背景图像将会覆盖背景颜色。

例如，下面的代码将位图文件 image.gif 作为 CONTENT 元素的背景图像：

```
CONTENT {
        background-image:url(image.gif)
}
```

3. background-repeat 属性

background-repeat 属性用于设置背景图像的重复方式，background-repeat 属性的属性值如表 6-17 所示。

表 6-17　background-repeat 属性的属性值

background-repeat 属性值	说明
repeat	背景图像在水平和垂直方向同时重复平铺，是 background-repeat 属性的默认值
repeat-x	背景图像在水平方向重复平铺
repeat-y	背景图像在垂直方向重复平铺
no-repeat	背景图像不重复平铺，仅显示一个图像

例如，下面的代码用于设置 CONTENT 元素的背景图像在垂直方向重复平铺：

```
CONTENT {
        background-image:url(image.gif);
        background-repeat: repeat-y
}
```

4. background-position 属性

background-position 属性用于设置背景图像相对于文字的具体起始位置，默认情况下背景图像的左上角与文本的左上角对齐。表 6-18 列出了 background-position 属性的子属性。

表 6-18　background-position 属性的子属性

background-position 的子属性	说明
background-position-horizontal	用于控制背景图像的水平位置
background-position-vertical	用于控制背景图像的垂直位置

表 6-19 列出了 background-position 属性的属性值。

表 6-19　background-position 属性的属性值

background-position 属性值	说明
top	设置背景图像位于指定元素的顶部
center	设置背景图像居中，即与元素中心对齐
bottom	设置背景图像位于指定元素的底部
left	设置背景图像位于指定元素的左部
right	设置背景图像位于指定元素的右部

例如，下面的代码用于指定背景图像居中：

```
CONTENT {
        background-image:url(image.gif);
        background-position: center
}
```

也可以为 background-position 属性设定水平位置与垂直位置的两个具体的尺寸值或百分数尺寸值。例如，以下代码是将 CONTENT 元素的背景图像设置为水平方向处于 50%、垂直方向处于 100%的位置：

```
CONTENT {
        background-image:url(image.gif);
        background-repeat: no-repeat;
        background-position: 50%    100%
}
```

5. background-attachment 属性

background-attachment 属性用于背景图像与元素内容一起滚动的方式。当需要设置元素占用的空间在浏览器中必须使用滚动条才能完整看到的时候，我们可以用该属性指定在文字元素滚动的时候，背景图像是否一起滚动。表 6-20 列出了 background-attachment 属性的属性值。

表 6-20　background-attachment 属性的属性值

background-attachment 属性值	说明
scroll	设置背景图像随元素内容一起滚动，是 background-attachment 属性的默认值
fixed	设置背景图像静止，而元素内容可以滚动

例如，以下代码用于设置 CONTENT 元素的背景图像随元素内容一起滚动：

```
CONTENT {
        background-image:url(image.gif);
        background-attachment: scroll
}
```

6.4.7　文本属性的设置

在 CSS 样式表中，设置 XML 文档中元素文字的间距、行高、实现字母的大小写转换以及为文字添加各种修饰等，都是通过设置文本的一系列属性来实现的，表 6-21 列出了一些常用的属性。

表 6-21　设置文本的常用属性

设置文本的属性	说明
letter-spacing	设置元素的字符间距
vertical-align	设置元素文本的垂直对齐方式
text-align	设置元素文本的水平对齐方式
text-transform	设置元素文本的大小写转换方式
text-decoration	设置元素文本的修饰方式

1. letter-spacing 属性

letter-spacing 属性用来增加或减少元素文字的字符间距。将此属性值设置成正的尺寸值可以增加字符间距，反之，设置成负的尺寸值可以减少字符间距。例如，下面代码将 CONTENT

元素的文字字符间距增加一半的字符间距：

```
CONTENT{
        letter-spacing：0.5em
}
```

如果要恢复 CONTENT 元素的正常字符间距，可以将 letter-spacing 属性设定成 normal 或者 0em，例如下面的代码：

```
CONTENT{
       letter-spacing：normal
}
```

2. vertical-align 属性

vertical-align 属性用来建立元素的上标或下标文字，或者设置元素文字在垂直方向上的对齐方式，这个属性只会影响 display 属性值被设定成 inline 的元素。表 6-22 列出了 vertical-align 属性的属性值。

表 6-22　vertical-align 属性的属性值

vertical-align 属性值	说明
baseline	与基准线对齐，是 vertical-align 属性的默认值
sub	元素文字以下标显示
super	元素文字以上标显示
top	与父元素文字的顶部对齐
middle	与父元素文字的中部对齐
bottom	与父元素文字的底部对齐

例如，下面的代码将 CONTENT 元素内容设置为上标：

```
CONTENT{
      vertical-align：super
}
```

3. text-align 属性

text-align 属性用来设置元素在水平方向上的对齐方式，这个属性只会影响 display 属性值被设定成 block 的元素。表 6-23 列出了 text-align 属性的属性值。

表 6-23　text-align 属性的属性值

text-align 属性值	说明
left	左对齐
center	居中对齐
right	右对齐
justify	两端对齐

例如，下面的代码将 CONTENT 元素设置为两端对齐：

```
CONTENT{
  text-align：justify
}
```

4. text-transform 属性

text-transform 属性用来设置元素文字的字母大小写方式，表 6-24 列出了 text-transform 属性的属性值。

表 6-24　text-transform 属性的属性值

text-transform 属性值	说明
capitalize	将每个单词的第一个字母大写
uppercase	将所有字母转换为大写
lowercase	将所有字母转换为小写
none	不更改元素文字的大小写，是 text-transform 属性的默认值

例如，下面的代码将 CONTENT 元素内容中每个单词的第一个字母转换为大写：

```
CONTENT{
  text-transform：capitalize
}
```

5. text-decoration 属性

text-decoration 属性用来为元素的文字内容添加某种修饰效果，表 6-25 列出了 text-decoration 属性的属性值。

表 6-25　text-decoration 属性的属性值

text-decoration 属性值	说明
underline	为文字添加下划线
overline	为文字添加顶端上划线
line-through	为文字添加删除线
blink	为文字添加闪烁效果
none	不添加任何修饰效果，是 text-decoration 属性的默认值

例如，下面的代码为 CONTENT 元素的文字内容添加闪烁效果：

```
CONTENT{
  text-decoration：blink
}
```

6.5 CSS 链接

如果不把创建好的 CSS 样式表链接到 XML 文档中，则文档中的元素是无法按照样式表的规则在浏览器中显示的。在 CSS 中有几种常用的链接方式。

6.5.1 一般链接指令

在 XML 文档的开头使用“xml：stylesheet”处理指令就可以将指定的 CSS 样式表链接到 XML 文档。其处理指令的格式如下：

```
<?xml:stylesheet   type="text/css" href="url? ">
```

上面的处理指令中各部分的含义如下。

- “<?xml: stylesheet: ”表示当前 XML 文档在显示时需要使用样式表，xml 与 stylesheet 之间的冒号也可以用短划线“-”代替。
- “typc="text/css"”表示使用 CSS 样式表。
- “href="url"”用来指定样式表文件的 URL。

通常将“xml:stylesheet”处理指令添加到 XML 文档的序文中，紧接在 XML 声明之后。URL 可以是标准的网络地址，也可以是存放 CSS 文件的相对路径和绝对路径，并需要用引号括起来。

例如，本章中实例 1 的 XML 文档 poem.xml 中就使用了如下的链接指令将存放在文件夹中的样式表文件 poem.css 链接进来：

```
<?xml-stylesheet type="text/css" href="poem.css"?>
```

将外部样式表链接到 XML 文档的方式，能够非常灵活地来安排 XML 文档内容的显示格式。通过简单地附加不同的样式表就可以相应地使文档内容呈现不同的显示效果。而要链接不同的样式表，只需编辑“xml:stylesheet”处理指令中的 URL 即可，而不用对 XML 文档内容本身作任何改变。

当把某个样式表链接到一个 XML 文档后，可以直接用 IE 浏览器来打开这个文档。浏览器将根据被链接样式表中指令的具体格式规定来显示文档元素的内容。

但是，需要注意的是，如果浏览器无法找到在“xml: stylesheet”处理指令中指定的样式表，它将使用浏览器当前的默认设定来显示 XML 文档的内容。另外，XML 文档没有链接到样式表，则 IE 浏览器显示的是文档的原始代码，而不是文档元素的内容。

可以在一个 XML 文档中使用多条“xml:stylesheet”处理指令，达到将多个样式表文件链接的目的。当在 XML 文档中链接多个样式表时，IE 浏览器会把来自不同样式表的规则予以整合。如果不同的样式表中包含了相冲突的规则，则较晚被链接的样式表中的规则会比那些较前链接的样式表中的规则取得较高的优先权。

6.5.2　@import 指令

除了常规的链接指令外，CSS 还可以在样式表中使用@import 指令来添加一个或多个独立保存的样式表，将这些样式表包含的规则链接到当前样式表中来。利用此种方式可以将相关的样式规则存储在不同的样式表文件中，然后根据需要将它们与特定的样式表文件结合在一起。@import 指令的一般格式如下：

```
@import url(stylesheetURL);
```

上面格式中的“stylesheetURL”表示想要引入的样式表文件的 URL，可以是本地或网络上样式表文件的绝对路径或相对路径。

需要注意的是，本指令必须放置在 CSS 样式表的开头，在此指令之前不允许有其他格式的设置语句。另外，本指令结尾部的分号“;”是不能少的。

例如，在下面的样式表中首先使用@import 指令引入存放在同一文件夹中的 book.css 样式表文件，代码如下：

```
@import url(book.css);
```

可以将多个@import 指令包含在样式表的起始部分，当引入一个或多个样式表时，浏览器会将包含在被引入样式表中的规则与当前样式表设置的规则相结合。如果有规则发生冲突，当前样式表中的规则将比被引入的样式表具有较高的优先权。如果引入了数个样式表，则稍后被引入的样式表中的规则将会取得较高的优先权。

6.5.3　无需链接的内部 CSS

无需链接的内部 CSS 是指通过内嵌的方式将 CSS 样式信息直接包含到 XML 文档中。要在 XML 中直接嵌入代码，需要在 XML 文件中加入一条处理指令和定义样式的代码，该处理指令是对命名空间的声明，定义样式的代码告诉浏览器下面加入了文本格式的 CSS 文件，基本语法格式如下所示：

```
<?xml-stylesheet type="text/css"?>
<根元素 xmlns:HTML=”URL”>
  <HTML:STYLE>
    <!--CSS 内容-->
 <HTML:STYLE>
<!--XML 子元素-->
</根元素>
```

在上面的格式中，“xmlns:HTML”是固定的命名空间名称，CSS 必须在<HTML:STYLE>中进行定义。

【实例 6-6】内嵌 CSS 文件的 XML 文档

本实例将演示如何在 XML 文档中内嵌 CSS 样式来显示文本的样式，具体操作步骤如下：

01 在 XMLSpy 2011 中创建一个名为"poem3.xml"的文件，具体代码如下：

```
<?xml version="1.0" encoding="GB2312"?>
<?xml-stylesheet type="text/css"?>
<Employees xmlns:HTML="http://www.w3.org/Profiles/XHTML-transitional">
  <HTML:STYLE>
  NAME{
        font-weight:bold
  }
 SEX{
        font-size:20px
 }
 AGE{
          font-style:italic
 }
  </HTML:STYLE>
 <Employee>
     <NAME>张涛</NAME>
     <SEX>男</SEX>
     <AGE>39</AGE>
     <DEPARTMENT>开发部</DEPARTMENT>
 </Employee>
 </Employees>
```

02 在上述代码中，加入的处理指令放在了<Employees>标记中，这里有个命名空间是"HTML:STYLE"，其前缀是 HTML，在该语句的前面是一个定义样式的代码，保存文件后，运行结果如图 6-7 所示。

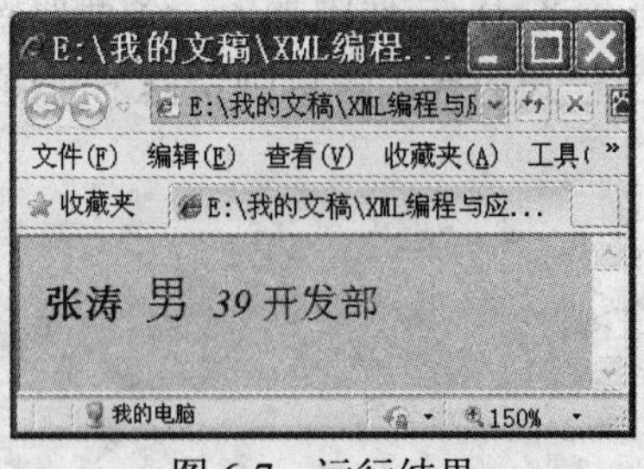

图 6-7 运行结果

XML 文档使用嵌入式的样式表，优点是可以单独设定某个 XML 文档的样式，自由灵活；缺点是把数据和修饰数据的样式放在了同一个文件中，使数据不能从表示中分离出来，所以不推荐使用这种方式。

6.6 扩展练习

1. 使用 XMLSpy 2011，创建本章中所有实例中的 XML 文档和 CSS 文档，并在浏览器中查看文档运行的结果。

2. 根据下面的 XML 文档，进行外部的 CSS 样式创建。运行文档后，在 IE 浏览器中显示的效果如图 6-8 所示。

```
<?xml version="1.0" encoding="GB2312"?>
<poem>
  <name>枫桥夜泊</name>
    <writer>- 唐.张继 -</writer>
    <content>月落乌啼霜满天</content>
    <content>江枫渔火对愁眠</content>
    <content>姑苏城外寒山寺</content>
    <content>夜半钟声到客船</content>
</poem>
```

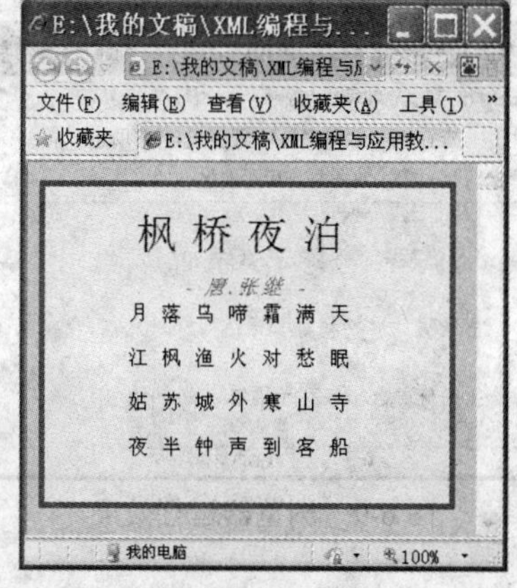

图 6-8　运行效果

3. 以上题中的 XML 文件为基础，创建内嵌的 CSS 文件，运行文档后，在 IE 浏览器中显示的效果如图 6-8 所示。

4. 以上题中的 XML 文件为基础，创建内容相同的 CSS 外部文件，并在 XML 文档中以 @import 指令链接的方式进行样式的显示，运行文档后，在 IE 浏览器中显示的效果如图 6-8 所示。

5. 根据下面的 XML 文档，进行外部的 CSS 样式表创建，要求使用类选择器实现。运行 XML 文档后的效果如图 6-9 所示。

```
<?xml version="1.0" encoding="gb2312" ?>
<films>
 <film>
```

```
    <name>钢铁侠 3</name>
        <director>沙恩・布莱克</director>
    <starring>小罗伯特・唐尼</starring>
    <price>80.00 元</price>
</film>
    <film >
        <name>小时代</name>
        <director>郭敬明</director>
        <starring>杨幂/郭采洁</starring>
        <price>50.00 元</price>
</film>
<film>
        <name>钢铁之躯</name>
        <director>扎克・施耐德</director>
        <starring>亨利・卡维尔</starring>
        <price>80.00 元</price>
</film>
</films>
```

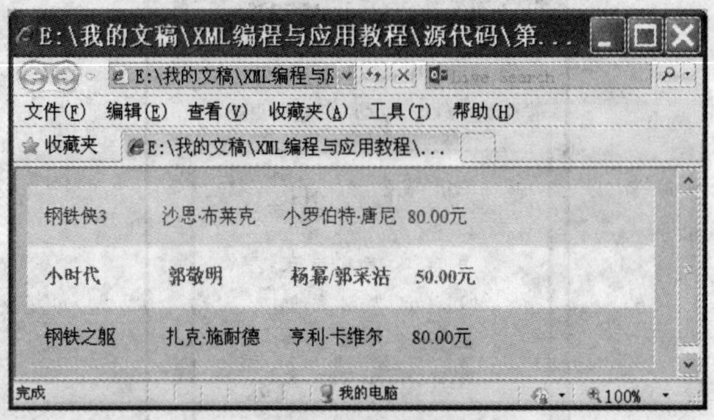

图 6-9　浏览器运行效果

6. 以上题中的 XML 文件为基础，使用 ID 选择符，进行外部的 CSS 样式创建，运行文档后，在 IE 浏览器中显示的效果如图 6-9 所示。

7. 以上题中的 XML 文件为基础，进行内嵌的 CSS 样式创建。运行文档后，在 IE 浏览器中显示的效果如图 6-9 所示。

8. 以上题中的 XML 文件为基础，创建内容相同的 CSS 外部文件，并在 XML 文档中以 @import 指令链接的方式进行样式的显示，运行文档后，在 IE 浏览器中显示的效果如图 6-9 所示。

第 7 章　转换 XML 文档的 XSL

可扩展样式表语言（XSL）是 XML 最重要的应用技术之一。它的主要作用是抽取 XML 文档中的信息并将其转换成其他格式的数据。引入 XSL 转换的目的，是为了提供将 XML 文档方便地转换成所需数据形式的途径。在本章中，将详细介绍 XSL 语言概述以及 XSL 的转换原理、XSL 模板、XSL 节点和 XSL 控制指令等。

7.1　XSL 入门

XSL（the eXtensible Stylesheet Language，可扩展的样式表语言）最早由 W3C（World Wide Web Consortium）于 1999 年提出。它定义了如何转换和表示 XML 文档。比 CSS 样式表功能要强大得多。XSL 能够向输出文件里添加新的元素，或者移动元素。XSL 也能够重新排列或者索引数据，它可以检测并决定哪些元素被显示、显示多少等。

7.1.1　什么是 XSL

XML 是一种计算机程序间交换原始数据的简单而标准的方法。它的成功并不在于它容易被人们书写和阅读，更重要的是，它从根本上解决了应用系统间的信息交换。因为 XML 满足了两个基本的需求：

- 将数据和表示形式分离。就像天气预报的信息可以显示在电视、手机或者其他不同的设备上一样，XML 的显示或表现形式可以是多样的。
- 在不同的应用之间传输数据。电子商务数据交换的与日俱增使得这种需求越来越紧迫。

为了使数据便于人们的阅读理解，需要将信息显示出来或者打印出来，例如将数据变成一个 HTML 文件、一个 PDF 文件，甚至是一段声音；同样，为了使数据适合不同的应用程序，必须能够将一种数据格式转换为另一种数据格式，比如需求格式可能是一个文本文件、一个 SQL 语句、一个 HTTP 信息、一定顺序的数据调用等。而 XSLT 就是用来实现这种转换功能的语言。将 XML 转换为 HTML 是目前 XSL 最主要的功能。

XSL 是描述 XML 文档样式信息的一种语言，是 W3C 于 1999 年制定。虽然使用 DOM、SAX、XMLPULL 等编程模型也可以处理 XML 文档，将其中的信息抽取出来并转换成其他格式的数据，但如果对每个任务都编制专门的程序，无疑是低效而枯燥的。XSL 则提供了将 XML 文档方便地转换成所需数据形式的新方法。XSL 是专门针对 XML 文档的样式提出的一种规则，可以使 XML 文档实现更加有效的表现形式，XSL 文档实际上是 XML 文档的一种延伸，是依据 XML 制成的样式语言。

为了更好地理解 XSL，我们可以将 XSL 看成：

- 一种将 XML 转换成 HTML 的语言。
- 一种可以过滤和分类 XML 数据的语言。
- 一种可以对一个 XML 文档的部分进行寻址的语言。
- 一种可以基于数据值格式化 XML 数据的语言，例如，用红色来显示负数。
- 一种向不同设备输出 XML 数据的语言，例如屏幕、纸或声音。

XSL 也是目前用来设计 XML 文档显示样式的主要技术之一，它主要由以下三个部分组成。

1. XSLT

XSLT 用于将 XML 文档转换为其他形式的文档语言。可以根据需要把 XML 文档转换成任何一种基于文本格式的文档。例如，可将一个 XML 文档转换为 HTML 文档、XHT'ML 文档、VRML 文档、SVG 文档或者另一个 XML 文档。这种功能使其成为基于 XML 的电子商务、电子数据交换、元数据交换以及其他相同内容不同格式的数据之间进行转换的重要技术。限于目前浏览器的支持能力，在大多数情况下，XSLT 是用来将 XML 文档转换为一个指定格式的 HTML 文档，再由浏览器进行显示。

2. XPath

XPath 是用于在 XML 文档中导航的语言，用于描述如何识别、选择、匹配 XML 文档中的各个构成元件，包括元素、属性、文字内容等。XSLT 使用 XPath 对 XML 文档中的具体部分进行访问和引用。

3. FO

FO 的作用类似于 CSS 在 HTML 中的作用，用来格式化 XML 文档以及把样式应用到 XML 文档之上。由于 XSL-FO 发展缓慢而不够成熟，至今 W3C 还未能出台一个得到多方认可的标准，并且目前的主流浏览器大多不能予以支持。

本章讨论的 XSL 技术重点在于 XSL 的数据转换功能，也就是 XSLT 的功能。

7.1.2 XSL 原理

XML 文档在展开后是一种树状结构，称为“原始树”，XSL 处理器从这个树状结构读取信息，根据 XSL 样式的指示对这个“原始树”进行排序、复制、过滤、删除、选择、运算等操作后产生另外一个“结果树”，然后在“结果树”中加入一些新的显示控制信息，如表格、

其他文字、图形以及一些有关显示格式的信息。XSL 处理器根据 XSL 样式表的指示读取 XML 文件中的信息，然后再重新组合后转换产生一个格式良好的 HTML 文件。这样，XML 文档中的信息就会以一定的形式显示了。

使用 XSL 样式表对 XML 文档进行转换的具体过程分为两步：

01 首先，根据 XML 文档构造源树，然后根据 XSL 规则将源树转换为结果树。目前，这种转换协议已经日趋完善，并从 XSL 中独立出来，成为 W3C 正式推荐的标准，称为 XSLT。

02 生成结果树后，就可以对其进行解释，产生一种适合显示、打印或是播放的格式，这一步称为格式化。

XSL 处理器负责实现转换过程：首先，XML 文档被解析成 DOM 树存放在内存中，接着对文档进行分析，每一个 DOM 树中的节点都会与一个模式相比较，当二者匹配时，就会按照模板中定义的规则进行转换，否则继续往下匹配。如此循环，直至整个文档处理完毕。其转换过程如图 7-1 所示。

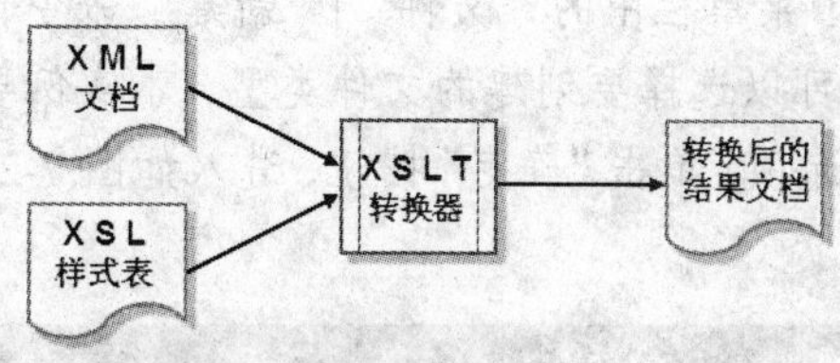

图 7-1　使用 XSL 转换 XML 文档过程

7.1.3 XSL 举例

XSL 文件是一种格式良好的 XML 文件，因为它和 XML 文件在语法上是一致的。由于 XML 是元语言，所以它具备描述其他语言的能力，或者说它可以通过 XML 来制定另一种语言。XSL 就是用 XML 来描述的一种使用于定义样式的语言，并且 XSL 所定义的样式专门用于 XML 文档，因此，所有的 XSL 文件都应该是格式良好的 XML 文件，只不过 XSL 文件的扩展名是“xsl”，而不再是“xml”。

最常见的 XSL 处理器常常都是附着在支持 XSL 的浏览器中。由于 XSL 文件是一种有着特殊用途的 XML 文件，因此，XSL 文件中的标记（统称为 XSL 元素）具有特殊意义。XSL 元素是用来指引 XSL 处理器如何对 XML 文档中的数据进行格式化，并按 XSL 文件中规定的输出样式将 XML 文档表现出来，因此 XSL 处理器在解读 XSL 与 XML 文件后，可以产生相对应的输出结果，而这个结果可以被浏览器所显示。

【实例 7-1】一个简单的 XSL 文档

这里通过一个简单的 XSL 文档实例来了解一下 XSL 文档的基本结构，具体实现步骤如下：

01 打开 XMLSpy 2011，创建一个 XML 文档，命名为 film.xml，文档中的代码具体如下：

```
<?xml version="1.0" encoding="GB2312"?>
<?xml-stylesheet href="film.xsl" type="text/xsl"?>
<电影>
<片名>钢铁侠 3</片名>
<主演>小罗伯特·唐尼</主演>
<导演>沙恩·布莱克</导演>
<票价>80.00 元</票价>
</电影>
```

代码解析：

上面代码的第 2 行是一条处理指令，即<?xml-stylesheet href="film.xsl" type="text/xsl"?>，该指令的作用就是在 XML 文档中引入 XSL 样式表单，其中，"href" 表示引入表单所在的位置和文件名，如果在同一个文件夹下，只给出文件的名字即可，否则，就要给出这个文件的完整路径；"type" 表示该 XML 所使用的类型，即使用 XSL 文件。

02 选择 XMLSpy 2011 菜单栏中的"文件" | "新建"命令，弹出"创建新文件"对话框。在这个对话框中，我们可以选择要创建的文件类型，本实例要创建的是 XSL 文档，所以选择"XSL Stylesheet v1.0"选项，单击"确定"按钮，进入如图 7-2 所示的"创建新 XSL/XSLT 文件"对话框。

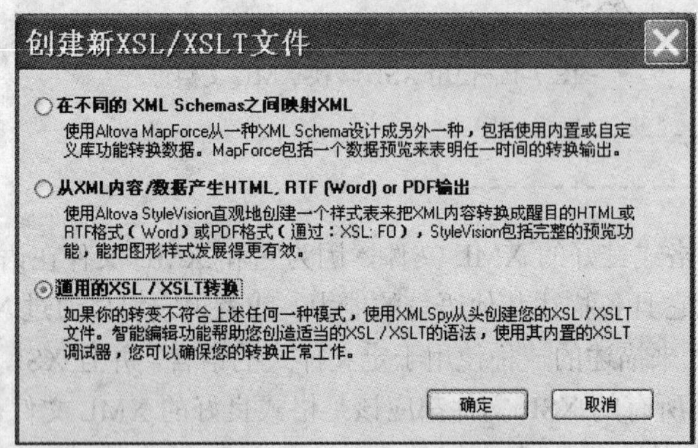

图 7-2 "创建新 XSL/XSLT 文件"对话框

03 在"创建新 XSL/XSLT 文件"对话框中，列出三个单选按钮和选项的详细说明，本例我们需要选中第 3 个单选按钮，即创建一个通用的 XST 转化文件，然后，单击"确定"按钮即可进入"文字"视图。

04 在"文字"视图中，编写以下代码：

```
<?xml version="1.0" encoding="GB2312"?>
<xsl:stylesheet version="1.0" xmlns:xsl="http://www.w3.org/1999/XSL/Transform">
<xsl:template match="/">
  <html>
    <head>
      <title>一个简单的 XSL 文档</title></head>
```

```
        <body>
            <p><a href="">片名:<xsl:value-of select="电影/片名"/></a></p>
            <p>主演:<xsl:value-of select="电影/主演"/></p>
            <p>导演:<xsl:value-of select="电影/导演"/></p>
            <p>票价: <xsl:value-of select="电影/票价"/></p>
        </body>
    </html>
</xsl:template>
</xsl:stylesheet>
```

代码解析：

在这个 XSL 文档中首先引入一条 XML 声明，表明 XSL 文件的出处，即：<xsl:stylesheet version="1.0" xmlns:xsl="http://www.w3.org/1999/XSL/Transform"></xsl:stylesheet>，表明在这里定义了一个样式表，并给出了域的声明，需要注意的是，XSL 样式表的根标记名称必须是 stylesheet。如果准备让浏览器的 XSL 处理器实现 XSL 变换，根标记必须有命名空间，命名空间的名字必须是："http://www.w3.org/1999/XSL/Transform"，该命名空间表明这里处理的是 xsl 文件。而<xsl:template match="/"></xsl: template>表示在这里使用了样式模板，而中间包含的就是模板定义的规则。

05 单击菜单栏上的"文件"|"保存"命令，在"另存为"对话框中输入文件名：film，选择保存的路径，单击"确定"按钮。

06 运行该 XML 文档，在 IE 浏览器中显示如图 7-3 所示的效果。

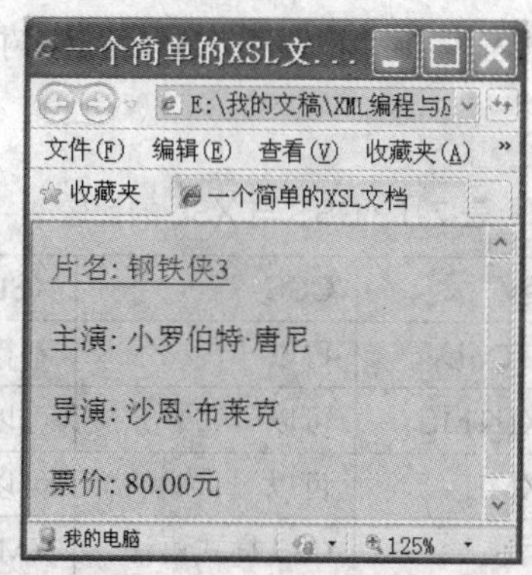

图 7-3　浏览器运行效果

从上面的实例可以看出，XSL 是一个扩展名为".xsl"的文本文件，使用 XML 语法来编写。其基本的结构为：

```
<?xml version="1.0" encoding="GB2312"?>
<xsl:stylesheet version="1.0" xmlns:xsl="http://www.w3.org/1999/XSL/Transform">
<xsl:template match="/">
...
</xsl:template>
```

```
<xsl:template match="指定 XML 元素">
…
</xsl:template>
…
</xsd:schema>
```

在 XML Schema 的基本结构中，除了<xsl:stylesheet></stylesheet>标记外，可以说，其他的全部是模板规则，即样式表的基本结构是由若干个称作模板规则的 XSL 标记组成的，模板都是根标记的子标记。模板是一系列规则的集合，如果 XSL 文件使用模板，则整个文件一定是该模板的一种规则的体现。

7.1.4 XSL 与 CSS 的区别

XML 文档的元素外观是通过 CSS 样式表单来进行设置的，如文本的样式、布局、背景颜色和边框等。XSL 同样可以格式化 XML 文档，那么有了 CSS 为什么还需要 XSL 呢？因为 CSS 虽然能够很好地控制输出的样式，例如色彩、字体、大小等，但是它也有如下的一些局限性：

- CSS 不能重新排序文档中的元素。
- CSS 不能判断和控制哪个元素被显示，哪个不被显示。
- CSS 不能统计计算元素中的数据。

由此可见，CSS 只适合用于输出比较固定的最终文档。CSS 的优点是简洁，消耗系统资源少；而 XSL 虽然功能强大，但因为要重新索引 XML 结构树，所以消耗内存比较多，表 7-1 中列出了 XSL 和 CSS 的区别。

表 7-1 CSS 与 XSL 的比较

比较项目	CSS	XSL
适用在 HTML	可以	不行
适用在 XHTML	可以	可以
适用在 XML	可以	可以
使用的语法	CSS 样式语法	XML 语法
是否是转换语言	不是	是

因此，常常将 CSS 和 XSL 结合起来使用，例如在服务器端利用 XSL 处理文档，在客户端利用 CSS 来控制显示，从而减少响应时间。

7.2 XSL 模板

模板使用特定的模式来定义一组规则，通过指定应用某一具体的模板来处理 XML 文档的相关数据。它类似于一个容器，用于存放一些样式信息，它们可以被拼装组合，也可以单

独成块，不同的模板控制着不同的输出格式。

7.2.1　XSL 模板的规则

模板是一系列规则的集合，模板标记的语法格式为：

```
<xsl:template    match="pattern" name="name"    priority="number" mode="mode">
…<!—执行的具体内容-->
</xsl:template>
```

对上述语法格式中参数的含义说明如下。

- <xsl:template> 和 </xsl:template>：<xsl:template>是模板定义的起始标记，</xsl:template>是模板定义的结束标记，在两个标记之间是若干行用来具体定义输出内容与输出格式的代码。
- match：在模板定义起始标记中必须有一个 match 属性，用来指定 XML 文档层次结构中的特定节点，其属性值被称为模式（pattern）。在 XML 文档中只有与指定 pattern 相匹配的节点元素才会被当前模板处理。如果 match 属性的 pattern 指定为“/”，表示与根节点匹配；如果 match 属性的 pattern 被指定为“*”，表示与所有未单独指定处理规则的元素节点相匹配。
- name：用来为模板定义名称，从而使“xsl:apply-templates”元素可以根据需要来指定使用的模板名称。该属性可选，如果省略，则必须设置 match 属性。
- mode：用于确定处理方式，并将它与一个具有匹配值的“xsl:apply-templates”元素相匹配，该属性可选。
- priority：用于在相同的匹配间指定优先级，该属性可选。

如果要将一个 XML 文档转换为 HTML 文档显示，那么每个<xsl: template>都要由 HTML 标记和嵌入其中的 XSL 标记共同组成。该模板下的根标记是<HTML>，XML 文档显示的时候会以 HTML 文档的样式显示。而其他标记都放在<HTML>中。在使用时应注意：XSL 文件是一个格式良好的 XML 文件，所以嵌入到 XSL 文件的 HTML 标记也必须是格式良好的。

下面来看几个使用 xsl:template 元素的例子：

```
<xsl:template match="film">
</xsl:template>
```

上面的 XSL 代码说明模板匹配所有的 film 元素。

```
<xsl:template match="(name|starring)">
</xsl:template>
```

上面的 XSL 代码说明模板匹配所有的 name 元素和所有的 starring 元素。

```
<xsl:template match="film/name">
</xsl:template>
```

上面的 XSL 代码说明模板匹配所有的父节点为 film 元素的 name 子元素。

```
<xsl:template match="/">
</xsl:template>
```

上面的 XSL 代码说明模板匹配根节点。

7.2.2 XSL 模板的调用

在转换 XML 文档时，往往需要递归处理文档树中的每一个节点，可以使用<xsl:apply-templates>来完成这个操作。使用<xsl:apply-templates>元素告诉 XSL 处理器将匹配的每一个节点（包括文本节点）样式表中的模板规则进行比较，如果找到了匹配的模板规则，就可以为匹配的节点输出模板。当然，在匹配的节点模板中还可以再包括<xsl:apply-templates>元素，用来通知处理器处理该节点的所有子节点，这样依次调用，就可以完成对文档树中所有节点的处理。

apply-templates 元素的语法格式如下：

```
<xsl：apply-templates select="expression" mode="name"/>
```

对上述语法格式中参数的含义说明如下。

- select：属性值是一个 XPath 表达式，规定要用模板来处理的节点。值为"*"时选取整个节点集。该属性可选，如果省略，意味着将当前节点的所有子节点依次与模板相比较，一旦有匹配的模板则按照相应模板进行转换输出。
- mode：如果存在为相同元素定义的多个处理方法，那么用 mode 可以区分它们，该属性可选。
- xsl：apply-templates 元素总是包含在"xsl:template"元素中，例如以下代码：

```
<xsl:template match="/">
    <xsl:apply-templates select="film"/>
</xsl:template >
```

上面的代码说明模板匹配整个文档（根节点），具体执行时处理根节点下的所有 film 元素。

而下面这段代码则表示模板匹配 film 节点，所有 film 下的子元素都将被处理：

```
<xsl:template match= "film">
    <p> <xsl:apply-templates select="./"></p>
</xsl:template >
```

7.2.3 其他常用元素

除了定义 XSL 模板的"xsl:template"和"xsl:apply-templates"元素外，在 XSL 模板中还有 3 个很有必要介绍的元素，它们是"xsl:element"、"xsl:attribute"和"xsl:text"。

1. xsl:element

“xsl:element”元素用于在输出文档中创建元素节点，其语法格式为：

```
<xs1：element name="name" namespace="URI" use-attribute-sets="namelist">
  <!--template-->
</xsl：element>
```

对上述语法格式中参数的含义说明如下。

- name：规定新创建的元素名称，它是必须的属性。
- namespace：可选属性，用于规定元素的名称空间 URI。
- use-attribute-sets：可选属性，是空格分隔的属性集，该属性集包含了需要向元素添加的属性。

例如，下面这段 XSL 代码创建一个名为“主演列表”的元素，该元素包含每个“主演”元素的值：

```
<xsl：template match="/">
<xsl：for-each select="电影列表 / 电影">
  <xsl：element name="主演列表">
    <xsl：value-of select="主演" / >
  </xsl：element>
  <br / >
</xsl：for-each>
< / xsl：template>
```

2. xsl:attribute

“xsl:attribute”元素常与“xsl:element”元素结合出现，用于为新创建的元素添加属性，该元素会替换名称相同的已有属性。能够使用“xsl:attribute”元素的都是元素节点，并且“xs1:attribute”元素的内容只能包含字符数据。其语法格式如下：

```
<xsl：attribute name="attributename" namespace="URI">
     <!--template-->
 </xsl：attribute >
```

对上述语法格式中参数的含义说明如下。

- name：规定新创建的属性名称，它是必须的属性。
- namespace：可选属性，规定属性的名称空间 URI。

例如，下面的代码用于向“image”元素添加“imagename”属性：

```
<image>
 <xsl：attribute name="imagename"/>
 </xsl：attribute>
```

```
</image>
```

3. xsl:text

xsl:text 元素用于向输出写文本，即通过样式表生成文本节点。该元素可包含文本以及#PCDATA。其语法格式如下：

```
<xsl：text disable-output-escaping="yes|no">
<!--Content-->
</ xsl：text >
```

在上述语法格式中，disable-output-escaping 属性是可选的，默认值为“no”，如果值为“yes”，则通过实例化“xsl:text”元素生成的文本节点在输出时将不进行任何转义，例如对于“<”而言，如果设置为“yes”，则不进行转换。如果设置为“no”，则被输出为“<”。

7.3 XSL 选择节点

在 XSL 中选择 XML 中的元素进行转换和输出的时候，经常会遇到选择 XML 中满足一定条件的节点或一组节点，其中，每个 XML 节点都称作匹配模式的 XML 节点。在模板中，允许使用各种语法去精确地选择想要或不想要的节点。

7.3.1 使用元素名选择节点

在 XML 文档中，根标记的子标记是很重要的一种，XSL 能为这类 XML 标记设定显示样式，即相匹配的模板，这些模板中的标记匹配模式可以是子标记的名字或根标记的名字。XSL 处理器会根据 match 属性提供的元素名称去 XML 文档中提取该节点的数据。使用这种方式需要用到 xsl:value-of 元素，该元素用于选取 XML 文档中某个元素的值，并把它输出。其语法格式如下所示：

```
<xsl：value-of   select="expression" disable-output-escaping="yes|no"/>
```

例如，在输出文档中显示实例 7-1 中 XML 文档的“片名”元素的值，代码如下：

```
<xsl:template match="电影">
  <xsl:value-of select="片名"/>
</xsl:template>
```

文档运行后，“片名”元素中的内容将被单独显示出来。其中 match=“电影”定义模板匹配“电影”节点；“xsl:value-of”语法说明需要输出一个节点的值，而 select=“片名”则定义需要的元素为“片名”。“xsl:value-of”还有更多、更复杂的语法，因为涉及到寻找和定位的功能，将在后面的 XPath 语法中详细介绍。

7.3.2　使用路径选择节点

我们可以直接通过元素名称匹配模板，也可以通过详细的路径信息选择节点，即模板中的标记匹配模式（XML 标记的路径信息）可以由子标记名称、根标记名称、斜杠（/）或双斜杠（//）共同组成。

使用斜杠（/）可以匹配子节点，例如，<xsl:template match=“电影/片名”>表示匹配“电影”元素节点下的任意“片名”子节点。

使用双斜杠（//）可以匹配子节点。例如有时希望对某一类元素节点进行处理，而不管该节点在树状结构中所处的位置，这时就可以使用双斜杠（//）匹配节点。例如，<xsl:templatematch=“//片名”>表示匹配根节点下任意的<片名>元素节点，而不管该节点所处的位置。又如，<xsl:template mateh=“电影//片名”>表示匹配“电影”元素节点下任意的“片名”元素节点。

7.3.3　使用匹配符选择节点

前面已经提到 match 的属性值其实就是一个路径信息。对于不同的标记，路径的写法也不完全相同，其路径信息中可以包含相应的匹配符。最为常用的是根节点匹配符、根元素匹配符以及当前节点和父节点匹配符。

1. 根节点匹配符

在 XSL 文档中与根节点匹配的模板是必不可少的，并且是最先出现的模板。根节点的匹配符为“/”，一般情况下在 XSL 文档中一定会包含以下代码：

```
<xsl:template match="/">
```

2. 根元素匹配符

根元素为 XML 文档中最上层的元素，根元素的匹配符为“/*”。例如，在 XML 文档中的根元素为电影，下列代码段就是一个与根元素匹配的模板：

```
<xsl:template match="/*">
 <xsl:apply-templates />
</xsl:template >
```

3. 当前节点和父节点匹配符

当前节点的匹配符为一个圆点“.”，而当前节点的父节点的匹配符为两个圆点“..”。例如在 XML 文档中，“片名”节点的父节点为电影，则在以下的模板定义代码段中，第 2 行代码用来指定与当前节点“片名”匹配，第 3 行则用来指定与当前节点的父节点“电影”匹配：

```
<xsl:template match="片名">
```

```
  <xsl:value-of select="."/>
  <xsl:value-of select=".."/>
</xsl:template>
```

7.3.4 使用元素属性选择节点

通过使用“标记[@属性]”，或“标记[@属性='属性值']”，可以建立匹配具有指定属性的标记模板从而起到筛选的作用。如果只需要为某个带有属性的标记创建模板，则该模板的标记匹配模式可以通过上面的形式指定。例如，下面的 XML 代码：

```
<?xml version="1.0"encoding="GB2312"?>
<电影名单>
  <片名>钢铁侠 3</片名>
  <片名 ID="20130713">小时代</片名>
  <片名>致青春</片名>
  <片名>北京遇上西雅图</片名>
</电影名单>
```

现在如果我们要获得“小时代”这个数据，则其标记匹配模式为：

```
<xsl：template match="电影名单"</片名[@ID]>
  <!--模板内容-->
< xsl：template >
```

如果把上面的 XML 代码中，“<片名>北京遇上西雅图</片名>”修改为“<片名 ID=“20130714”>北京遇上西雅图</片名>”这样的代码，则这个标记也具有属性名称，两者如果还是使用上面的标记匹配模式，可能会引起混乱。此时，要获取“小时代”这个数据的标记匹配模式应该为：

```
<xsl：template match="电影名单"</片名[@ID='20130713']>
   <!--模板内容-->
< xsl：template >
```

【实例 7-2】模板的创建和调用

本实例将创建一个包含多个模板的 XSL 样式文档，实现以表格的方式来显示 XML 文档的内容，具体步骤如下：

01 打开 XMLSpy 2011，创建一个 XML 文档，命名为 film.xml，文档中的代码具体如下：

```
<?xml version="1.0" encoding="GB2312"?>
<电影列表>
 <电影 类型="科幻">
  <编号>20130713</编号>
  <片名>钢铁侠 3</片名>
```

```
    <主演>小罗伯特·唐尼</主演>
    <导演>沙恩·布莱克</导演>
    <票价>80</票价>
  </电影>
  <电影 类型="爱情">
    <编号>20130714</编号>
    <片名>小时代</片名>
    <主演>杨幂/郭采洁</主演>
    <导演>郭敬明</导演>
    <票价>60</票价>
  </电影>
  <电影 类型="科幻">
    <编号>20130715</编号>
    <片名>西游降魔篇</片名>
    <主演>文章/黄渤</主演>
    <导演>周星驰</导演>
    <票价>70</票价>
  </电影>
  </电影列表>
```

代码解析：

在上述的 XML 文档中，“电影列表”为根元素，“电影”为根元素下的第 1 层子节点，“电影”节点之下又有“编号”、“片名”、“主演”、“导演”和“票价”5 个更下一层的子节点。此外，“电影”节点还有一个“类型”属性。

02 创建一个 XSL 文档，命名为 film.xsl，文档中的代码具体如下：

```
<?xml version="1.0" encoding="GB2312"?>
<xsl:stylesheet version="1.0" xmlns:xsl="http://www.w3.org/1999/XSL/Transform">
        <xsl:template match="/">
                <html>
                        <head>
                                <title>电影列表</title>
                        </head>
                        <body>
                                <h3 align="center">电影信息列表</h3>
                                <xsl:apply-templates select="电影列表"/>
                        </body>
                </html>
        </xsl:template>
        <xsl:template match="电影列表">
                <table border="1" bgcolor="#EEC7EE" align="center">
                        <tr>
```

```
17.                         <th>类型</th>
18.                         <th>片名</th>
19.                         <th>编号</th>
20.                         <th>主演</th>
21.                         <th>导演</th>
22.                         <th>票价</th>
23.                     </tr>
24.                     <xsl:apply-templates select="电影"/>
25.                 </table>
26.         </xsl:template>
27.         <xsl:template match="电影">
28.                 <tr align="center">
29.                     <td>
30.                         <xsl:value-of select="@类型"/>
31.                     </td>
32.                     <td>
33.                         <xsl:value-of select="片名"/>
34.                     </td>
35.                     <td>
36.                         <xsl:value-of select="编号"/>
37.                     </td>
38.                     <td>
39.                         <xsl:value-of select="主演"/>
40.                     </td>
41.                     <td>
42.                         <xsl:value-of select="导演"/>
43.                     </td>
44.                     <td>
45.                         <xsl:value-of select="票价"/>
46.                     </td>
47.                 </tr>
48.         </xsl:template>
49. </xsl:stylesheet>
```

代码解析：

在上述 XSL 文档中分别创建了 3 个模板：第 1 个模板与根元素节点匹配，第 2 个模板与“电影列表”节点匹配，第 3 个模板与“电影”节点匹配。事实上，这 3 个模板是一个嵌套的调用关系。第 3 行<xsl:template match= “/” >至第 13 行</xsl:template>括起来的代码段用来定义一个与根元素 “/” 相匹配的模板。在此模板开头的第 4 行~第 12 行首先输出多个 HTML 标记内容。接下来的第 10 行<xsl:apply-templates select= “电影列表” />，指定选用与电影列表节点相匹配的模板来输出 XML 文档中对应节点的内容，而“电影列表”模板的定义则由第 14~第 26 行的代码完成。

在“电影列表”模板的定义代码段中，首先由第 15~23 行的 HTML 代码生成一个表格，并输出表格标题行的各项内容。接下来的第 24 行<xsl:apply-templates select=“电影”是指定选用匹配的模板来输出 XML 文档中对应节点的各项内容。而“电影”模板的定义则由第 27~48 行的代码完成。

在“电影”模板的定义代码段中，由 6 条<xsl:value-of>语句分别输出“电影”元素的每一个指定子元素的具体内容。

03 将上述的 film.xsl 文档应用于 film.xml 文档，必须在 film.xml 文档开头添加如下声明代码：

```
<?xml-stylesheet href="film.xsl" type="text/xsl"?>
```

04 在 IE 浏览器中打开 film.xml 文档，IE 浏览器中的解析器会先将该文档转换为 HTML 代码，然后，继续处理转换获得的 HTML 代码，最终的显示结果如图 7-4 所示。

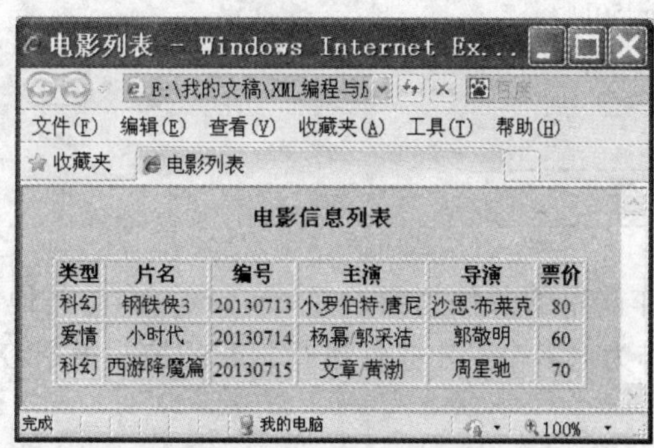

图 7-4　浏览器运行结果

7.4　XSL 控制指令

与 CSS 相比，XSL 的功能更为强大，这是由于 XSL 能够对 XML 文档中的数据进行更为复杂的处理，例如对数据进行排序、过滤和计算等。

7.4.1　简单判断指令

在 XSL 模板中，可以使用特定的<xsl:if>标记来作为简单条件的判断指令，该标记中的属性会对给定的条件表达式进行判断，条件成立就执行所指定的处理操作，否则不予处理。

<xsl:if>标记指令有以下 3 种不同的语法。

1. 以元素名为条件

在<xsl:if>标记中，如果以 XML 元素的名称作为判断条件，可使用以下语法：

```
<xsl: if  match="元素名称">
```

2．以元素内容为条件

在<xsl:if>标记中，如果以 XML 元素的内容作为判断条件，可使用以下语法：

```
<xsl：if   test="元素名称[.='元素内容'] ">
```

3．以元素属性为条件

在<xsl:if>标记中，如果以 XML 元素的属性作为判断条件，可使用以下语法：

```
<xsl：if   match=".[@属性名称='属性值'] ">
```

或：

```
<xsl：if   test=".[@属性名称='属性值'] ">
```

例如，下面的代码用于判断如果电影票价高于 50 元，则显示该电影的片名：

```
<xsl：if   test="片名[.&gt;50] ">
 <xsl:value-of   select="片名"/>
</xsl：if>
```

7.4.2　多条件判断指令

<xsl:if>标记只能用作简单的条件判断，而<xsl:choose>与其他两个子标记<xsl:when>、<xsl:overwise>的组合能作为对多个给定条件进行判断的控制指令。XSL 多条件判断指令的一般语法格式如下：

```
<xsl：choose>
<xsl：when test="pattern">
  <!--样式定义语句-->
</xsl：when>
<xsl：when test="pattern">
  <!--样式定义语句-->
</xsl：when>
 …
<xsl：otherwise>
  <!--样式定义语句-->
</xsl：otherwise>
</xsl：choose>
```

在<xsl:choose>标记及其结束标记</xsl:choose>之间的每个条件由一个特定的<xsl:when>子标记的 test 属性给定，处理器将按先后顺序判断这些条件，一旦某个<xsl:when>子标记所给定的条件成立，则执行对应的样式定义语句。如果所有<xsl:when>子标记的条件都不成立，则执行特定的<xsl:otherwise>子标记所对应的样式定义语句。

【实例 7-3】多条件判断指令的使用

根据实例 7-2 中的 film.xml 文档，创建样式表文档，使用多条件判断指令使表格中显示的每部电影的背景各不相同。具体实现步骤如下：

01 打开 XMLSpy 2011，创建一个 XSL 文档，命名为 film.xsl，文档中的代码具体如下：

```
<?xml version="1.0" encoding="GB2312"?>
<xsl:stylesheet version="1.0"   xmlns:xsl="http://www.w3.org/1999/XSL/Transform">
<xsl:template match="/">
      <html>
            <head><title>电影列表</title></head>
            <body>
                  <h3 align="center">电影信息列表</h3>
                  <xsl:apply-templates select="电影列表"/>
            </body>
      </html>
</xsl:template>
<xsl:template match="电影列表">
      <table border="1" bgcolor="#4EB7DE" align="center">
            <tr>
                  <th>编号</th><th>片名</th><th>主演</th>
                  <th>导演</th><th>票价</th>
            </tr>
            <xsl:apply-templates select="电影"/>
      </table>
</xsl:template>
<xsl:template match="电影">
      <xsl:choose >
        <xsl:when test="票价[.&gt;75]">
           <tr align="center" bgcolor="white">
             <td><xsl:value-of select="编号"/></td>
             <td><xsl:value-of select="片名"/></td>
             <td><xsl:value-of select="主演"/></td>
             <td><xsl:value-of select="导演"/></td>
             <td><xsl:value-of select="票价"/></td>
           </tr>
         </xsl:when>
         <xsl:when test="票价[.&lt;70]">
          <tr align="center" bgcolor="green">
             <td><xsl:value-of select="编号"/></td>
             <td><xsl:value-of select="片名"/></td>
             <td><xsl:value-of select="主演"/></td>
```

```
37.                  <td><xsl:value-of select="导演"/></td>
38.                  <td><xsl:value-of select="票价"/></td>
39.                </tr>
40.             </xsl:when>
41.             <xsl:otherwise>
42.                  <tr align="center" bgcolor="red">
43.                  <td><xsl:value-of select="编号"/></td>
44.                  <td><xsl:value-of select="片名"/></td>
45.                  <td><xsl:value-of select="主演"/></td>
46.                  <td><xsl:value-of select="导演"/></td>
47.                  <td><xsl:value-of select="票价"/></td>
48.                </tr>
49.             </xsl:otherwise>
50.         </xsl:choose>
51.   </xsl:template>
52.   </xsl:stylesheet>
```

代码解析：

在上面的代码中，第 23~31 行使用了 xsl:when test="票价[.>75]"指令来判断票价大于 75 元的电影并设置背景。第 32~40 行使用了 xsl:when test="票价[.<70]"指令来判断票价小于 70 元的电影并设置背景。第 41~49 行通过<xsl:otherwise>指令对其他票价的表格背景样式进行设置。

02 将上述的 film.xsl 文档应用于 XML 文档，必须在 XML 文档开头添加如下声明代码：

```
<?xml-stylesheet href="film.xsl" type="text/xsl"?>
```

03 在 IE 浏览器中打开这个 XML 文档，IE 浏览器中的解析器就会先将该文档转换为 HTML 代码，然后，继续处理转换获得的 HTML 代码，最终显示的结果如图 7-5 所示。

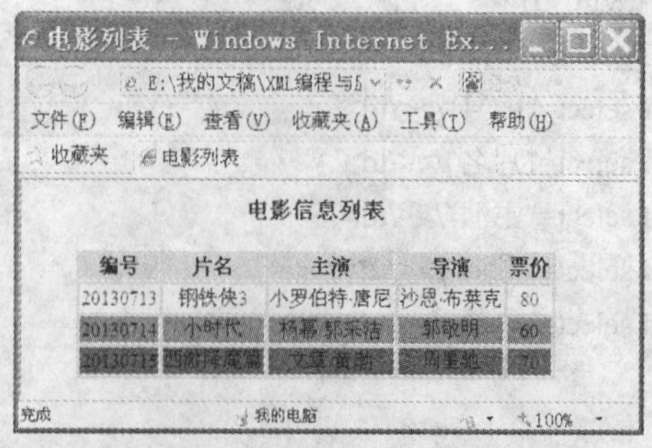

图 7-5　浏览器显示结果

7.4.3　循环处理指令

如果需要对 XML 文档中多个相同节点的数据进行同样的处理和输出，就可以使用特定

的<xsl: for-each>标记作为循环处理指令。这种循环处理的指令能够遍历整个 XML 文档结构，其语法结构如下：

```
<xsl：for-each select="pattern" order-by="patternlist">
  <xsl：value-of. . . />
</xsl：for-each>
```

对上面的语法格式说明如下。

- <xsl: for-each>标记中的 select 属性及其样本值（pattern）用来选择需要循环输出的节点元素。
- <xsl： for-each>标记中的 order-by 属性是一个可选项，用来指定对输出列表（patternlist）进行排序。在输出列表前添加加号“+”或者不添加任何符号表示按升序排序，添加减号“-”表示按降序排序。
- <xsl:value-of>标记用来具体输出指定的子节点内容。

【实例 7-4】循环处理指令的使用

根据实例 7-2 中的 film.xml 文档，创建样式表文档使用简单判断指令使每条电影的“片名”用斜体显示、“主演”和“导演”用粗体显示，“编号”用方括号括起来。具体实现步骤如下：

01 打开 XMLSpy 2011，创建一个 XSL 文档，命名为 film.xsl，文档中的代码具体如下：

```
<?xml version="1.0" encoding="GB2312"?>
<xsl:stylesheet version="1.0" xmlns:xsl="http://www.w3.org/1999/XSL/Transform">
    <xsl:template match="/">
        <xsl:for-each select="电影列表/电影">
         <xsl:apply-templates select="." /><hr/>
        </xsl:for-each>
    </xsl:template>
    <xsl:template match="*">
     <xsl:if test="编号">
        [<xsl:value-of select="编号"/>]<br/>
      </xsl:if>
      <xsl:if test="片名">
        <i><xsl:value-of select="片名"/></i><br/>
      </xsl:if>
      <xsl:if test="主演">
       <b><xsl:value-of select="主演|导演"/></b><br/>
      </xsl:if>
      <xsl:if test="导演">
       <b><xsl:value-of select="导演"/></b><br/>
      </xsl:if>
```

```
21.         </xsl:template>
22.     </xsl:stylesheet>
```

代码解析：

在上面的代码中，第 4~6 行使用了<xsl:for-each>指令来循环处理 XML 文档中“电影”节点中的所有内容。第 9~20 行通过 4 个<xsl:if>简单判断的指令分别对“编号”、“片名”、“主演”和“导演”4 个元素的内容进行样式设置。

02 将上述的 film.xsl 文档应用于 film.xml 文档，必须在 XML 文档的开头添加如下声明代码：

```
<?xml-stylesheet href="film.xsl" type="text/xsl"?>
```

03 在 IE 浏览器中打开这个 XML 文档，IE 浏览器中的解析器就会先将该文档转换为 HTML 代码，然后，继续处理转换获得的HTML代码，最终显示的结果如图 7-6 所示。

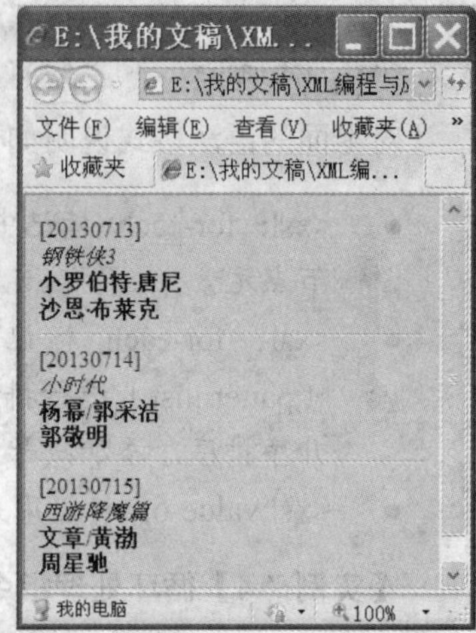

图 7-6 浏览器显示效果

7.4.4 输出内容排序指令

xsl:sort 元素可以将输出元素按不同于输入文档中的顺序进行排序。xsl:sort 元素作为 xsl:apply-templates 或 xsl:for-each 的子元素出现。其语法格式如下所示：

```
<xsl: sort select="元素名" order="ascending| descending" case-order="upper-first|lower-first"
data-type="text|number|qname"/>
```

对上述语法格式参数的含义说明如下。

- data-type: 表示被排序的数据类型，可以是数值、文本或用户自定义的类型，默认是文本。
- select: 定义关键字，用来按照“xsl:apply-templates”或“xsl:for-each”对输出元素进行排序。
- order: 默认为 ascending（升序），若设置为 descending，即可使排列顺序从默认的升序改为降序。
- case-order: 设置为 upper-first 或 lower-first，以指定大写字母是排在小写字母之前还是反过来。

【实例 7-5】输出内容排序指令的使用

根据实例 7-2 中的 film.xml 文档，创建样式表文档，使列表中显示的信息按照“票价”升序排列。具体实现步骤如下：

01 打开 XMLSpy 2011，创建一个 XSL 文档，命名为 film.xsl，文档中的代码具体如下：

```
<?xml version="1.0" encoding="GB2312"?>
```

```
<xsl:stylesheet version="1.0" xmlns:xsl="http://www.w3.org/1999/XSL/Transform">
<xsl:template match="/">
<html>
<body>
  <h2>电影信息列表</h2>
  <table border="1">
    <tr bgcolor="#4FC7EF">
      <th align="left">编号</th>
      <th align="left">片名</th>
      <th align="left">主演</th>
      <th align="left">导演</th>
      <th align="left">票价</th>
    </tr>
    <xsl:for-each select="电影列表/电影">
     <xsl:sort select="票价" order="ascending"/>
    <tr>
      <td><xsl:value-of select="编号"/></td>
      <td><xsl:value-of select="片名"/></td>
      <td><xsl:value-of select="主演"/></td>
      <td><xsl:value-of select="导演"/></td>
      <td><xsl:value-of select="票价"/></td>
    </tr>
    </xsl:for-each>
  </table>
</body>
</html>
</xsl:template>
</xsl:stylesheet>
```

代码解析：

在上面的代码中，使用了<xsl:sort select="票价" order="ascending"/>指令处理表格的升序显示。

02 将上述的 film.xsl 文档应用于 film.xml 文档，必须在 XML 文档开头添加如下声明代码：

```
<?xml-stylesheet href="film.xsl" type="text/xsl"?>
```

03 在 IE 浏览器中打开这个 XML 文档，IE 浏览器中的解析器就会先将该文档转换为 HTML 代码，然后，继续处理转换获得的 HTML 代码，最终显示的结果如图 7-7 所示。

图 7-7　浏览器运行效果

7.5 XPath 查询

XPath（XML Path Language）是 XSL 的重要组成部分，它是一种专门用来在 XML 文档中查找信息的表达式语言，为定位 XML 文档的内容提供了一种高效的方式。可以这样来理解：如果将 XML 文档看作一个数据库，则 XPath 就是 SQL 查询语言。

7.5.1 XPath 概述

一个 XML 文档可能含有非常复杂的文档结构和大量的数据，在 XML 文档中查找一个符合特定条件的数据时往往不得不通过各种编程技巧实现文档的遍历。XPath 的出现简化了 XML 文档搜索的复杂程度。它通过一个精简的、非 XML 语法的表达式语言，利用寻址表达式来确定搜索目标。

XPath 是一种表达式语言，允许按照 XQuery/XPath Data Model（XDM）中定义的数据模型对数据进行处理。这种数据模型提供了对 XML 文档和整型、字符串型及布尔型等原子数据类型数据的树状表示，同时还提供了序列类型变量，这种序列类型变量可能同时包含对 XML 文档中节点的引用和原子类型的数据。XPath 表达式的结果可能是输入文档中的节点，或者是原子类型数据，更或者是一般的任何数据模型允许的序列类型变量。简单地说，XPath 表达式提供了一种方法，可以用来定位任何 XML 文档的树状表示中的某些特定节点。

由于 XPath 包含的是对文档结构树的一系列操作，因此清楚 XPath 节点类型也是很有必要的。前面我们学习过 XML 文档的逻辑结构：一个 XML 文件可以包含元素、CDATA 节点、注释、处理指令等逻辑要素，其中元素还可以包含属性，并可以利用属性来定义命名空间。因此在 XPath 中，我们可以将节点划分为 8 种节点类型。

1. 根节点

根节点是一棵树的最上层，根节点是唯一的。树上其他所有元素节点都是它的子节点或后代节点。根节点与 xml 文档中的根元素是不同的概念，根元素是根节点的第 1 层子节点，对根节点的处理机制与其他节点相同。在 XSLT 中对树的匹配总是先从根节点开始。

2. 元素节点

元素节点对应于文档中的每一个元素，一个元素节点的子节点可以是元素节点、注释节点、处理指令节点和文本节点，也可以为元素节点定义一个唯一的标识 id。

元素节点都可以有扩展名，它是由两部分组成的：一部分是命名空间 URI，另一部分是本地的命名。

3. 文本节点

文本节点包含了一组字符数据，即 CDATA 中包含的字符。任何一个文本节点都不会有紧邻的兄弟文本节点，而且文本节点没有扩展名。

4．属性节点

每一个元素节点都有一个相关联的属性节点集合，元素是每个属性节点的父节点，但属性节点却不是其父元素的子节点，也就是说，通过查找元素的子节点可以匹配出元素的属性节点，但反过来不成立，只是单向的。另外，元素的属性节点没有共享性，也就是说不同的元素节点不共有同一个属性节点。

对默认属性的处理等同于定义了的属性。如果一个属性是在 DTD 中声明的，但声明为 #IMPLIED，而该属性没有在元素中定义，则该元素的属性节点集中不包含该属性。

此外，与属性相对应的属性节点都没有命名空间的声明。命名空间属性对应着另一种类型的节点。

5．命名空间节点

每一个元素节点都有一个相关的命名空间节点集。在 XML 文档中，命名空间是通过保留属性声明的，因此，在 XPath 中，该类节点与属性节点极为相似，它们与父元素之间的关系是单向的，并且不具有共享性。

6．处理指令节点

处理指令节点对应于 XML 文档中的每一条处理指令。它也有扩展名，扩展名的本地命名指向处理对象，而命名空间部分为空。

7．注释节点

注释节点对应于文档中的注释。

8．上下文节点

XPath 表达式的计算环境称为它的上下文。上下文节点是我们将要查询的 XML 文档树中一个特定的节点，可以认为是查询的一个起点

本节所有的示例都将使用下面的 film.xml 文档：

```
<?xml version="1.0" encoding="GB2312"?>
<filmlist>
<film>
  <name id="20130714">钢铁侠 3</name>
  <directory>沙恩布·莱克</directory>
  <starring>小罗伯特·唐尼</starring>
  <price>80.00</price>
</film>
<film>
<name id="20130714">小时代</name>
  <directory>郭敬明</directory>
  <starring>杨幂/郭采洁</starring>
  <price>60.00</price>
```

```
</film>
</ filmlist >
```

在上面的 XML 文档中，<filmlist>是文档的根节点，<directory>沙恩布 · 莱克</directory>是元素节点，而 id= “20130714” 则是属性节点。

在 XPath 中，存在这样几种节点关系：

- 父：每个元素以及属性都有一个父，如上例中的 film 节点是 name、directory、starring、price 的父。
- 子：元素节点可有零个、一个或多个子。如上例中的 name、directory、starring、price 元素都是 film 元素的子。
- 兄弟：是指拥有相同的父的节点，例如上例中的 name、directory、starring、price 元素都是兄弟。
- 祖先：某节点的父、父的父等，如上例中的 name 元素的祖先是 film 和 filmlist 元素。
- 后代：某个节点的子、子的子等，如上例中 filmlist 的后代是 film、name、directory、starring、price 元素。

7.5.2 XPath 的类型和运算符

XPath 中最基本的结构是表达式，计算表达式得到的结果称为对象。XPath 对象可分为节点集、布尔值、字符串和数值 4 种数据类型。

1. 节点集

节点集是通过路径匹配返回符合条件的一组节点的集合。其他类型的数据不能转换为节点集。

2. 布尔值

由函数或布尔表达式返回的条件匹配值，与一般语言中的布尔值相同，有 true 和 false 两个值。布尔值可以和数值类型、字符串类型相互转换。

3. 字符串

字符串即包含一系列字符的集合，XPath 中提供了一系列的字符串函数。字符串可与数值类型、布尔值类型的数据相互转换。

4. 数值

在 XPath 中数值为浮点数，可以是双精度 64 位浮点数。另外还包括一些数值的特殊描述，如非数值 NaN（Not-a-Number）、正无穷大 infinity、负无穷大-infinity、正负 0 等。number 的整数值可以通过函数取得，另外，数值也可以和布尔类型、字符串类型相互转换。

其中后三种数据类型与其他编程语言中相应的数据类型差不多，只是第一种数据类型是 XML 文档树的特有产物。

可用在 XPath 表达式中的运算符有：+（加法）、-（减法）、*（乘法）、div（除法）、=（等于）、!=（不等于）、<（小于）、<=（小于或等于）、>（大于）、>=（大于或等于）、or（或）、and（与）和 rood（计算除法的余数）等。

7.5.3 XPath 的位置路径表达式

XPath 中最常用的一种表达式是位置路径，位置路径表达式通过指定涉及到的当前节点或文档根节点的位置来搜索 XML 树中的节点集。XPath 的位置路径可以是绝对的，也可以是相对的。

- 绝对路径就是从 XML 文档的根节点“/”开始按照元素在文档树中的具体位置指定一个绝对的路径，它的参照物就是文档的根节点，绝对路径起始于正斜杠（/）。
- 相对路径不以正斜杠开头，它是指从当前所处的元素开始，以当前元素为参照物，通过定位的条件寻找到目标元素。

1. 位置步

无论是采用绝对路径还是相对路径，位置路径都包括一个或多个位置步，每个位置步用斜杠分隔，即：

- 绝对定位路径：/Location step/Location step/…
- 相对定位路径：Location step/Location step/…

每个位置步均根据当前节点集中的节点来进行计算。所有的位置路径都由一个或多个位置步组成，每一步代表 XML 层次中的一层。与路径相同，XPath 中的位置步由斜杠“/”分隔。每个位置步又包括 3 个部分。

- 轴：用来定义所选节点与当前节点之间的树关系。
- 节点测试：用于识别某个轴内部的节点。
- 零个或者多个谓词：用于更深入地提炼所选的节点集，谓词可以没有，也可以有多个。

位置步的语法是：

```
轴名称：：节点测试[谓词]
```

2. 轴

每个位置步的第 1 部分称为轴，它出现在双冒号“：：”的左边。轴说明了当前节点和位置步中被选节点之间的关系，用于定义某个相对于当前节点的节点集。XPath 定义了 13 个轴，轴名称及其说明如表 7-2 所示。

表 7-2 XPath 轴

轴名	说明
ancestor	当前节点的所有祖先节点

（续表）

轴名	说明
ancestor-or-self	当前节点和所有当前节点的祖先节点
attribute	当前节点的所有属性
child	当前节点的所有子节点
descendant	当前节点的所有后代节点
descendant-or-self	当前节点本身和所有它的后代节点
following	文档中当前节点的结束标记后的所有节点
following-sibling	当前节点后的所有同层节点
namespace	当前节点的所有命名空间节点
parent	当前节点的所有父节点
preceding	文档中当前节点的开始标记之前的所有节点
preceding-sibling	当前节点之前的所有同层节点
self	当前节点本身

3. 节点测试

位置步的第 2 部分是节点测试，它用双冒号“::”与轴分隔，节点测试允许从指定的轴中选择特定的元素或者节点类型。下面是几种常用的节点测试：

- 指定一个元素名称，该元素名称仅和具有该名字的节点相匹配。例如，一个“film”节点测试仅和指定轴中称为“film”的元素匹配。
- 通配符“*”号节点测试：用于指定轴中的所有元素。
- node()节点测试：指定轴中的所有节点。
- text()节点测试：指定轴中的所有文本元素。
- comment()节点测试：指定轴中的所有注释元素。
- processing-instruction()节点测试：指定轴中所有的处理指令元素，而且在括号中给出名字；该测试仅仅匹配具有指定名字的那些处理指令元素。

4. 谓词

位置路径中的谓词用于对节点集进行更深入的过滤，用来查找某个特定的节点或者包含某个指定值的节点。谓词写在位置路径右边的方括号内。表 7-3 是 Xpath 中选择节点时常用的谓词。

表 7-3　选择节点时常用的谓词

谓词	说明
[position()=n]	选取当前节点集的第 n 个节点
[1ast()]	选取当前节点集的最后一个节点
[attribute::name]	选取所有拥有名为 name 属性的节点

（续表）

谓词	说明
[attribute::namel and attribute::name2]	选取所有拥有名为 namel 和 name2 属性的节点
[nodename=value]	选取所有 nodename 子元素的值为 value 的节点
[count()]	返回符合条件的节点个数

下面列举几个位置路径表达式的例子，帮助大家理解上面概念。

- child::film：选取所有属于当前节点的子元素的“film”节点。
- attribute::id：选取当前节点的“id”属性。
- child::*：选取当前节点的所有子元素。
- attribute::*：选取当前节点的所有属性。
- child::text()：选取当前节点的所有文本子节点。
- child::node()：选取当前节点的所有子节点。
- descendant::film：选取当前节点的所有“film”元素的后代。
- /descendant::film/descendant-or-self|::text()：选取“film”元素和后继中的所有文本节点。
- ancestor::film：选择当前节点的所有“film”元素的祖先。
- ancestor-or-self::film：选取当前节点的所有“film”元素的祖先或者当前节点。
- child::*/child::price：选取当前节点的所有“price”后代。
- child::filmlist/child::film[position()=1]：选取属于“filmlist”子元素的第一个“film”元素。
- child::filmlist/child::film[position()<3]：选取最前面的两个属于“filmlist”元素的子元素的“film”元素。
- child::filmlist/child::film[price>70.00]：选取所有“filmlist”元素的“film”元素，且其中的“price”元素的值必须大于 70。
- child::filmlist/child::film[price>75.00] / child::name：选取所有“filmlist”元素中的“film”元素的“name”元素，且其中的“price”元素的值必须大于 75。
- /descendant::film[1ast()=1]：选取文档中的倒数第 2 个“film”节点。
- ancestor::*[count()]：返回当前节点的祖先节点的个数。
- /desendant::price[number()>“70.00”]：选取包含文本值节点的文档的所有“price”节点，该值转换为数值时大于 70。
- child::film[attribute::id]：选取有“id”属性的当前节点的所有“film”子节点。

5. 位置路径的缩写表示

位置路径也可以用缩写表示，最普遍的使用是 child 轴的省略，实际上，child 轴是所有位置步的默认轴，表 7-4 列出了常用的缩写及其含义。

表 7-4　位置路径的缩写表示

缩写	原语法	说明
nodename	child:: nodename	选取此节点的所有子节点
@	attribute::	选取属性
.	self::node()	选取当前节点
..	parent::node()	选取当前节点的父节点
//	/descendant-or-self::node()/	从匹配选择的当前节点中选择文档中的节点，而不考虑它们的位置

下面列举几个位置路径的缩写表达式。

- filmlist：选取“filmlist”元素的所有子节点。
- / filmlist：选取根元素“filmlist”时需要注意，如果路径起始于正斜杠(/)，则此路径始终代表到某元素的绝对路径。
- filmlist / film：选取所有属于“filmlist”子元素的“film”元素。
- // film：选取所有“film”元素，而不管它们在文档中的位置。
- filmlist // film：选择所有属于“filmlist”元素的后代的“film”元素,而不管它们位于“filmlist”元素之下的什么位置。
- //@id：选取所有名为“id”的属性。
- / filmlist /*：选取“filmlist”元素的所有子节点。
- //*：选取文档中的所有元素。
- // name [@*]：选取所有带有属性的“name”元素。

另外，通过在路径表达式中使用“|”运算符，还可以选取若干个路径。例如：

- // film / name |// film / price：选取所有“film”元素的“name”和“price”元素。
- // name | // price：选取所有文档中的“name”和“price”元素。
- / filmlist / film / name | // price: 选取所有属于“filmlist”元素的“film”元素下的“name”子元素以及文档中所有的“price”元素。

7.5.4　XPath 的标准函数

所有的 XPath 处理器要求支持一系列的标准函数，称为“核心函数库”。这些函数也可以用于 XPath 表达式，以便帮助我们精确地寻找需要的节点。常用的函数有 4 大类：节点集函数、字符串函数、数值函数和布尔值函数。

1．节点集函数

节点集函数用于位置路径谓词，重新筛选节点集的成员。XPath 中常用的节点集函数如表 7-5 所示。

表 7-5　常用的节点集函数

函数	返回值类型	返回值
position()	数值	上下文节点列表中上下文节点的位置。列表中第 1 个节点的位置为 1
last()	数值	上下文节点集合中的节点数
count()	数值	统计计数，返回符合条件的节点个数
name()	字符串	返回元素的名称
id(string)	节点集合	节点集合，其中只有一个元素（在同一个文档的任何位置），其 ID 为 string，或者为空集合（如果任何元素都没有指定的 ID）
key(string name, string value)	节点集合	节点集合，包括文档中所有具有指定值的关键字节点。关键字是使用顶层 xsl:key 元素来设置的
namespace(node set)	字符串	节点集合中第 1 个节点命名域的 URI；当不使用任何参数时，可用于获得上下文节点的命名域 URI；如果节点处于默认命名域内，则返回空字符

2．字符串函数

字符串函数用来选取和处理字符串值，这些函数常用于位置路径。XPath 中常用的字符串函数如表 7-6 所示。

表 7-6　常用的字符串函数

函数	作用	示例
concat(string,string,string*)	将参数字符串连接后返回	concat("a", "b", "c", "d")，返回："abcd"
contains(str1,str2)	如果第 1 个字符串包含第 2 个字符串，则返回真，否则返回假	contains(tilte, "xml")用于判断 title 元素的文本中是否含有"xml"子串
starts-with(string,string)	如果第 1 个字符串以第 2 个字符串开头，则返回真，否则返回假	starts-with(tilte, "W")，如果 title 元素的内容以 W 字符开头，则返回 true，否则返回 false
string(object)	将一个对象转换为字符串后返回	string(3.14)，返回："3,14"
string-length(string)	返回一个字符串的长度	string-length("abcdefg")，返回：7
substring(string,number, number)	从字符串的某个偏移位置开始返回指定长度的字符串	substring("12345",2,3)，返回:"234"
substring-after(string,string)	返回字符串中从开始到某一字符串第 1 次出现的位置后的字符串	substring-after("1999/04/01", "/")，返回："04/01"
substring-before(string,string)	返回字符串中从开始到某一字符串第 1 次出现的位置前的字符串	substring-before("1999/04/01", "/")，返回："1999"

3．数值函数

数值函数用于把数学函数结合到 XPath 表达式中。XPath 中常用的数值函数如表 7-7 所示。

表 7-7　常用的数值函数

函数	作用	示例
ceiling(number)	返回不小于参数的最小整数	ceiling(8.14)，返回：9
floor(number)	返回不大于参数的最大整数	floor(8.14)，返回: 8
number(object)	转换参数为一个数字	number(图书/价格)，返回图书的价格
round (number)	对参数四舍五入	round(8.14)，返回：8
sum(node-set)	返回所有参数的和	sum(//价格)：计算所有价格的和

4．布尔值函数

布尔值函数用于选取条件符合和不符合的节点，XPath 中常用的布尔值函数如表 7-8 所示。

表 7-8　常用的布尔值函数

函数	作用
boolean(object)	将参数转换为布尔值，可用于测试对象是否为空
false()	选取所有不符合条件的节点，返回假
not()	选取不符合圆括号中的布尔条件函数的所有节点，如果参数是假，则返回真，否则返回假
true()	选取所有符合条件的节点，返回真

【实例 7-6】XPath 的运用

根据本节中的 film.xml 文档创建样式表文档，使用 XPath 表达式查询电影信息。具体实现步骤如下：

01 打开 XMLSpy 2011，创建一个 XSL 文档，命名为 film.xsl，文档中的具体代码如下：

```
<?xml version="1.0" encoding="GB2312"?>
<xsl:stylesheet version="1.0" xmlns:xsl="http://www.w3.org/1999/XSL/Transform">
  <xsl:template match="/">
      <xsl:for-each select ="filmlist/film[starts-with(starring,'小罗伯特·唐尼')]">
       片名： <xsl:value-of  select="name"/><br/>
       导演： <xsl:value-of  select="directory"/><br/>
       主演： <xsl:value-of  select="starring"/><br/>
       票价：￥ <xsl:value-of  select="price"/>元
      </xsl:for-each>
  </xsl:template>
</xsl:stylesheet>
```

代码解析：

在上面的代码中，根模板中使用“filmlist/film [starts-with(starring,'小罗伯特・唐尼')]”定位路径来查询指定的元素，其中，定位步骤的谓词部分使用“starts-with(starring,'小罗伯特・唐尼')”来选择符合指定条件的元素。

02 将上述的 film.xsl 文档应用于 XML 文档，必须在 XML 文档开头添加如下声明代码：

```
<?xml-stylesheet href="film.xsl" type="text/xsl"?>
```

03 在 IE 浏览器中打开这个 XML 文档，IE 浏览器中的解析器就会先将该文档转换为 HTML 代码，然后，继续处理转换获得的 HTML 代码，最终显示的结果如图 7-8 所示。

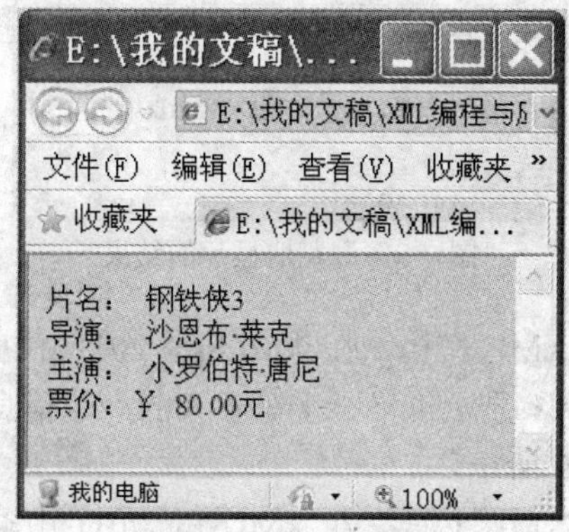

图 7-8　XPath 查询

7.6　扩展练习

1. 使用 XMLSpy 2011，创建本章中所有实例的 XML 文档和 XSL 文档，并在浏览器中查看文档运行的结果。

2. 根据下面的 XML 文档，在 XMLSpy 2011 中编写与 XML 文档对应的 XSL 文档，要求使用 XPath 表达式查询显示名称为“牙膏”的产品信息，在 IE 浏览器中运行的结果如图 7-9 所示。

```
<?xml version="1.0" encoding="GB2312"?>
<产品信息>
<产品 产品编号="P001">
  <名称>牙膏</名称>
  <价格>3.5</价格>
  <数量>100</数量>
</产品>
<产品 产品编号="P002">
  <名称>牙刷</名称>
  <价格>1.5</价格>
  <数量>100</数量>
```

```
</产品>
<产品 产品编号="P003">
  <名称>毛巾</名称>
  <价格>6.5</价格>
  <数量>100</数量>
</产品>
</产品信息>
```

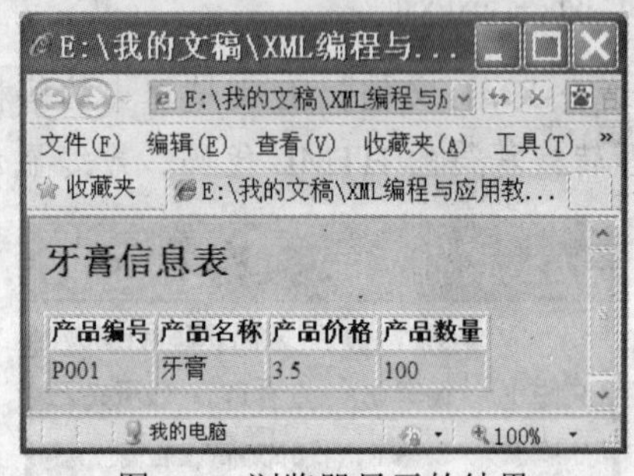

图 7-9　浏览器显示的结果

3. 根据扩展练习 2 中的 XML 文档，在 XMLSpy 2011 中编写与 XML 文档对应的 XSL 文档，使用简单判断条件指令，显示价格小于等于 4 的产品信息，运行 XML 文档后，在 IE 浏览器中运行的结果如图 7-10 所示。

4. 根据扩展练习 2 中的 XML 文档，在 XMLSpy 2011 中编写与 XML 文档对应的 XSL 文档，使用循环处理指令分类显示产品信息，如果产品价格大于 10，则该产品所在表格中的那一行的背景色设为红色；如果产品价格在 5~10 之间，则背景色设为黄色，否则，不改变背景色。运行 XML 文档后，在 IE 浏览器中运行的结果如图 7-11 所示。

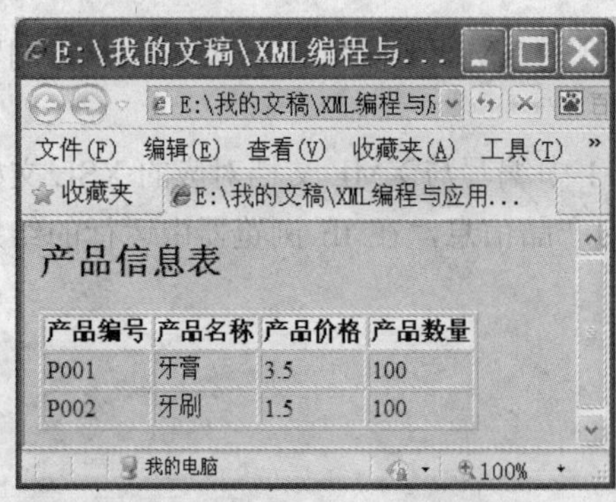

图 7-10　浏览器显示的结果

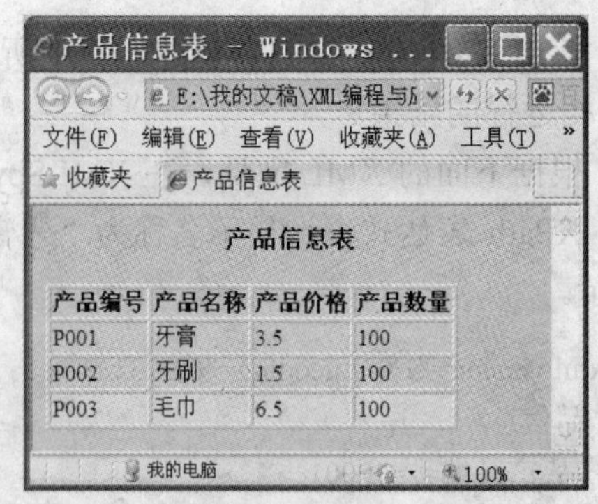

图 7-11　浏览器显示的结果

5. 根据扩展练习 2 中的 XML 文档，在 XMLSpy 2011 中编写与 XML 文档对应的 XSL 文档，使用输出内容排序的指令，按“价格”由高到低排序，运行 XML 文档后，在 IE 浏览器中运行的结果如图 7-12 所示。

6. 根据扩展练习 2 中的 XML 文档，在 XMLSpy 2011 中编写与 XML 文档对应的 XSL 文档，使用 XPth 表达式显示每个产品的销售额，产品销售额=产品价格×产品数量，在 IE

浏览器中运行的结果如图 7-13 所示。

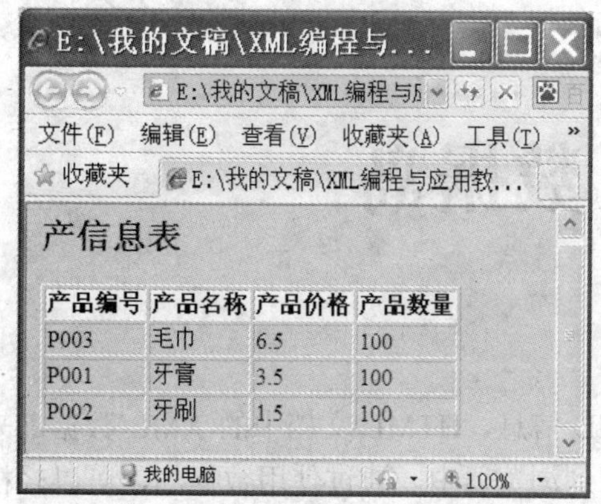

产品编号	产品名称	产品价格	产品数量
P003	毛巾	6.5	100
P001	牙膏	3.5	100
P002	牙刷	1.5	100

图 7-12　浏览器显示的结果

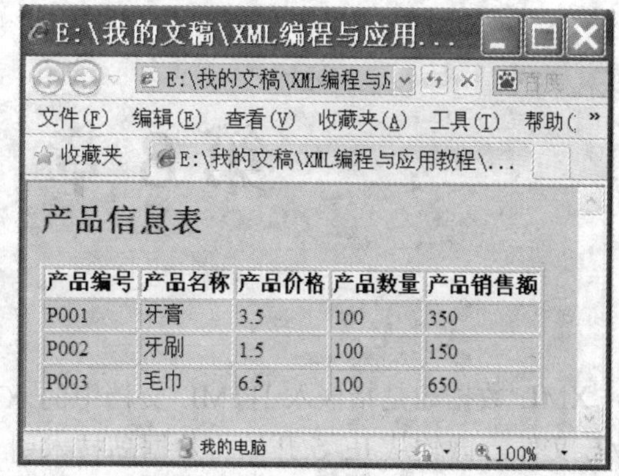

产品编号	产品名称	产品价格	产品数量	产品销售额
P001	牙膏	3.5	100	350
P002	牙刷	1.5	100	150
P003	毛巾	6.5	100	650

图 7-13　浏览器显示的结果

7. 根据扩展练习 2 中的 XML 文档，在 XMLSpy 2011 中编写与 XML 文档对应的 XSL 文档，统计所有产品的销售量，显示出总销售量，对于每个产品的价格，显示四舍五入后的结果，运行 XML 文档后，在 IE 浏览器中运行的结果如图 7-14 所示。

8. 根据扩展练习 2 中的 XML 文档，在 XMLSpy 2011 中编写与 XML 文档对应的 XSL 文档，要求仅显示 XML 文档中“产品编号”和“产品名称”两个元素中的数据内容，在 IE 浏览器中运行的结果如图 7-15 所示。

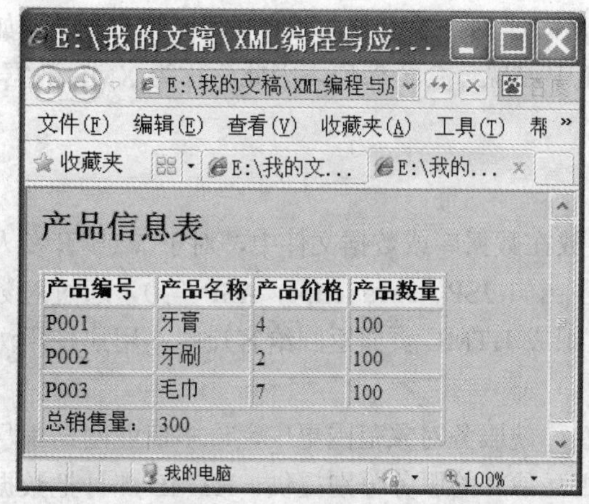

产品编号	产品名称	产品价格	产品数量
P001	牙膏	4	100
P002	牙刷	2	100
P003	毛巾	7	100
总销售量：	300		

图 7-14　浏览器显示的结果

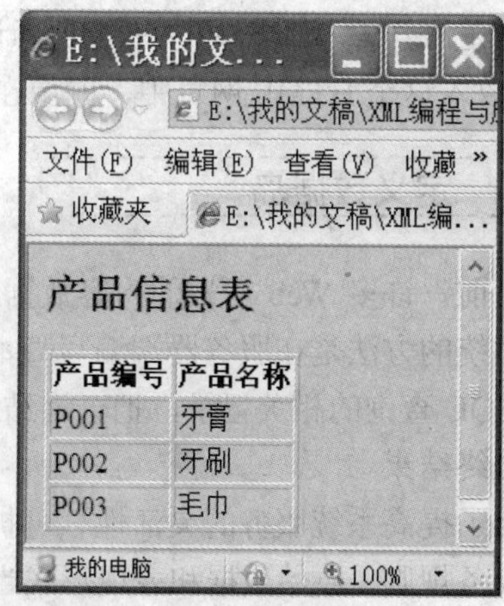

产品编号	产品名称
P001	牙膏
P002	牙刷
P003	毛巾

图 7-15　浏览器显示的结果

第 8 章　数据岛

XML 数据岛是指嵌入 HTML 文档中的 XML 信息，HTML 文档中的 XML 数据岛来自 XML 文件。微软从 IE 5 开始将数据岛技术引入到浏览器中。通过使用数据岛，可以轻松地将 XML 数据绑定到 HTML 中，这样就省去了手工填充数据的麻烦。另外，当改变 XML 的数据时，绑定的数据也会随着 XML 的改变而改变。本章主要介绍 XML 作为数据源对象的相关技术、数据岛的概念、数据绑定的方法、支持 DSO 的 HTML 标记、XML 文件的嵌入，以及 XML 数据源对象的综合运用。

8.1　数据岛概述

数据岛是将 XML 和 HTML 结合的最直接方法。简单地说，如果把一份完整的 HTML 网页当作是海洋，那么其中的 HTML 标记就是海洋的主要成分，即海（水）的部分。而如果将 XML 放入这个 HTML 网页中，就像在海洋中浮现一个个岛屿，因此，称为 XML 数据岛。

8.1.1　定义数据岛

目前，许多 Web 网站的内容数据都存放在数据库或数据文件中，对于 Web 开发人员来说，传统的方法是在服务器端编写脚本程序（如 JSP、JavaScript、ASP 等），通过对数据库执行 SQL 查询的相关记录，把查询结果组织成 HTML 页面返回给客户端，用户使用浏览器观察最终结果。

为了提高系统服务的灵活性、可扩展性，使服务对象范围更广，许多商业网站都尽可能地把商务规则、原始数据和表现形式当作相互独立的服务分别提供。HTML 那种把数据和显示融合的方式显然不符合这种要求。

XML 文件用于存储显示的数据，在 HTML 页面中保留页面布局代码，这样就使得数据与页面布局标记分开，再也不会因为修改布局而丢失内容数据，也不会在维护数据时改变页面布局了。数据与页面布局被分离后，还需要某种手段将它们有机地结合起来。XML 数据配合不同的 HTML，可以给用户提供不同的数据浏览方式。XML 数据岛就可以将 XML 中的数据很自然地引入到 HTML 中，而无须编写繁琐的代码。

XML 数据岛（Data Island）就是被 HTML 页面引用或者包含的 XML 数据，即存在于

HTML 页面中的 XML 代码。它是从 IE 5 开始引入的一项技术。通过 XML 标记可以很轻松地将数据岛插入到 HTML 文档中，我们就能够通过 XML 的 ID 来访问数据岛中的数据。

数据岛允许用户在 HTML 页面中集成 XML，对 XML 编写脚本，不需要通过脚本或<Object>标记读取 XML。几乎所有能存在于一个结构完整的 XML 文档中的数据都能存在于一个数据岛中，包括处理指令、DOCTYPE 声明和内部子集等，但是需要注意编码串不能放在数据岛中。

数据岛可以很容易地将 XML 中的数据和 HTML 元素进行绑定，免除了手工方式把数据填充到 HTML 中的麻烦。修改数据岛中的数据时，页面上与之绑定的 HTML 元素的值也随之改变，但是也要看到它的缺点：只能在 IE 上运行，Firefox 等其他浏览器无法使用，可以通过查看 HTML 的源代码获取 XML 数据岛（只能查看其引用部分的数据）。

Web 服务器与客户机之间的数据传递方式有 3 种：HTML 页面、XML 文档以及 XML 数据岛。采用数据岛作为交互手段，不仅可以使数据具备一定的语义信息，还能保持 HTML 原有的一些特色，如利用客户端脚本程序实现动态信息交换，可以在客户端对 XML 文件中的数据进行操作。

8.1.2 绑定数据岛

使用数据岛绑定与其他的 XML 文档数据的显示方式相比较，具有以下一些优势。

1. 数据可以在本地处理

XML 解析器可以在读取数据后，将它递交给本地应用程序（例如浏览器）进一步查看或处理。数据也可以由使用 XML 对象模型的脚本或其他编程语言来做各种处理。

2. 提供给客户端结构化的数据视图

传递到客户端的数据形成本地数据集，可以用多种方式表示。例如，程序员可以根据需要和配置等因素，以视图形式动态地表现给浏览器方。

3. 集成不同来源的结构化数据

在服务器端可以集成来自不同后台数据库和其他多种应用程序的数据，使该数据传递给客户端或者其他服务器，做进一步聚合、处理和分布。由于 XML 是可扩展和自描述的，因此它可以用于描述来自不同数据库或应用程序的数据，不需要数据的内置描述，也能够接收和处理数据。

4. 通过粒度更新来提高性能

XML 允许粒度更新，开发人员不必在每次有改动时都发送整个结构化数据集。当数据更新时，只需要刷新中间显示数据的部分，而页面的其他部分不变，就好像没有刷新一样，显示效果较好；因为只下载了数据部分，网页的其他部分没有重复下载，所以浏览速度更快。如果灵活应用，还可以实现无刷新搜索和分页等功能。

5. 网页界面修改不易破坏数据

网页制作者可以灵活地改变页面风格，而无需担心破坏数据的显示代码，因为数据和页面是分离的，相关代码也很少。

虽然 XML 与 HTML 相结合能够方便地显示信息和处理信息，但是，将 HTML 元素和 XML 文档绑定时，需要注意以下几点：

- 并非每个 HTML 元素都能绑定。
- 并非每个 HTML 元素都能更新数据岛。
- 并非每个 HTML 元素都将数据岛的节点文本呈现为 HTML。

表 8-1 列出了可以绑定的 HTML 元素，并指出对象是否可以更新数据岛、数据岛的节点文本是否能呈现为 HTML 和被绑定的属性。

表 8-1　可以绑定到 XML 的 HTML 元素

HTML 元素	元素用途	被绑定的属性	可更新	呈现 HTML
a	代表超链接绑定的起始或目的地	href	否	否
applet	加入一个 Java Applet 到网页中	param	是	否
div	安排文档的片段，如章、节与附录	innerHTML、innerText	否	是
frame	将个别的框架包含到框架集中	src	否	否
iframe	创建一个可浮动框架	src	否	否
img	创建一个图片或影像	src	否	否
input type="button"	创建一个按钮控件	innerHTML、innerText	否	是
input type="checkbox"	在表单中显示一个复选框	checked	是	否
input type="hidden"	在表单中创建一个隐藏控件	value	是	否
input type="password"	在表单中创建一个密码输入框	value	是	否
input type="radio"	在表单中创建一个单选按钮	checked	是	否
input type="text"	在表单中创建一个文本框	value	是	否
label	创建一个文本标签	innerHTML、innerText	否	是
marquee	显示可滚动的文字	innerHTML、innerText	否	是
select	创建一个下拉列表	被选定列表项的文字	是	否
span	创建一个内联文本	innerHTML、innerText	否	是
table	创建一个表格	id	否	是
textarea	在表单中创建多行文本编辑框	value	否	否

【实例 8-1】XML 数据岛的绑定演示

本例使用数据岛将 XML 文档中的元素内容显示在 HTML 页面，具体实现步骤如下：

01 打开 Windows 记事本，创建一个名为 film.xml 的文档，具体代码如下：

```
<?xml version="1.0" encoding="GB2312"?>
```

```
<film>
  <name>钢铁侠 3</name>
  <starring>小罗伯特·唐尼</starring>
  <directory>沙恩·布莱克</directory>
  <price>80.00 元</price>
</film>
```

02 再打开 Windows 记事本，创建一个名为 film.html 的文档，具体代码如下：

```
<html>
<head>
    <title>数据岛绑定简单示例</title>
</head>
<body>
    <center>
    <h1>电影信息</h1>
    <xml id="dos" src="film.xml"></xml>
    <ul>
       <li><span datasrc="#dos" datafld="name"></span></li>
       <li><span datasrc="#dos" datafld="starring></span></li>
       <li><span datasrc="#dos" datafld="directory"></span></li>
       <li><span datasrc="#dos" datafld="price"></span></li>
    </ul>
   </center>
</body>
</html>
```

代码解析：

在上面的例子中，我们创建了一个 XML 文件，该文件是独立的，可以把它看成一个仅有的对象，在 HTML 文件中创建一个 XML 标记：<xml id="dos" src="film.xml"></xml>，该标记表明在 HTML 中引入一个对象，该对象的 id 是它的标识，以便在 HTML 文件下操作该 XML 文档的名称时进行应用。通过该 ID 号我们可以获得该 XML 文档中的数据，scr 是 XML 数据文件的位置，可以是相对位置，也可以是一个有效的 URL。下面的标记<span>通过使用 id 号获得了 id 文件里的数据，我们把这种情况称为数据的绑定，表示数据来自一个名为 dos 的数据岛。需要特别注意的是，在引用数据岛时，一定要用“#”加上数据岛的 id 属性。创建 xml 对象后可以与 table、span、div 等 html 元素绑定。datafld 属性为要显示的字段内容。

03 运行 film.html 文件，在 IE 浏览器中显示如图 8-1 所示的页面内容。

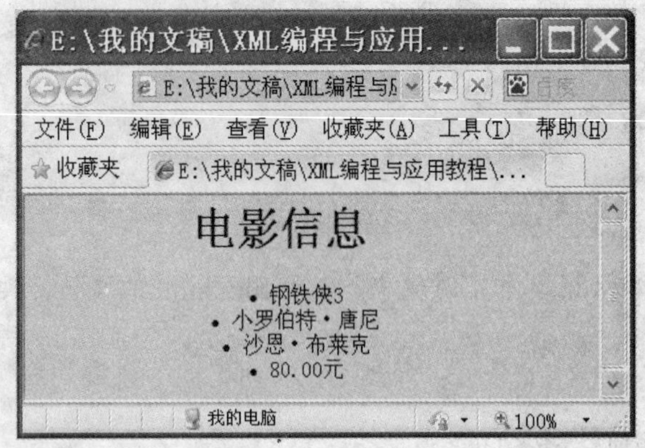

图 8-1 数据岛绑定

8.2 应用数据岛

上一节我们介绍了数据岛的定义和绑定的概念，本节将通过一些实例来学习 XML 数据岛的使用形式，以及对 XML 文档中元素和属性的访问。

8.2.1 数据岛的使用形式

在 HTML 中使用数据岛链接 XML 文档有两种方式：内部数据岛和外部数据岛，两者显示的结果是完全相同的。

1. 内部数据岛

使用内部数据岛的形式是将 XML 文档的全部内容放在 HTML 文档中特定的 XML 元素的起始标记<xml>与结束标记</xml>之间，并在 XML 起始标记中给出这个数据岛的 ID 标识。

【实例 8-2】内部数据岛的使用

本例将实现内部数据岛，将 XML 内容直接嵌入在 HTML 文件中，具体的实现步骤如下：

01 打开 Windows 记事本，创建一个名为 film.html 的文档，具体代码如下：

```
<html>
<head>
    <title>内部数据岛</title>
</head>
<body>
    <xml id="dos">
      <film>
        <name>钢铁侠 3</name>
        <starring>小罗伯特·唐尼</starring>
        <directory>沙恩·布莱克</directory>
```

```
            <price>80.00 元</price>
          </film>
      </xml>
      <center>
          <h1>电影信息</h1>
       <form>
         电影名称：<input type="text" datasrc="#dos" datafld="name" size="20"/><br/>
         电影主演：<input type="text" datasrc="#dos" datafld="starring" size="20"/><br/>
         电影导演：<input type="text" datasrc="#dos" datafld="directory" size="20"/><br/>
         电影票价：<input type="text" datasrc="#dos" datafld="price" size="20"/>
       </form>
      </center>
  </body>
  </html>
```

代码解析：

在本例中，HTML 文档直接创建了一个 XML 标记，在标记里存放的是 XML 标记和相应的数据。若要引入该 XML 中的数据，可利用其 id 号，id 表示该 XML 文档在使用的时候应用的另外一个名称，该名称代表 XML 对象。在下面的表单元素中，使用 datasrc 和 datafld 把 XML 中的数据和表单元素绑定。datasrc 表示 html 标记使用和链接的 XML 文档的 id 号是什么，即需要哪个 XML 文档中的数据；datafld 表示获得该 XML 文档指定的标记中的内容。该方式使 XML 中的数据和 XML 显示的数据标记放在一起，没有显示出数据和显示样式的分离，不推荐使用这种方式。

02 运行 film.html 文件，在 IE 浏览器中显示如图 8-2 所示的页面内容。

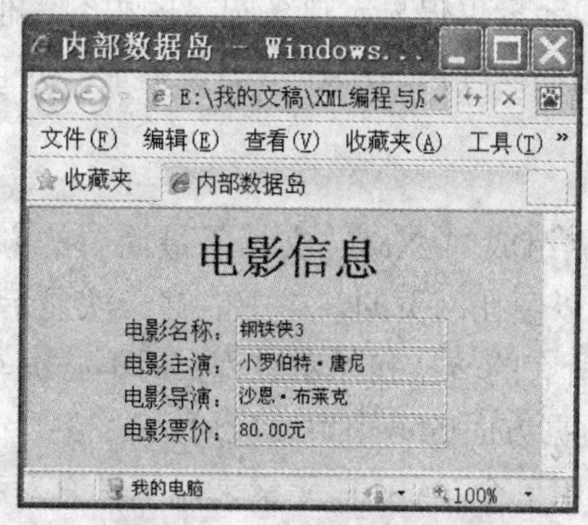

图 8-2　内部数据岛

2. 外部数据岛

外部数据岛的形式是将作为数据岛的 XML 数据单独存放成一个独立的 XML 文档，在 HTML 文档中，只需要包含所需绑定的 XML 文档的 URL 及其 ID 标识。绑定 XML 文档的语法格式如下：

```
<XML ID="xmldata" SRC="xml_URL">
</XML>
```

对上面语法格式中的参数含义说明如下。

- ID：表示唯一标识符。
- SRC：该属性用于指定被绑定的 XML 文档的 URL。

例如：下面的 HTML 文档就是一个绑定 film.xml 文档，并将数据岛的标识符指定为 doc 的例子：

```
<HTML>
<HEAD>
    <TITLE>电影信息</TITLE>
</HEAD>
<BODY>
    <XML ID="doc" SRC="film.xml"></XML>
    <!--其他 HTML 元素-->
</BODY>
</HTML>
```

外部数据岛形式更多地遵守了数据与其显示模式分开的 XML 规则，使得同一个 XML 文档的数据能够以不同的形式显示于不同的 HTML 网页中，并且使得对于 XML 文档本身的维护变得更为容易。

8.2.2 使用数据岛访问 XML 元素内容

上文用数据岛访问 XML 元素仅仅显示单条记录的内容，但大多数的场合需要显示的是多条记录的内容，本节就介绍如何使用表格显示多条记录，并且还可以实现分页的功能。

1. 表格显示数据

要显示由一连串记录数据组成的 XML 文档，最简单的方法就是将 XML 数据绑定到 HTML 文档的 TABLE 元素，以便在网页的表格中能够一次显示全部的 XML 数据记录。利用这种方法，IE 浏览器会处理所有的转换和显示过程，而不必编写或调用特定的脚本程序，因此，此种方法是显示 XML 数据方面的一个主要应用。

可以在 HTML 文档中使用单个 TABLE 元素来显示具有对称结构的 XML 文档中的各个元素数据。

【实例 8-3】表格对象的绑定

将 XML 文档中的数据绑定到 HTML 的表格标记中进行显示，具体实现步骤如下：

01 打开 Windows 记事本，创建一个名为 film.xml 的文档，具体代码如下：

```
<?xml version="1.0" encoding="GB2312"?>
```

```
<filmlist>
<film>
    <name>钢铁侠 3</name>
    <starring>小罗伯特·唐尼</starring>
    <director>沙恩·布莱克</director>
    <price>80</price>
</film>
<film>
  <name>小时代</name>
  <starring>杨幂/郭采洁</starring>
  <director>郭敬明</director>
  <price>60</price>
</film>
<film>
  <name>西游降魔篇</name>
  <starring>文章/黄渤</starring>
  <director>周星驰</director>
  <price>70</price>
</film>
```

代码解析：

将上述形式的 XML 文档绑定到 HTML 文档的 TABLE 元素之后，XML 文档中每一个记录的数据都会被分别显示在 HTML 网页的不同表格行中，XML 记录元素中的每一个字段数据被分别显示于不同的表格栏里。

02 打开 Windows 记事本，创建一个名为 film.html 的文档，具体代码如下：

```
<html>
<head>
  <title>表格绑定</title>
</head>
<body>
 <xml id="dsolnventory" src="film.xml"></xml>
 <h2>电影信息表</h2>
 <table datasrc="#dsolnventory"   border="1" cellpadding="5">
  <thead>
    <th>片名</th>
    <th>主演</th>
    <th>导演</th>
    <th>票价</th>
 </thead>
 <tr align="center">
    <td><span datafld="name" style ="font-style:italic"></span></td>
```

```
        <td><span datafld="starring"></span></td>
        <td><span datafld="director"></span></td>
        <td><span datafld="price"></span></td>
    </tr>
</table>
</body>
</html>
```

代码解析：

在上述 film.html 文档中，通过如下的代码行将 film.xml 文档绑定到一个标识符为 dsolnventory 的数据岛：<xml id="dsolnventory" src="film.xml"></xml>。

接着再通过下面的代码行将HTML文档中TABLE元素的datasrc属性设定成数据岛的标识符，XML 文档的整个记录集即被绑定到这个 TABLE 元素：<table datasrc="#dsolnventory" border="1" cellpadding="5">。

表格中的标题行是以一个标准的 HTML 标题元素（thead）与若干个标题列元素（th）来定义的，表格中的数据行则是以行元素（tr）与若干个数据列元素（td）定义的。其中，每一个 td 元素包含了一个 span 元素，这个 span 元素被绑定到 XML 文档记录的某个字段，以便让该元素能够显示对应字段的内容。例如，第 1 个 td 元素包含了一个绑定到“name”字段的 span 元素。

因为 td 元素本身并不是一个可绑定的 HTML 元素，所以一般是通过可绑定的 span 元素绑定到某个 XML 字段的。另外，虽然 HTML 网页的 table 元素中只定义了单个记录中各个字段的显示，但当 IE 浏览器显示这个表格时，会重复显示 XML 文档中每一条记录的数据，从而以表格形式显示出整个 XML 文档的数据。

03 运行 film.html 文件，在 IE 浏览器中显示如图 8-3 所示的页面内容。

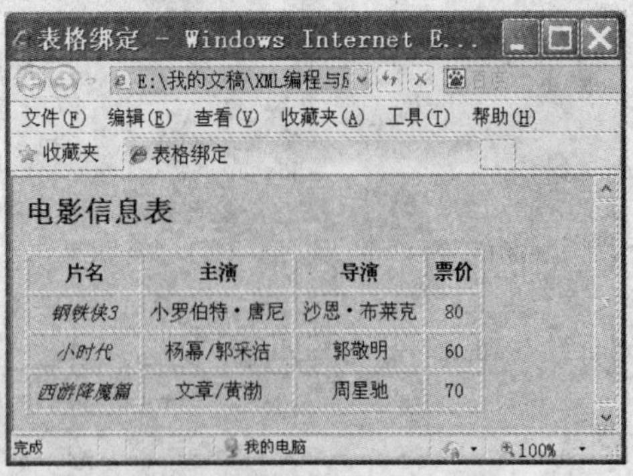

表格绑定 - Windows Internet E...
E:\我的文稿\XML编程与
文件(F) 编辑(E) 查看(V) 收藏夹(A) 工具(T) 帮助(H)
收藏夹
表格绑定
电影信息表
片名 主演 导演 票价
钢铁侠3 小罗伯特·唐尼 沙恩·布莱克 80
小时代 杨幂/郭采洁 郭敬明 60
西游降魔篇 文章/黄渤 周星驰 70
完成
我的电脑
100%

图 8-3 表格绑定

2. 实现分页

假如 XML 文档包含了许多记录，则可以使用分页（以一次一个群组）的方式显示记录，而不是一次将全部的记录显示在冗长的表格中。要为特定被连接的表格启动分页功能，需要

执行下列 3 个步骤：

01 将被连接的 TABLE 元素的 DATAPAGESIZE 属性设定成希望一次显示的最多记录个数，即记录的每个分页最多会包含所指定的记录数目。例如，下面 TABLE 元素的起始标记为 DATAPAGESIZE 属性指定了 5 作为属性值，这样会使表格一次只显示 5 笔记录：

```
<TABLE DATASRC="#dsoInventory" DATAPAGESIZE="5">
```

02 为 TABLE 元素的 ID 属性指定一个唯一的识别代号，如下面的起始标记所示：

```
<TABLE ID="Inventory" DATASRC="#dsoInventory" DATAPAGESIZE="5"
```

03 要在记录间浏览，可以调用表 8-2 中 TABLE 元素的方法。注意翻页的方法名称是区分大小写的。

表 8-2　TABLE 元素的分页方法

方法名称	功能	方法调用
firstPage()	显示记录的第一页	InventoryTable.firstPage()
previousPage()	显示记录的前一页	InventoryTable.previousPage()
nextPage()	显示记录的下一页	InventoryTable.nextPage()
lastPage()	显示记录的最后一页	InventoryTable.lastPage()

如果目前正在显示第一页，则调用 previousPage 方法会被忽略，不进行动作；如果当前正在显示最后一页，调用 nextPage 方法会被忽略。可以使用 script 调用这些方法中的任何一个，但最简单的方式就是将方法设定到 HTML 中 BUTTON 元素的 ONCLICK 属性中，如下所示：

```
<BUTTON ONCLICK="InventoryTable.nextPage()">下一页</BUTTON>
```

该属性显示一个“下一页”按钮。当使用者按下按钮时，被指定到 ONCLICK 属性的 InventoryTable.nextPage()方法就会被调用，从而转到显示下一页的内容。

【实例 8-4】实现分页的表格

使用分页的表格显示 XML 文档中的图书记录，具体实现步骤如下：

01 打开 Windows 记事本，创建一个名为 film.xml 的文档，具体代码是在实例 8-3 的 film.xml 的基础上再添加几部电影的信息：

```
<film>
    <name>中国合伙人</name>
    <starring>黄晓明/邓超/佟大为</starring>
    <director>陈可辛</director>
    <price>60</price>
</film>
```

```
<film>
  <name>致青春</name>
  <starring>赵又廷/韩庚</starring>
  <director>赵薇</director>
  <price>70</price>
</film>
<film>
  <name>北京遇上西雅图</name>
  <starring>汤唯/吴秀波</starring>
  <director>薛晓路</director>
  <price>70</price>
</film>
```

02 再打开 Windows 记事本，创建一个名为 film.html 的 HTML 文档，具体代码如下：

```
<html>
<head>
  <title>分页表格</title>
</head>
<body>
 <xml id="dsoInventory" src="film.xml"></xml>
 <h2>电影列表</h2>
 <button onclick="InventoryTable.firstPage()">首页</button>
 <button onclick="InventoryTable.previousPage()">上页</button>
 <button onclick="InventoryTable.nextPage()">下页</button>
 <button onclick="InventoryTable.lastPage()">末页</button>
 <p></p>
  <table id="InventoryTable" datasrc="#dsoInventory" datapagesize="2" border="1"
cellpadding="5">
  <thead>
    <th>片名</th>
    <th>主演</th>
    <th>导演</th>
    <th>票价</th>
 </thead>
 <tr align="center">
    <td><span datafld="name" style ="font-style:italic"></span></td>
    <td><span datafld="starring"></span></td>
    <td><span datafld="director"></span></td>
    <td><span datafld="price"></span></td>
 </tr>
</table>
</body>
```

```
</html>
```

03 运行 film.html 文件，在 IE 浏览器中显示如图 8-4 所示的页面内容，表格中会首先显示前 2 条记录。在网页的顶端有“首页”、“上页”、“下页”和“末页”4 个按钮，每一个按钮被单击后都会执行相应的表格换页显示方法。例如，单击“末页”按钮，表格中会显示如图 8-5 所示的最后两部电影的记录。

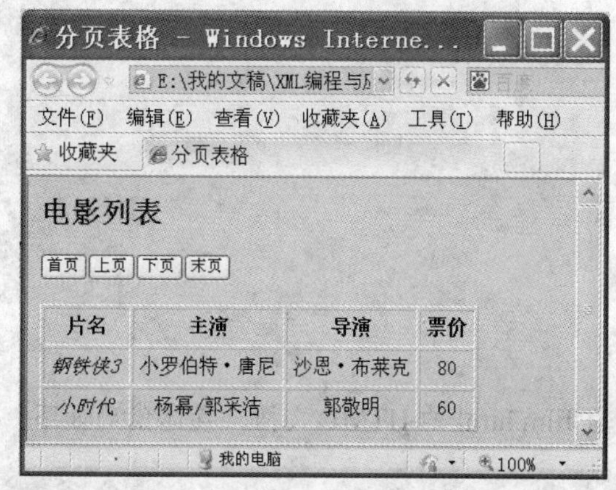

图 8-4　分页表格

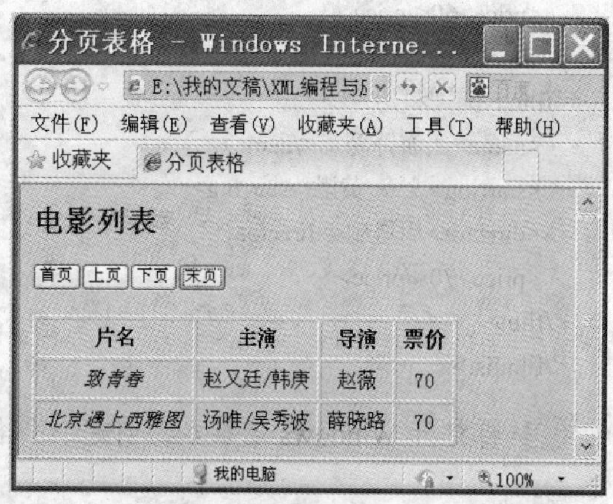

图 8-5　显示分页

8.2.3　使用数据岛访问 XML 标记属性

数据岛不仅能很方便地访问 XML 元素，而且可以访问 XML 元素的属性，能够直接把属性当作子元素来处理。例如：

```
<电影 类型="科幻">
  …
</电影>
```

这样，在绑定到 HTML 表格中时，类型属性可以直接按子元素来处理，例如：

```
<td><span datafld="类型"></span></td>
```

如果属性名和子元素名一样，则可以在元素名前加上“!”进行区分，但在实际使用中，需要注意 XML 文件的数据结构形式。

【实例 8-5】数据岛访问 XML 元素属性

01 打开 Windows 记事本，创建一个名为 film.xml 的文档，具体代码如下：

```
<?xml version="1.0" encoding="GB2312"?>
<filmlist>
<film type="科幻片">
    <name>钢铁侠 3</name>
    <starring>小罗伯特·唐尼</starring>
    <director>沙恩·布莱克</director>
```

```
    <price>80</price>
</film>
<film type="爱情片">
  <name>小时代</name>
  <starring>杨幂/郭采洁</starring>
  <director>郭敬明</director>
  <price>60</price>
</film>
<film type="科幻片">
  <name>西游降魔篇</name>
  <starring>文章/黄渤</starring>
  <director>周星驰</director>
  <price>70</price>
</film>
</filmlist>
```

02 再打开 Windows 记事本，创建一个名为 film.html 的 HTML 文档，具体代码如下：

```
<html>
<head>
  <title>访问 XML 元素属性</title>
</head>
<body>
 <xml id="dsoInventory" src="film.xml"></xml>
 <h2>电影信息表</h2>
  <table datasrc="#dsoInventory" border="1" cellpadding="5">
  <thead>
     <th>类型</th>
     <th>片名</th>
     <th>主演</th>
     <th>导演</th>
     <th>票价</th>
 </thead>
 <tr align="center">
     <td><span datafld="type" style ="font-style:italic"></span></td>
     <td><span datafld="name"></span></td>
     <td><span datafld="starring"></span></td>
     <td><span datafld="director"></span></td>
     <td><span datafld="price"></span></td>
 </tr>
</table>
</body>
```

03 运行 film.html 文件，在 IE 浏览器中显示如图 8-6 所示的页面内容，XML 文档中 film 元素的 type 属性的值被显示在了表格的第一列。

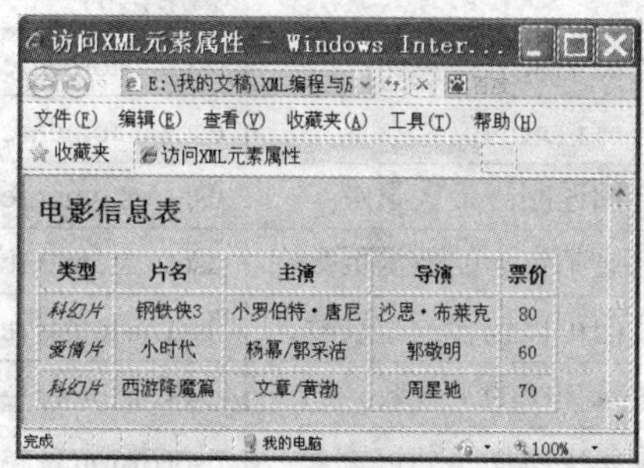

图 8-6　访问 XML 元素属性

8.3　数据源对象 DSO

XML 数据源对象 DSO 允许开发人员连接到结构化的 XML 数据，并用动态 HTML 的数据绑定机制将它提供给 HTML 页面。开发人员使用 DSO，可以为网页提供结构化数据，并且利用 XML 对象模型计算、更新、存储数据。

8.3.1　什么是 DSO

在 Internet Explorer 4.0 及其以上的版本中引入了 DSO（Data Source Objects，数据源对象）技术是为了能够处理内嵌 XML 代码的 HTML 页面。XML DSO 是一个 Microsoft ActiveX 控件，嵌在 Microsoft Internet Explorer 中，利用嵌入的控件，DSO 可以格式化数据并将这些数据显示在 HTML 页面上，DSO 可用于从以下两类文件中提取数据：外部 XML 文档或嵌入到 HTML 文档的 XML。通过 DSO 可以对嵌入到 HTML 中的 XML 文档的数据进行操作。如果要使用 DSO，则根 XML 元素不能具有任何属性。

如果数据是通过 SQL 语言对数据库进行查询，就把它们存放在 ADO（ActiveX Data Objects）记录集中。服务器把这种 ActiveX 控件（通常是 ADO 记录集）发送到客户端，由客户端脚本程序对其做进一步的处理。实际上，IE 5.0 就是把 XML 数据岛作为一种特殊的 ADO 记录集处理的，可以把它想象成数据库，而 IE 则是与数据库联系的客户端，或许还能想到 JSP 中的 recordset，在这里 DSO 对象也是一个 recordset。当 XML 文档与 HTML 文档绑定之后，在内存中生成的记录集合相当于一个属于 DSO 的 relordset 对象。和其他对象一样，这个 recordset 对象提供了一组方法和属性，符合 Microsoft ADO（ActiveX Data Objects）标准数据访问技术，因而可以通过编写脚本的方式，调用有关的方法和属性来对记录集进行访问和处理。在 HTML 页面使用数据岛时，无论是内部的还是外部的数据岛，都默认创建一个 DSO 对象，该对象名称就是定义的 id 名称，这时可以把 DSO 看作一个记录集。

表 8-3 列出了 DSO 为 recordset 对象提供的一些常用方法和属性。注意，这里假设当前的 HTML 页中包含了一个 XML 的数据岛，其 ID 标识符为 dsoCustomer。

表 8-3　recordset 对象的一些常用方法

方法或属性名	说明	调用范例
absolutePage	返回当前记录所在页面	dsoCustomer.recordset. absolutePage
absolutePosition	返回当前记录的位置	dsoCustomer.recordset. absolutePosition
maxRecords	指定查询返回的最大记录	dsoCustomer.recordset. maxRecords
pageCount	返回记录集包含的数据页数	dsoCustomer.recordset. pageCount
pageSize	指定页面可以包含的记录数	dsoCustomer.recordset. pageSize
recordCount	返回记录集中的记录数	dsoCustomer.recordset. recordCount
addNew()	在记录集中添加一条记录	dsoCustomer.recordset. addNew()
Deletc()	删除当前记录	dsoCustomer.recordset.Deletc()
getRows()	读取记录并将其存储于数组中	dsoCustomer.recordset. getRows()
moveFirst()	移动到第一条记录	dsoCustomer.recordset.moveFirst()
movePrevious()	移动到前一条记录	dsoCustomer. recordset.movePrevious()
moveNext()	移动到下一条记录	dsoCustomer. recordset.moveNext()
moveLast()	移动到最后一条记录	dsoCustomer.recordset.moveLast()
move()	指定到当前记录位置	dsoCustomer.recordset. move()

在实际工作中，可以根据需要调用 recordset 对象的任何一个方法来编写有关的 script 程序。调用这些方法最简单的方式就是在 HTML 文档中通过将某个方法直接指定到 BUTTON 元素的 ONCLICK 属性中，例如下面的代码：

```
<BUTTON ONCLICK="dsoCustomer.recordset.moveFirst()">
 第一个
</BUTTON>
```

上述 BUTTON 元素将会在网页中显示一个名为“第一个”的按钮。当浏览者单击这个按钮时，被指定到 ONCLICK 属性的方法 dsoCustomer.recordset.moveFirst 就会被调用，并执行该方法规定的动作，从而将记录集中的第一条记录变成当前记录。

此外，recordset 对象还提供有 BOF 属性与 EOF 属性，如果当前记录已是记录集中的第一条记录，那么调用 movePrevious 方法将使 BOF 的属性值变为 true；如果当前记录已是记录集中的最后一条记录，那么调用 moveNext 方法将使 EOF 的属性值变为 true。我们可以通过侦测 BOF 属性或 EOF 属性的状态来对当前记录位置的改变进行调整。

例如，下面 BUTTON 元素中的脚本代码，其功能是：如果当前记录已是第一条记录，仍单击“上一个”按钮而试图往前移动时，会自动地转去显示最后一条记录：

```
<BUTTON ONCLICK="dsoCustomer.recordset.movePrevious();
if(dsoCustomer.recordset.BOF)
dsoCustomer.recordset.moveLast()">上一个
</BUTTON>
```

又比如下面 BUTTON 元素中的脚本代码，其功能是：如果当前记录已是最后一条记录，仍单击“下一个”按钮试图往后移动时，会自动地转去显示第一条记录：

```
<BUTTON ONCLICK="dsoCustomer.recordset.moveNext();
if(dsoCustomer.recordset.BOF)
dsoCustomer.recordset.moveFirst()">下一个
</BUTTON>
```

实际上，在HTML文档中允许将整段的script程序代码设定到BUTTON元素的ONCLICK事件属性（或者是其他的事件属性，如 ONMOUSEOVER 等）。当然，也可以编写独立的 script 程序代码段来响应 ONCLICK 事件或其他事件。

【实例 8-6】浏览 DSO 记录

本例用来显示一条 DSO 中数据记录的 HTML 网页文档。具体的实现步骤如下：

01 打开 Windows 记事本，创建一个名为 film.xml 的文档，具体代码和实例 8-4 中的 film.xml 相同。

02 再打开 Windows 记事本，创建一个名为 film.html 的文档，具体代码如下：

```
<html>
<head>
  <title>使用 DOS 浏览 XML 数据</title>
</head>
<body>
 <xml id="dsolnventory" src="film.xml"></xml>
 <h2>电影信息</h2>
    <span style ="font-style:italic">片名：</span>
 <span style ="font-weight:bold" datasrc="#dsolnventory" datafld="name"></span><br/>
 <span style ="font-style:italic">主演：</span>
 <span datasrc="#dsolnventory" datafld="starring"></span><br/>
 <span style ="font-style:italic">导演：</span>
  <span datasrc="#dsolnventory" datafld="director"></span><br/>
 <span style ="font-style:italic">票价：</span>
 <span datasrc="#dsolnventory" datafld="price"></span><hr>
 <button onclick="dsolnventory.recordset.moveFirst">第一条</button>
 <button onclick="dsolnventory.recordset.movePrevious();
     if(dsolnventory.recordset.BOF)
        dsolnventory.recordset.moveLast()">上一条
 </button>
 <button onclick="dsolnventory.recordset.moveNext();
     if(dsolnventory.recordset.BOF)
        dsolnventory.recordset.moveFirst()">下一条
 </button>
  <button onclick="dsolnventory.recordset.moveLast()">最后一条</button>
```

```
</body>
</html>
```

代码解析：

上面的 HTML 文件中包含了绑定到 XML 文档的 film.xml 的外部数据岛，显示了 4 个按钮，分别用于进行第一条、上一条、下一条和最后一条电影信息的浏览。

03 运行 film.html 文件，在 IE 浏览器中显示如图 8-7 所示的页面内容，在网页的下端有“第一条”、“上一条”、“下一条”和“最后一条”4 个按钮，每一个按钮被单击后会执行相应的电影信息。

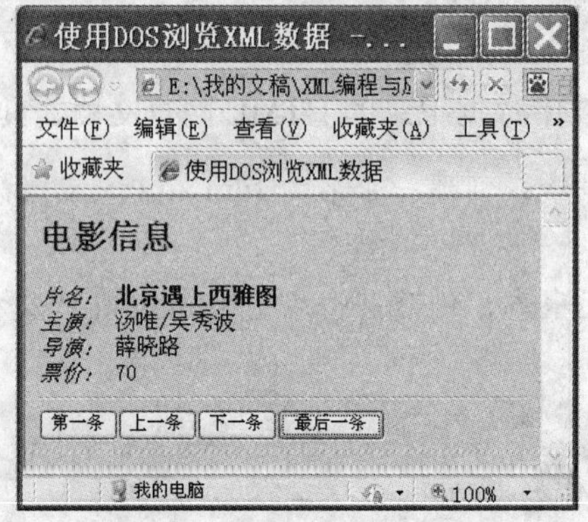

图 8-7 使用 DSO 浏览数据

8.3.2 XML 数据岛的操作

XML 数据源对象可以视为 ADO Recordset 对象，使用 DSO 的 Recordset 对象并结合脚本语言，可利用各种方法进行 XML 记录的数据操作，从而方便地编制出展现数据的界面。这里主要介绍如何编辑和查询 XML 文档的数据。

1. 编辑 DSO 记录

实现编辑 DSO 记录的功能，需要使用到的是 Recordset 对象的 addNew 方法。通过该方法就可以对 XML 文档的数据进行添加和修改操作。

【实例 8-7】编辑 DSO 记录

本例通过页面上的文本框，修改或添加 DSO 数据集中的电影信息记录，具体实现步骤如下：

01 打开 Windows 记事本，创建一个名为 film.xml 的文档，具体代码和实例 8-4 中的 film.xml 相同。

02 再打开 Windows 记事本，创建一个名为 film.html 的文档，具体代码如下：

```
<html>
<head>
```

```
  <title>编辑 DOS 数据信息</title>
</head>
<body>
  <xml id="dsolnventory" src="film.xml"></xml>
  <h2>电影信息</h2>
  片名：<input type ="text" datasrc="#dsolnventory"  datafld="name"  size="32"/><br/>
  主演：<input type ="text" datasrc="#dsolnventory"  datafld="starring"  size="32"/><br/>
  导演：<input type ="text" datasrc="#dsolnventory"  datafld="director"  size="32"/><br/>
  票价：<input type ="text" datasrc="#dsolnventory"  datafld="price"  size="32"/><hr/>
  <button onclick="dsolnventory.recordset.addNew()">编辑记录</button>
  <button onclick="dsolnventory.recordset.moveFirst">第一条</button>
  <button onclick="dsolnventory.recordset.movePrevious();
      if(dsolnventory.recordset.BOF)
         dsolnventory.recordset.moveLast()">上一条
  </button>
  <button onclick="dsolnventory.recordset.moveNext();
      if(dsolnventory.recordset.BOF)
         dsolnventory.recordset.moveFirst()">下一条
  </button>
   <button onclick="dsolnventory.recordset.moveLast()">最后一条
  </button>
</body>
</html>
```

代码解析：

在上面的 HTML 文件中不仅可用来一次显示一条 DSO 中的数据记录，还可以在网页的文本框中对显示的数据进行修改和添加。

03 运行 film.html 文件，在 IE 浏览器中显示如图 8-8 所示的页面内容，在显示电影信息的 4 个文本框中输入新的文本，或者在空白的文本框中输入新的文本，单击“编辑记录”按钮，就可以添加和修改 DSO 中的数据记录。

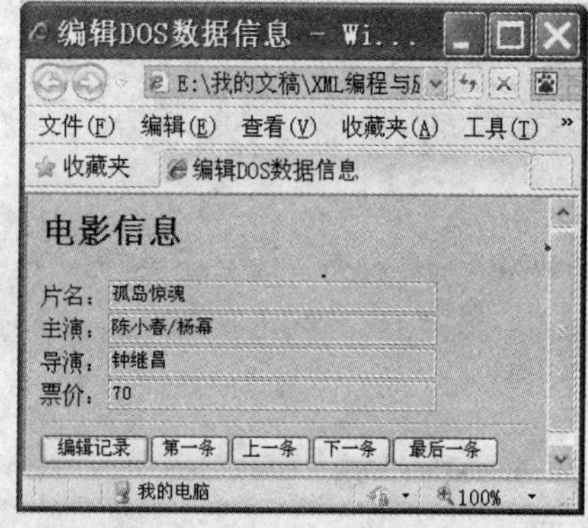

图 8-8　编辑 DSO 数据记录

需要指出的是，上面的例子是在客户端的浏览器中对数据岛的记录数据进行修改和添加，更新后的记录集合只是保存在内存中，并没有将其保存到与之绑定的 XML 文档。如果要真正修改和添加 XML 文档中的记录数据，则必须通过后面章节将要介绍的 DOM 技术或其他解决方案才能实现。

2. 查询 DSO 记录

使用 DSO 的 Recordset 对象提供的方法、属性和脚本语言相结合，同样可以在 XML 文档中查询所需的记录。

【实例 8-8】查询 DSO 记录

本例将实现在页面中搜索指定电影记录的功能，具体的实现步骤如下：

01 打开 Windows 记事本，创建一个名为 film.xml 的文档，具体代码和实例 8-4 中的 film.xml 相同。

02 再打开 Windows 记事本，创建一个名为 film.html 的文档，具体代码如下：

```
<html>
<head><title>查询 DOS 数据</title></head>
<body>
 <xml id="dsoInventory" src="film.xml"></xml>
 <h2>电影信息查询</h2>
 片名：<input type ="text" id="SearchText"/>
 <button onclick="Findfilm()">查询</button>
 <hr>
 查询结果：<p></p>
 <div id="ResultDiv"></div>
 <script   type="text/javascript"   language="javascript">
 function Findfilm()
 {
    SearchString = SearchText.value;
    if(SearchString=="")
    {
      alert("请输入要查询的电影名称!");
      return;
    }
    dsoInventory.recordset.moveFirst();
    Result="";
    while(!dsoInventory.recordset.EOF)
    {
      Filmstring=dsoInventory.recordset("name");
      if(Filmstring ==SearchString)
      Result+=
```

```
27.         dsolnventory.recordset("name")+":"
28.         +dsolnventory.recordset("starring")+","
29.         +dsolnventory.recordset("director")+","
30.         +dsolnventory.recordset("price")+"<p></p>";
31.         +dsolnventory.recordset.moveNext();
32.       }
33.       if(Result=="")
34.         alert("查无此电影");
35.       else
36.         ResultDiv.innerHTML=Result;
37.     }
38.   </script>
39.   </body>
40. </html>
```

代码解析：

第 4 行是通过特定的 XML 元素将 film.xml 文档绑定到当前的 HTML 文档，并设定其 ID 标识为 dsolnventory。第 6 行使用了一个 TEXT 类型的 input 标记，从而在网页中生成一个文本框，让查询者在其内输入想要查询的文字。该文本框的 ID 标识设定为 SearchText。

第 7 行使用了一个 Button 元素，会在网页中生成一个名为“查询”的按钮，当浏览者单击这个按钮时，脚本程序将调用 Findfilm()函数，该函数负责将要查询的文字从 input 元素中取出，在 DSO 的 Recordset 内搜索所有记录的“name”字段值是否符合该文字，将相符合的电影记录内容显示出来。

第 11~38 行中的 script 元素是网页中的脚本程序，在第 11 行首先声明此脚本程序使用 JavaScript 语言编写。第 12~37 行结束的 Findfilm()函数是脚本程序中的主要程序代码。该函数根据浏览者输入文本框的被查询文字进行搜索。

第 15~19 行的 if 语句用来判断文本框中是否已输入文字。如果浏览者并未在文本框中输入任何东西，会弹出一个错误信息提示框并退出执行。第 20 行是使用 Recordset 的 moveFirst 方法，让 XML 文档的第一条记录成为当前记录。接下来的第 21 行是建立用来存储搜寻结果的字符串变量 Result，并将其初值设置成空白。

第 22~32 行结束的 while 循环语句，用来逐条将其中的“name”字段的内容 Filmstring 与要查询的字符串 SearchString 进行比对，一旦符合就将该条记录包含的所有电影信息存入 Result 变量。整个循环使 Recordset 的 moveNext 方法移至下一条记录，并且当 Recordset 的 EOF 属性为 ture 时停止循环。

第 36 行的 ResultDiv 是位于第 10 行的 div 元素的 id 标识。为 div 元素的 innerHTML 属性指定字符串变量 Result，将会导致这个 div 元素立即显示 Result 变量的文字内容，并执行它所包含的 HTML 标记，从而显示查询的结果。

需要说明的是，上面的这种用来查询与显示 XML 文档记录的技术，仅适用于以简单记录集形式组成的 XML 文档。

03 运行 film.html 文件，在 IE 浏览器中显示如图 8-9 所示的页面内容，用户只要在文本框中输入片名，然后单击“查询”按钮，只要 DSO 中有该电影信息存在，在分割线下方就会出现该电影的具体信息。

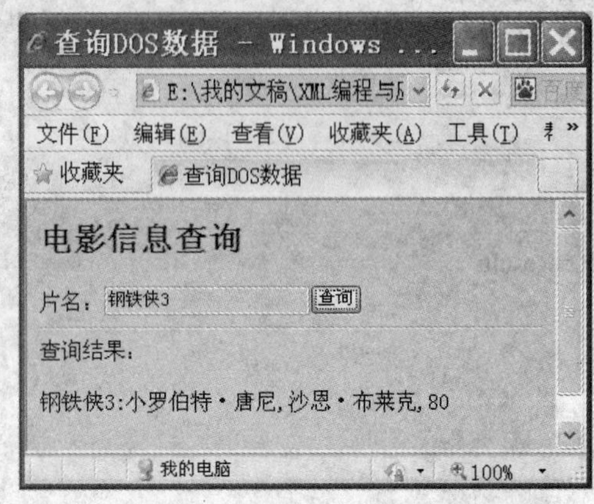

图 8-9 查询 DSO 数据

8.3.3 使用 DSO 显示图片

在网上浏览图片时，因为图片是放在服务器端的，通常需要用户等待一段时间，这段时间是图片从服务器端到客户端传递的过程。如果要查看大量的图片，等待的时间会更长。若采用 DSO 对象，可以将要使用的图片一次性地全部传递到客户端，这时速度会大大加快。

【实例 8-9】使用 DSO 显示图片

本例将实现在页面上显示图片，使用 4 个按钮，分别执行第一张、上一张、下一张和最后一张的显示操作。具体实现步骤如下：

01 打开 Windows 记事本，创建一个名为 image.xml 的文档，具体代码如下所示：

```
<?xml version="1.0" encoding="GB2312"?>
<图片列表>
  <图片>
      <地址>钢铁侠 2.jpg</地址>
  </图片>
  <图片>
      <地址>蝙蝠侠前传.jpg</地址>
  </图片>
  <图片>
      <地址>金刚狼.jpg</地址>
  </图片>
  <图片>
      <地址>复仇者联盟.jpg</地址>
  </图片>
```

```
</图片列表>
```

02 再打开 Windows 记事本，创建一个名为 image.html 的文档，具体代码如下：

```
<HTML>
<HEAD><TITLE>使用 DSO 显示图片</TITLE></HEAD>
<xml id="dso" src="image.xml"></xml>
<BODY>
<script  type="text/javascript" language="JavaScript">
function firstrec()
{
    dso.recordset.moveFirst()
}
function nxtrec()
{
if(!dso.recordset.EOF){
        dso.recordset.moveNext()
            if(dso.recordset.EOF){
                dso.recordset.moveLast()
            }
        }
 }
function prevrec()
{
   if(!dso.recordset.BOF)
   {
       dso.recordset.movePrevious
            if(dso.recordset.BOF){
               dso.recordset.moveFirst()
            }
   }
}
function lastrec() {
    dso.recordset.moveLast()
}
</script>
<CENTER>
    <img datasrc="#dso" datafld="地址"><br/>
    <BUTTON ONCLICK="firstrec()">第一张图片</BUTTON>
    <BUTTON ONCLICK="prevrec()">上一张图片</BUTTON>
    <BUTTON ONCLICK="nxtrec()">下一张图片</BUTTON>
    <BUTTON ONCLICK="lastrec()">末一张图片</BUTTON>
</CENTER>
```

```
40.  </BODY>
41.  </HTML>
```

代码解析：

第 3 行是通过特定的 XML 元素将 image.xml 文档绑定到当前的 HTML 文档，并设定其 ID 标识为 dso。第 5~32 行 script 元素是网页中的脚本程序，在第 5 行首先声明此脚本程序使用 JavaScript 语言编写。第 6~9 行结束的 firstrec()函数是当用户单击“第一张图片”按钮时，显示第一张图片。第 10~18 行的 nxtrec()函数是当用户单击“下一张图片”按钮时，显示下一张图片。第 19~28 行的 prevrec ()函数是当用户单击“上一张图片”按钮时，显示上一张图片。第 29~31 行的 lastrec ()函数是当用户单击“末一张图片”按钮时，显示最后一张图片。

第 34 行使用一个 img 的 HTML 标记来绑定 DSO 数据源对象“dso”，并显示 XML 文档中“地址”元素的数据内容，由于 XML 中“地址”元素的数据内容是一个图片的 URL，所以，最后会显示一张指定路径的图片。第 35~38 行使用了 4 个 HTML 的按钮控件，分别显示 4 种不同的操作，并且通过该控件的 ONCLICK 属性指定当用户单击按钮时所要调用的函数。

03 在保存 image.xml 和 image.html 文档的同一个文件夹中，创建 4 张要显示的图片。

04 运行 image.html 文件，在 IE 浏览器中显示如图 8-10 所示的页面内容，单击网页中的 4 个按钮，每一个按钮被单击后会显示相应的图片。

图 8-10　使用 DSO 显示图片

8.4　切换 DSO 和 XSL

XML 文件可以用来存储数据，样式表单文件 XSL 和 CSS 可以用来指定显示样式，两者结合起来就可以指定数据的显示样式。但在显示时，只有一种样式被显示，因为一个 XML 文件对应一个样式表单文件。利用 DSO 数据源对象，可以为 XML 文件指定多个样式表单文件，用户可以选择自己喜欢的方式来查看数据。例如每个在客户端浏览信息的人，都可以选择自己喜欢的颜色和图片等来显示数据，而且不需要把自己的显示信息发送给服务器，可直接在客户端完成，减轻了服务器的工作量。要实现这样的功能，可以把 DSO 数据源对象和 XSL 样式表单文件结合起来。

【实例 8-10】使用 DSO 切换 XML 文档样式

本实例将在网页中提供两种样式给用户选择，当用户选中其中之一时，就把该样式呈现在页面，实现的具体步骤如下：

01 打开 Windows 记事本，创建一个名为 film.xml 的文档，具体代码和实例 8-3 中的 film.xml 相同。

02 再打开 Windows 记事本，创建一个名为 film1.xsl 的文档，该文档将显示第一种 XML 文档的样式，具体代码如下：

```
<?xml version="1.0" encoding="GB2312"?>
<xsl:stylesheet version="1.0"    xmlns:xsl="http://www.w3.org/1999/XSL/Transform">
<xsl:template match="/">
 <html>
<head><title>Style1</title></head>
 <body>
      <ol type="start"><xsl:apply-templates select="filmlist/film"/> </ol>
 </body>
 </html>
</xsl:template>
<xsl:template match="*">
    <xsl:if test ="name">
      <li><font color="red" size="5"><xsl:value-of select="name"/></font></li>
    </xsl:if>
    <xsl:if test ="starring">
      <font color="blue" size="3"><xsl:value-of select=" starring "/></font>
    </xsl:if>
 </xsl:template>
</xsl:stylesheet>
```

代码解析：

上面的代码用于设置以列表的方式显示 XML 文档中的电影名称和主演。

03 再打开 Windows 记事本，创建一个名为 film2.xsl 的文档，该文档将显示第 2 种 XML 文档的样式，具体代码如下：

```
<?xml version="1.0" encoding="utf-8"?>
<xsl:stylesheet version="1.0" xmlns:xsl="http://www.w3.org/1999/XSL/Transform">
<xsl:template match="/">
 <html><head><title>Style2</title></head>
 <body>
      <table border="1" width="50%">
          <th>片名</th><th>主演</th>
          <xsl:apply-templates select=" filmlist/film"/>
```

```
        </table>
      </body>
      </html>
  </xsl:template>
  <xsl:template match="film">
      <tr>
  <td><xsl:value-of   select ="name"/></td>
          <td><xsl:value-of   select ="starring"/></td>
      </tr>
  </xsl:template>
  </xsl:stylesheet>
```

代码解析：

上面的代码用于设置以表格的方式显示 XML 文档中的电影名称和主演。

04 打开 Windows 记事本，创建一个名为 film.html 的文档，具体代码如下：

```
<html>
<head>
  <title>样式切换</title>
  <script   language="javascript">
    function load1(){
      var xmlDso = dso.XMLDocument;
      var xslDso = Stylesheet1.XMLDocument;
      divResult.innerHTML = xmlDso.transformNode(xslDso);
    }
    function load2() {
      var xmlDso = dso.XMLDocument;
      var xslDso = Stylesheet2.XMLDocument;
      divResult.innerHTML = xmlDso.transformNode(xslDso);
    }
  </script>
</head>
<body onload ="load1()">
  <xml id="dso" src="film.xml"></xml>
  <form>
    <input type="button"   value="Style1"   onclick ="load1()"/>
    <input type="button"   value="Style 2"   onclick ="load2()"/>
  </form>
  <xml id="Stylesheet1" src="film1.xsl"></xml>
  <xml id="Stylesheet2" src="film2.xsl"></xml>
  <div id="divResult"></div>
 </body>
</html>
```

代码解析：

在上面的代码中，第 4~15 行的 script 元素是网页中的脚本程序，在第 4 行首先声明此脚本程序使用 JavaScript 语言编写。第 5~9 行结束的 load1()函数是当用户单击“Style1”按钮时，显示 film1.xsl 定义的样式单。第 10~14 行结束的 load2 ()函数是当用户单击“Style2”按钮时，显示 film2.xsl 定义的样式单。第 18 行是通过特定的 XML 元素将 film1.xml 文档绑定到当前的 HTML 文档，并设定其 ID 标识为 dso。

第 20 和 21 行使用了两个 HTML 的按钮控件，分别显示两种不同的样式操作，并且通过该控件的 onclick 属性指定当用户单击按钮时需要调用的函数。第 23 和 24 行分别通过特定的 XML 元素将 film1.xsl 和 film2.xsl 文档绑定到当前的 HTML 文档，并设定其 ID 标识为 Stylesheet1 和 Stylesheet2。第 25 行通过 HTML 的 div 标记在页面中显示设置的样式。

05 运行 film.html 文件，在 IE 浏览器中显示如图 8-11 所示的页面内容，默认显示 film1.xsl 文档中设置的列表样式。

06 当用户单击“Style2”按钮时，页面将显示如图 8-12 所示的由 film2.xsl 文档中设置的表格样式，如果用户再次单击“Style1”按钮，页面将重新显示上图的样式。

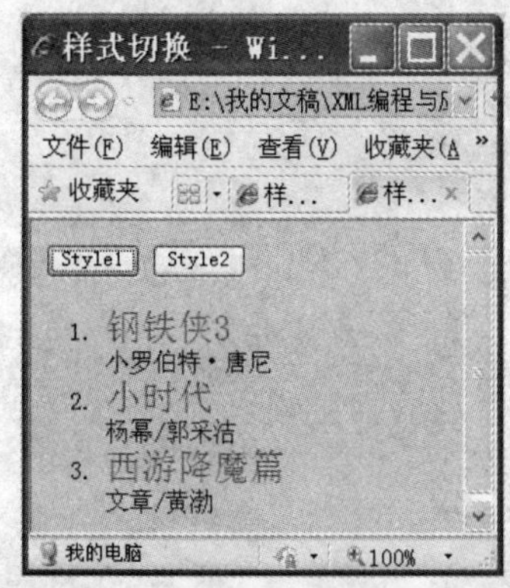

图 8-11　列表样式

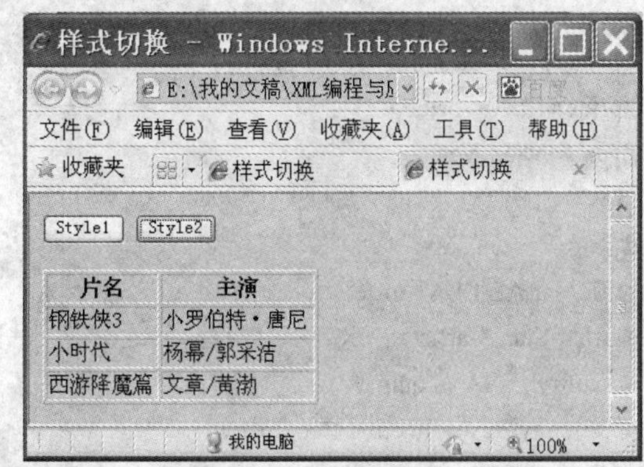

图 8-12　表格样式

8.5 扩展练习

1. 使用 XMLSpy 2011，创建本章所有实例中的 XML 文档和 HTML 文档，并在浏览器中查看文档运行的结果。

2. 根据下面的 XML 文档，在 Windows 记事本中编写 HTML 文档，使用 XML 外部数据岛，实现以表格的样式显示该 XML 文档的数据内容，运行 HTML 文档后，IE 浏览器中的结果如图 8-13 所示。

Title	Artist	Country	Company	Price	Year
Empire Burlesque	Bob Dylan	USA	Columbia	10.90	1985
REAL LUV	Stars	USA	luv collection	12.91	1996
Now	stars	USA	EMI	10.80	1999
Time to say goodbye	Sarah Brightman	USA	Angel	12.00	1997

图 8-13　显示嵌套表格

```
<?xml version="1.0" encoding="gb2312"?>
<catalog>
<cd>
  <title>Empire Burlesque</title>
  <artist>Bob Dylan</artist>
  <country>USA</country>
  <company>Columbia</company>
  <price>10.90</price>
  <year>1985</year>
</cd>
<cd>
  <title>REAL LUV</title>
  <artist>Stars</artist>
  <country>USA</country>
  <company>luv collection</company>
  <price>12.91</price>
  <year>1996</year>
</cd>
<cd>
  <title>Now</title>
  <artist>stars</artist>
  <country>USA</country>
  <company>EMI</company>
  <price>10.80</price>
  <year>1999</year>
</cd>
<cd>
  <title>Time to say goodbye</title>
  <artist>Sarah Brightman</artist>
  <country>USA</country>
  <company>Angel</company>
```

```
        <price>12.00</price>
        <year>1997</year>
    </cd>
</catalog>
```

3. 以内部数据岛的方式，实现与扩展练习 2 同样的功能。

4. 在扩展练习 2 的基础上，使用外部数据岛在 HTML 页面中显示 XML 文档中图片元素的内容，即实现在表格中显示图片的功能，运行页面后的效果如图 8-14 所示。

图 8-14　显示带图片的表格

5. 以内部数据岛的方式，实现与扩展练习 4 同样的功能。

6. 以内部数据岛的方式，对扩展练习 4 中的表格实现分页效果，每次显示两张 CD 的信息，运行页面后的效果如图 8-15 所示。

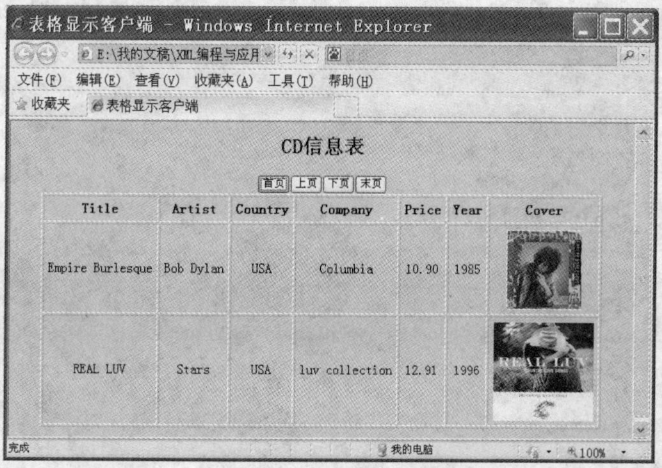

图 8-15　显示分页的表格

7. 以外部数据岛的方式，实现与扩展练习 6 同样的功能，运行页面后的效果如图 8-15 所示。

8. 在扩展练习 4 的基础上，使用 DSO 数据源对象，实现删除表格中第一张 CD 信息的功能，如图 8-16 所示。

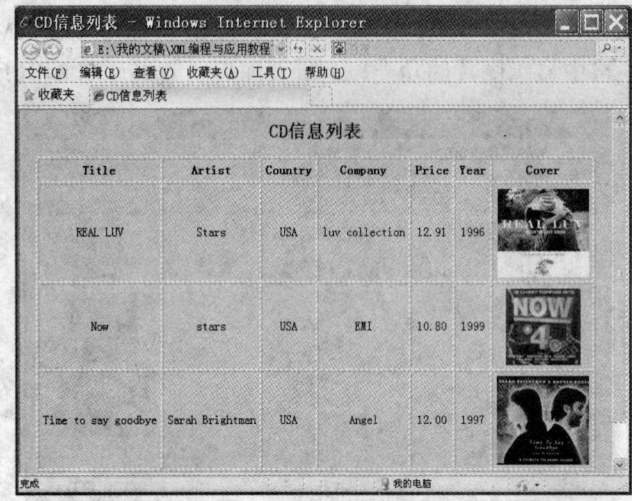

图 8-16　删除元素

第 9 章　DOM 和 SAX

对于同属层次数据结构的 HTML 和 XML 文档，必须以编程方式来读取、操作和修改文档中的数据。目前，DOM 和 SAX 都是解析 XML 文档的技术，不同点在于 DOM 需要将文件读取在内存中，而 SAX 不创建显式数据结构，不必将整个文件加载到内存中，两种方式各有利弊，需要在实际工作中有针对性地进行选择。本章主要介绍 DOM 和 SAX 的基本概念知识以及如何使用这两种解析 XML 的方法。

9.1 解析 XML 文档

我们经常需要在程序中对 XML 文档进行分析，包括：检索、修改、删除或重新组织其中的内容等。例如，将运行应用程序所需的一些配置信息以 XML 的格式保存到文件中、在程序启动时读取 XML 文件、从中取出有用的信息。这些都离不开对 XML 文档的解析。

XML 的处理从解析开始，无论使用高层编程语言（如 XSLT）还是低层编程语言（Java），第一步都要读入 XML 文件、解码结构和检索信息等，这就是解析。解析是开发人员能够使用的最基本的服务。在解析 XML 文档时，通常是利用现有的 XML 解析器软件对 XML 文档进行解析，而编写的应用程序则通过解析器提供的 API 接口获取 XML 数据。

如果不同厂商开发的 XML 解析器提供的 API 都依赖于自身的产品，应用程序要使用解析器，就只能使用特定厂商的 API。假如以后应用程序需要更换解析器，就只能重新编写代码。庆幸的是，大多数解析器都提供了至少两种 API：对象模型 API 和事件 API（也称为流 API）。例如，Java 平台同时提供了 DOM（文档对象模型）和 SAX（Simple API for XML）两种 API。这两种 API 提供了相同的服务：文档解码、可选的验证和命名空间解析等。差别不在于服务，而在于 API 使用的数据模型。

一个 XML 解析器是一段可以读入文档并解析其结构的代码。XML 解析器是 XML 和应用程序之间存在的一个软件组织，主要起到桥梁的作用，帮助应用程序从 XML 中提取所需要的数据。解析器从文档中提取出所需的数据，然后创建一系列的事件或者新的数据结构。解析器也能够检查文档是不是格式良好的，也就是说，是否严格地遵守了 XML 规范，这是处理 XML 文档之前必须进行的工作。另外，如果该文档有一个 DTD/Schema 标准的话，解析器还应该能够判断一个文档是否遵守 DTD/Schema 标准。XML 不像 HTML，其本身并不关心应用程序如何展示它的内容，关于内容的展示形式可以由 CSS 或者 XSL 来指定，所以，一个好的 XML 解析器还能够对 CSS 和 XSL 进行分析处理。

解析器的不同不仅在于它们是否支持完整性检查和文档表现形式的转化，还在于其处理文档的方式。基于事件的解析器实际上是通过串行方式来处理文档的，也就是说，当它遇到一个开始标记或者结束标记时，它向应用程序发送消息，由应用程序决定如何进行处理，SAX 就是一个这样的 API 集合。

解析器的主要功能就是检查 XML 文件是否有结构上的错误，剥离 XML 文件中的标记，读出正确的内容，以交给下一步的应用程序处理。这里我们详细介绍一下目前主要应用的 4 种 XML 解析器，对它们的原理及性能比较如下。

1. DOM

DOM 是利用与平台和语言无关的方式表示 XML 文档的官方 W3C 标准。DOM 是以层次结构组织的节点或信息片断的集合。这个层次结构允许开发人员在树中寻找特定信息。分析该结构通常需要加载整个文档和构造层次结构，然后才能执行任何工作。由于它是基于信息层次的，因而 DOM 被认为是基于树或基于对象的。DOM 以及广义的基于树的处理具有以下优缺点。

- 因为树在内存中是持久的，所以可以修改 DOM 树，以便应用程序能对数据和结构做出更改。另外，它还可以在任何时候在树中上下导航，而不像 SAX 那样是一次性的处理。
- DOM 的劣势是基于大文件的加载速度很慢，因为它是需要全部加载后才操作的，因此对于特别大的文档，使用其他手段，例如基于事件的模型 SAX 来处理会更好。

2. SAX

SAX 是基于事件驱动的。当解析器发现元素开始、元素结束、文本、文档的开始或结束等时，就将发送事件，开发者可以通过编写响应这些事件的代码来保存数据。这种处理的机制非常类似于流媒体的处理方式。分析能够立即开始，而不是等待所有的数据被处理，并且，由于应用程序只是在读取数据时检查数据，因此不需要将数据存储在内存中。这对于大型文档来说是个巨大的优点。事实上，应用程序甚至不必解析整个文档，它可以在某个条件得到满足时停止解析。

3. JDOM

为了减少 DOM 和 SAX 的编码量，出现了 JDOM 接口。JDOM 的目的是成为 Java 特定文档模型，它简化了与 XML 的交互并且比使用 DOM 速度更快。由于是第一个 Java 特定模型，JDOM 一直得到大力推广和促进。

JDOM 与 DOM 主要有两方面不同：首先 JDOM 仅使用具体类而不使用接口，这在某些方面简化了 API，但是也限制了灵活性；其次 API 中大量使用了 Collections 类，简化了那些已经熟悉这些类的 Java 开发者的使用。

JDOM 对于大多数 Java/XML 应用程序来说当然是有用的，并且大多数开发者发现

API 比 DOM 容易理解得多。JDOM 还包括对程序行为相当广泛的检查，以防止用户做任何在 XML 中无意义的事。但是 JDOM 自身不包含解析器。它通常使用 SAX2 解析器来解析和验证输入的 XML 文档。

4. DOM4J

DOM4J 代表了完全独立的开发结果，但最初，它是 JDOM 的一种智能分支，合并了许多超出基本 XML 文档表示的功能，包括集成的 XPath 支持、Xml Schema 支持以及用于大文档或流化文档的基于事件的处理。它还提供了构建文档表示的选项，它通过 DOM4J API 和标准 DOM 接口具有并行访问的功能。

为支持所有这些功能，DOM4J 使用接口和抽象基本类方法。DOM4J 大量使用了 API 中的 Collections 类，但是在许多情况下，它还提供一些替代方法以允许更好的性能或更直接的编码方法。直接好处是：虽然 DOM4J 付出了更复杂的 API 代价，但是它提供了比 JDOM 大得多的灵活性。

在添加灵活性、XPath 集成和对大文档处理的目标时，DOM4J 的目标与 JDOM 是一样的：针对 Java 开发者的易用性和直观操作。它还致力于成为比 JDOM 更完整的解决方案，实现在本质上处理所有 Java/XML 问题的目标。在完成该目标时，它比 JDOM 更少强调防止不正确的应用程序行为。

DOM4J 是一个非常优秀的 Java XML API，具有性能优异、功能强大和易用的特点，同时它也是一个开放源代码的软件。如今我们可以看到越来越多的 Java 软件都在使用 DOM4J 来读写 XML。

9.2 什么是 DOM

事实上，DOM（Document Object Model，文档对象模型）的概念及应用比 XML 出现的要早，在我们熟知的 IE 浏览器中就有一个 DOM，它把浏览器的窗口、相关的文档内容作为一个对象进行操作，以对象为句柄来设置和修改浏览器的相关配置。熟悉 JavaScript 的读者知道，在该语言中，可通过其中的 window 或 document 对象对 HTML 文档进行窗口关闭、显示状态等操作。浏览器有很多种，某些文档模型可能在其他的浏览器中不被支持，这样就导致每种浏览器只支持自己识别的文档对象模型，每种浏览器对一个功能的实现都有自己的方式和相关的对象，这样就非常混乱。为了解决 Web 访问和操作文档结构的问题，W3C 提出了一个标准化的方法，即现在的 W3C 规范。

DOM 可以看作是一个平台或语言中立的界面，它允许程序和脚本动态地访问以及更新文档的内容、结构、脚本程序。在这里 DOM 仅仅只是一种对某种功能和结构的声明，用于告诉其他对象这种功能和结构具有什么样的概念定义，也告诉其他对象如果遵循该定义，可以完成什么样的功能。如果 Java 语言遵循它定义的一系列功能和结构，即实现了它的声明，遵循了它的条件，那么所编写的 Java 程序就可以对文档进行相关的操作，如读取、修改、删除、添加和搜索文档的内容。同样，其他语言如果遵循了 W3C DOM 定义的规范，也可以完成上面的操作。

简单来说，DOM 可以看作是一组 API（Application Program Interface），即应用程序接口，它把 HTML 文档、XML 文档等看成一个文档对象，在接口里面存放的是对这些文档操作的属性和方法的定义，如果编程语言实现了这些属性和方法，就可以对文档对象中的数据进行存取，并且利用程序对数据进行进一步的处理。DOM 技术并不是首先用于 XMI 文档，对于 HMTL 文档来说，早已可以使用 DOM 来读取里面的数据了。

DOM 提供了一组标准界面用来描述 HTML 及 XML 文件的标准对象，以及访问、操作这类文件。如果以面向对象的思维来看，可以把 HMTL 文档或 XML 文档看成是一个对象、一个 XML，文档对象又可以包含其他的对象，如节点对象。对 XML 文档对象的操作实际上是对该对象的节点对象的操作，即可以对节点对象进行修改等操作。在 DOM 中有相应的对象对应实际的 XML 文档对象，那么也可以这样理解 DOM，在 DOM 规范中提供了一组对象以实现对文档结构的访问。

在前面 XSL 的学习中，可以把一个 XML 文档看成一个源树，根元素对应相应的根节点，子元素对应相应的子节点。利用 DOM 来处理 XML 文档的时候，首先是 DOM 解析器把该 XML 文档加载到内存中去，在内存中，XML 文档的逻辑形式以树的结构存在，利用程序对 XML 文档的操作都是建立在树的结构形式上的。

总体来讲，DOM 是 XML 文档的编程接口，用于定义如何在程序中访问和操作 XML 文档，是与平台和语言无关的接口，以树结构表示 XML 文档，通过提供一组对象以实现对 XML 文档结构的访问。

使用 DOM 的技术规范，可以访问 XML 文档中的数据，并对它做出相应的处理，与其他访问 XML 文档的数据的方法相比较，具有以下几个优势。

- 保证正确的语法和良好的格式：由于 DOM 将 XML 文档在内存中作为节点树来表示，所以在操作的时候就不必关心是否出现无结束标记和标记的嵌套等问题，只需要关心节点间的信息。
- 不受 XML 语法的限制：由 DOM 创建的节点树是 XML 文档的逻辑表现形式，它只显示了文档提供的数据和数据之间的关系，而不受 XML 语法的限制。提取出来的数据，可以放到一个文件中，也可以放到一个数据库中，在这里只需关注数据。
- 简化了内部文档的操作。使文档以树的形式存在，对于添加节点、修改节点这样的操作来说，比传统的文件形式简单得多。

9.3 DOM 文档树模型

DOM 规范的核心就是树模型，对于要解析的 XML 文档，解析器会把 XML 文档加载到内存中，在内存中为 XML 文件建立逻辑形式的树。从本质上说，DOM 就是 XML 文档的一个结构化的视图，它将一个 XML 文档看作是一棵节点树，其中的每一个节点代表一个可以与其进行交互的对象，树的节点是一个个的对象，这样，通过操作这棵树和这些对象就可以完成对 XML 文档的操作，为处理文档的所有方面提供了一个完美的概念框架。

DOM 可以看作是一个节点的集合，在一个 XML 文档中可以包含不同的标记，所以在内存中体现出来的节点也要具有不同的类型，每一个节点充当的角色可能不一样，XML 文档中的每个元素都是一个节点。

DOM 是这样规定的：

- 整个文档是一个文档节点。
- 每个 XML 标记是一个元素节点。
- 包含在 XML 元素中的文本是文本节点。
- 每一个 XML 属性是一个属性节点。
- 注释属于注释节点。

一个节点树中的所有节点都是彼此相关的，一个节点树可以将一个 XML 文档展示为一个节点集以及它们之间的连接。在一个节点树中，最顶端的节点被称为根。除根之外，每一个节点都拥有父节点。一个节点可以有无限的子节点，叶子节点无子节点，同级节点是指拥有相同父节点的节点。

在 DOM 树中，基本上一切都是节点，因此，在讨论具体操作之前，必须清楚地把握什么是节点以及这些节点之间的关系。下面创建一个 XML 文档，用于演示将该文档加载到内存中形成的树模型。该 XML 文档的代码如下所示：

```
<?xml version="1.0" encoding="GB2312"?>
<电影信息>
  <电影>
    <片名>钢铁侠 3</片名>
    <主演>小罗伯特・唐尼</主演>
    <导演>沙恩・布莱克</导演>
    <票价>￥80.00</票价>
  </电影>
</电影信息>
```

将上述代码保存为 film.xml 文档，双击该文件，会显示如图 9-1 所示的页面。

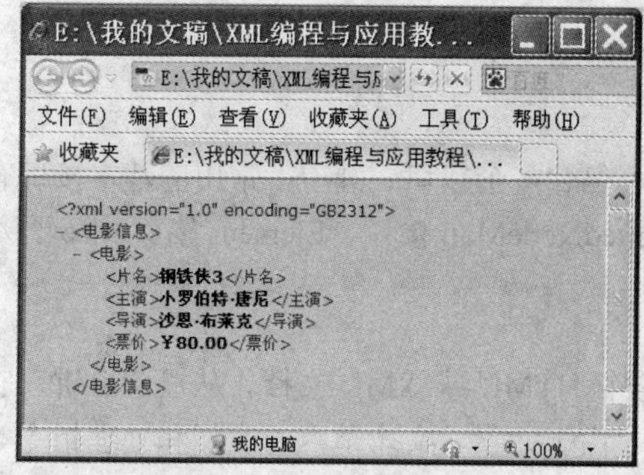

图 9-1　XML 文档运行结果

在上述 XML 文档中，根元素为电影信息元素标记，在该标记下包含了一个<电影>元素标记。<电影>元素标记中包含<片名>、<主演>、<导演>和<票价>4 个元素标记。如果使用基于 DOM 的解析器加载该 XML 文档，上述的每个元素标记、标记内容都会成为树模型的节点。树模型如图 9-2 所示。

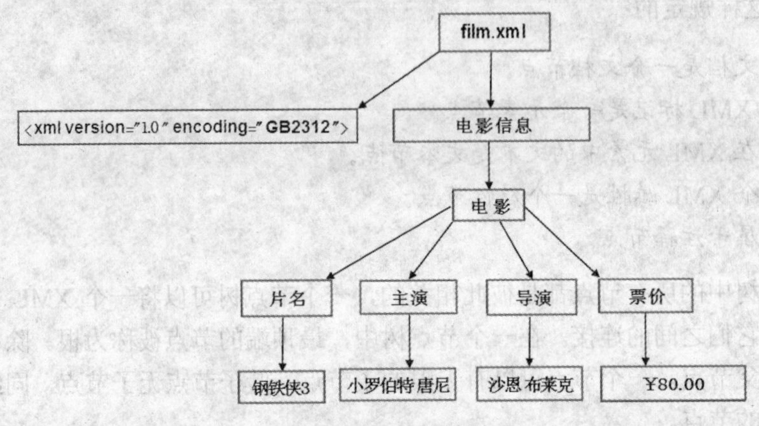

图 9-2　DOM 树模型

上图中列出了一个<电影>节点，可以看出，标记和标记内容都是作为单独的树节点存在的。XML 文档声明和<电影信息>节点是作为第 1 层节点存在的，<电影>节点是作为第 2 层树节点存在的，其他依次类推。

DOM 在对 XML 文档进行操作时，是以树模型为基础来进行其他操作的。每次形成节点树之前，都要把 XML 文档加载到内存中进行操作，使其和其他的程序进行交互。如果一个 XML 文档过于庞大，不可能被加载到内存中，这时，DOM 在操作的时候可能会受到计算机硬件的影响。

9.4　DOM 接口和对象

DOM 接口和对象是专门为操作具体的 HTML 文档和 XML 文档所提供的各种接口，通过这些接口、对象，使得对这两类文件的操作更加方便。

9.4.1　DOM 接口

在 DOM 接口规范中，包含多个接口。其中，常用的基本接口有 Document 接口、Node 接口、NodeList 接口、NamedNodeMap 接口、Element 接口、Text 接口等。

1. Document 接口

Document 接口表示整个 HTML 或 XML 文档。从概念上讲，它是文档的根，并提供对文档数据的基本访问接口。由于元素、文本节点、注释和处理指令等都不能脱离文档的上下文关系而独立存在，所以 Document 接口提供了创建其他节点对象的方法，通过该方法创建

的节点对象都有一个 ownerDocumcnt 属性，用来表明当前节点是由其所创建的以及节点同 Document 之间的关系。Document 接口被实现后，是一个 Document 节点对象，该对象可以包含几个节点，如图 9-3 所示。

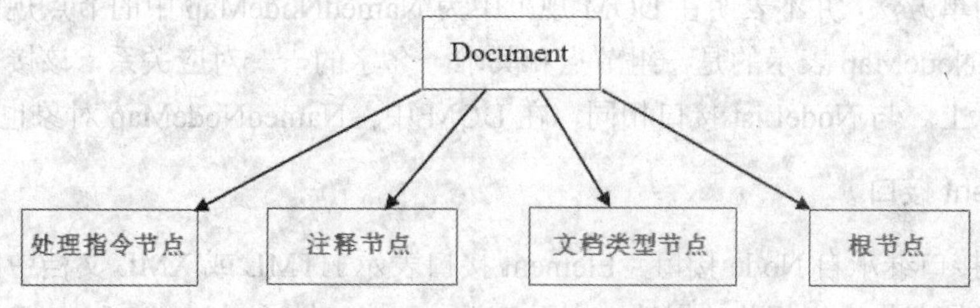

图 9-3 Document 接口示意图

由图 9-3 可以看出，Document 节点是 DOM 树的根节点，即对 XML 文档进行操作时的入口节点。通过 Documemt 节点，可以访问到文档中的其他节点，如处理指令、注释、文档类型以及 XML 文档的根元素节点等。另外，在一棵 DOM 树中，Documont 节点可以包含多个处理指令和多个注释作为其子节点，而文档类型节点和 XML 文档根元素节点都是唯一的。在这个 Document 接口中声明一些常用的方法，如获得文档类型的声明、获得该文档使用的编码形式等方法。

2. Node 接口

Node 接口是整个文档对象模型的主要数据类型，它表示该文档树中的单个节点。当实现 Node 接口的所有对象公开处理子节点的方法时，实现 Node 接口的所有对象并不都有子节点。Node 接口在整个 DOM 树中具有非常重要的地位，DOM 接口中有很大一部分接口是从 Node 接口继承过来的，例如，Element、Attr、CDATASection 等接口都是从 Node 继承过来的。在 DOM 树中，Node 接口代表了树中的一个节点。Node 接口提供了访问 DOM 树中元素内容与信息的途径，并给出了对 DOM 树中的元素进行遍历的支持。

3. NodeList 接口

NodeList 接口提供对节点的有序集合的抽象，没有定义或约束如何实现此集合。DOM 中的 NodeList 对象是活动的。NodeList 用于表示有顺序关系的一组节点，如某个节点的子节点序列。另外，它还出现在一些方法的返回值中，例如 GetNodeByName。在 DOM 中，NodeList 的对象是活动的，也就是说，对文档的改变会直接反映到相关的 NodeList 对象中。例如，通过 DOM 获得一个 NodeList 对象，该对象中包含了某个 Element 节点的所有子节点，那么，当再次通过 DOM 对 Element 节点进行操作时，这些改变将会自动反映到 NodeList 对象中，而不需 DOM 应用程序再做其他额外的操作。

NodeList 中的每个 item 都可以通过一个索引来访问，该索引值从 0 开始，获得一个该接口的实例化对象，实际上就是获得一个节点的集合，只不过开始时指针在第一个节点前面。NodeList 接口被实现后，就是节点集合对象。

4. NamedNodeMap 接口

在实现了 NamedNodeMap 接口的对象中包含了可以通过名字来访问的一组节点的集合，但要注意，NamedNodeMap 并不是从 NodeList 继承过来的，它所包含的节点集中的节点是无序的。尽管这些节点也可以通过索引来访问，但这只是提供了枚举 NamedNodeMap 中所包含节点的一种简单方法，并不表明在 DOM 规范中为 NamedNodeMap 中的节点规定了一种排列顺序。NamedNodeMap 表示的是一组节点和其唯一名字的一一对应关系，该接口主要用在属性节点的表示上。与 NodeList 接口相同，在 DOM 中，NamedNodeMap 对象也是活动的。

5. Element 接口

Element 接口继承自 Node 接口，Element 接口表示 HTML 或 XML 文档中的一个元素标记，元素可能具有与它们相关的属性。由于 Element 接口继承自 NodeList 接口，所以可以使用一般的 NodeList 接口属性 attribmes 来获得元素所有属性的集合。Element 接口有通过命名获得 Attr 对象或属性值的方法。在 XML 中（其中的属性值可能包含实体引用），应该获得 Attr 对象来检查表示属性值的可能相当复杂的子树。在 HTML 中（其中的所有属性都有简单的字符串值），可以使用直接访问属性值的方法，既安全又便捷。

6. Text 接口

Text 接口继承自 characterData 接口，表示 Element 或 Attr 的文本内容（在 XML 中称为字符数据）。如果元素的内容中没有标记，则文本包含在实现 Text 接口的单个对象中，此接口是该元素的唯一孩子。如果有标记，则将它解析为信息项（元素和注释等）和组成该元素的子元素列表的 Text 节点。首先通过 DOM 使文档可用，文本的每个块只有一个 Text 节点，用户可以创建表示给定元素内容的相邻 Text 节点，没有任何插入标记，但无法在 XML 或 HTML 中表示这些节点之间的分隔，因此，它们通常不会保持在 DOM 编辑会话之间。Node.normalize()方法为每个文本块将所有这样的相邻 Text 对象合并为单个的节点，不对 Text 节点的内容作任何词汇检查，并根据节点在文档中的位置，有些字符必须在使用字符引用进行序列化期间转义，例如，文本内容是元素或属性的一部分字符“<&”；文本内容是元素一部分的字符序列“]]>”；文本内容是属性一部分的引号字符“或省略符号字符”。

9.4.2 DOM 对象

接口是一组方法声明的集合，没有具体的实现。这些方法具有共同的特征，即共同作用于 XML 文档中某一个对象的一类方法。利用编程语言实现这个接口的一个对象时，就可以称该对象为 DOM 对象，例如在 Att 接口中，里面封装的是关于节点属性方面的操作方法，如获得属性的名称、获得属性的值等。如果一个 Attr 对象实现了这个接口，那么此对象可以是 DOM 对象，即属性操作对象。

在 DOM 对象中，有下面几个常用的对象，分别是 XML 文档对象、XML 节点对象和 XML 节点列表对象。

1. XML 文档对象

XML 文档既是一种对象，又代表整个 XML 文档，该对象是由 Document 对象实现。它

由根元素和子元素组成。如果对一个 XML 文档进行操作，首先要获得整个文档对象，然后再根据程序的需要调用该对象的其他子对象。

2. XML 节点对象

XML 节点对象代表 XML 文档内部的单个节点，它是由 Node 接口实现的对象。利用该对象可以完成对节点追加等方面的操作。

3. XML 节点列表对象

XML 文档模块列表代表了节点的集合。它是由 NodeList 接口实现的对象，通过该对象可以对节点进行大批量的读取和操作。

如果实现了一个接口的对象，就可以依据该对象对 XML 文档的节点树中的相关对象进行操作。可以这样理解，XML 文档的节点树是一个实体，如果要对这个实体对象进行操作，就需要相关的方法，而接口中存在这些方法，对象是一个接口的实现。这时候通过对象就可以来操作，实际上对象在这里充当句柄。句柄就像我们看电视用的遥控器，通过它来控制电视的频道、颜色、声音等。

对 XML 文档进行操作，实际上就是创建不同的对象（对于 DOM 树模型中不同的节点对象）来进行不同的操作。

9.5 DOM 的使用

在本节里，将利用前面学到的知识来具体地讲解 DOM 的应用，也就是说，DOM 是用来处理 XML 文档的，那么应该如何利用 DOM 来操作 XML 文档呢？下面将进行介绍，包括创建 XML 文档、验证 XML 文档、加载 XML 文档、处理文档的节点、保存文档等。

9.5.1 Java 中的 DOM

不同的语言创建的 DOM 对象形式是不同的，在本章中，我们将以 Java 编程语言作为例子来实现对 XML 文档的操作。XML 和 Java 有一个共同点，就是二者都是自由的。首先构建 Java 语言的开发环境，需要从网上下载 Java 语言的开发工具包，如免费下载 JDK l.5 或 JDK l.6 版本，或者在网上直接搜索也可以，注意，该工具包对于不同类型的操作系统有不同的形式。JDK 的版本必须在 1.5 之上，因为从此版本起，Sun 公司开始在 SDK 5.0 中提供了解析 XML 文件的 API（Java API for XMLParsing，JAXP）。

JAXP 实现了 DOM 规范的 Java 语言绑定，给出了 DOM 规范指定的接口，并给出了实现这些接口的集合。JAXP 使得利用 Java 语言开发处理 XML 数据的应用程序变得非常容易，JAXP 包括词法分析器、标准 SAX 与 DOM，可以选择以事件流或建立对象表示来解析数据。JAXP 1.1 版本还支持 XSLT 标准，可以控制数据的表示，并可以将数据转换成其他 XML 文件或其他格式，如 HTML。JAXP 提供对名称空间的支持，可以在没有命名冲突的情况下使用 DTD。

JAXP 提供的类和方法，可以让 Java 应用程序使用 DOM 解析或转换 XML 文件，其解析文档对象模型的相关套件如表 9-1 所示。

表 9-1　JAXP API 1.1 解析文档对象模型的相关套件

套件	说明
Javax.xml.parsers	提供处理 XML 文件的类
Javax.xml.transform	提供处理 XSLT 文件的类
org.xml.sax	SAX 解析器，提供以事件驱动方式解析 XML 文件的 API
org.xml.saxhelpers	提供解析错误处理的相关类，可以帮助程序设计者使用 SAX API
org.w3c.dom	提供支持 DOM 建议规格的套件

9.5.2　DOM 中的类和方法

在学习 DOM 对 XML 文档的具体操作之前，有必要先了解 JAXP 中的常用类和方法，本节将对这些常用的类和方法进行介绍。

1. 解析器工厂类（DocumentBuilderFactory）

DocumentBuilderFactory 类是 DOM 中的解析器工厂类，要使用 DOM 操作 XML 文档，首先必须建立一个解析器工厂实例，以便利用这个工厂类实例来获得一个具体的解析器对象。

创建 DocumentBuilderFactory 类的新实例需要使用 DocumentBuilderFactory 类中的静态方法 newInstance()，例如以下代码：

```
DocumentBuilderFactory dbf = DocumentBuilderFactory.newInstance();
```

2. 解析器类（DocumentBuilder）

DocumentBuilder 类是 DOM 中的解析器类，开发者可以使其从 XML 文档获取 DOM 文档实例。当获得一个解析器工厂类对象后，使用它的静态方法 newDocumentBuilder()将可以获得一个 DOM 解析器对象，例如以下代码：

```
DocumentBuilder db = dbf.newDocumentBuilder();
```

3. 文档树模型（Document）

Document 对象代表了一个 XML 文档的树模型。树模型中的所有节点，都以一定的顺序包含在 Document 对象之内，排列成一个树形结构，以后所有对 XML 文档的操作，都与解析器无关，直接在这个 Document 对象上进行操作就可以了。

解析器类 DocumentBuilder 的 parse()方法用于接收一个 XML 文档名作为输入参数，将返回一个 Document 实例，如以下代码：

```
Document doc = db.parse("film.xml");
```

此外还可以把要解析的 XML 文档转化为输入流，然后将输入流对象作为 parse()方法的输入参数，以便 DOM 解析器解析它，如以下代码：

```
InputStream film=new FileInputStream("film.xml");
Document doc=db.parse(film);
```

从得到 Document 对象开始，就可以开始使用 DOM 操作 XML 文档了。使用 Document 对象的 getElementsByTagName()方法，可以得到一个 NodeList 对象，一个 Node 对象代表了一个 XML 文档中的一个标记元素，而 NodeList 对象所代表的是一个 Node 对象的列表。

下面的代码得到的是 XML 文档中所有<film>标记对应的 Node 对象的一个列表：

```
NodeList nl = doc.getElementsByTagName("film");
```

除了查找节点工作之外，Document 还包含了创建其他节点的方法，例如 createAttribut()用来创建一个 Attr 对象。它所包含的主要方法如下。

- createAttribute(String)：利用给定的属性名创建一个 Attr 对象，并可在其后使用 setAttributeNode 方法来放置在某一个 Element 对象上面。
- createElement(String)：利用给定的标记名创建一个 Element 对象，代表 XML 文档中的一个标记，然后就可以在这个 Element 对象上添加属性或进行其他的操作。
- createTextNode(String)：利用给定的字符串创建一个 Text 对象，Text 对象代表了标记或者属性中所包含的纯文本字符串。如果在一个标记内没有其他的标记，那么标记内的文本所代表的 Text 对象就是这个 Element 对象的唯一子对象。
- getElementsByTagName(String)：返回一个 NodeList 对象，它包含了所有给定标记名字的标记。
- getDocumentElement()：返回一个代表这个 DOM 树的根节点的 Element 对象，也就是代表 XML 文档根元素的那个对象。

4．节点列表类（NodeList）

节点列表类 NodeList 代表了一个包含一个或者多个 Node 的列表。可以简单地把它看成一个 Node 的数组，可以通过下列方法来获得列表中的元素。

- GetLength()：返回列表的长度。
- Item(int)：返回指定位置的 Node 对象。

可以使用 NodeList 对象的 item()方法来得到列表中的每一个 Node 对象，如以下代码：

```
Node my_node = nl.item(0);
```

5．节点类（Node）

Node 对象是 DOM 中最基本的对象，代表了文档树中的一个抽象节点。在实际使用时，很少会真正用到 Node 对象，而是用到诸如 Element、Attr、Text 等 Node 对象的子对象来操作文档。Node 对象为这些对象提供了一个抽象的、公共的根。Node 对象所包含的主要方法如下。

- appendChild(org.w3c.dom.Node)：为这个节点添加一个子节点，并放在所有子节点的最后，如果这个子节点已经存在，则先把它删掉再添加进去。
- getFirstChild()：如果节点存在子节点，则返回第一个子节点，对等的，还有getLastChild()方法返回最后一个子节点。
- getNextSibling()：返回在 DOM 树中这个节点的下一个兄弟节点，对等的，还有getPreviousSibling()方法返回其前一个兄弟节点。
- getNodeName()：根据节点的类型返回节点的名称。
- getNodeType()：返回节点的类型。
- getNodeValue()：返回节点的值。
- hasChildNodes()：判断是不是存在子节点。
- hasAttributes()：判断这个节点是否存在属性。
- getOwnerDocument()：返回节点所处的 Document 对象。
- insertBefore(org.w3c.dom.Node new，org.w3c.dom.Node ref)：在给定的一个子对象前再插入一个子对象。
- removeChild(org.w3c.dom.Node)：删除给定的子节点对象。
- replaceChild(org.w3c.dom.Node new，org.w3c.dom.Node old)：利用一个新的 Node 对象代替给定的子节点对象。

当一个 Node 对象被建立之后，保存在 XML 文档中的数据就被提取出来并封装在这个 Node 中。在下面的代码中，使用 getNodeValue()方法提取标记内的内容：

```
String message = my_node.getFirstChild().getNodeValue();
```

6. 元素类（Element）

Element 对象代表的是 XML 文档中的标记元素，继承于 Node，也是 Node 中最主要的子对象。在标记中可以包含属性，因而 Element 对象中有存取其属性的方法，而任何 Node 中定义的方法，也可以用在 Element 对象上面。Element 对象所包含的主要方法如下。

- getElementsByTagName(String)：返回一个 NodeList 对象，它包含了在这个标记中其下的子孙节点中具有给定标记名字的标记。
- getTagName()：返回一个代表这个标记名字的字符串。
- getAttribute(String)：返回标记中给定属性名称的属性值。需要注意的是，XML 文档中允许有实体属性出现，而这个方法对这些实体属性并不适用，这时需要用到getAttributeNodes()方法来得到一个 Attr 对象来进行进一步的操作。
- getAttributeNode(String)：返回一个代表给定属性名称的 Attr 对象。

7. 属性类（Attr）

Attr 对象代表了某个标记中的属性，Attr 继承于 Node，但是因为 Attr 实际上是包含在

Element 中的，它并不能被看作是 Element 的子对象，因而在 DOM 中 Attr 并不是 DOM 树的一部分，所以 Node 中的 getparentNode()、getpreviousSibling()和 getnextSibling()返回的都将是 null，也就是说，Attr 其实是被看作包含它的 Element 对象的一部分，它并不作为 DOM 树中单独的一个节点出现。这一点在使用的时候要同其他的 Node 子对象相区别。

9.5.3 遍历 XML 文档

遍历 XML 文档也就是通过循环来遍历整个 XML 的文档树，是获取整个 XML 文档中数据的过程，它也是 DOM 操作 XML 文档中最为常用的一种。下面就通过一个实例来看一下如何使用 Java 编程语言来实现这一过程。

【实例 9-1】遍历 XML 文档

本实例将演示如何通过 DOM 来获取 XML 文档对象的节点中的数据并输出，具体实现步骤如下：

01 在 Windows 记事本中创建名为 film.xml 的 XML 文档，具体代码如下：

```
<?xml version="1.0"    encoding="GB2312"?>
<film>
   <name>西游降魔篇</name>
   <starring>文章/黄渤</starring>
   <director>周星驰</director>
   <price>70</price>
</film>
<film>
   <name>小时代</name>
   <starring>杨幂/郭采洁</starring>
   <director>郭敬明</director>
   <price>60</price>
</film>
</filmlist>
```

02 在 Windows 记事本中创建名为 filmxml.java 的 Java 文件，并保存在与 film.xml 的同一目录下，文件中的具体代码如下：

```
import javax.xml.parsers.*;
import org.w3c.dom.*;
public class filmxml {
  public static void main(String[] args) {
      try{
                  DocumentBuilderFactory factory = DocumentBuilderFactory.newInstance();
                  DocumentBuilder builder=factory.newDocumentBuilder();
                  Document doc=builder.parse("film.xml");
```

```
9.              System.out.println(doc.getImplementation());
10.             NodeList nl =doc.getElementsByTagName("film");
11.             for (int i=0;i<nl.getLength();i++){
12.                 Element node=(Element) nl.item(i);
13.               System.out.print("片名: ");
14.               System.out.println (node.getElementsByTagName("name ")
                   .item(0).getFirstChild().getNodeValue());
15.               System.out.print("主演: ");
16.               System.out.println (node.getElementsByTagName("starring ")
                   .item(0).getFirstChild().getNodeValue());
17.               System.out.print("导演: ");
18.               System.out.println (node.getElementsByTagName("director ")
                   .item(0).getFirstChild().getNodeValue());
19.               System.out.print("票价: ");
20.               System.out.println (node.getElementsByTagName
                   ("price")").item(0).getFirstChild().getNodeValue());
21.             }
22.         }catch(Exception e){
23.                 e.printStackTrace();
24.         }
25.     }
26. }
```

代码解析：

在上面的代码中，第 6 行得到 DOM 解析器的工厂实例，第 7 行从 DOM 工厂实例获得 DOM 解析器，第 8 行把要解析的 XML 文档读入到 DOM 解析器中，第 10 行得到文档中名称为“film”的元素节点列表，第 11~21 行遍历该列表，显示列表中元素及其子元素的名字，其中，第 14 行获取名称为“name”的元素列表中第一个元素的第一个子元素的值。

03 在 DOS 命令提示符下，使用 javac 命令编译源代码，使用 java 命令执行程序，程序运行结果如图 9-4 所示。

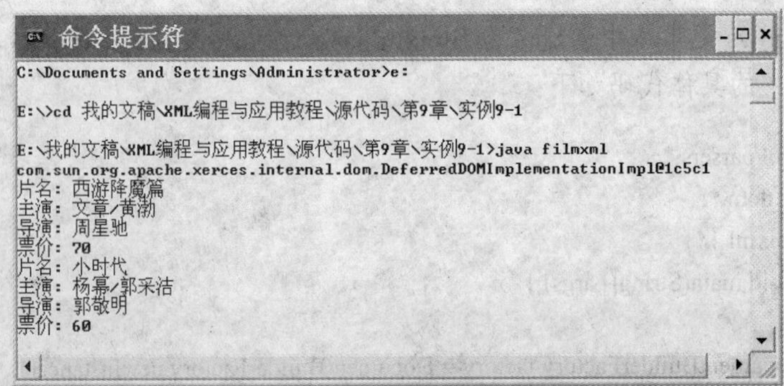

图 9-4　显示 XML 文档中的元素

9.5.4 访问属性节点

使用 DOM 解析 XML 文档时，XML 文档会被解析器转换为符合 DOM 树模型的逻辑视图。这时整个 XML 文件会被封装成一个 Document 对象返回，也可以称该对象为 Deoument 节点对象，Document 对象是 Document 接口实例化后得到的。

Java 应用程序可以从 Dcoument 节点的子孙节点中获取整个 XML 文件中数据的细节。Document 节点对象的两个直接子节点类型分别是 DocumentType 类型和 Element 类型，其中，DocumentType 节点对应着 XML 文件所关联的 DTD 文件，可通过该节点进一步获取其子孙节点来分析 DTD 文件中的数据；Element 类型节点对应着 XML 文件的根节点，可通过该 Element 类型节点进一步获取其子孙节点来分析 XML 文件中的数据。

【实例 9-2】访问 Element 节点

本例将演示如何使用 Element 节点获取 XML 文档节点，具体实现步骤如下：

01 在 Windows 记事本中创建名为 film.xml 的 XML 文档，具体代码如下：

```
<?xml version="1.0"   encoding="GB2312"?>
<电影列表>
<电影  主演="文章/黄渤"   导演="周星驰"   票价="￥ 70.00">
   西游降魔篇
</电影>
<电影  主演="杨幂/郭采洁"   导演="郭敬明" 票价="￥ 60.00">
    小时代
</电影>
</电影列表>
```

02 在 Windows 记事本中创建名为 film.java 的 Java 文件，并保存在与 film.xml 的同一目录下，文件中的具体代码如下：

```
import javax.xml.parsers.*;
import org.w3c.dom.*;
public class filmxml {
public static void main(String[] args){
   try{
          DocumentBuilderFactory factory =
          DocumentBuilderFactory.newInstance();
       DocumentBuilder builder=factory.newDocumentBuilder();
       Document doc=builder.parse("film.xml");
       Element root=doc.getDocumentElement();
       String rooName=root.getNodeName();
       System.out.println("XML 文件根节点的命名为:"+rooName);
       NodeList nl =root.getElementsByTagName("电影");
       for (int i=0;i<nl.getLength();i++){
```

```
14.             Node node=nl.item(i);
15.             String name=node.getNodeName();
16.             NamedNodeMap map=node.getAttributes();
17.             String content=node.getTextContent();
18.             System.out.print(name);
19.             for (int k=0;k<map.getLength();k++){
20.                 Attr attrNode=(Attr)map.item(k);
21.                 String attName=attrNode.getName();
22.                 String attValue=attrNode.getValue();
23.                 System.out.print(" "+attName+"="+attValue);
24.             }
25.             System.out.print(content);
26.             }
27.         }
28.         catch(Exception e){
29.                 e.printStackTrace();
30.         }
31.     }
32. }
```

代码解析：

在上面的代码中，第 12 行使用代码“root.getElementsByTagName("电影")”获取“电影”标记的节点集合对象 nl，第 13 行调用 getLength()方法，获取节点集合的长度。在 for 循环中，第 15 行使用 getNodeName()方法获取节点的命名，第 16 行使用代码“NamedNodeMap map=node.getAttributes()”获取每个节点所拥有的属性节点的集合，即获取每个标记中属性的集合。第 17 行使用 getTextContent()方法获取节点中包含的数据，然后输出。在第 19~24 行的嵌套 for 循环中，输出属性集合的命名和值。第 20 行使用“Attr attrNode=(Attr)map.item(k);”代码将属性集合里的节点强制转换为 Attr 节点。第 21 和 22 行分别获得属性的名称和属性的值。

03 在 DOS 命令提示符下，使用 javac 命令编译源代码，使用 java 命令执行程序，程序运行结果如图 9-5 所示。

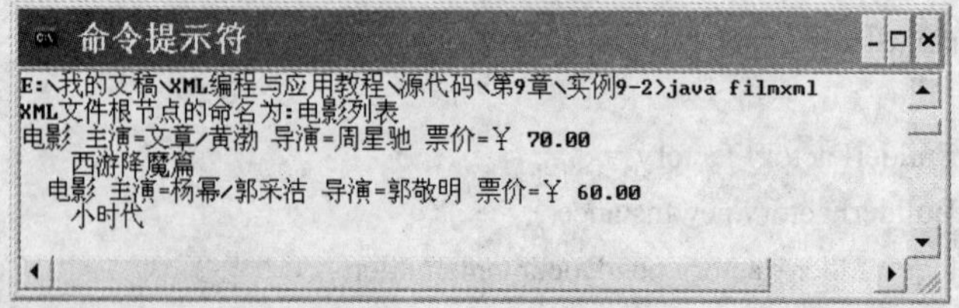

图 9-5 访问属性节点

9.5.5 访问节点内容

对于 XML 文档中的数据内容，有时需要加入一些新的内容，有时可能要修改内容。这样的操作可以在 DOM 的树模型中，通过文本节点更新节点内的数据实现。

【实例 9-3】访问文本节点内容

本实例将演示如何通过 DOM 对象添加和修改文本节点，具体的操作步骤如下：

01 在 Windows 记事本中创建名为 film.xml 的 XML 文档，具体代码如下：

```
<?xml version="1.0"    encoding="UTF-8"    standalone="no"?>
<电影列表>
 <电影>钢铁侠 3</电影>
 <电影></电影>
</电影列表>
```

代码解析：

第 1 行中的 encoding 编码方式必须设置为“UTF-8”。

02 在 Windows 记事本中创建名为 film.java 的 Java 文件，并保存在与 film.xml 的同一目录下，文件中的具体代码如下：

```
import javax.xml.parsers.*;
import javax.xml.transform.*;
import javax.xml.transform.stream.*;
import javax.xml.transform.dom.*;
import org.w3c.dom.*;
import java.io.*;
public class filmxml {
public static void main(String[] args) {
try{
    DocumentBuilderFactory dbf = DocumentBuilderFactory.newInstance();
    DocumentBuilder builder=dbf.newDocumentBuilder();
    Document doc = builder.parse(new File("film.xml"));
    Element root=doc.getDocumentElement();
    NodeList nl =root.getElementsByTagName("电影");
    for (int i=0;i<nl.getLength();i++){
                Node node=nl.item(i);
                if(node.getNodeType()==Node.ELEMENT_NODE){
                   Element enode=(Element)node;
                   String str=enode.getTextContent();
                   if(str.equals("")){
                     enode.setTextContent("小时代");
                  }
                  if(str.equals("钢铁侠 3")){
                        enode.setTextContent("西游降魔篇");
                  }
```

```
26.                 }
27.             }
28.             TransformerFactory transFactory=TransformerFactory.newInstance();
29.             Transformer transformer=transFactory.newTransformer();
30.             DOMSource domSource=new DOMSource(doc);
31.             File file=new File("film.xml");
32.             FileOutputStream out =new FileOutputStream(file);
33.             StreamResult xmlResult=new StreamResult(out);
34.             transformer.transform(domSource,xmlResult);
35.         }
36.         catch(Exception e){
37.                 e.printStackTrace();
38.             }
39.         }
40.     }
```

代码解析：

在上面的代码中，第 14 行使用“getElementsByTagName("电影")”代码获取电影命名节点的集合；第 15 行使用 getLength()方法获取该集合的长度。在第 15~27 行的 for 循环内，首先判断该节点集合中的节点类型，如果节点类型是 Nodc 节点，则将节点强制转换为 Element 节点。然后获取电影节点的文本节点的值，并使用 if 语句进行判断，如果该语句为空，则第 21 使用“setTextContent("小时代")”的代码设置文本节点的值；如果文本节点的值是“钢铁侠 3”，则使用“setTextContent(“西游降魔篇”)”代码设置文本节点的值。

03 在 DOS 命令提示符下，使用 javac 命令编译源代码，使用 java 命令执行程序，程序执行后将在同目录下生成一个更新内容后的 film.xml 文档。

04 运行 film.xml 文件，IE 浏览器中显示的结果如图 9-6 所示，原来 XML 文档中第 2 部电影的空元素被添加了一个文本内容“小时代”，而第一部电影的文本内容被修改成了“西游降魔篇”。

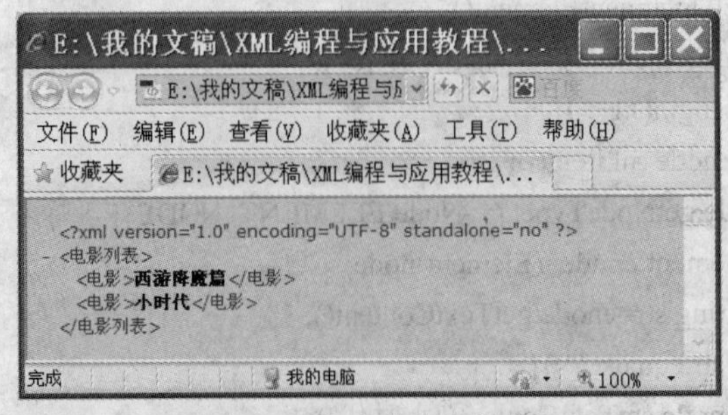

图 9-6　文本节点的操作

9.5.6　删除元素和属性

通过 DOM 对象，还可以在已经存在的 XML 文档中删除一个或多个子元素，也就是在根标记或其他标记的下面删除单个子标记或多个标记，同时也可以删除某个标记所在的属性和属性值。

【实例 9-4】删除元素和属性

本实例将演示如何通过 DOM 来删除 XML 文档中的单个子节点和一个子节点的属性，具体实现步骤如下：

01 在 Windows 记事本中创建名为 film.xml 的 XML 文档，具体代码如下：

```
<?xml version="1.0"    encoding="UTF-8 " standalone="no" ?>
<电影列表>
  <电影>钢铁侠 3</电影>
  <电影  导演="周星驰">西游降魔篇</电影>
  <电影>致青春</电影>
  <电影>小时代</电影>
</电影列表>
```

02 在 Windows 记事本中创建名为 filmxml.java 的 Java 文件，并保存在与 film.xml 的同一目录下，文件中的具体代码如下：

```
import javax.xml.parsers.*;
import javax.xml.transform.*;
import javax.xml.transform.stream.*;
import javax.xml.transform.dom.*;
import org.w3c.dom.*;
import java.io.*;
public class filmxml {
public static void main(String[] args) {
try{
   DocumentBuilderFactory dbf = DocumentBuilderFactory.newInstance();
   DocumentBuilder builder=dbf.newDocumentBuilder();
   Document doc = builder.parse(new File("film.xml"));
   Element root=doc.getDocumentElement();
   NodeList nl =root.getChildNodes();
   for (int i=0;i<nl.getLength();i++){
     Node node=nl.item(i);
     if(node.getNodeType()==Node.ELEMENT_NODE){
       Element enode=(Element)node;
       if(i==3){
           enode.removeAttribute("导演");
       }
       System.out.println(i);
       System.out.println(enode.getTextContent());
```

```
24.     }
25.   }
26.   Node node=nl.item(1);
27.     root.removeChild(node);
28.     TransformerFactory transFactory=TransformerFactory.newInstance();
29.     Transformer transformer=transFactory.newTransformer();
30.     DOMSource domSource=new DOMSource(doc);
31.     File file=new File("film.xml");
32.     FileOutputStream out =new FileOutputStream(file);
33.     StreamResult xmlResult=new StreamResult(out);
34.     transformer.transform(domSource,xmlResult);
35.   }
36.    catch(Exception e){
37.         e.printStackTrace();
38.   }
39.   }
40.   }
```

代码解析：

上面的代码中，第 26 行的“nl.item(1)”方法表示获得该索引值处的 Node 节点，当获得该节点的名称后，可在第 27 行使用“root.removeChild(node)”方法直接移除该节点。这里要注意每个标记的相关索引值需包含空标记，如果要移除一个节点的属性，首先通过第 15~25 的 for 循环找到该节点的位置，然后在第 20 行使用“enode.removeAttribute("导演")”移除该属性值。

03 在 DOS 命令提示符下，使用 javac 命令编译源代码，使用 java 命令执行程序，程序执行后将在同目录下生成一个新的 film.xml 文档。

04 运行 film.xml 文件，IE 浏览器中显示的结果如图 9-7 所示。我们可以看到原来 XML 文档中第 1 个“电影”标记已经被删除，而第 2 个电影标记中的“导演”属性也已经被删除。

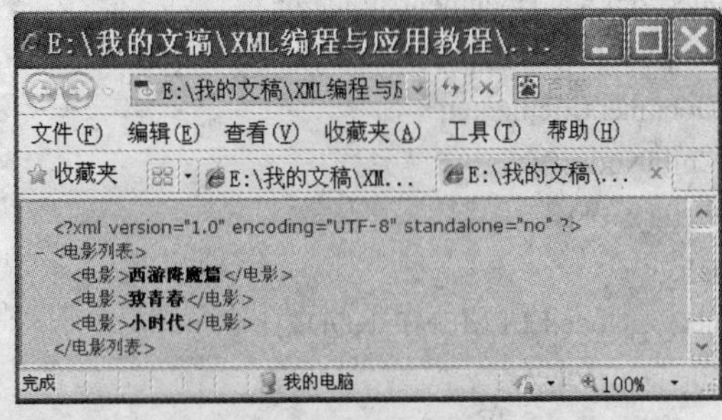

图 9-7 删除 XML 元素和属性

9.5.7 动态创建 XML 文档

DOM 解析器用于在内存中建立与 XML 文档相对应的树状结构数据，使得应用程序可以方便地获取 XML 文件中的数据。使用解析器得到的 Document 对象可以使用内存中的树状结构数据建立一个新的 XML 文件。

【实例 9-5】创建 XML 节点

本例中解析器将整个被解析的 XML 文档封装成一个 Document 节点返回，然后使用 Transformer 对象将一个 Document 节点转换为一个 XML 文件，具体实现步骤如下：

01 在 Windows 记事本中创建名为 filmxml.java 的 Java 文件，文件中的具体代码如下：

```
import javax.xml.parsers.*;
import javax.xml.transform.*;
import javax.xml.transform.stream.*;
import javax.xml.transform.dom.*;
import org.w3c.dom.*;
import java.io.*;
public class filmxml {
    public static void main(String[] args) {
      Document doc;
      Element filmlist,film;
      Element name = null;
      Element starring = null;
      Element director = null;
      Element price = null;
      try{
              DocumentBuilderFactory dbf = DocumentBuilderFactory.newInstance();
              DocumentBuilder builder=dbf.newDocumentBuilder();
              doc = builder.newDocument();
                if (doc != null) {
                  filmlist= doc.createElement("电影列表");
                  film = doc.createElement("电影");
                  filmlist.appendChild(film);
                  name= doc.createElement("片名");
                  name.appendChild(doc.createTextNode("小时代"));
                  film.appendChild(name);
             starring = doc.createElement("主演");
             starring.appendChild(doc.createTextNode("杨幂/郭采洁"));
               film.appendChild(starring);
               director= doc.createElement("导演");
               director.appendChild(doc.createTextNode("郭敬明"));
               film.appendChild(director);
               price = doc.createElement("票价");
               price.appendChild(doc.createTextNode("70.00"));
               film.appendChild(price);
```

```
35.             doc.appendChild(filmlist);
36.             TransformerFactory transFactory= TransformerFactory.newInstance();
37.             Transformer transformer=transFactory.newTransformer();
38.             DOMSource domSource=new DOMSource(doc);
39.             File file=new File("film.xml");
40.             FileOutputStream out =new FileOutputStream(file);
41.             StreamResult xmlResult=new StreamResult(out);
42.             transformer.transform(domSource,xmlResult);
43.         }
44.     }catch(Exception e){
45.         e.printStackTrace();
46.   }
47.  }
48. }
```

代码解析：

在以上代码中，第 16 行创建 DOM 解析器的工厂实例，第 17 行从 DOM 工厂实例获得 DOM 解析器，第 18 行创建文档树模型对象，第 19 行判断创建的文档树模型是否为空，第 20 行创建“电影列表”根元素，第 21 行创建“电影”元素，第 22 行将“电影”元素添加为“电影列表”的子元素，第 23 行创建“片名”元素，第 24 行将一个文本节点添加为片名元素的子节点，第 25 行将片名元素添加为电影的子元素。第 26~34 行，分别创建电影元素下的“主演”、“导演”和“票价”三个子节点。第 35 将“电影列表”元素作为根元素添加到 XML 文档树中，第 39 行将内存中的文档树保存为 film.xml 文档。

第 36 行创建一个 TransformerFactory 转换工厂对象。第 37 行创建一个文件转换对象。第 38 行把要转换的 Document 对象封装到一个 DOMSource 类中。第 41 行将要变换的 XML 文件保存在 StreamResult。第 42 行把节点树转换为 XML 文件。

02 在 DOS 命令提示符下，使用 javac 命令编译源代码，使用 java 命令执行程序，程序执行后将在同目录下生成一个新的 XML 文档，名称为“film.xml”。

03 运行 film.xml 文件，IE 浏览器中显示的结果如图 9-8 所示。

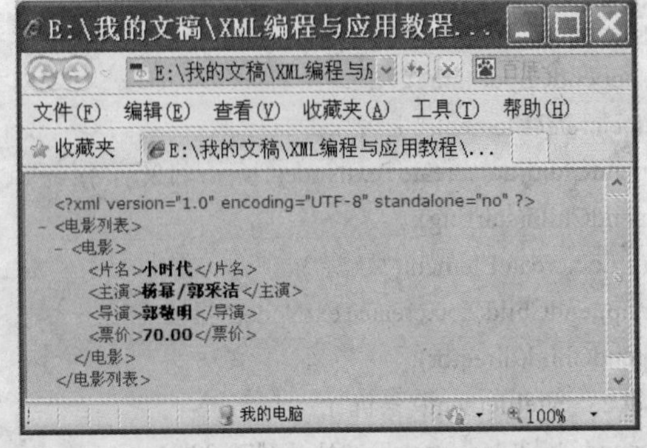

图 9-8　XML 文档显示结果

9.6 SAX 概述

SAX（Simple API for XML）是一种 XML 解析的替代方法。相比于 DOM，SAX 是一种速度更快、更有效的方法。它逐行扫描文档，一边扫描一边解析，而且相比于 DOM，SAX 可以在解析文档的任意时刻停止解析，但任何事物都有其相反的一面，对于 SAX 来说就是操作复杂。

9.6.1 SAX 的优缺点

文档对象模型 DOM 是用来读取和操作 XML 文件的官方标准。可是，由于 DOM 方法需要读取整个文件并将该文件存储在一个树状结构中， 因此变得相对低效，而且很耗资源，所以，SAX 作为另一种技术出现了。SAX 允许在读取文档时处理它，而不必等到整个文档都被存储之后才采取该操作。

SAX 没有官方的标准机构，它不是由万维网联盟 W3C 或其他任何官方机构所维护，但它是 XML 事实上的标准。在 XML 中对 SAX 的应用丝毫不比应用 DOM 少，几乎所有的 XML 解析器都支持它。与 DOM 相比，SAX 是一种轻量型的方法。SAX 最初是由 David Megginson 采用 Java 语言开发的，之后 SAX 在 Java 开发者间流行起来。SAX 项目现在负责管理其原始 API 的开发工作，这是一种公开的、开放源代码软件，现在它已经被改写成其他语言，如 C# 等。

不同于其他大多数 XML 标准，SAX 没有语言开发商必须遵守的标准 SAX 参考版本，因此，SAX 的不同实现方式可能会采用区别很大的接口。但是，所有的这些实现中至少有一个特性是完全一样的，这就是事件驱动。但现在仅提及它最显著的一个特性：SAX 不属于任何标准组织或团体，也不属于任何公司或个人，而是供任何人使用的一种计算机技术。它与大多数 SAX 标准簇的最大不同之处在于 SAX 和 W3C 组织没有任何关系。

SAX 是一种基于事件的 API；基于 SAX 的解析器向一个事件处理程序发送事件，如元素开始和元素结束，而事件处理器则处理该信息，然后应用程序就能处理该数据。原始的文档仍然完好无损，SAX 提供了操作数据的手段，而后可以引入另一个进程或文档。

1. SAX 的优点

SAX 是一种简易的 API 接口，实现该接口后，SAX 可以用来读取 XML 文件的信息。它具有如下几个优点。

（1）可以解析任意大小的文件

因为 SAX 不需要把整个文件加载到内存中，所以对内存的占用比 DOM 少得多，而且不会随着文件大小的增大而增加。DOM 使用的实际内存数量要视解析器而定，在大多数情况下，一个 100KB 的文档至少要占用 1MB 的内存。但是要注意一点：如果 SAX 应用程序自身在内存中创建文档的表达，它会占用内存并允许解析器创建同样大小空间的内存。

（2）适合创建自己的数据结构

应用程序可能会利用书、作者以及出版社等这样的高级对象，而不是一些低级元素、属性和处理指令来创建数据结构。这些交易对象可能只和 XML 文件内容存在相关联系，例如它们可能只是组合 XML 文件和其他数据源的数据。在这种情况下，如果想在内存中创建面向应用的数据结构时，先创建一个低级的 DOM 结构然后破坏它是很不合理的，而 SAX 可以仅在每个事件发生时处理这些数据，这样能够保证商务对象模型合理地变动。

（3）适合小信息子集

如果仅对 XML 文档的部分数据感兴趣，将全部数据和需要的少量数据一起读入内存是非常低效和不必要的，只需要将用到的数据读取过来。SAX 的一个优点就是可以非常容易地忽略不必要的数据信息。

（4）简单

SAX 非常易于使用，SAX 是基于事件模型的，它可以使类的层次和结构非常清晰。

（5）快速

如果可以从文档的简单序列中获取 XML 信息，SAX 一定是最快的方法。

2．SAX 的缺点

SAX 的缺点表现在如下几个方面。

（1）不能对文档做随机存取

因为文档并不加载到内存，所以必须按照数据提交的次序进行处理。如果文档中包含许多内部交叉引用，如使用 ID 和 IDREF 属性，SAX 使用起来会困难一些。

（2）不可获取词法信息

SAX 的设计原理是它不提供词法信息，SAX 设法告知文档作者想要说明什么，而不是让你忙于研究他们说明方式的细节。

（3）SAX 是只读的

DOM 可以从 XML 源文件中读取文档，也可以创建和修改内存中的文档。相比较而言，SAX 只能读取 XML 文档而不能书写文档。

（4）当前的浏览器不支持 SAX

尽管有许多支持 SAX 接口的 XML 解析器，但还没有一个主流的 Web 浏览器内置 XML 解析器以支持 SAX 接口。我们当然可以把兼容 SAX 的解析器合成到一个 Java Applet 程序中去，但是从服务器下载 applet 的成本会使低速接入 Internet 的用户失去耐心。实际上客户端 XML 编程可选择的接口是相当有限的。

9.6.2 SAX 的事件

在概念上讲，SAX 不同于 DOM 的文档驱动，它是事件驱动的。换言之，SAX 并不需要读入整个文档，而文档的读入过程也就是 SAX 的解析过程。所谓事件驱动，是一种基于回调（Callback）机制的程序运行方法，也可以把它称为“授权事件模型”。

SAX 解析器在加载 XML 文件时，遍历 XML 文档并在其主机应用程序中产生事件（经由回调函数、指派函数或者任何可调用平台来完成这一功能）表示这一过程。这样，编写 SAX 应用程序就如同采用最现代的工具编写 GUI 事件程序一般。大多数 SAX 实现都会产生以下几种类型的事件。

- 在文档的开始和结束时触发文档处理事件。
- 在文档内每一个 XML 元素都在接受解析的前后触发元素事件。任何元数据通常都是由单独的事件交付。
- 在处理文档的 DTD 或 Schema 时产生 DTD 或 Schema 事件。
- 错误事件用来通知主机应用程序的解析错误。

很明显，在处理文档时最关心的就是元素事件。通常，SAX 解析器会向应用程序提供包含元素信息的事件参数，在最低程度下也会提供元素的名字，具体情况取决于代码的特定实现，可以定义不同类型的元素事件代表不同类型元素的处理事件。例如，注释元素（它可能包含主机应用程序的处理指令）就经常在接受处理时产生特殊的事件。

在 SAX 解析器中主要包括 5 种事件：startDocument、startElement、characters、endElement、endDocument。

1. startDocument 事件

该事件表明 SAX 解析器发现了开始的文档。该事件没有传递任何信息，只是表明解析器开始扫描文档。当遇到文档的开头时，调用这个方法，可以在其中做一些预处理的工作。

2. startElement 事件

该事件表明 SAX 解析器发现 XML 文件中一个元素的起始标签。该事件会返回该元素的名称、属性的名称和值。如果应用程序需要查找 XML 中的某个元素内容，该事件将会通知该元素何时开始。该事件处理程序包含以下 4 个参数。

- namespaceURI：命名空间 URI。如果 XML 文档没有使用命名空间，该参数将会是一个空字符串。
- localName：该元素的非限定名。
- qName：元素的限定名，即命名空间前缀与元素本地名称的组合。
- atts：包含该元素所有属性的一个对象。该对象提供了几种方法获取属性的名称和值，以及该元素的属性个数。

3. characters 事件

该事件表明 SAX 解析器发现 XML 文档中一个元素的文本信息。返回的信息包括一个字符串数组、该数组的偏移量和一个长度变量，通过这三个变量就可以访问所发现的文本信息。如果应用程序需要存储特定元素的内容，可以把存储那些内容的代码写在该事件处理程序中。该事件处理程序包含以下三个参数。

- ch：解析器所发现的字符串数组。
- start：属于该事件的字符串数组中的一个字符的起始下标。
- length：该事件中字符的个数。

4. endElement 事件

该事件表明 SAX 解析器发现 XML 文档中一个元素的结束标签。该事件会返回该元素的名称以及相关的命名空间信息。该事件处理程序包含以下三个参数。

- namespaceURI：命名空间 URI。如果 XML 文档没有使用命名空间，该参数将会是一个空字符串。
- localName：该元素的非限定名。
- qName：元素的限定名，即命名空间前缀与元素本地名称的组合。

5. endDocument 事件

该事件表明 SAX 解析器已经发现 XML 文档的结尾。与上面的方法对应，当文档结束时，调用这个方法，可以在其中做一些善后的工作。

下面，我们通过一个例子来介绍一下 SAX 的工作机制，首先来看一个简单的 XML 文档：

```
<电影>
<导演>郭敬明</导演>
<片名>小时代</片名>
<主演>杨幂/郭采洁</主演>
</电影>
```

当 SAX 解析器读到<电影>标签时，将会调用 startElement()方法，并把标签名“电影”作为参数传递过去。在用户实现的 startElement()方法中需要定义相应的内容，处理<电影>出现时应该做的操作。各个事件随着解析的过程（也就是文档读入的过程）一个个顺序地被产生，相应的方法也会被顺序调用，当解析完成时，事件处理方法都被调用，对文档的处理也就完成了。表 9-2 列出了在解析上面的 XML 文档时，顺序调用的事件处理方法。

表 9-2　SAX 回调方法的执行顺序

遇到的元素	回调的方法
{文档开始}	startDocument()
<电影>	startElement(null,"电影",null,{Attributes})
"\n"	characters("<电影>\n...", 6, 1)

（续表）

遇到的元素	回调的方法
<导演>	startElement(null,"导演",null,{Attributes})
"郭敬明"	characters("<电影>\n...", 15, 10)
</导演>	endElement(null,"导演",null)
"\n"	characters("<电影>\n...", 34, 1)
<片名>	startElement(null,"片名",null,{Attributes})
"小时代"	characters("<电影>\n...", 42, 5)
</片名>	endElement(null,"片名",null,{Attributes})
"\n"	characters("<电影>\n...", 55, 1)
<主演>	startElement(null,"主演",null,{Attributes})
"杨幂/郭采洁"	characters("<电影>\n...", 62, 4)
</主演>	endElement(null,"主演",null)
"\n"	characters("<电影>\n...", 67, 1)
</电影>	endElement(null,"电影",null)
{文档结束}	endDocument()

9.6.3　SAX 的常用接口

SAX 是一套用于 XML 应用程序的编写接口，在 SAX 接口里声明了处理 XML 文档时所需要的方法。利用 SAX 编写的程序，可以快速地对数据进行操作。SAX 接口中常用的接口有以下几种。

1. Attributes 接口

Attributes 接口表示 XML 属性列表的接口。此接口允许用以下三种不同方式访问属性列表：

- 通过属性索引。
- 通过命名空间限定的名称。
- 通过限定（前缀）名。

该列表将不包括被声明为#IMPLIED、但未在启动标记中指定的那些属性。

2. contentHandler 接口

该接口是接收文档逻辑内容的通知接口，是一个大多数 SAX 应用程序实施的主要接口，如果需要通知应用程序基本解析事件，则它将实现此接口，并使用 setcontentHandler 方法向 SAX 解析器注册一个实例，解析器将使用该实例报告与基本文档相关的事件，如启动和终止元素与字符数据等。在此接口中的事件顺序非常重要，它本身可镜像文档中事件的顺序。例如，在 startElement 事件与相应的 encIElement 事件之间元素的所有内容（字符数据、处理指令或子元素）都将以一定的顺序出现。

3. DTDHandJer 接口

该接口接收基本的与 DTD 相关事件的通知，如果 SAX 应用程序需要关于注释和未解析实体的信息，则该应用程序实现此接口，并使用 SAX 解析器的 setDTDHandler 方法向该解析器注册一个实例，解析器使用该实例向应用程序报告注释和未解析的实体信息。

4. EntityResolver 接口

该接口是用于解析实体的基本接口。如果 SAX 应用程序需要实现自定义处理外部实体，则必须实现此接口，并使用 setEntityResolver 方法向 SAX 解析器注册一个实例，然后 XML 将允许应用程序在包含外部实体之前截取任何外部实体，包括外部 DTD 子集和外部参数实体。

5. XMLReader 接口

该接口用于使用回调读取 XML 文档的接口。XML Readcr 是 XML 解析器的驱动程序必须实现的接口，此接口允许应用程序设置和查询解析器中的功能和属性、注册文档处理的事件处理程序，以及开始文档解析等。所有的 SAX 接口都假定为是同步的：必须在分解完成后返回 parse 方法，而且阅读器必须等到事件处理程序回调返回后才能报告下一个事件。

6. SAX 错误处理程序的基本接口

对于 XML 的错误处理，SAX 解析器必须优先抛出异常。使用此接口时，需要应用程序来决定是否对不同类型的错误和警告抛出异常。但要注意，不要求解析器在调用 fatalEnor 之后继续报告其他的错误。也就是说，SAX 解析器可以在报告任何 fatalError 之后抛出异常。另外，解析器还可以对非 XML 错误抛出适当的异常。例如，XML Reader.parse()将对访问实体或文档错误抛出 IOException。

9.7 使用 SAX 解析器

SAX 基于事件的解析，利用 XML 处理程序从文档的开头到结尾扫描一个完整的 XML 文档，在此过程中，依次分析和处理遇到的每一个元素、属性和字符数据等而不会出现遗漏的情况。

9.7.1 创建步骤

编写基于 SAX 接口的程序，首先要创建一个解析器，利用这个解析器来调用 XML 文档，该 XML 文档需要和事件处理器 SAX 进行绑定，在解析器解析文档的时候，如果遇到触发事件的条件（如开始标记），就会调用相关的事件处理器来处理这个事件。实际上，在整个处理过程中，该程序可以这样划分为两个部分：一部分是 XML 文档解析器的创建；另外一部分是事件处理器通过 SAX 来实现。

使用 SAX 解析器的操作步骤如下：

01 使用 javax.xml.parsers 包中的 SAXParserFactory 类调用该类的方法 newInstance()，实例化一个解析器工厂的对象。

```
SAXParserFactory factory=SAXParserFactory. newInstance();
```

02 利用创建的 factory 对象调用 newSAXParser()，创建一个 SAXParser 对象，可以把它称为 SAX 解析器。该解析器工厂和解析器对象主要是针对 SAX 接口的。

```
SAXParser saxParse=factory. newSAXParser();
```

03 解析器创建完成后，就调用 parse()方法解析 XML 文件：

```
public void parse(File f,DefaultHandler dh) throws SAXException,IOException
```

代码解析：

parse()方法的参数 dh 是 DefaultHandler 类型，解析器调用 parse()方法时，必须向 dh 传递一个 DefaultHandler 类或子类的对象，DefaultHandler 类是 org.xml.sax.helpers 包中的类，该类或其子类的对象称为解析器的事件处理器。SAX 解析器调用 parse()方法解析 XML 文件的过程中，根据从 XML 文件解析出的数据产生相应的处理事件，并报告给事件处理器，事件处理器就会处理发现的数据。DefaultHandler 类是实现了 ContentHandler、DTDHandler、EntityResolver 和 ErrorHandler 接口的类，也就是说，DefaultHandler 定义了事件处理器根据相应事件应该调用的方法，例如，解析器发现一个标记的开始标记时，就将发现的数据封装为一个标记开始事件，并报告给事件处理器，事件处理器就会知道所发生的事件，然后调用，"public void startElement(String uri，String localName，String qNam，Attributes atts)"方法对发现的数据进行处理。方法中的参数 atts 是解析器发现的标记的全部属性，参数 uri 是解析器发现的标记的命名空间，localName 是发现的标记的名称，qName 是带命名空间前缀的标记名称。如果标记没有命名空间，则 uri 的值为 null。

当 SAX 解析器调用 parse()方法解析 XML 文件时，事件处理器会根据产生的事件调用相应的方法来处理发现的数据。在编写程序时，需要使用 DefaultHandler 类的子类创建一个事件处理器，当处理器对报告的事件不感兴趣时，就直接调用从父类继承的方法，采用默认的处理方式（父类的方法没有具体的处理语句）；当处理器对报告的事件感兴趣时，子类就可以重写父类的某些方法，调用该方法，以便处理器可以具体地处理解析器报告的数据。

9.7.2　解析 XML 文档

下面通过一个实例来具体演示 SAX 处理 XML 文档的过程。

【实例 9-6】SAX 解析 XML 文档

本实例将演示 SAX 解析 XML 文件的事件调用顺序以及显示 XML 文档中的数据内容。具体操作步骤如下：

01 在 Windows 记事本中创建名为 film.xml 的 XML 文档，具体代码如下：

```
<?xml version="1.0"    encoding="GB2312"?>
<filmlist>
  <film director="郭敬明">
      <name>小时代</name>
      <starring>杨幂/郭采洁</starring>
  </film>
</filmlist>
```

代码解析：

第 1 行中的 encoding 编码方式必须设置为“GB2312”。

02 在 Windows 记事本中创建名为 filmxml 的 Java 文件，并保存在与 film.xml 的同一目录下，文件中的具体代码如下：

```
import javax.xml.parsers.*;
import javax.xml.transform.*;
import org.w3c.dom.*;
import java.io.*;
import java.util.*;
import org.xml.sax.*;
import org.xml.sax.helpers.DefaultHandler;
public class Filmxml{
private String xmlFileName;
public Filmxml(String fileName){
    this.xmlFileName=fileName;
}
  public void ShowListBySAX(){
    try{
            SAXParserFactory spf=SAXParserFactory.newInstance();
            SAXParser sp=spf.newSAXParser();
            SAXHandler handle=new SAXHandler();
            sp.parse(xmlFileName,handle);
    }
    catch(Exception e){
            e.printStackTrace();
    }
  }
  public static void main(String[] args) {
   Filmxml fl=new Filmxml("film.xml");
        fl.ShowListBySAX();
  }
  public class SAXHandler extends DefaultHandler{
   private Vector v=new Vector();
   private String currentElement=null;
```

```
31.     private String currentValue=null;
32.     public void startDocument() throws SAXException{
33.             System.out.println("SAX 事件:startDocument");
34.     }
35.     public void endDocument()throws SAXException{
36.         System.out.println("SAX 事件:endDocument");
37.     }
38.     public void setTablefVector(Vector vector){
39.         this.v=vector;
40.     }
41.     public Vector getVector(){
42.         return v;
43.     }
44.     public void startElement(String namespaceURL,String localName,String qName,Attributes attrs)throws
    SAXException{
45.         currentElement=qName;
46.         System.out.println("SAX 事件:startElement->"+qName);
47.         for(int i=0;i<attrs.getLength();i++){
48.             System.out.println("属性值："+attrs.getValue(i));
49.         }
50.     }
51.     public void characters(char[]ch,int start,int length)throws SAXException{
52.         currentValue=new String(ch,start,length);
53.         System.out.println("字符："+currentValue);
54.     }
55.     public void endElement(String namespaceURL,String localName,String qName)throws SAXException{
56.         if(currentElement.equals("Name")){
57.             v.add(currentValue);
58.         }
59.         System.out .println("SAX 事件：endElement->"+qName);
60.     }
61. }
62. }
```

代码解析：

在以上代码中，第 8~27 行创建了一个 Filmxml 类，第 10~12 行是该类的构造函数，将要解析的 XML 文档作为参数；第 13~23 行定义 ShowListBySAX()方法来解析 XML 文档。其中第 15 行创建 SAX 解析工厂对象，第 16 行创建 SAX 解析器对象，第 17 行创建 SAX 处理器对象。第 18 行调用解析器对象的 parse()方法解析 XML 文件。第 24~27 行是程序的入口，其中第 25 行实例化一个 Filmxml 对象 fl，第 26 行调用 fl 对象的 ShowListBySAX()方法开始解析 XML 文件。

第 28~61 行定义一个继承于 DefaultHandler 的解析器事件处理类 SAXHandler，用于获取

XML 文档中的数据。其中，第 32~34 行在 SAX 的 startDocument 事件中输出 SAX 事件开始的提示；第 35~37 行在 SAX 的 endDocument 事件中输出 SAX 事件结束的提示；第 38~40 行的 setTablefVector 方法获取保存 XML 数据的集合；第 44~50 行在 SAX 的 startElement 事件中输出该事件开始的提示、属性的名称和属性的值。第 51~54 行通过 characters 方法获得元素的文本内容。第 55~61 行在 SAX 的 endElement 事件中输出 SAX 事件结束的提示。

03 在 DOS 命令提示符下，使用 javac 命令编译源代码，使用 java 命令执行程序，程序运行结果如图 9-9 所示。

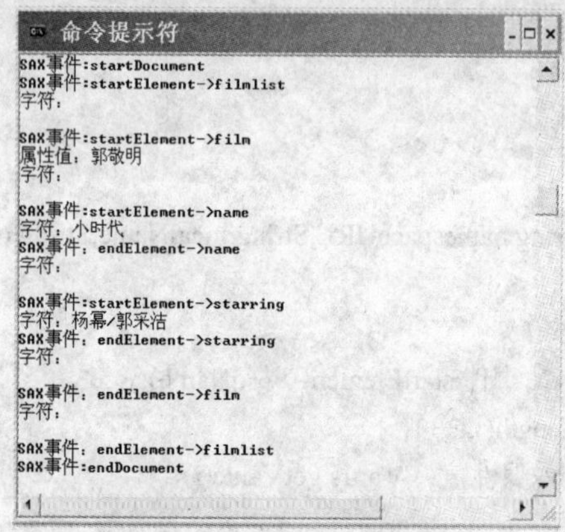

图 9-9　SAX 解析 XML 文档

9.8 扩展练习

1. 使用 Windows 记事本，创建本章所有实例中的 XML 文档和 Java 程序，并编译和运行程序，最后在控制台中输出程序的运行结果。

2. 通过 Java 程序，利用文档对象模型 DOM 动态创建一个 XML 文档，运行该 XML 文档后，IE 浏览器中显示如图 9-10 所示的结果。

3. 在扩展练习 2 的基础上，编写一个 Java 程序，使用 DOM 为 XML 文档添加一个新的节点，添加成功后的 XML 文档在 IE 浏览器中的运行内容如图 9-11 所示。

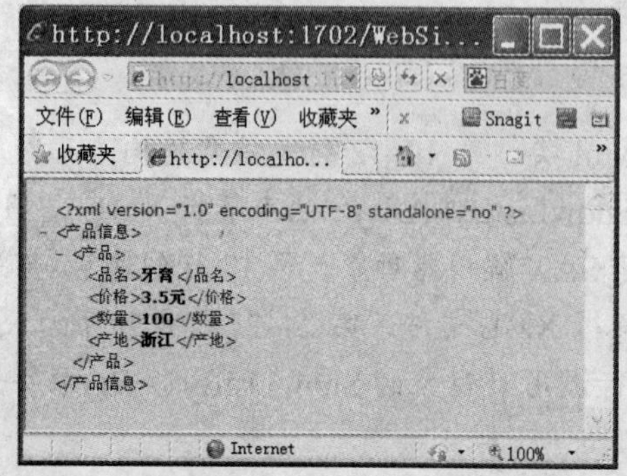

图 9-10　动态创建 XML

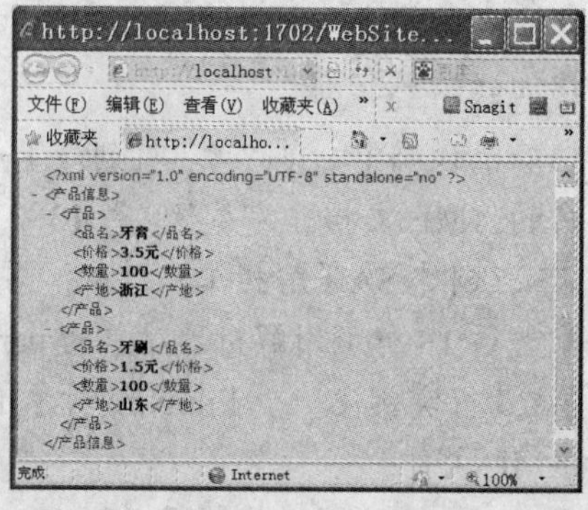

图 9-11　添加节点后的 XML 文档

4. 在扩展练习 3 的基础上，编写一个 Java 程序，使用 DOM 遍历整个 XML 文档，并在控制台中输出 XML 文档的节点名称和数据内容，如图 9-12 所示。

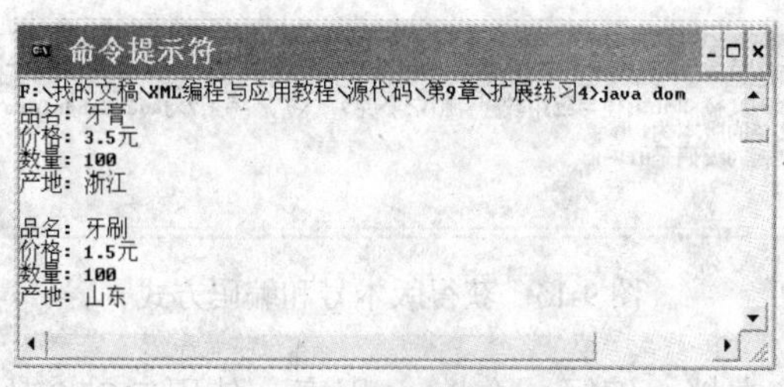

图 9-12　遍历 XML 文档

5. 在扩展练习 4 的基础上，编写一个 Java 程序，使用 DOM 删除 XML 文档中的第 2 个节点内容，删除成功后的 XML 文档内容在 IE 浏览器中的运行效果如图 9-13 所示。

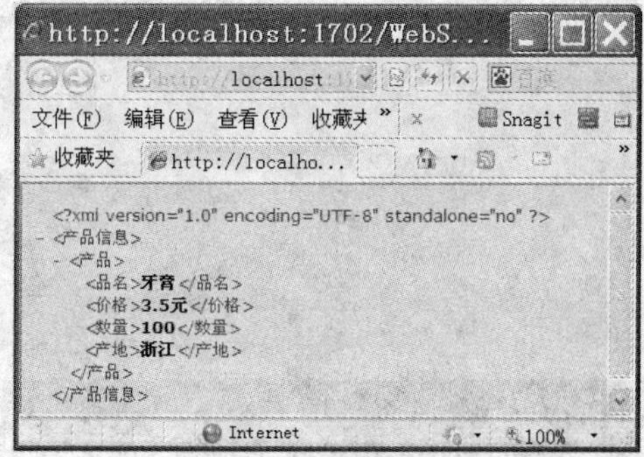

图 9-13　删除节点

6. 编写一个 Java 程序，使用 SAX 解析器解析扩展练习 3 中的 XML 文档，在控制台输出解析的内容，如图 9-14 所示。

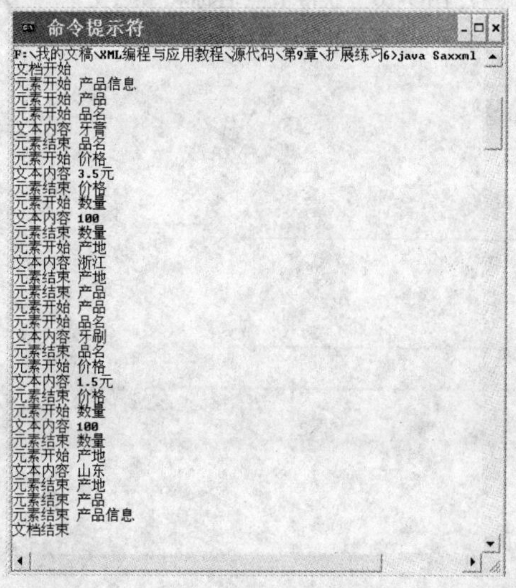

图 9-14　SAX 解析 XML

7. 编写一个 Java 程序，使用 DOM 对象获得扩展练习 6 中 XML 文档的版本号和编码方式，在控制台输出的内容如图 9-15 所示。

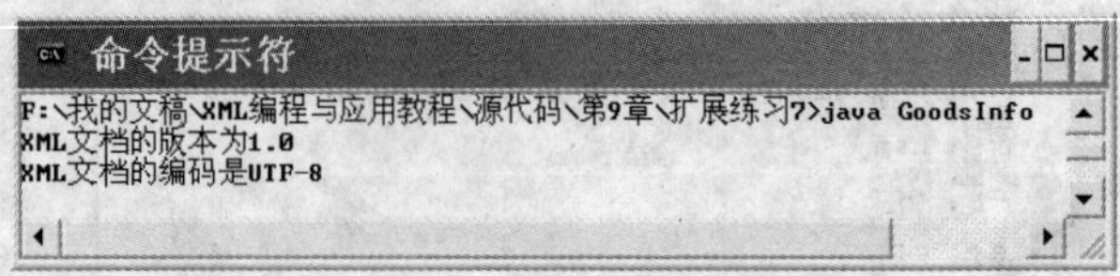

图 9-15　获得版本号和编码方式

8. 根据下面的 XML 文档，编写一个 Java 程序，使用 DOM 对象获得 XML 文档中的根节点、其子节点的名称以及子节点的文本内容，最后在控制台输出的结果如图 9-16 所示。

```
<?xml version="1.0" encoding="GB2312"?>
<产品信息>
<产品 编号="A20130724">
  <名称>毛巾</名称>
  <价格>6.5</价格>
  <数量>100</数量>
  <产地>上海</产地>
</产品>
</产品信息>
```

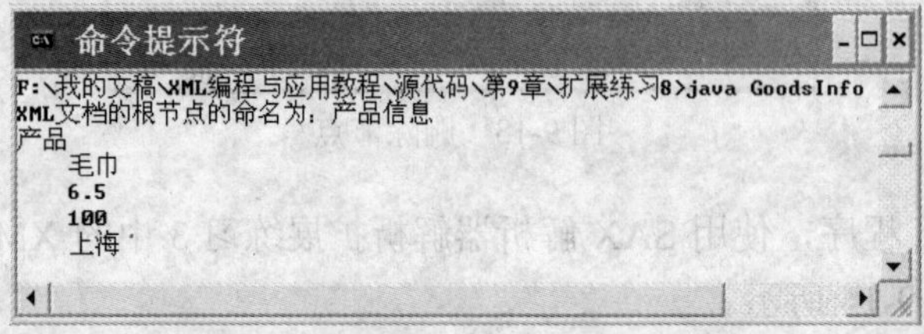

图 9-16　获得节点名称和节点文本

第 10 章 .NET 和 XML

由于 Microsoft 公司要加强分布式.NET 应用程序之间的通信，所以.NET 结构很大程度地使用了 XML。事实上，XML 是.NET Framework 的默认编码语言，它不仅用于封装数据使之能够在应用程序之间传送，还用在配置文件中。在.NET 体系结构中，XML 是各应用之间无缝接合的关键。.NET Framework 提供了多种用于访问、操作和同步 XML 数据的类和对象，这些类和对象描述了底层的 XML 处理组件。本章主要介绍了在.NET 平台上操作和处理 XML 文件所使用的具体技术及相关对象，重点介绍了.NET 平台上的 DOM 编程方法，以及 XML 与 ADO.NET 的关系。

10.1 .NET 简介

ASP.NET 是微软公司为了迎接网络时代的来临，提出的一个统一的 Web 开发模型。它是建立在公共语言运行库上的编程框架，可用于在服务器上生成功能强大的 Web 应用程序。而.NET 是微软公司发布的新一代系统、服务和编程平台，主要由.NET Framework 和 Microsoft Visual Studio.NET 开发工具组成。

.NET 是微软公司开发的一种计算平台，为在高度分布式的互联网环境中使用，它简化了 Internet 环境中的应用程序开发。.NET Framework 给计算机带来了可靠性、易用性和互通性，帮助软件开发人员、系统管理人员更轻松地开发、管理，提升了性能，加强了安全，提高了稳定性，主要具有以下优点：

- 提供标准的面向对象开发环境，不仅可以在本地与对象交互，还可以通过 Web Service 和.NET Remoting 技术在远程与对象交互。
- 提供优化的代码执行环境，使以前让人们头痛的程序版本问题得到了解决。可以在同一台机器中安装相同程序的不同版本，而且部署也得到了改善，能够像复制文件一样简单。
- 提供代码运行的安全性，以前担心网页中包含的 ActiveX 控件会执行恶意的代码，现在则无需担心，因为.NET Framework 保障了执行代码的安全性。
- 使用 JIT（Just In Time Activation）技术，提高代码运行速度。
- 提供标准的框架和强大的开发工具，可以让程序员在实际的开发当中，积累更多的经验。

- .NET 遵循业界的标准规范，所以.NET 里的代码可以与其他系统交互。

.NET Framework 具有两个主要组件：公共语言运行库和.NET Framework 类库。

1. 公共语言运行库

公共语言运行时（Common Language Runtime，简称 CLR）是用.NET 语言编写的代码公共运行环境，是.NET 框架的基础，也是实现.NET 跨平台、跨语言、代码安全等核心特性的关键。它是一个在执行时管理代码的代理，以跨语言集成、自描述组件、简单配制和版本化及集成安全服务为特点，提供核心服务（如内存管理、线程管理和远程处理）。

公共语言运行时管理了.NET 中的代码，这些代码称为受托管代码。它们包含了有关代码的信息，例如代码中定义的类、方法和变量。受托管代码中所包含的信息称为元数据。公共语言运行时使用元数据来安全地执行代码程序。除了安全的执行程序以外，受托管代码的目的在于 CLR 服务。这些服务包括查找、加载类，以及与现有的 DLL（Dynamic Link Library，动态链接库）代码和组件对象之间的相互操作。

公共语言运行时遵循公共语言架构的标准，可以使 C++、C#、Visual Basic 以及 JScript 等多种语言能够深度集成。

2. .NET Framework 类库

.NET 基本类库是一个综合性的面向对象的可重用类型集合，例如 ADO.NET、ASP.NET 等。.NET 基类库位于公共语言运行库的上层，与.NET Framework 紧密集成在一起，可被.NET 支持的任何语言所使用。这也就是为什么 ASP.NET 中可以使用 C#、VB.NET、VC.NET 等语言进行开发。.NET 类库非常丰富，提供数据库访问、XML、网络通信、线程、图形图像、安全、加密等多种功能服务。类库中的基类提供了标准的功能，如输入输出、字符串操作、安全管理、网络通信、线程管理、文本管理和用户界面设计功能。这些类库使得开发人员能够更容易地建立应用程序和网络服务，从而提高开发效率。

.NET Framework 的总体架构如图 10-1 所示。

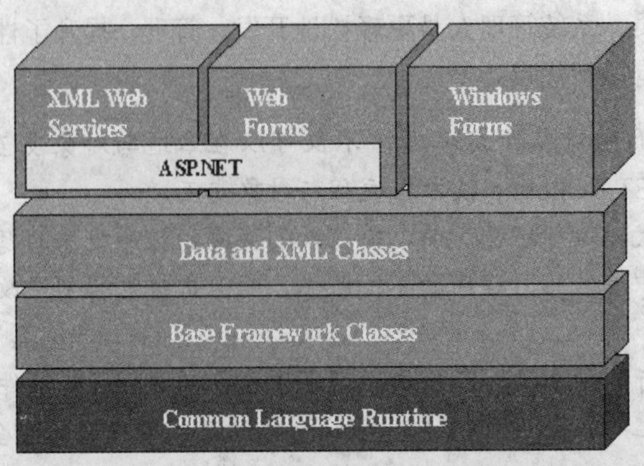

图 10-1 .NET Framework 架构

10.2 .NET 的 XML 分析器

XML 是一种标记语言，需要 XML 分析器按一定的语法来分析和理解存储在文档中的信息。所有的 XML 分析器，不管它属于哪个操作平台，都分为以下两类：基于树或者基于事件的处理器，这两类通常都用 XML DOM（the Microsoft XML Document Object Model）和 SAX（Simple API for XML）来实现。

XML DOM 分析器是一个普通的基于树的 API——它把 XML 文档当成一个内存结构树呈现。SAX 分析器是基于事件的 API——它处理每个在 XML 数据流中的元素（它把 XML 数据放进流中再进行处理）。通常，DOM 能被一个 SAX 流载入并执行，因此，这两类的处理不是相互排斥的。

总体来说，SAX 分析器与 XML DOM 分析器正好相反，它们的分析模式存在着极大的差别。XML DOM 被很好地定义在它的 functionalition 集合里面，不能扩展它。当它在处理一个大型的文档时，它要占用很大的内存空间来处理 functionalition 这个巨大的集合。SAX 分析器则利用客户端应用程序，通过现存的指定平台的对象实例去处理分析事件。SAX 分析器控制整个处理过程，把数据"推出"到处理程序，该处理程序依次接受或拒绝处理数据。这种模式的优点是只需很少的内存空间。

.NET Framework 完全支持 XML DOM 模式，但不支持 SAX 模式。因为.NET Framework 支持两种不同的分析模式：XML DOM 分析器和 XML 阅读器，它显然不支持 SAX 分析器，但这并不意味着它没有提供类似 SAX 分析器的功能。通过 XML 阅读器，SAX 的所有功能都能很容易的实现并更有效地运用。与 SAX 分析器不同，.NET Framework 的阅读器整个都运行在客户端应用程序的下面。这样，应用程序本身就可以只把真正需要的数据"推出"，然后从 XML 数据流中跳出来，而 SAX 分析模式要处理所有对应用程序有用和无用的信息。

阅读器是基于.NET Framework 流模式工作的，它的工作方式类似于数据库的游标。有趣的是，实现类似游标分析模式的类提供对.NET Framework 中的 XMLDOM 分析器的底层支持。XmlReader、XmlWriter 两个抽象类是所有.NET Framework 中 XML 类的基础类，包括 XMLDOM 类、ADO.NET 驱动类及配置类，所以在.NET Framework 中有两种可选的方法去处理 XML 数据。

10.3 使用流模式处理 XML

ASP.NET 应用程序中可以通过多种方式处理 XML 数据，本节将重点介绍如何通过流模式来实现 XML 数据的处理，流模式处理 XML 数据是指通过 XmlTextReader 和 XmlTextWriter 对象处理 XML 数据。

10.3.1 处理 XML 的类

在具体学习如何使用流模式处理 XML 文档之前，有必要了解.NET Framework 中与 XML

技术有关的命名空间和其中一些重要的类。.NET Framework 提供了以下一些命名空间：System.Xml、System.Xml.Schema、System.Xml.Serialization、System.Xml.XPath 和 System.Xml.Xsl 来包容与 XML 操作相关的类。

1. System.Xml 命名空间

System.Xml 命名空间包含了一些最重要的 XML 类，其中最主要的类是和 XML 文档读写操作相关的类。这些类中包括 4 个与读相关的类以及两个与写相关的类，分别是：XmlReader、XmlTextReader、XmlValidatingReader、XmlNodeReader、XmlWriter 和 XmlTextWriter。

（1）XmlReader 类

XmlReader 是一个虚基类，它包含了读 XML 文档的方法和属性。该类中的 Read 方法是一个基本的读 XML 文档的方法，它以流形式读取 XML 文档中的节点（Node）。另外，该类还提供了 ReadString、ReadInnerXml、ReadOuterXml 和 ReadStartElement 等更高级的读方法。除了提供读 XML 文档的方法外，XmlReader 类还为程序员提供了 MoveToAttribute、MoveToFirstAttribute、MoveToContent、MoveToFirstContent、MoveToElement 和 MoveToNextAttribute 等具有导航功能的方法。

XmlTextReader、XmlNodeReader 和 XmlValidatingReader 等类是从 XmlReader 类继承过来的子类。根据它们的名称，可以知道其作用分别是读取文本内容、读取节点和读取 XML 模式（Schemas）。

（2）XmlWriter 类

XmlWriter 类为程序员提供了许多写入 XML 文档的方法，它是 XmlTextWriter 类的基类。

（3）XmlNode 类

XmlNode 类是一个非常重要的类，它代表了 XML 文档中的某个节点。该节点可以是 XML 文档的根节点，这样它就代表整个 XML 文档了。它是许多很有用的类的基类，这些类包括插入节点的类、删除节点的类、替换节点的类以及在 XML 文档中完成导航功能的类。同时，XmlNode 类还为程序员提供了获取双亲节点、子节点、最后一个子节点、节点名称以及节点类型等的属性。

它的三个最主要的子类包括：XmlDocument、XmlDataDocument 和 XmlDocumentFragment。

- XmlDocument 类代表了一个 XML 文档，它提供了载入和保存 XML 文档的方法和属性，这些方法包括了 Load、LoadXml 和 Save 等。同时，它还提供了添加特性（Attributes）、说明（Comments）、空间（Spaces）、元素（Elements）和新节点（New Nodes）等 XML 项的功能。
- XmlDocumentFragment 类代表了一部分 XML 文档，它能被用来添加到其他的 XML 文档中。
- XmlDataDocument 类可以更好地完成和 ADO.NET 中的数据集对象之间的交互操作。

除了上面介绍的 System.Xml 名称空间中的类外，该名称空间还包括了 XmlConvert、XmlLinkedNode 和 XmlNodeList 等类，有兴趣的读者可以去参考相关文档资料。

2. System.Xml.Schema 命名空间

System.Xml.Schema 命名空间中包含了和 XML 模式相关的类，这些类包括 XmlSchema、XmlSchemaAll、XmlSchemaXPath 和 XmlSchemaType 等。

3. System.Xml.Serialization 命名空间

System.Xml.Serialization 命名空间中包含了与 XML 文档的序列化和反序列化操作相关的类，XML 文档的序列化操作能将 XML 格式的数据转化为流格式的数据并能在网络中传输，而反序列化则完成相反的操作，即将流格式的数据还原成 XML 格式的数据。

4. System.Xml.XPath 命名空间

System.Xml.XPath 命名空间中包含了 XPathDocument、XPathExression、XPathNavigator 和 XPathNodeIterator 等类，这些类能完成 XML 文档的导航功能。在 XPathDocument 类的协助下，XPathNavigator 类能完成快速的 XML 文档导航功能，该类为程序员提供了许多 Move 方法以完成导航功能。

5. System.Xml.Xsl 命名空间

System.Xml.Xsl 命名空间中的类能完成 XSLT 的转换功能。

如图 10-2 所示的是 System.Xml 名称空间中包含的重要的处理 XML 的类。

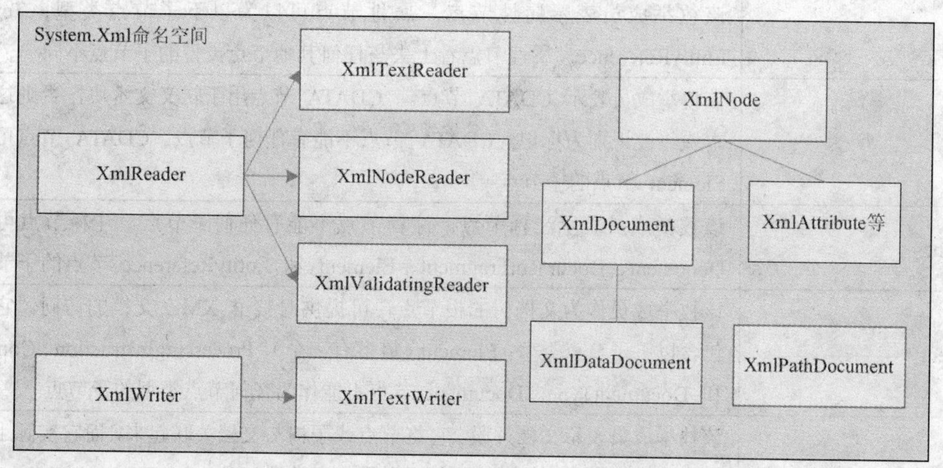

图 10-2 System.Xml 名称空间中处理 XML 的类

10.3.2 读取 XML

使用 System.XML 命名空间中的 XmlReader 类能够以流模式来处理 XML 文档，但是 System.Xml.XmlReader 类是一个虚基类，因此不能被直接运用，必须有一个类继承它。XmlTextReader 类就是继承于 XmlReader 类，该类能从一个 XML 文档中读取字符流并检查该文档是否具有良好结构，但它并不运用 DTD 或是 XML 模式进行 XML 文档的验证工作。

XmlTextReader 类利用只进、只读的方式快速访问 XML 数据流，对系统资源要求不高，而且能从 XML 文件中快速读取数据。如果 XMLTextReader 遇到一个错误，例如出现违反 XML 句法的情况，它将抛出一个 System.XML.XMLException 类型的异常。

XmlTextReader 通过 XML 文档的文件名，或它的 URL，从文件流中载入 XML 文档，然后快速处理 XML 文档数据。如果需要对文档的数据进行验证，可以用 XmlValidatingReader 类。

XmlTextReader 类中有一个很重要的属性 NodeType，通过该属性，可以知道其节点的节点类型。要处理 XML 数据，每个记录都有一个可从 NodeType 属性确定的节点类型。而枚举类型 XmlNodeType 中包含了诸如 Attribute、CDATA、Element、Comment、Document、DocumentType、Entity、ProcessInstruction 以及 WhiteSpace 等的 XML 项的类型。

通过与 XmlNodeType 中的元素相比较，我们可以获取相应节点的节点类型并对其完成相关的操作。返回的 XmlNodeType 取决于正在使用的 XmlReader 类。例如，XmlTextReader 类从不返回下列类型的 XmlNodeType：Document、DocumentFragment、Entity、EndEntity 和 Notation 节点。

为 XmlNodeType 指定的节点类型等效于 W3C DOM 节点类型，并且具有进行只进读取所要求的某些扩展类型。对 XmlNodcTypc 枚举成员的说明如表 10-1 所示。

表 10-1　XmlNodeType 枚举成员

XmlNodeType 枚举成员	说明
Attribute	该枚举成员表示属性节点。属性节点可以为以下子节点类型：Text 和 EntityReference。属性节点看上去与任何其他节点类型的子节点不同
CDATA	该枚举成员表示 CDATA 节点。 CDATA 节点用于转义文本块，否则这些文本块将被识别为标记。CDATA 节点不能有任何子节点。CDATA 节点可作为 Element 节点的子节点
Comment	该枚举成员表示注释节点。注释节点不能有任何子节点。注释节点可作为 Document、DocumentFragment、Element 和 EntityReference 节点的子节点
Document	该枚举成员作为文档树的根节点，可提供对整个 XML 文档的访问。它可以包含以下子节点类型：Element（最多有一个）、ProcessingInstruction、Comment 和 DocumentType。Document 节点不能作为任何节点类型的子节点
DocumentFragment	该枚举成员表示文档片段。它将节点或子树与文档关联起来，而它实际上并不包含在该文档中。它可以具有下列子节点类型：Element、ProcessingInstruction、Comment、Text、CDATASection 和 EntityReference。DocumentFragment 节点不能作为任何节点类型的子节点
DocumentType	该枚举成员表示文档类型声明，由<!DOCTYPE>标记表示。它可以有下列子节点类型：Notation 和 Entity。该节点可作为 Document 节点的子节点

（续表）

XmlNodeType 枚举成员	说明
Element	该枚举成员表示元素。它可以有下列子节点类型：Element、Text、Comment、ProcessingInstruction、CDATA 和 EntityReference。该节点可作为 Document、DocumentFragment、EntityReference 和 Element 节点的子节点
EndElement	当 XmlReader 到达元素的末尾时返回该枚举成员
EndEntity	由于调用 ResolveEntity 而使 XmlReader 到达实体替换的末尾时返回该枚举成员
Entity	该枚举成员表示实体声明。它可以有表示扩展实体（例如 Text 节点和 EntityReference 节点）的子节点。该节点可作为 DocumentType 节点的子节点
EntityReference	该枚举成员表示对实体的引用。它可应用于所有实体，包括字符实体引用。EntityReference 节点可以具有下列子节点类型：Element、ProcessingInstruction、Comment、Text、CDATASection 和 EntityReference。EntityReference 节点可作为 Attribute、DocumentFragment、Element 和 EntityReference 节点的子节点
None	如果未调用 Read 方法，则由 XmlReader 返回该枚举成员
Notation	该枚举成员表示文档类型声明中的表示法。它不能有任何子节点。该节点可作为 DocumentType 节点的子节点
ProcessingInstruction	该枚举成员表示处理指令（PI）。 PI 节点不能有任何子节点。该节点可作为 Document、DocumentFragment、Element 和 EntityReference 节点的子节点
SignificantWhitespace	该枚举成员表示混合内容模型中标记之间的空白，或在 xml:space= "preserve" 范围内的空白
Text	该枚举成员表示元素的文本内容。它不能有任何子节点。该节点可作为 Attribute、DocumentFragment、Element 和 EntityReference 节点的子节点
Whitespace	该枚举成员表示标记间的空白
XmlDeclaration	该枚举成员表示 XML 声明节点。它必须是文档中的第一个节点，不能有子级，可以具有提供版本和编码信息的属性

当使用 NodeType 属性时，理解节点怎么联系到 XML 单元是非常重要的。例如，下列 XML 元素：

```
<starring>杨幂/郭采洁</starring>
```

XMLTextReader 把该元素看作 3 个节点，顺序如下：

- <starring>标签被读作类型为 XMLNodeType.Element 的节点，元素的名字“starring”可从 XMLTextReader 的 Name 属性中获得。
- 文本数据“杨幂/郭采洁”被读作类型为 XMLNodeType.Text 的节点。数据“杨幂/郭采洁” 可从 XMLTextReader 的 Value 属性中取得。

- </starring>标签被读作类型为 XMLNodeType.EndElement 的节点。同样，元素的名称“starring”可从 XMLTextReader 的 Name 属性中获得。

【实例 10-1】解析 XML 文档

本实例应用 XmlTextReader 对象解析和读取 XML 文档，并将其中的信息显示在 Web 页中。具体实现步骤如下：

01 在 Visual Studio 2010 集成开发环境中新建一个网站，在网站中创建一个名为“film”的 XML 文档，具体的代码如下：

```
<?xml version="1.0"   encoding="GB2312"?>
<film>
  <name>小时代</name>
  <starring>杨幂/郭采洁</starring>
  <director>郭敬明</director>
  <price>60</price>
</film>
```

02 再创建一个 Default 的默认窗体，在 Defautlt.aspx.cs 的后台代码文件的 Page_Load 页面加载事件中，输入如下代码：

```
1.  XmlTextReader textReader =new XmlTextReader("F:\\我的文稿\\XML 编程与应用   教程\\源代码\\第 10
    章\\实例 10-1\\film.xml");
2.  while(textReader.Read()){
3.    Response.Write(textReader.NodeType.ToString()+"：  "+textReader.Name+"
    "+textReader.Value+"</br>");
4.    if(textReader.HasAttributes){
5.      for(int i=0;i<textReader.AttributeCount;i++){
6.          textReader.MoveToAttribute(i);
7.               Response.Write(textReader.NodeType.ToString()+"：  "+textReader.Name+"
    "+textReader.Value+"</br>");
8.               textReader.MoveToElement();
9.          }
10.     }
11. }
```

代码解析：

在上面的代码中，第 1 行创建一个 XmlTextReader 类的对象并调用 Read 方法来读取文件。第 2~11 行通过 while 循环遍历 XML 文档，其中，第 3 行向页面输出 XML 中节点的类型、名称和节点文本值；第 4 行判断如果 XML 文档中存在属性节点，则第 5~9 行通过 for 循环将 XML 文档中的属性类型、名称和属性文本字输出到页面。

03 运行 Default.aspx 页面，在浏览器中的运行结果如图 10-3 所示。在页面中显示了 XML

文档中的详细情况，包括空格情况。

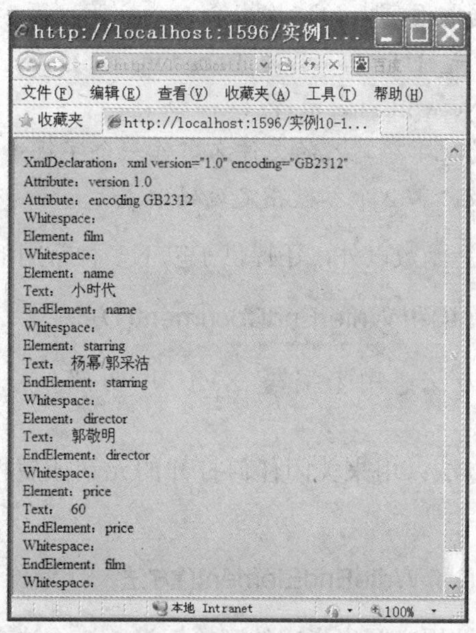

图 10-3 浏览器运行结果

10.3.3 写出 XML

在.NET 还没诞生之前，开发人员就要写出一个 XML 文档，只有通过在缓存中连接一些字符串，连接好以后再把缓存中的字符串输出到文件，同时必须保证字符串中不存在任何细小的错误。而现在，利用 XmlWriter 类就可以简单地完成 XML 文档。

XmlWriter 类包含了创建 XML 文档所需的方法和属性，它是 XmlTextWriter 类和 XmlNodeWriter 类的基类。该类包含了 WriteNode、WriteString、WriteAttributes、WriteStartElement 以及 WriteEndElement 等一系列写 XML 文档的方法，其中有些方法是成对出现的。例如要写入一个元素，首先得调用 WriteStartElement 方法，接着写入实际内容，最后是调用 WriteEndElement 方法以表示结束。该类还包含了 WriteState、XmlLang 和 XmlSpace 等属性，其中 WriteState 属性表明了写的状态。XmlWriter 类包含了很多写 XML 文档的方法，下面我们通过其子类 XmlTextWriter 来说明如何写 XML 文档。

.NET FrameWork 提供了一个特别为写出 XML 文件使用的类——XmlTextWriter，使用这个类来创建 XML 文件时，我们不需要担心输出是否符合 XML 规范的问题，同时代码将会变得非常简洁。

XmlTextWriter 提供了以下三种构造函数：

```
public XmlTextWriter(TextWriter);
public XmlTextWriter(Stream, Encoding);
public XmlTextWriter(string, Encoding);
```

- 第 1 个构造函数是把现有的 TextWriter 实例传递过去，System.IO.TextWriter 类是一个有序的字符流。

- 第 2 个构造函数是把要写入的流作为第 1 个参数，第 2 个参数是指定 XML 文档的编码方式，默认是 UTF8，可取 Encoding 的枚举值，流可以是 FileStream、MemoryStream、NetworkStream 等。
- 第 3 个构造函数是把希望写入的文件名当作一个字符串（如果存在，就重写该文件）传递给第 1 个参数，第 2 个参数指定编码方式。

XmlTextWriter 除了构造函数以外，还提供了以下多种常用的方法。

1. WriterStartDocument()和 WriterEndDocument()方法

WriterStartDocument()方法：用来编写 XML 声明部分，如：<?xml version="1.0" encoding="UTF-8" ?>。

WriterEndDocument()方法：用来关闭任何打开的元素或属性，并将编写器重新设置为 Start 状态。

2. WriterStartElement()和 WriteEndElement()方法

WriterStartElement()方法用来写出指定的开始标记，该方法有以下几个重载形式。

- WriterStartElement(string localname)：使用传递的字符串作为元素的本地名称。
- WriterStartElement(string localname,string namespace)：第 1 个参数指定元素的本地名称，第 2 个参数指定元素所在的命名空间。
- WriterStartElement(string prefix,string localname,string namespace)：第 1 个参数指定元素的前缀，第 2 个参数指定元素的本地名称，第 3 个参数指定元素所在的命名空间。

WriteEndElement()方法用来写出与开始元素对应的关闭元素，如果开始元素不包含任何内容，将用一个"/>"作为关闭元素。

3. WriterStartAttribute()和 WriterEndAttribute()方法

WriterStartAttribute()方法用于编写一个属性的开头，该方法有两个重载。

- WriterStartAttribute(string localname,string namespace)：第 1 个参数指定属性的本地名称，第 2 个参数指定属性所在的命名空间。
- WriterStartAttribute(string prefix,string localname,string namespace)：第 1 个参数指定属性的前缀，第 2 个参数指定属性的本地名称，第 3 个参数指定属性所在的命名空间。

WriterEndAttribute()方法用于关闭 WriterStartAttribute 创建的属性。

4. WriterElementString()方法

该方法可以创建一个包含字符串值的元素，它有以下重载：

- WriterElementString(string localname,string value)

- WriterElementString(string localname,string namespace,string value)

5. WriterAttributeString()方法

类似于 WriterElementString()方法，在使用上如果属性的值当中不包含实体，可直接使用该方法来写出属性，如果属性值包含实体可使用 WriterStartAttribute()和 WriterEndAttribute()方法，例如，要写出下面这样的 XML：

```
<para author="Do&0241;a&amp;L.Perez"/>
```

可以编写以下代码：

```
WriterStartElement("para");
WriterStartAttribute("author",null);
WriterString("Do");
WriterCharEntiry("~n");
WriterString("a");
WriterCharEntiry("&");
WriterString("L.Perez");
WriterEndAttribute();
WriterEndElement();
```

WriterAttributeString()方法具有以下重载形式。

- WriterAttributeString(string localname,string value)：第 1 个参数表示属性名，第 2 个参数表示属性值。
- WriterAttributeString(string localname,string namespace,string value)：第 1 个参数表示属性名，第 2 个参数表示属性的命名空间，第 3 个参数表示属性值。
- WriterAttributeString(string prefx, string localname,string namespace,string value)：第 1 个参数表示属性的前缀，第 2 个参数表示属性名，第 3 个参数表示属性的命名空间，第 4 个参数表示属性值。

6. WriterNode(XmlReader reader,bool defattr)方法

该方法可以从 XmlReader 读取器中复制节点并把它们写入 XmlWriter 流中，第 1 个参数是 XmlReader 的实例，第 2 个参数接收一个布尔值，决定是否复制元素中的属性。

7. WriterComment(string text)方法

该方法用于写出注释。

8. WriterString(string text)方法

该方法用于写出文本。

9. WriterCData(string text)方法

该方法用于写出 CDATA 数据块。

10. WriterBase64(byte[] buffer,int index,int count)方法

该方法用于将指定的二进制字节编码为 Base64 并写出结果文本。

11. Flush()方法

该方法将缓冲区中的所有内容刷新到基础流。

12. Close()方法

该方法用于关闭此流和基础流。

以上对 XmlTextWriter 类的一些重要方法做了简单介绍，如果对于 XML 十分熟悉，那么就一定能很好地理解上面这些方法。

使用 XmlTextWriter 对象创建 XML 文件，需要在类构造器中指定文件的类型，而且编码类型必须是 System.Text.Encoding，如：System.Text.Encoding.ASCII、System.Text.Encoding.Unicode 或 System.Text.Encoding.UTF8，在 XmlTextWriter 类构造器指定为何种类型后，在输出 XML 文件时将以那种流文件形式输出。

使用 XmlTextWriter 创建 XML 文档的步骤如下：

01 若要创建一个 XmlTextWriter 类的实例对象，该类的构造函数 XmlTextWriter 有三种重载形式，其参数分别为一个字符串、一个流对象和一个 TextWriter 对象。这里我们运用字符串的参数形式，该字符串就指明了所要创建的 XML 文件的位置，例如下面的代码：

```
XmlTextWriter  textWriter  =  New  XmlTextWriter("C:\\myXmFile.xml",  null);
```

02 在创建完对象后，调用 WriterStartDocument 方法开始编写 XML 文档，在完成写工作后，就调用 WriteEndDocument 结束写过程并调用 Close 方法将它关闭。在写的过程中，可以调用 WriteComment 方法来添加说明，通过调用 WriteString 方法来添加一个字符串，通过调用 WriteStartElement 和 WriteEndElement 方法对来添加一个元素，通过调用 WriteStartAttribute 和 WriteEndAttribute 方法对来添加一个属性。还可以通过调用 WriteNode 方法来添加一个节点等。

【实例 10-2】创建 XML

本例应用 XmlTextWrite 对象，在指定的路径下创建一个 XML 文件，具体实现步骤如下：

01 在 Visual Studio 2010 集成开发环境中新建一个网站，然后创建一个 Default 的默认窗体，在 Defautlt.aspx.cs 后台代码文件的 Page_Load 页面加载事件中，输入如下代码：

```
XmlTextWriter writer = new XmlTextWriter("F:\\我的文稿\\源代码\\第 10 章\\实例 10-2\\film.xml", null);
            writer.Formatting = Formatting.Indented;
            writer.WriteStartElement("电影列表");
            writer.WriteStartElement("电影");
            writer.WriteAttributeString("主演", "杨幂/郭采洁");
            writer.WriteElementString("片名", "小时代");
```

```
7.          writer.WriteElementString("导演", "郭敬明");
8.          writer.WriteEndElement();
9.          writer.WriteWhitespace("\n");
10.         writer.WriteRaw("<电影 主演='赵又廷/韩庚'>" + "<片名>致青春</片名>" +"<导演>赵
    薇</导演>" + "</电影>");
11.         writer.WriteRaw("\n    <电影 主演='文章/黄渤'>\n" + "<片名>西游降魔篇</片名>\n" +"
    <导演>周星驰</导演>\n" + "</电影>\n");
12.         writer.WriteFullEndElement();
13.         writer.Close();
```

代码解析：

在上面的代码中，第 1 行创建了一个名为 writer 的 XmlTextWriter 对象。当这个对象被创建时，它被关联到名为 film.xml 的文件。第 2 行使用自动缩进功能，从而便于阅读。第 3 创建了一个名为“电影列表”的根元素，WriteStartElement 方法创建了这个元素的起始标记。第 4 行创建一个名为“电影”的子元素。第 5~7 行添加“电影”元素的三个子元素：主演、片名和导演。第 8 行调用 WriteEndElement 方法关闭“电影”子元素。第 9 行在节点间进行换行。第 10 行使用原始字符串书写第 2 个“电影”元素。第 11 行使用格式化的字符串书写第 3 个“电影”元素。第 12 行关闭根元素。第 13 行将 XML 数据写入文件并关闭 write 对象。

02 运行 Default 页面，在指定的路径中会出现创建的 film.xml 文件。运行该文件，浏览中显示如图 10-4 所示的页面。

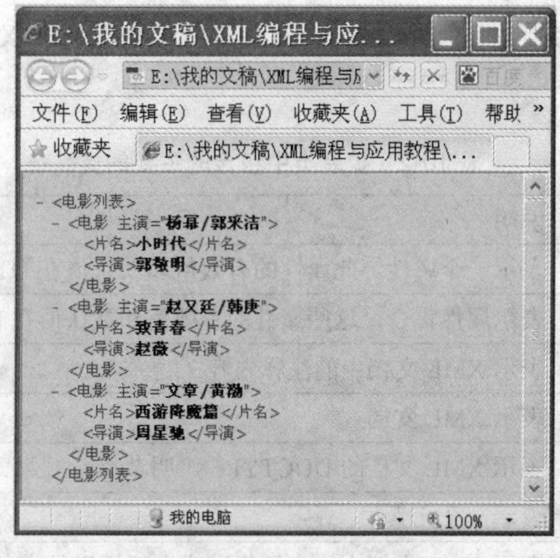

图 10-4 浏览器运行结果

10.4 使用 DOM 处理 XML

在.NET 中，除了可以使用流模式来处理 XML 以外，还可以使用 DOM 来处理 XML。在.NET 框架中实现了对 DOM 规范的良好支持，并提供了一些扩展技术，使得开发人员对

XML 文档的处理更加简便。而基于.NET 框架的 ASP.NET，可以充分使用.NET 类库来实现对 DOM 的支持。

根据前面章节中所介绍的内容，我们已经知道，DOM 在缓存中是以树状节点的形式来描述 XML 数据的。DOM 节点具有如下特性：

- DOM 节点通常都有唯一父节点。
- DOM 节点通常可以拥有多个子节点。
- 某些 DOM 节点不能拥有子节点。
- XML 的属性被视为 DOM 节点的属性。

.NET 类库中支持 DOM 的类主要存在于 System.Xml 和 System.Xml.XmlDocument 命名空间中。这些类分为两个层次：基础类和扩展类。基础类组包括了用来编写操纵 XML 文档的应用程序所需要的类；扩展类被定义用来简化程序员的开发工作的类。

在基础类中包含了三个类：

- XmlNode 类用来表示文档树中的单个节点，它描述了 XML 文档中各种具体节点类型的共性，它是一个抽象类，在扩展类层次中有它的具体实现。
- XmlNodeList 类用来表示一个节点的有序集合，它提供了对迭代操作和索引器的支持。
- XmlNamedNodeMap 类用来表示一个节点的集合，该集合中的元素可以使用节点名或索引来访问，支持了使用节点名称和迭代器来对属性集合的访问，并且包含了对命名空间的支持。

扩展类中除了前面介绍的三个类以外，还包括了以下几个由 XmlNode 类派生出来的类，如表 10-2 所示。

表 10-2　扩展类中包含的主要的类

类	说明
XmlAttribute	表示一个属性。此属性的有效值和默认值在 DTD 或架构中进行定义
XmlAttributeCollection	表示属性集合，这些属性的有效值和默认值在 DTD 或架构中进行定义
XmlComment	表示 XML 文档中的注释内容
XmlDocument	表示 XML 文档
XmlDocumentType	表示 XML 文档的 DOCTYPE 声明节点
XmlElement	表示一个元素
XmlEntity	表示 XML 文档中一个解析过或未解析过的实体
XmlEntityReference	表示一个实体的引用
XmlLinkedNode	获取紧靠该节点（之前或之后）的节点

10.4.1　使用 DOM 加载及保存 XML 数据

使用 DOM 可以创建一个 XmlDocument 对象来包含和处理 XML 数据，XmlDocument 类

是 XML 文档的.NET 表示形式，它代表了内存中树形结构的文档节点（所有的节点都在文档节点下）。XmlDocument 类包含所有的 CreateXXX()方法，这些方法允许创建所有派生自 XmlNode 的类型节点，通常将该类与 XmlNode 类一起使用，以完成对文档的操作。

创建 XML 文档的方法有以下两种。

1．创建不带参数的 XmlDocument

使用不带参数的构造函数创建一个 XmlDocument 对象 doc 的代码如下：

```
XmlDocument doc = new XmlDocument();
```

2．创建一个 XmlDocument 并将 XmlNameTable 作为参数传递

XmlNameTable 类是原子化字符串对象的表。该表为 XML 分析器提供了一种高效的方法，即对 XML 文档中所有重复的元素和属性名使用相同的字符串对象。创建文档时，将自动创建 XmlNameTable，并在加载此文档时用属性和元素名加载 XmlNameTable。如果已经有一个包含名称表的文档，且这些名称在另一个文档中会很有用，则可使用将 XmlNameTable 作为参数的 Load 方法创建一个新文档。使用此方法创建文档后，该文档使用现有 XmlNameTable，后者包含所有已从其他文档加载到此文档中的属性和元素。它可用于有效地比较元素和属性名。以下代码是创建带参数的 XmlDocument：

```
System.Xml.XmlDocument doc = new XmlDocument(xmlNameTable);
```

在以上代码中，使用带参数的构造函数创建一个 XmlDocument 对象 doc，其中 System.Xml 是 XmlDocument 的命名空间。

XML 创建完毕后必须使用 Save 方法保存 XML 文档，Save 方法有 4 个重载方法。

- Save(string filename)：将文档保存到文件 filename 的位置。
- Save(System.IO.Stream outStream)：保存到流 outStream 中，流的概念存在于文件操作中。
- Save(System.IO.TextWriter writer)：保存到 TextWriter 中，TextWriter 也是文件操作中的一个类。
- Save(XmlWriter w)：保存到 XmlWriter 中。

例如，下面的代码用于实现对 Xml 文档的保存：

```
1.  XmlDocument doc = new XmlDocument();
2.  doc.Save(Server.MapPath("XMLFile.xml"));
```

代码解析：

在以上代码中，第 1 行创建一个 XmlDocument 对象 doc。第 2 行调用 doc 对象的 Save 方法将文档数据保存到当前程序的 XMLFile.xml 文件中。

DOM 可以将不同的格式的 XML 读入内存，这些格式可以是字符串、流、URL、文本读取器或 XmlReader 的派生类。读取的 XML 数据方法有两种：

- Load 方法，该方法加载指定的 XML 数据，共包含 4 个重载函数。
  - XmlDocument.Load (Stream)：从指定的流加载 XML 文档。
  - XmlDocument.Load (String)：从指定的 URL 加载 XML 文档。
  - XmlDocument.Load (TextReader)：从指定的 TextReader 加载 XML 文档。
  - XmlDocument.Load (XmlReader)：从指定的 XmlReader 加载 XML 文档。
- LoadXML 方法，该方法没有重载函数，仅仅是 XmlDocument.LoadXML(String)，从字符串中读取 XML。

【实例 10-3】创建 XML 文件

本例将演示如何使用 XmlDocument 对象加载 XML 字符串，然后将 XML 数据保存到一个 XML 的文件中。具体实现步骤如下：

01 启动 Visual Studio 2010，创建一个 ASP.NE Web 应用程序，命名为“实例 10-3”。

02 利用鼠标双击网站目录下的“Default.aspx.cs”文件，在该文件中编写如下逻辑代码：

```
1.  protected void Page_Load(object sender, EventArgs e){
2.          XmlDocument doc = new XmlDocument();
3.              doc.LoadXml("<FILM>" +
4.                  "<NAME>小时代</NAME>" +
5.                  "<STARRING>杨幂/郭采洁</STARRING>" +
6.                  "<DIRECTOR>郭敬明</DIRECTOR>" +
7.              "<PRICE>￥70.00</PRICE>" +
8.              "</FILM>");
9.              doc.Save(Server.MapPath("film.xml"));
10.     }
```

代码说明：

第 1 行定义处理页面 Page 加载事件 Load 的方法。第 2 行创建一个 XmlDocument 对象 doc。第 3~8 行利用 doc 对象的 LoadXML 方法从字符串中把 XML 数据加载到 doc 中，分别添加了 4 个标签和标签的内容。第 9 行利用 doc 的 Save 方法把 XML 数据保存到 film.xml 文件中。

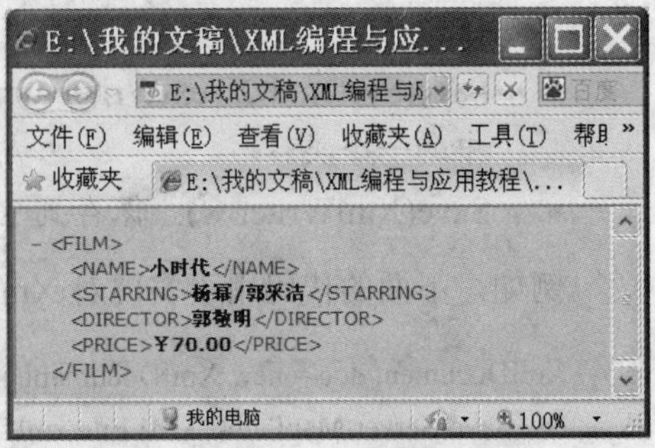

03 右键单击“film.xml”文件，在弹出的快捷菜单中选择“在浏览器中查看”命令。运行后的效果如图 10-5 所示。

图 10-5　运行结果

10.4.2　使用 DOM 访问 XML

在创建了 XmlDocument 对象并为其加载了 XML 数据之后，我们就可以解析和遍历这个

XML 数据，以及增加、删除或修改节点。

1. XmlNode 类和 XmlNodeLsit 类

XmlNode 类是一个非常重要的类，它代表了 XML 文档中的某个节点，主要用于根据节点特性操作 XML 文档，是作为浏览文档时的节点指针来使用的。

很多用来表示 DOM 中的节点的类是从 XmlNode 类继承而来的，这些类包括：XmlDocument、XmlDateDocument、XmlDocumentFragment、XmlEntity、XmlLinkedNode、XmlAttribute 和 XmlNotation。其中，三个最主要的子类是：XmlDocument、XmlDataDocument 以及 XmlDocumentFragment。XmlDocument 类代表了一个 XML 文档，它提供了载入和保存 XML 文档的方法和属性。这些方法包括了 Load、LoadXml 和 Save 等。同时，它还提供了添加特性（Attributes）、说明（Comments）、空间（Spaces）、元素（Elements）和新节点（New Nodes）等 XML 项的功能。XmlDocumentFragment 类代表了一部分 XML 文档，它能被用来添加到其他的 XML 文档中。XmlDataDocument 类可以让开发人员更好地完成和 ADO.NET 中的数据集对象之间的互操作。

通过使用 XmlNode 对象及其派生类的属性，就可以返回有关 XML 源文档内容的信息，这有助于浏览内存中的 XmlDocument 对象。

在解析 XML 文档时，我们需要结合使用两种不同类型的属性：信息属性和浏览属性，对其说明分别如表 10-3 及表 10-4 所示。

表 10-3　XmlNode 类获取信息的属性

属性	功能描述
InnerText	节点及其所有子节点的串联值，不包含 XML 标签
InnerXml	仅代表该节点的子节点的标记
OuterXml	此节点及其所有子节点的标记
Name	节点的限定名
NodeType	节点的类型，例如文档、元素、属性、注释等
Value	以字符串类型返回节点的内容

表 10-4　XmlNode 类控制枚举指针的属性

属性	功能描述
FirstChild	节点的第一个子节点
LastChild	节点的最后一个子节点
HasChildNodes	判断当前节点是否有子节点
NextSibling	紧接在当前节点之后的同级节点
PreviousSibling	紧接在该节点之前的同级节点
ParentNode	其直接父节点

通常，我们可以创建并使用一个 XmlNode 对象，这有助于在 XmlDocument 对象中浏览、

创建或修改节点。在 XmlDocument 对象结构中，XmlNode 对象的功能类似于指向节点的指针或游标。由于 XmlDocument 中的很多节点都是继承自 XmlNode 类，所以，我们可以使用 XmlNode 对象来引用 XmlDocument 对象中的所有节点。

在选择了 XmlDocument 对象中的某个节点之后，我们就可通过查看属性来提取信息以及修改内容、插入新节点或删除现有的节点。

XmlNodeList 类也是一个非常重要的类，它表示的是 XmlNode 的有序集合，通常，调用下列方法就会返回 XmlNodeList 对象：

- XmlNode.ChildNodes()
- XmlNode.SelectNodes()
- XmlDocument.GetElementsByTagName()

XmlNodeList 具有以下常用属性和方法。

- Count 属性：以整数形式返回 XmlNodeList 中的节点数。
- ItemOf 属性：搜索在指定索引处的节点。
- GetEnumerator()方法：提供迭代遍历节点列表的 foreach 样式。
- Item()方法：返回参数指定的索引处的节点。

2. 读取 XML 文档节点

ASP.NET 的 DOM 提供了基于 XPath 的导航方法，使用这些导航方法可以方便地查询 DOM 中的信息。

DOM 提供了以下两种 XPath 导航方法。

- SelectSingleNode 方法：返回符合选择条件的第一个节点。
- SelectNodes 方法：返回包含匹配节点的 XmlNodeList。

【实例 10-4】获取 XML 文档节点信息

本例将演示使用 SelectNodes 方法从 XML 文档中获取“film”节点，并把获得每个节点的数据输出到页面上。

01 启动 Visual Studio 2010，创建一个 ASP.NE Web 应用程序，命名为“实例 10-4”。

02 在该网站中创建一个“film.xml”文件，文件中的内容如下所示。

```
<?xml version="1.0" encoding="utf-8" ?>
<filmlist>
<film>
    <name>致青春</name>
    <starring>赵又廷/韩庚</starring>
    <director>赵薇</director>
    <price>70</price>
</film>
```

```
<film>
   <name>小时代</name>
   <starring>杨幂/郭采洁</starring>
   <director>郭敬明</director>
   <price>60</price>
</film>
<film>
   <name>西游降魔篇</name>
   <starring>文章/黄渤</starring>
   <director>周星驰</director>
   <price>80</price>
</film>
</filmlist >
```

03 利用鼠标双击网站目录下的“Default.aspx.cs”文件，在该文件中编写如下逻辑代码：

```
1.  protected void Page_Load(object sender, EventArgs e){
2.     XmlDocument doc = new XmlDocument();
3.     doc.Load(Server.MapPath("film.xml"));
4.     XmlNodeList nodeList;
5.     XmlNode root = doc.DocumentElement;
6.     nodeList = root.SelectNodes("//film");
7.     foreach (XmlNode xmlNode in nodeList) {
8.     XmlNodeList list = xmlNode.ChildNodes;
9.     foreach (XmlNode xmlNode1 in list) {
10.          Response.Write(xmlNode1.InnerText);
11.          Response.Write(" ");
12.       }
13.       Response.Write("<br>");
14.    }
15. }
```

代码解析：

在以上代码中，第 1 行定义处理页面 Page 加载事件 Load 的方法。第 2 行创建 DOM 对象 doc。第 3 行把 XML 文档通过 Load 方法装入 doc。第 4 行定义节点列表 XmlNodeList 的对象 nodeList。第 5 行通过 doc 对象的 DocumentElement 属性定义根节点对象 root。第 6 行查找“film”节点列表。第 7 行使用 foreach 循环遍历节点列表。第 8 行使用 ChildNodes 属性获得 basic 节点下的所有子节点。第 9 行使用 foreach 循环遍历子节点的内容。第 10 行输出子节点包含的数据内容。

04 按快捷键“Ctrl+F5”运行程序，效果如图 10-6 所示。

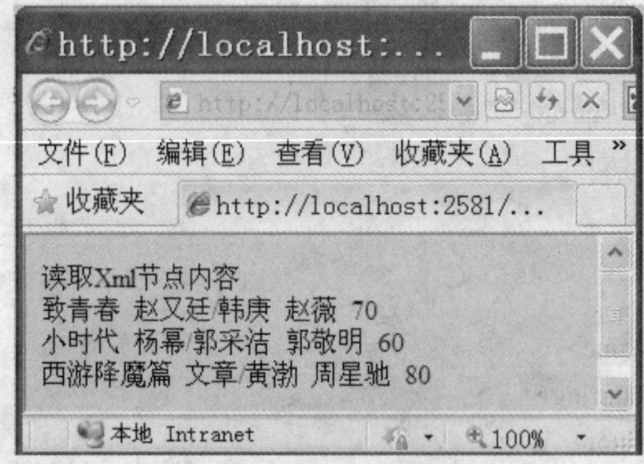

图 10-6 运行结果

3. 创建新节点

XmlDocument 具有用于所有节点类型的 Create 方法，为该方法提供节点名称、节点内容或节点参数后就可创建节点。表 10-5 列举了 XmlDocument 常用的创建节点的方法。

表 10-5 创建节点的方法

方法	说明
CreateAttribute	创建具有指定名称的 XmlAttribute
CreateCDataSection	创建包含指定数据的 XmlCDataSection
CreateComment	创建包含指定数据的 XmlComment
CreateDocumentType	创建新的 XmlDocumentType 对象
CreateElement	创建 XmlElement
CreateEntityReference	创建具有指定名称的 XmlEntityReference
CreateNode	创建 XmlNode
CreateTextNode	创建具有指定文本的 XmlText

在创建新节点后，就可以利用方法来给新创建的节点添加信息，将其插入到 XML 结构树中。表 10-6 列出了这些常用的方法。

表 10-6 向 XML 结构树中插入节点的方法

方法	说明
InsertBefore	插入到引用节点之前
InsertAfter	插入到引用节点之后
AppendChild	将节点添加到给定节点的子节点列表的末尾
PrependChild	将节点添加到给定节点的子节点列表的开头
Append	将 XmlAttribute 节点追加到与元素关联的属性集合的末尾

我们可以在 XmlDocument 对象中创建新的元素节点和文本节点，调用 XmlDocument.CreateElement()方法创建新的元素节点，例如，下面的代码创建了一个新的元

素节点，节点名称为“film”：

```
XmlDocument doc = new XmlDocument();
XmlElement filmNode = doc.CreateElement("film");
```

如果要创建新的文本节点，既可以使用 XmlDocument 对象中的 CreateTextNode()方法，也可以使用 XmlElement 对象的 InnerText 属性。

为元素节点创建属性节点的方法有以下两种。

（1）使用 XmlElement.SetAttribute()方法

如果存在一个 XmlElement 对象，这个对象引用了将要添加属性的元素节点，则可以使用 XmlElement.SetAttribute()方法，这个方法以属性名和属性值作为参数，其语法格式如下：

```
XmlElement 对象名.SetAttribute("属性名", "属性值");
```

（2）使用 CreateAttribute 和 SetAttributeNode 方法

我们也可以使用 XmlDocument 对象中的 CreateAttribute()方法创建独立的属性节点，设置属性值，然后通过 XmlElement 对象的 SetAttributeNode 方法，将该节点插入内存中的 XmlDocument 对象。与使用 SetAttribute()方法不同，这个过程要求额外的步骤来设置属性值和插入新节点。

【实例 10-5】创建新节点

本例将演示如何动态创建 XML 数据节点，用户在文本框中输入节点的信息，单击“创建”按钮，完成节点的创建。具体实现过程如下：

01 启动 Visual Studio 2010，创建一个 ASP.NE Web 应用程序，命名为“实例 10-5”。

02 在该网站中创建一个“film.xml”文件，文件中的内容与“实例 10-4”中的“film.xml”文件相同。

03 利用鼠标双击网站目录下的“Default.aspx”文件，进入到“视图编辑”界面，从工具箱中拖动 1 个 Label 控件、1 个 Button 控件和 4 个 TextBox 控件。切换到“源视图”，在<form>和</form>标记之间编写如下代码：

```
1.  请输入节点的内容<br>
2.  片名：<asp:TextBox ID="TextBox1" runat="server"></asp:TextBox><br>
3.  主演：<asp:TextBox ID="TextBox2" runat="server"></asp:TextBox><br>
4.  导演：<asp:TextBox ID="TextBox3" runat="server"></asp:TextBox><br>
5.  票价：<asp:TextBox ID="TextBox4" runat="server" Height="17px"
    Width="132px"></asp:TextBox><br>
6.  <asp:Button ID="Button1" runat="server" Text="创建节点" onclick="Button1_Click"/>
7.  <asp:Label ID="Label1" runat="server" Text=""></asp:Label>
```

代码解析：

在上面的代码中，第 2~5 行分别添加了 4 个服务器文本框控件，用于用户输入片名、主演、导演和票价的内容。第 6 行添加一个服务器按钮控件并设置显示的文本和单击按钮的处理事件 Click。第 7 行添加一个服务器标签控件 Label1。

04 利用鼠标双击网站目录下的 Default.aspx.cs 文件，在该文件中编写如下逻辑代码：

```
1.  protected void Button1_Click(object sender, EventArgs e){
2.          XmlDocument doc = new XmlDocument();
3.          doc.Load(Server.MapPath("film.xml"));
4.          string str = "<name>" + TextBox1.Text + "</name>";
5.          string str1 = "<starring>" + TextBox2.Text + "</starring>";
6.          string str2 = "<director>" + TextBox3.Text + "</director>";
7.          string str3 = "<price>" + TextBox4.Text + "</price>";
8.          string str4 = "<filmlist>" + "<film>" + str + str1 + str2 + str3 + "</film>" + "</filmlist>";
9.          XmlDocument doc1 = new XmlDocument();
10.         doc1.LoadXml(str4);
11.         XmlNode node = doc.ImportNode(doc1.DocumentElement.LastChild, true);
12.         doc.DocumentElement.AppendChild(node);
13.         doc.Save(Server.MapPath("film.xml"));
14.         Label1.Text = "创建新节点成功！";
15. }
```

代码解析：

在上面的代码中，第 1 行定义处理按钮控件 Button1 的单击事件 Click 的方法。第 2 行定义 XmlDocument 对象 doc。第 3 行使用 doc 对象把 film.xml 文件加载到内存中。第 4~7 行设置文件的标记和输入文本框的内容。第 8 行通过拼接字符串将添加 XML 文档内容赋给字符串对象 str4。第 9 行定义 XmlDocument 对象 doc1。第 10 行调用 doc1 的 LoadXml 方法将 str4 作为参数读入 film.xml 文件中。第 11 行调用 doc 对象的 ImportNode 方法将 doc1 对象的最后一个子节点导入 doc 对象加载的文档中，并赋给一个创建的节点对象 node。第 12 行调用 doc 对象根节点添加子节点的方法 AppendChild 添加 node 节点。第 13 行把修改后的 doc 对象保存到“film.xml”。第 14 行在标签控件上显示创建成功的提示。

05 按快捷键“Ctrl+F5”运行程序，效果如图 10-7 所示。用户输入新节点的内容，单击“创建节点”按钮，显示创建节点成功的提示。

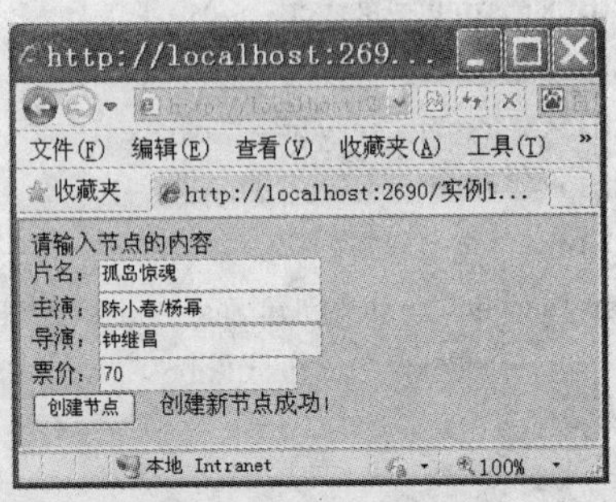

图 10-7 运行结果 1

06 右键点击“film.xml”文件，在弹出的快捷菜单中选择“在浏览器中查看”命令。运行后的效果如图 10-8 所示。

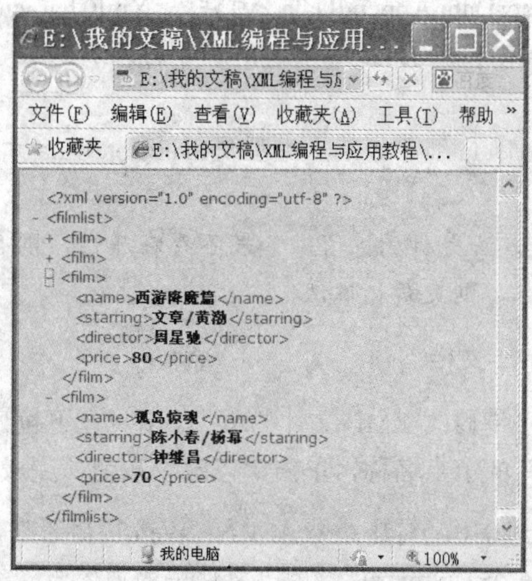

图 10-8 运行结果 2

4. 修改节点内容

在修改或删除 XmlDocument 对象中的节点之前，必须先找到要操作的节点。定位节点或节点集的方法有以下几种。

（1）查找特定的节点

要想引用 XmlDocument 对象中的单个节点，可利用 XPath 表达式为参数调用 SelectSingleNode()函数。

（2）查找节点集

以 XPath 表达式为参数调用 SelectNodes()函数，例如以下代码：

```
XmlNodeList cheapFilms = null;
cheapFilms = doc.SelectNodes("//film[price >60]");
```

（3）查找元素

我们也可以使用 XmlElement 或 XmlDocument 对象的 GetElementsByTagName()方法获取指定名称的元素集，例如以下代码：

```
XmlNodeList allFilms = null;
allFilms = doc.GetElementsByTagName("film");
```

在定位到一个节点或获得了一个节点集之后，我们就可以通过多种方法来修改 XML 文档的节点、内容和值。常用的修改 XML 文档的方法如下。

- 使用 XmlNode.Value 方法更改节点值。

- 通过利用新节点替换节点来修改全部节点集，可使用 XmlNode.InnerXml 属性完成。
- 使用 XmlNode.ReplaceChild 方法用新节点替换现有节点。
- 使用 XmlCharacterData.AppendData 方法、XmlCharacterData.InsertData 方法或 XmlCharacterData.ReplaceData 方法将附加字符添加到从 XmlCharacter 类继承的节点。
- 对从 XmlCharacterData 继承的节点类型使用 DeleteData 方法移除某个范围的字符来修改内容。
- 使用 SetAttribute 方法更新属性值。如果不存在属性，则 SetAttribute 创建一个新属性；如果存在属性，则更新属性值。

【实例 10-6】修改 XML 文档

本例将演示在应用程序中修改 XML 文件的节点。用户在下拉列表中选择要修改的节点，然后在文本框中输入要更新的节点名称，单击“修改”按钮，完成修改文件的操作。

01 启动 Visual Studio 2010，创建一个 ASP.NE Web 应用程序，命名为“实例 10-6”。

02 在该网站中创建一个“filmxml”文件，文件中的内容与“实例 10-4”中的“film.xml”文件相同。

03 利用鼠标双击网站目录下的“Default.aspx”文件，进入“视图编辑”界面，从工具箱中拖动 1 个 GridView 控件、1 个 DropDownList 控件、1 个 TextBox 控件和 1 个 Button 控件。切换到“源视图”，在<form>和</form>标记之间编写如下代码：

```
1.  <h3>修改 XML 文档</h3>
2.  <asp:GridView ID="GridView1" runat="server"></asp:GridView>
3.  请选择节点<asp:DropDownList ID="DropDownList1" runat="server"    AutoPostBack="True">
4.  </asp:DropDownList><br />
5.  新节点名<asp:TextBox ID="TextBox1" runat="server"></asp:TextBox>
6.  <asp:Button ID="Button1" runat="server" Text="修改" onclick="Button1_Click" />
```

代码解析：

在上面的代码中，第 1 行显示标题文本。第 2 行添加一个服务器列表控件 GridView1 来显示 XMKL 文档的信息。第 3 行添加一个服务器下拉列表控件 DropDownList1 并设置自动回传服务器。第 5 行添加一个服务器文本框控件 TextBox1。第 6 行添加服务器按钮控件并设置显示的文本和单击按钮处理事件 Click。

04 用鼠标双击网站目录下的 Default.aspx.cs 文件，在该文件中编写如下逻辑代码：

```
protected void Page_Load(object sender, EventArgs e){
        if (!IsPostBack){
                DataSet ds= new DataSet();
                ds.ReadXml(Server.MapPath("film.xml"));
                GridView1.DataSource = ds;
                GridView1.DataBind();
```

```
7.                  DropDownList1.DataSource = ds;
8.                  DropDownList1.DataTextField = "name";
9.                  DropDownList1.DataBind();
10.             }
11.         }
12.         protected void Button1_Click(object sender, EventArgs e){
13.             XmlDocument doc = new XmlDocument();
14.             doc.Load(Server.MapPath("film.xml"));
15.             XmlNodeList xnl =
                        doc.SelectSingleNode("filmlist").ChildNodes;
16.             foreach (XmlNode xn in xnl){
17.                 XmlElement xe = (XmlElement)xn;
18.                 if (xe.Name == "film"){
19.                     XmlNodeList xnlChild = xe.ChildNodes;
20.                     foreach (XmlNode xnChild in xnlChild){
21.                         XmlElement xeChild = (XmlElement)xnChild;
22.                         if (xeChild.Name == "name" && xeChild.InnerText ==
                                this.DropDownList1.SelectedValue.Trim()){
23.                     xeChild.InnerText = TextBox1.Text.Trim();
24.                     Response.Write("<script>alert('修改成功')</script>");
25.                     }
26.                 }
27.             }
28.         }
29.         doc.Save(Server.MapPath("film.xml"));
30.         Response.Write("<script>location='Default.aspx'</script>");
31.     }
```

代码解析：

在上面的代码中，第 1 行定义处理页面 Page 加载事件 Load 的方法。第 2 行判断如果当前加载的页面是否为回传页面。第 3 行创建 DataSet 对象 ds。第 4 行调用 ds 对象 ReadXml 方法读取 film.xml。第 5 行将 ds 作为列表控件 GridView1 的数据源。第 6 行绑定数据到 GridView1 控件。第 7 行将 ds 作为下拉列表控件 DropDownList1 的数据源。第 8 行绑定显示在 DropDownList1 的是“NAME 标记”中的内容。第 9 行绑定数据到 DropDownList1 控件。

第 12 行定义处理按钮控件 Button1 的单击事件 Click 的方法。第 13 行创建 XmlDocument 对象 doc。第 14 行加载 XMLFile.xml 文件。第 15 行获取 XML 文件中 DocumentElement 节点下的所有子节点集合。第 16 行循环遍历所有节点集合中的子节点。第 17 行获取每一个节点元素。第 18 行判断节点是否为 film。第 19 行获取节点下所有子节点的集合。第 20 行遍历所有子节点集合中的节点。第 21 行获取每一个节点元素。第 22 行判断如果节点元素的名称是“name”，同时节点元素的内容和下拉列表控件 DropDownList1 中用户选择的值相同，则第 23 行将用户输入文本框的新节点值赋给要修改的节点元素。第 24 行在页面显示修改成功的对话框。第 29 行把修改后的 doc 对象保存到"file.xml"。第 30 行跳转页面到 Default.aspx。

05 按快捷键"Ctrl+F5"运行程序，效果如图 10-9 所示。用户选择要修改的节点，输入新节点名称，单击"修改"按钮。

06 修改文档后的界面如图 10-10 所示。

图 10-9 运行结果 1

图 10-10 运行结果 2

5. 删除节点

文档对象模型 DOM 保存在内存中之后，可以删除 XML 中的节点，或删除特定节点类型中的内容和值。

（1）删除特定节点

如果要从 DOM 中移除节点，可以使用 RemoveChild 方法移除特定节点。移除节点时，此方法将移除属于移除节点的所有子树。

如果要从 DOM 中移除多个节点，可以使用 RemoveAll 方法移除当前节点的所有子级和属性。

如果使用 XmlNamedNodeMap，则可以使用 RemoveNamedItem 方法移除节点。

（2）删除属性集合中的属性

可以使用 XmlAttributeCollection.Remove 方法移除特定属性，也可以使用 XmlAttributeCollection.RemoveAll 方法移除集合中的所有属性，使元素不具有任何属性，或者使用 XmlAttributeCollection.RemoveAt 方法移除属性集合中的属性（通过使用其索引号）。

（3）删除节点属性

使用 XmlElement.RemoveAllAttributes 移除属性集合；使用 XmlElement.RemoveAttribute 方法按名称移除集合中的单个属性；使用 XmlElement.RemoveAttributeAt 按索引号移除集合中的单个属性。

（4）删除节点内容

可以使用 DeleteData 方法移除字符，此方法从节点中移除某个范围的字符。如果要完全

移除内容，则移除包含此内容的节点。如果要保留节点，但节点内容不正确，则修改内容。

【实例 10-7】删除节点内容

本实例将演示在应用程序中删除 XML 文件的节点。当用户在下拉列表中选择要删除的节点时，单击“删除”按钮，可完成对节点的删除操作，具体步骤如下。

01 启动 Visual Studio 2010，创建一个 ASP.NE Web 应用程序，命名为“实例 10-7”。

02 在该网站中创建一个“film.xml”文件，文件中的内容与“实例 10-4”中的“film.xml”文件相同。

03 用鼠标双击网站目录下的“Default.aspx”文件，进入“视图编辑”界面，从工具箱中拖动 1 个 GridView 控件、1 个 DropDownList 控件和 1 个 Button 控件。

04 用鼠标双击网站目录下的 Default.aspx.cs 文件，在该文件中编写关键逻辑代码如下：

```
1.   protected void Button1_Click(object sender, EventArgs e){
2.           XmlDocument doc = new XmlDocument();
3.           doc.Load(Server.MapPath("film.xml"));
4.           XmlNodeList node;
5.           XmlElement root = doc.DocumentElement;
6.           node = root.SelectNodes("descendant::film[name='"+DropDownLi st1 .Text .Trim ()+"']");
7.           foreach (XmlNode n in node){
8.               root.RemoveChild(n);
9.           }
10.          Response.Write("<script>alert('删除节点成功!')</script>");
11.          doc.Save(Server.MapPath("film.xml"));
12.  }
```

代码解析：

在上面的代码中，第 1 行定义处理按钮控件 Button1 的单击事件 Click 的方法。第 2 行创建 XmlDocument 对象 doc。第 3 行加载 film.xml 文件。第 4 行声明 XmlNodeList 对象 node。第 5 行定义调用 doc 对象的 DocumentElement 获得根节点对象 root。第 6 行通过根节点对象 root 的 SelectNodes 获得“film”节点下用户选择的“name”子节点元素。第 7 行循环遍历用户选择的子节点元素下的所有子节点。第 8 行调用 root 对象的 RemoveChild 方法删除这些子节点内容。第 10 行显示删除成功对话框。第 11 行把删除数据后的 doc 对象保存到 film.xml。

05 按快捷键“Ctrl+F5”运行程序，效果如图 10-11 所示。用户选择要删除的节点，单击“删除”按钮。

06 删除节点后的界面如图 10-12 所示。

图 10-11 运行结果 1

图 10-12 运行结果 2

10.5 ADO.NET 与 XML

利用 ADO.NET，不仅能够提供对关系数据源中的传统表格式数据视图的支持，而且还集成了对 XML 的强大支持。ADO.NET 和 XML 之间的关系以若干个级别存在于基础结构中，因此我们可以基于自己的应用程序要求以灵活的方式使用 XML 数据技术。

10.5.1 ADO.NET 简介

在 Web 系统开发中，数据的操作占据了大量的工作，要操作的数据包括：存储在数据库中的数据、存储在文件中的数据以及 XML 数据，其中操作存储在数据库中的数据最为普遍。ASP.NET 提供了 ADO.NET 技术，它是一组向.NET 编程人员公开数据访问服务的类。ADO.NET 提供了对关系数据、XML 和应用程序数据的访问，所以是.NET Framework 不可缺少的一部分。ADO.NET 支持多种开发需求，包括创建由应用程序、工具、语言或 Internet 浏览器使用的前端数据库客户端和中间层业务对象。

ADO.NET 组件将数据访问与数据处理分离。它是通过两个主要的组件：.NET 数据提供程序和 Dataset 来完成这一操作的。

图 10-13 是 ADO.NET 的组件结构图，在这里除了可以清楚地看到其内部组成外，还可以看出数据访问的一般方式：一是通过 DataReader 对象来直接访问；另一种则是通过 DataSet 和 DataAdapter 来访问。

ADO.NET 体系结构的一个核心元素是.NET 数据提供程序，它是专门为数据处理以及快速地只进、只读访问数据而设计的组件，包括 Connection、Command、DataReader 和 DataAdapter 对象的组件，具体说明如表 10-7 所示。

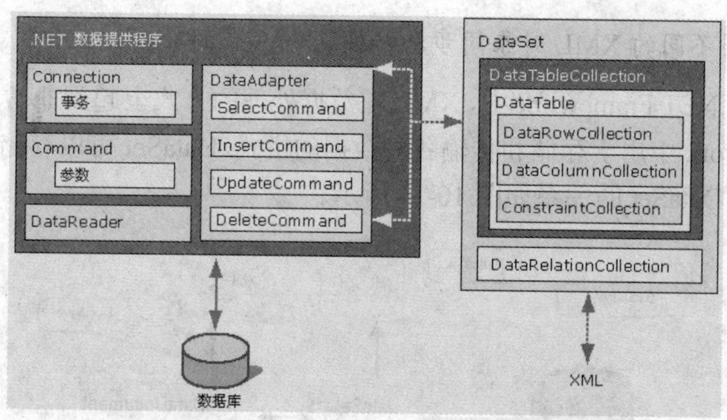

图 10-13　ADO.NET 组件结构图

表 10-7　数据提供者的对象

对象名称	描述
Connection	提供与数据源的连接
Command	用于返回数据、修改数据、运行存储过程，以及发送或检索参数信息的数据库命令
DataReader	从数据源中提供高性能的数据流
DataAdapter	提供连接 DataSet 对象和数据源的桥梁，使用 Command 对象在数据源中执行 SQL 命令，以便将数据加载到 DataSet 中，并使对 DataSet 中数据的更改与数据源保持一致

DataSet 是 ADO.NET 体系结构中的另一个核心组件，它是专门为各种数据源的数据访问独立性而设计的，所以它可以用于多个不同的数据源、XML 数据或管理应用程序的本地数据，如内存中的数据高速缓存。DataSet 包含一个或多个 DataTable 对象的集合，这些对象由数据行、数据列，以及有关 DataTable 对象中数据的主键、外键、约束和关系信息组成。

10.5.2　XML 与 DataSet 对象的关系

XML 与 DataSet 之间有着密切的关系：DataSet 是分离存储和使用关系型数据的基础，它是一个容器，可以包含一个或多个数据表；而 XML 是 DataSet 中数据的标准格式，DataSet 中的数据是以 XML 的形式表示并存储的。

DataSet 对象使用 XML 的原因有以下几点：

- XML 是 Internet 上数据交换的统一格式，是 Internet 上的一种工业标准，使用 XML 可以使不同类型的客户端可以相互自由地交换数据。
- DataSet 可以被序列化为 XML。
- 因为数据集的序列化格式 XML，所以 DataSet 对象可轻松穿过防火墙，而不受任何限制，从而大大简化了远程客户端与服务器之间的数据传送，可以方便地在远程客户端和服务器之间传送 DataSet 的内容。
- XML 和 XML 模式为远程传输 DataSet 的内容提供了便利的格式，我们可以从 DataSet 中提取 XML 模式，也可以从已有的 XML 模式创建 DataSet。

- 可以使用不同的 XML 对象同步和转换 DataSet 的数据。

总而言之，在.NET Framework 中，XML 在数据处理的方式上起到非常重要的作用。XML 是在.NET Framework 中用于存储和传输各种数据的格式。DataSet 可以存储和传输 XML 格式的数据。XML 与 DataSet 的关系如图 10-14 所示。

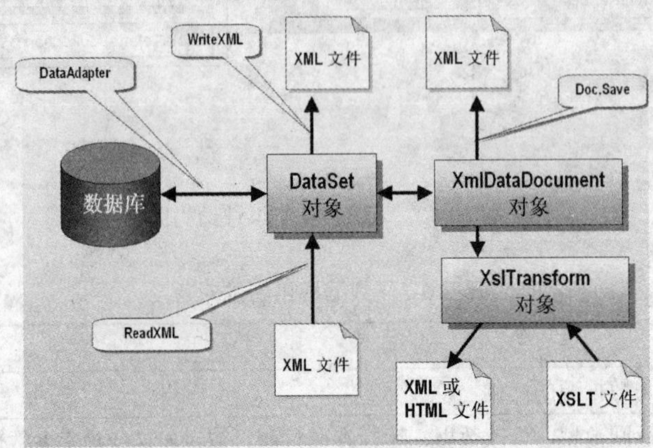

图 10-14　XML 与 DataSet 的关系

10.5.3　使用 DataSet 对象访问 XML

在 ADO.NET 中使用的 DataSet 对象的数据和数据组织形式，本质上都是以 XML 和 XML Schema 来表示的。DataSet 可以使用 XML 进行读取和写入。

要用 XML 中的数据来填充 DataSet，可以使用 DataSet 对象的 ReadXml 方法从文件或流中加载 XML 数据，其语法格式如下：

```
DataSet 对象.ReadXML(Stream | FileName | TextReader | XMLReader, {XMLReadMode mode});
```

若从文件中加载，其语法格式如下：

```
ReadXML (文件名字符串, XmlReadMode 枚举值——可以省略);
```

例如，下面的代码：

```
1. DataSet ds = new DataSet();
2. ds.ReadXml(Server.MapPath("film.xml"));
```

代码解析：

在以上代码中，第 1 行用于构造一个 DataSet 对象，第 2 行使用 XML 文件 film.xml 填充该 DataSet 对象。

若从流中加载，其语法格式如下：

```
ReadXML ( stream 对象, XmlReadMode 枚举值——可以省略)
```

例如，下面的代码：

```
1. DataSet ds = new DataSet();
2. FileStream filmXml = new FileStream ("film.xml",System.IO.FileMode.Open);
3. ds.ReadXML(filmXml, XmlReadMode.ReadSchema );
```

在以上代码中，第 1 行用于构造一个 DataSet 对象，第 2 行使用文件流填充该 DataSet 对象，第 3 行的 XmlReadMode 枚举用来定义读取的内容，其枚举值有以下几个。

- ReadSchema：如果数据集中已经存在一个结构，那么在内嵌结构定义中的任何新表都会被添加到数据集；如果内嵌结构定义中的表在数据集中已经存在，会抛出异常；如果数据集不包含结构定义并且没有内嵌结构定义，则不加载任何数据。
- IgnoreSchema：忽略内嵌结构定义将复合数据集结构的数据加载。
- InferSchema：忽略内嵌结构定义，根据 XML 文件推断一个新的结构，如果数据集中已经存在结构定义，将新结构追加到数据集，然后加载数据。
- DiffGram：读取数据集数据修改信息，将其合并到数据集。
- Fragment：读取 XML 片断并将数据追加到适当的数据集表，主要用于读取直接从 SQL Server 产生的 XML 数据。
- Auto：如果数据集包含一个结构定义或者 XML 文件包含一个内嵌的结构定义，可使用 ReadSchema 选项；如果数据集与 XML 文档都不包含一个结构定义，可使用 InferSchema 选项。
- XMLReaderMode：是可选属性，如果没有明确指定，则默认值是 Auto。但是，考虑到性能问题，一般建议不要使用 Auto 选项。

我们还可以使用 DataSet 对象的 WriteXml 方法，将 DataSet 中的内容写到文件或流中，语法格式如下：

```
DataSet 对象.WriteXml (String    filename | Stream stream    | XmlWriter writer | TextWriter writer,
{XmlWriteMode    mode });
```

若使用 WriteXml 方法将 XML 数据写入文件，则其语法格式如下：

```
WriteXml (文件名字符串, XmlWriteMode 枚举值——可以省略);
```

例如，下面的代码：

```
1. DataSet ds = new DataSet();
2. SqlDataAdapter da = new SqlDataAdapter("select * from    Films", conn);
3. da.Fill(ds);
4. ds.WriteXml(Server.MapPath("film.xml"));
```

在以上代码中，第 1 行构造一个 DataSet 对象，第 2 行使用 SQL 查询语句构造数据适配器，第 3 行将查询语句所得的结果填充到 DataSet 对象，第 4 行将 DataSet 对象中的数据写入名称为“film”的 XML 文档中。

若使用 WriteXml 方法将 XML 数据写入流，则其语法格式如下：

```
WriteXml ( stream 对象, XmlWriteMode 枚举值——可以省略);
```

例如，以下示例代码：

```
1. DataSet ds = new DataSet();
2. SqlDataAdapter da = new SqlDataAdapter("select * from      Films ", conn);
3. da.Fill(ds);
4. System.IO.FileStream FilmStream = new System.IO.FileStream ("film.xml", System.IO.FileMode.Create);
5. ds.WriteXml(FilmStream, XmlWriteMode. WriteSchema);
```

在以上代码中，第 1 行构造一个 DataSet 对象，第 2 行使用 SQL 查询语句构造数据适配器，第 3 行将查询语句所得的结果填充到 DataSet 对象，第 4 行将 DataSet 对象中的数据写入数据流中。第 5 行的 XmlWriteMode 枚举用来指定保存的内容，其枚举值有以下几个。

- IgnoreSchema：仅包含数据集数据的 XML 文件，不包括结构定义，如果数据集为空，那么不创建文件。
- WriteSchema：仅包含数据集结构定义的 XML 文件，如果数据集不包含结构信息，则不创建文件。
- DiffGram：创建一个包含数据集原始数据与当前数据的 XML 文件。

【实例 10-8】将 XML 文档内容读入数据集

本例将演示如何利用 ReadXml 方法来读取 XML 文档并加载到数据集中，具体实现步骤如下：

01 启动 Visual Studio 2010，创建一个 ASP.NE Web 应用程序，命名为“实例 10-8”。

02 在该网站中创建一个“film.xml”文件，文件的具体内容与实例 10-4 中的 XML 文档内容相同。

03 用鼠标双击网站目录下的“Default.aspx”文件，进入的“视图编辑”界面，从工具箱中拖动 1 个 GridView 控件到页面中。

04 用鼠标双击网站目录下的“Default.aspx.cs”文件，在该文件中编写如下逻辑代码：

```
1.  protected void Page_Load(object sender, EventArgs e){
2.          DataSet ds = new DataSet();
3.          ds.ReadXml(Server.MapPath("film.xml"));
4.          myGrid.DataSource = ds;
5.          myGrid.DataBind();
6.  }
```

代码解析：

在以上代码中，第 1 行定义处理页面 Page 加载事件 Load 的方法。第 2 行创建一个 DataSet 数据集对象 ds。第 3 行利用 ds 对象的 ReadXML 方法将 XML 文档中的内容读入到数据集对象中。

图 10-15　运行结果

05 右键单击“film.xml”文件，在弹出的快捷菜单中选择“在浏览器中查看”命令。运行后的效果如图 10-15 所示。

10.6 扩展练习

1. 创建本章所有实例中的 XML 文档和 ASP.NET 程序，并在浏览器中成功运行后查看页面的显示结果。

2. 编写一个 ASP.NET 程序，使用 XmlTextWriter 对象创建一个 XML 文档，运行该文档后，在 IE 浏览器中显示如图 10-16 所示的页面。

3. 编写一个 ASP.NET 程序，将扩展练习 2 创建的 XML 文档读入 DataSet 数据集对象，运行程序后，网页中显示如图 10-17 所示的效果。

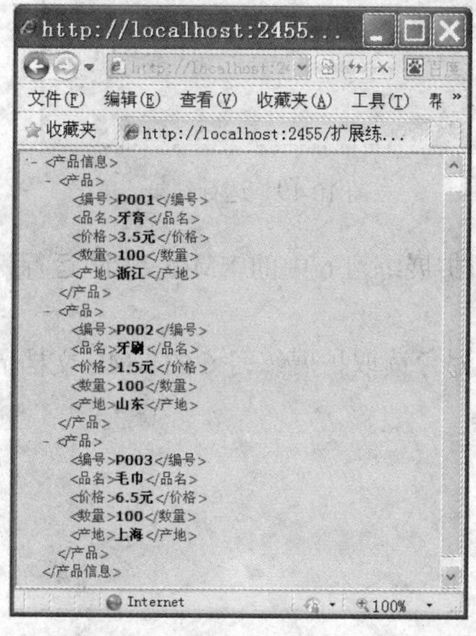

图 10-16 创建的 XML 文档

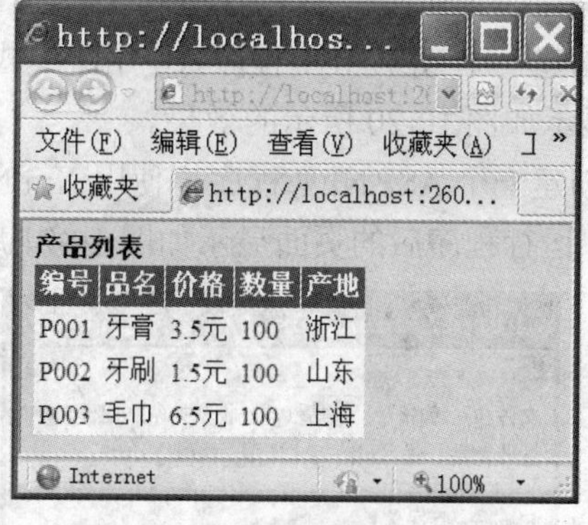

图 10-17 显示 XML 文档内容

4. 编写一个 ASP.NET 程序，使用 Document 对象向扩展练习 2 中所创建的 XML 文件中插入一条产品信息：

编号：P004；品名：肥皂；价格：4 元；数量：200；产地：北京

运行 XML 文件后显示的效果如图 10-18 所示。

5. 编写一个 ASP.NET 程序，使用 Document 对象把在扩展练习 4 中向 XML 文件中插入的产品信息删除，运行该文档后，在 IE 浏览器中显示如图 10-17 所示的效果。

6. 编写一个 ASP.NET 程序，根据用户在文本框中输入的内容，从扩展练习 2 的 XML 文件中检索符合条件的节点。程序运行效果如图 10-19 所示。

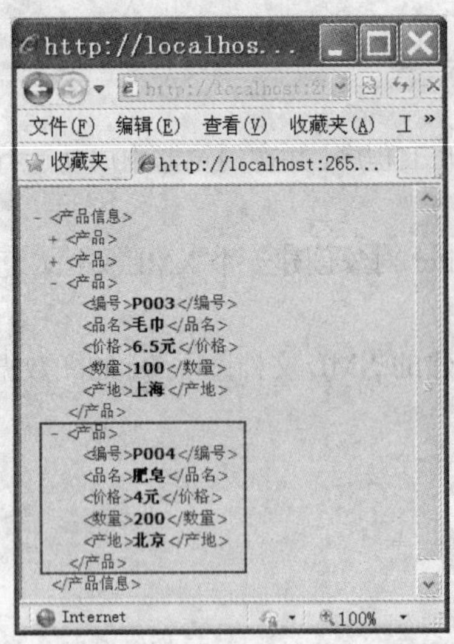

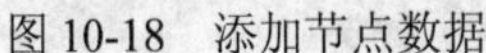

图 10-18　添加节点数据

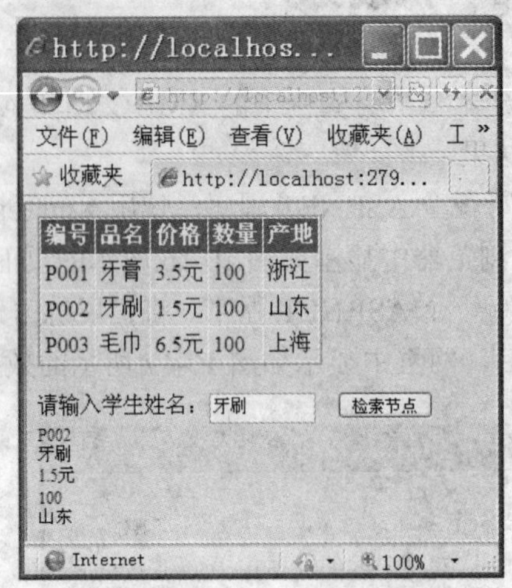

图 10-19　运行结果

7. 创建一个 ASP.NET 程序，使用流模式解析扩展练习 6 中的 XML 文档，运行程序后在页面中显示如图 10-20 所示的效果。

8. 创建一个 ASP.NET 程序，使用 XmlNode 对象读取扩展练习 6 的 XML 文档节点的文本内容，运行程序后的页面显示如图 10-21 所示。

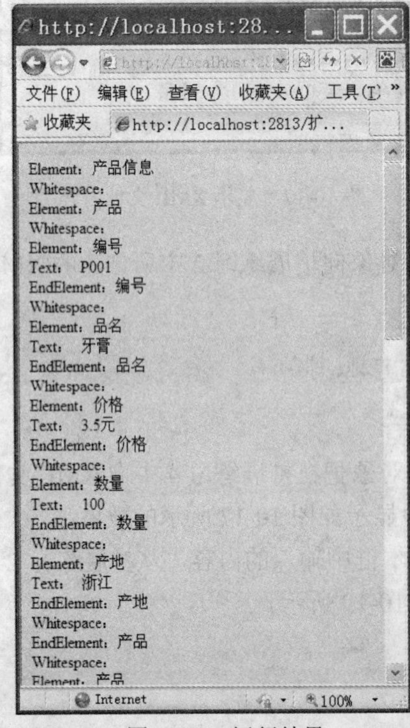

图 10-20　运行结果

图 10-21　运行结果

第 11 章　基于 XML 的在线视频网站

本章主要介绍了使用 ASP.NET 技术开发的基于 XML 的在线视频网站，其中系统中所使用的数据全部以 XML 文件的形式存储，通过 ASP.NET 中的文档对象模型（Document Object Model）解析 XML 文件，最后使用 ASP.NET 页面同用户进行交互和访问，从而实现系统的功能。

11.1　系统分析与设计

多媒体信息服务，特别是利用宽带计算机网络技术提出的交互式音视频信息的 VOD（Video On Demand）点播服务引起了人们的极大兴趣。良好的人机交互性和流媒体传输技术使其受到了教育和娱乐等行业的青睐。交互式视频点播系统以计算机、多媒体和通信网技术为基础，信息的提供者和使用者可以不受时空限制。人们可以根据自己的时间和喜好主动并有选择地安排观看电影和各种视频节目。视频点播是多媒体网络传输技术的发展方向。流媒体技术是一种新兴的网络传输技术，广泛应用于多媒体新闻发布、网上演示、在线直播、电子商务、视频点播、远程教育、实时视频会议等互联网信息服务领域。本章介绍的是一个简单在线视频网站，通过该网站，用户可以在前台在线收看视频节目，管理员则在后台中实现管理视频节目的功能。

11.1.1　系统需求分析

根据本系统的设计思路，主要面对两类用户：网站系统管理员和在网站浏览和观看视频的用户，对他们各自实现的需求功能综述如下。

网站系统管理员主要负责对视频网站后台系统的管理和维护。

- 管理员通过登录界面，输入账号和密码后，进入网站后台。
- 对网站的视频节目进行全面的管理，包括：对网站视频节目的上传、视频信息的添加、查询、修改和删除。
- 对管理员信息进行管理，包括：添加和删除网站管理员。

对于网站用户可进行如下的操作：

- 在视频网站中，浏览分类视频的详细信息。
- 浏览每一个视频的详细内容。
- 在浏览信息后，进入播放视频的页面欣赏相应的视频节目。
- 根据输入的视频名称，查询要点播的视频并观看。

11.1.2 系统模块设计

根据上述的系统需求分析，对本系统的模块进行划分。首先将系统分为三大模块：前台模块、后台模块和登录模块。各模块所包含的文件及其功能如表 11-1 所示。

表 11-1 在线视频网站模块一览表

模块名	文件名	功能描述
登录模块	Login.aspx	用户登录模块界面设计文件
	Login.aspx.cs	用户登录模块业务逻辑代码文件
前台模块	Play.aspx	视频播放模块界面设计文件
	Play.aspx.cs	视频播放模块业务逻辑代码文件
	Front.aspx	前台首页界面设计文件
	Front.aspx.cs	前台首页业务逻辑代码文件
	Category.aspx	视频分类显示界面设计文件
	Category.aspx.cs	视频分类显示业务逻辑代码文件
	Details.aspx	视频节目详情界面设计文件
	Details.aspx.cs	视频节目详情业务逻辑代码文件
	Loginout.aspx	用户注销界面设计文件
	Loginout.aspx.cs	用户注销业务逻辑代码文件
	Main.master	前台母版页界面设计文件
	Main.master.cs	前台母版页业务逻辑代码文件
	UserControls/ New.ascx	首页视频显示用户控件界面设计文件
	UserControls/ New.ascx.cs	首页视频显示用户控件业务逻辑代码文件
	UserControls/search.ascx	搜索视频用户控件界面设计文件
	UserControls/search.ascx.cs	搜索视频用户控件业务逻辑代码文件
后台模块	BackDesk/AdminLogin.aspx	管理员登录模块界面设计文件
	BackDesk/AdminLogin.aspx.cs	管理员登录模块业务逻辑代码文件
	BackDesk /Addmanager.aspx	添加管理员模块界面设计文件
	BackDesk /Addmanager.aspx.cs	添加管理员模块业务逻辑代码文件
	BackDesk /ManageAdmin.aspx	管理管理员模块界面设计文件
	BackDesk /ManageAdmin.aspx.cs	管理管理员模块业务逻辑代码文件
	BackDesk /Manage.master	后台母版页界面设计文件

（续表）

模块名	文件名	功能描述
后台模块	BackDesk /Manage.master.aspx	后台母版页业务逻辑代码文件
	BackDesk /ManageMovies.aspx	管理视频节目模块界面设计文件
	BackDesk /ManageMovies.aspx.cs	管理视频节目模块业务逻辑代码文件
	BackDesk / UpdateMovie.aspx	修改视频节目信息模块界面设计文件
	BackDesk / UpdateMovie.aspx.cs	修改视频节目信息模块业务逻辑代码文件
	BackDesk / UploadMovies.aspx	上传视频节目模块界面设计文件
	BackDesk / UploadMovies.aspx.cs	上传视频节目模块业务逻辑代码文件
	BackDesk / Manage.aspx	后台欢迎模块界面设计文件
	BackDesk / Manage.aspx.cs	后台欢迎模块界面业务逻辑代码文件

11.2　系统 XML 文件设计

根据系统的设计要求和模块功能分析，本小节将进行系统中用于存储数据的 XML 文件分析和设计。根据系统中所要存储的信息，我们需要创建如下 XML 文件：

- user.xml
- film.xml

11.2.1　user.xml

user.xml 文件用来保存系统用户的账号信息，该文件定义的格式如下：

```
1.  <?xml version="1.0" encoding="gb2312"?>
2.  <Users>
3.  <User>
4.      <ID>1</ID>
5.      <UserName>wjn</UserName>
6.      <Pwd>111</Pwd>
7.  </User>
8.  <User>
9.      <ID>2</ID>
10.     <UserName>zfq</UserName>
11.     <Pwd>111</Pwd>
12. </User>
13. </Users>
```

代码解析：

上面代码中的第 2 行<Users>是 XML 文件的根标记。第 3 行<User >标记代表一个系统管理员的账户。第 4~6 行的三个标记分别表示某个管理员的三个信息，其中，<ID>标记表示管理员的编号；<UserName>标记表示管理员的名称；< Pwd >表示管理员的密码。如果上述标记为空标记时，则表示该标记对应的内容为空。第 8~12 行是另一个管理员的账户信息，其标记结构和第一个用户完全相同，只是标记的文本内容不同。我们通过以上 XML 文件的结构来保存每一个管理员的账户信息。

11.2.2 film.xml

film.xml 文件用来保存每一部视频的具体信息，该文件定义的格式如下：

```
<?xml version="1.0" encoding="gb2312"?>
<Films>
<Action>
  <ID name="1">
    <Num>1</Num>
    <MovieName>史密斯夫妇</MovieName>
    <MovieDirector>道格-李曼</MovieDirector>
    <MovieActor>布莱德-彼特/安吉丽娜-朱丽</MovieActor>
    <MovieDesc>
     约翰-史密斯（布莱德-彼得饰）和简-史密斯（安吉莉娜-朱莉饰）是一对让人羡
    慕的平常夫妇，自从 5、6 年前在哥伦比亚相遇两个俊男美女就一直过着平静的生活，
    不过生活也许太过平静，两人都觉得婚姻就快像坟墓，以至于连婚姻心理医生都不能解
    决他们之间的缝隙……
    </MovieDesc>
    <MovieData>2005-12-1</MovieData>
    <MovieTime>150</MovieTime>
    <AddDate>2013-7-14</AddDate>
    <MovieCountry>美国</MovieCountry>
    <MovieLanguage>英语</MovieLanguage>
    <MovieImage>UploadImages/史密斯夫妇.jpg</MovieImage>
    <MoviePath>Movies/史密斯夫妇.wmv</MoviePath>
  </ID>
  <ID name="2">
    <Num>2</Num>
    <MovieName>变形金刚 2</MovieName>
    <MovieDirector>迈克尔-贝</MovieDirector>
    <MovieActor>梅根-福克斯/希亚-拉博夫</MovieActor>
    <MovieDesc>
     地球上的战争虽然结束，但变形金刚之间的战争并未告终。红蜘蛛飞回塞博坦星
    球，打算带着军队再回到地球一决死战。汽车人发现威震天的尸体不见了，原来已被
    萨克巨人偷走，威震天随后被复活，决心要开始复仇。与此同时，红蜘蛛也正率领塞
    博坦的援军赶来，汽车人在这时增强了自己的战斗力，一场大战在所难免……
    </MovieDesc>
```

```
28.         <MovieData>2009-10-25</MovieData>
29.         <MovieTime>230</MovieTime>
30.         <AddDate>2013-7-25</AddDate>
31.         <MovieCountry>美国</MovieCountry>
32.         <MovieLanguage>英语</MovieLanguage>
33.         <MovieImage>UploadImages/变形金刚 2.jpg</MovieImage>
34.         <MoviePath>Movies/变形金刚 2.wmv</MoviePath>
35.     </ID>
36.   </Action>
37.   <Comedy>
38.     …
39.   </Comedy>
40.   <Fiction>
41.     …
42.   </Fiction>
43.   <Love>
44.     …
45.   </Love>
46.   <Anime>
47.     …
48.   </Anime>
49.   <Variety>
50.     …
51.   </Variety>
52.   <TVseries>
53.     …
54.   </TVseries>
55.   </Films>
```

代码解析：

在上面的代码中，第 2 行的<Films>是 XML 文件的根标记。第 3~36 行是保存“动作片”类别下所有视频的信息，其中<Action>标记表示视频类别。第 4~19 行是通过<ID>标记表示“动作片”类别下的某个具体视频的信息。其中，<Num>标记表示该视频的编号；<MovieName>标记表示该视频的名称；<MovieDirector>标记表示该视频的导演；<MovieActor>标记表示该视频的主演；<MovieDesc>标记表示该视频的内容简介；<MovieData>标记表示该视频的上映时间；<MovieTime>标记表示该视频的片长；<AddDate>标记表示该视频的上传时间；<MovieCountry>标记表示该视频的发行国家；<MovieLanguage>标记表示该视频的语言；<MovieImage>标记表示该视频的剧照图片保存的路径；<MoviePath>标记表示该视频的视频文件保存的路径。

第 20~35 行是另一个“动作片”类别下的具体视频信息，其结构和上一个完全相同。

第 37~54 行分别使用相同的 XML 文件结构保存本系统需要使用到的其他视频类别下的

信息，包括：喜剧片“Comedy”、科幻片“Fiction”、爱情片“Love”、动漫片“Anime”、综艺片“Variety”和电视剧“TVseries”。由于 XML 结构完全相同，具体的结构可以参考<Action>标记中的内容，此处予以省略。

11.3 系统运行演示

01 当我们运行本系统，首先出现的是如图 11-1 所示的系统首页。

图 11-1 系统首页

02 在系统首页，单击“点击播放”按钮，即可进入如图 11-2 所示的观看视频的页面。

图 11-2 观看视频页面

03 在首页的搜索框中输入要查询的视频名称，单击“serach”按钮，可以找到要观看的视频详情界面，如图 11-3 所示，单击“点击播放”按钮，也可以进入上图的“观看视频”页面。

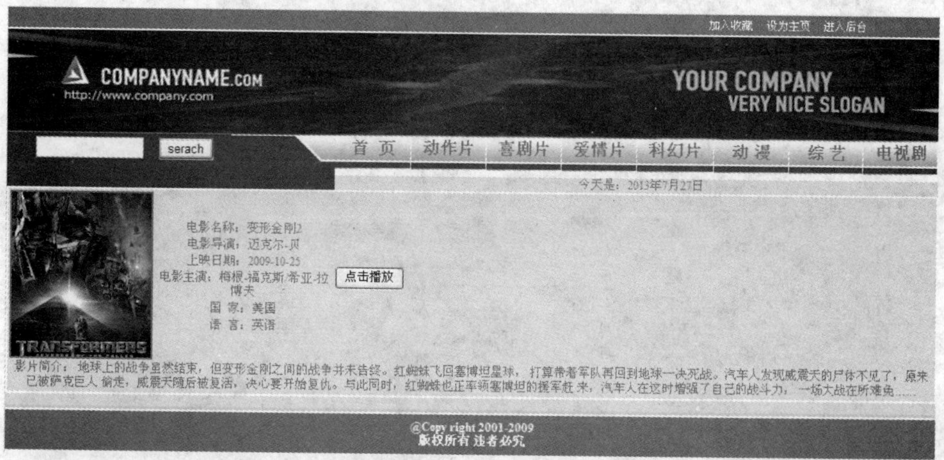

图 11-3　视频详情页面

04 作为系统管理员，只要点击首页上的“进入后台”链接，就可以登录如图 11-4 所示的后台管理系统“登录”页面。

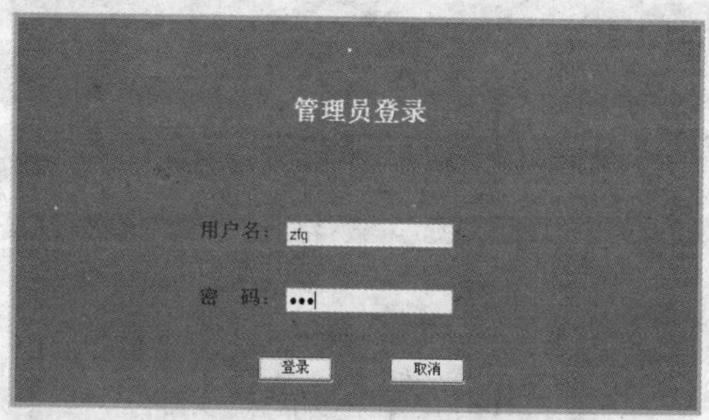

图 11-4　“登录”页面

05 在“登录”页面中输入用户名和密码，单击“登录”按钮进入如图 11-5 所示的“网站后台管理”页面。

06 在“网站后台管理”页面可以对各种视频进行管理操作。例如，图 11-5 是进行“影片上传”操作的页面。在文本框中输入视频的各种信息、选择好视频图片和视频文件，单击“提交”按钮，即可将视频上传到服务器保存。然后，进入如图 11-6 所示的“修改视频信息”页面进行查看。

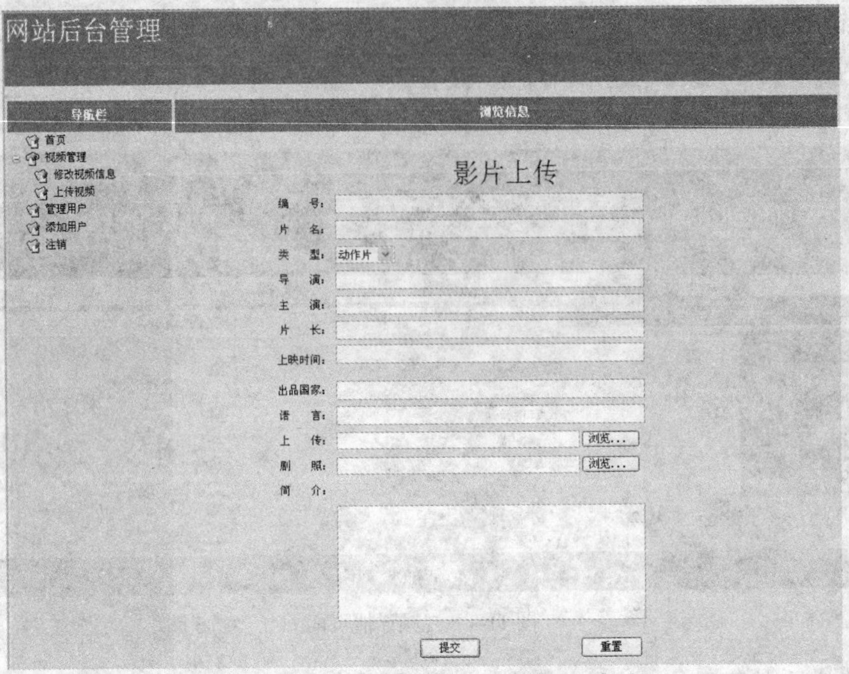

图 11-5 “网站后台管理”页面

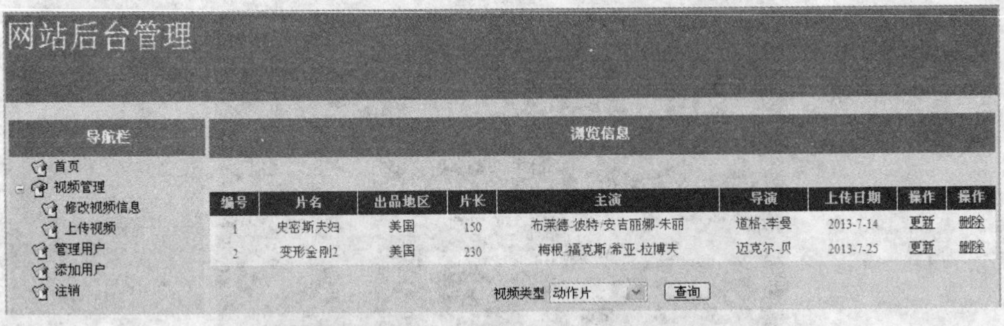

图 11-6 “修改视频信息”页面

在“修改视频信息”页面可以进行对视频信息的修改和删除操作。

由于篇幅所限，本系统中的其他页面在这里就不一一演示了，大家可以运行光盘中的源代码进行学习。

11.4 前台管理模块设计

前台管理模块的设计包括了前台首页的显示、视频信息列表的显示、视频详情的显示、查询视频和观看视频等主要功能。

11.4.1　显示前台首页

本系统的前台首页用于显示视频类别菜单、搜索栏、视频列表、公告栏、友情链接以及进入后台的链接等，其设计的界面如图 11-7 所示。

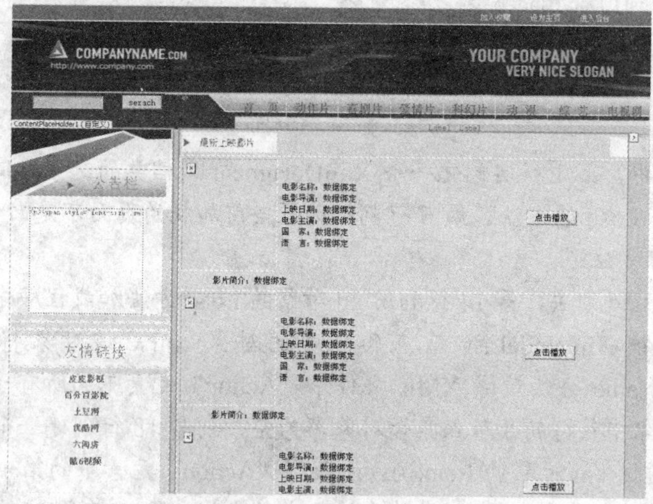

图 11-7　系统前台首页设计

当系统加载前台首页时，通过 Front.aspx.cs 代码文件来实现前台首页中的显示，而实现的关键代码是由用户控件 New.ascx.cs 文件中的 Page_Load 方法来显示视频列表，使用了 ASP.NET 的文档结构模型来访问 XML 文件中的数据并与数据控件进行绑定。具体代码如下：

```
    XmlDocument xd = new XmlDocument();
    public string id;
    public string str;
    protected void Page_Load(object sender, EventArgs e)
    {
        if (!IsPostBack)
        {
            Bind();
        }
    }

public void Bind()
    {
        xd.Load(Server.MapPath("~/film.xml"));
        XmlNodeList xnl = xd.GetElementsByTagName("Action");
        if (xnl.Count > 0)
        {
            XmlNode xn = xnl.Item(0);
```

```
19.             XmlNodeReader xnr = new XmlNodeReader(xn);
20.             DataSet ds = new DataSet();
21.             ds.ReadXml(xnr);
22.             this.DataList1.DataSource = ds;
23.             this.DataList1.DataKeyField = "Num";
24.             DataList1.DataBind();
25.         }
26.     }
```

代码解析：

在上面的代码中，第 1 行实例化一个 XmlDocument 文档类的对象 xd，第 4 行定义处理 Page 页面加载事件 Load 的方法。第 6 行判断如果当前加载的页面不是回传页面，则第 8 行调用自定义的 Bind 方法

第 12 行定义 Bind 方法，第 14 行利用 xd 对象的 Load 方法加载程序中的 film.xml 文件。第 15 行创建一个 XmlNodeList 节点集合类的对象 xnl，该对象将通过 xd 对象的 GetElementsByTagName 方法获得 XML 文件中"Action"元素下的所有子节点集合。第 16 行判断如果 xnl 对象中获得的子节点集合对象不为空，则第 18 行创建一个 XmlNode 节点类对象 xn，该对象通过 xnl 对象的 Item(0)方法获得"Action"元素下的第一个节点。第 19 行使用 xn 对象创建一个 XmlNodeReader 节点读取类的实例对象 xnr，第 20 行创建一个 DataSet 数据集对象 ds，第 21 行调用 ds 对象的 ReadXml 方法读取 xnr 对象中保存的内容，第 22 行调用 DataList 数据绑定控件 DataList1 的 DataSource 方法将 ds 对象作为数据源。第 23 行调用 DataList 数据绑定控件 DataList1 的 DataKeyField 方法设置"Action"元素下的"Num"标记作为键字段，第 24 行调用 DataList 数据绑定控件 DataList1 的 DataBind 方法将视频信息绑定到控件并显示。

当用户单击如图 11-8 所示的"点击播放"按钮时，系统将用户选择视频的编号传送到跳转的 Play.aspx 页面。

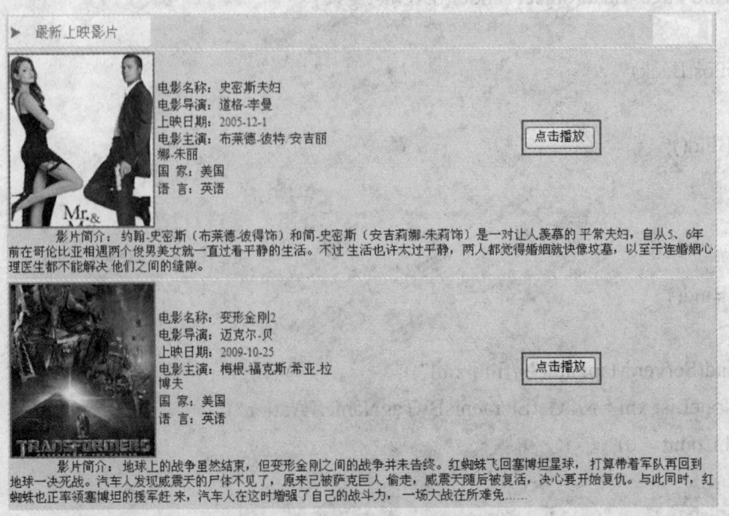

图 11-8　单击"点击播放"按钮

上面所述的功能是通过用户控件 New.ascx.cs 文件中的 DataList1_ItemCommand 方法来实现的，具体代码如下：

```
1.  protected void DataList1_ItemCommand(object source, DataListCommandEventArgs e)
2.      {
3.          if (e.CommandName == "Play")
4.          {
5.              str = ((Label)e.Item.FindControl("Lable20")).Text;
6.              int id = Convert.ToInt32(str);
7.              Response.Redirect("Play.aspx?ID=" + id);
8.          }
9.
10.     }
```

代码解析：

在上面的代码中，第 1 行定义了处理 DataList1 控件的项命令事件的方法，第 3 行判断如果单击了“点击播放”按钮，则第 5 行通过 e.Item.FindControl 方法获得 Label20 标签上保存的视频编号，第 6 行用于将编号转换成整数类型，第 7 行调用 Response 对象的 Redirct 方法跳转到 Play.aspx 页面并同时将视频编号传递。

11.4.2　显示视频类别信息列表

视频类别信息列表显示功能是当用户在前台首页中，单击如图 11-9 所示的菜单栏上的某个视频类别的链接，就可以进入查看某视频类别信息列表的页面，如图 11-10 所示。

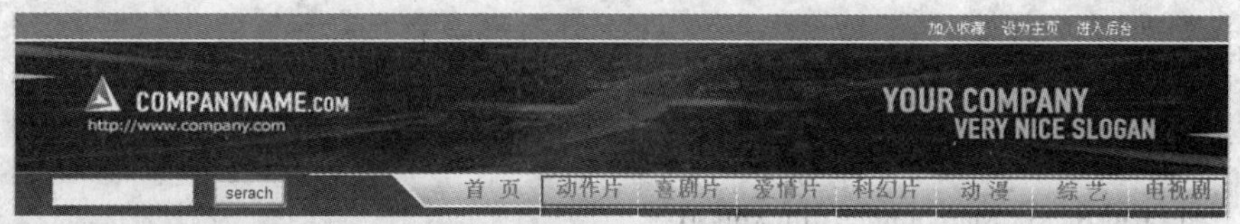

图 11-9　菜单栏上的视频类别

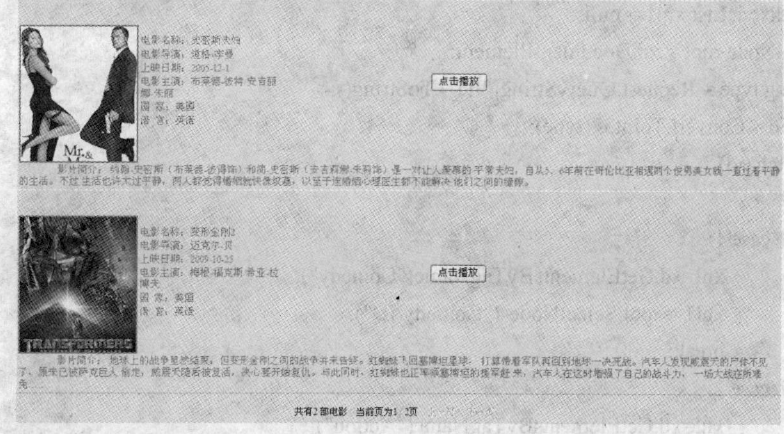

图 11-10　视频类别信息列表页面

上述功能的实现是通过 Category.aspx.cs 代码文件中的 Page_Load 事件来实现的。其关键的代码如下：

```
string id;
int CurrentPage;
int PageSize;
int RecordCount;
int PageCount;
XmlDocument xd = new XmlDocument();
protected void Page_Load(object sender, EventArgs e)
{
    if (!IsPostBack)
    {
        PageSize = 20;
        id = Request.QueryString["ID"];
        Bind();
        CurrentPage = 0;
        ViewState["PageIndex"] = 0;
        RecordCount = CalculateRecord();
        Label2.Text = RecordCount.ToString();
        PageCount = RecordCount / PageSize + 1;
        this.Label3.Text = RecordCount.ToString();
        ViewState["PageCount"] = PageCount;
    }
}
public int CalculateRecord()
{
    int count=0;
    xd.Load(Server.MapPath("~/film.xml"));
    XmlNodeList xnl =null;
    XmlNodeList xnl1 = null;
    XmlNode root = xd.DocumentElement;
    string type = Request.QueryString["ID"].ToString();
    int id = Convert.ToInt32(type);
    switch (id)
    {
        case 1:
            xnl=xd.GetElementsByTagName("Comedy");
            xnl1 = root.SelectNodes("Comedy/ID");
            break;
        case 2:
            xnl=xd.GetElementsByTagName("Action");
            xnl1 = root.SelectNodes("Action/ID");
```

```
41.                 break;
42.             case 3:
43.                 xnl=xd.GetElementsByTagName("Love");
44.                 xnl1 = root.SelectNodes("Love/ID");
45.                 break;
46.             case 4:
47.                 xnl=xd.GetElementsByTagName("Fiction");
48.                 xnl1 = root.SelectNodes("Fiction/ID");
49.                 break;
50.             case 5:
51.                 xnl=xd.GetElementsByTagName("Anime");
52.                 xnl1 = root.SelectNodes("Anime/ID");
53.                 break;
54.             case 6:
55.                 xnl=xd.GetElementsByTagName("Variety");
56.                 xnl1 = root.SelectNodes("Variety/ID");
57.                 break;
58.             case 7:
59.                 xnl=xd.GetElementsByTagName("TVseries");
60.                 xnl1 = root.SelectNodes("TVseries/ID");
61.                 break;
62.         }
63.         count=xnl1.Count;
64.     return count;
65. }
```

在上面的代码中，第 7 行定义处理 Page 页面加载事件 Load 的方法。第 11 行设置页面最多显示 20 条视频信息。第 12 行获得从首页菜单栏中传递过来的视频类型编号。第 13 行调用自定义的 Bind 方法。第 14 行设置当前页数为 0，第 15 行将设置最初开始页面索引为 0 并保存到 ViewSate 视图状态中。第 16 行调用自定义的 CalculateRecord 方法获得某个视频类型下的视频数量。第 17 行将视频总数显示在标签上。第 18 行计算总页数。第 20 行将总页数保存到视图状态中。

第 23 行自定义 CalculateRecord 方法，第 30 行获得传递到页面的视频类型编号字符串，第 31 行将该字符串转换成整数的视频类型编号。第 32~62 行通过 switch-case 多条件选择语句，获得传递的视频类型下所有 ID 子节点集，其中 root.SelectNodes("视频类型/ID")是关键的 XPath 查询条件。第 63 行调用节点集对象 xnl 的 Count 属性获得该视频类型下所有视频的总数，第 64 行返回该总数。

在上面的代码中，自定义的 Bind 方法的具体代码如下：

```
public void Bind()
{
        this.DataList1.DataSource = CreateResoure();
```

```
        this.DataList1.DataKeyField = "Num";
        DataList1.DataBind();
        if (CurrentPage == PageCount)
            this.LinkButton2.Enabled = false;
        if (CurrentPage == 0)
            this.LinkButton1.Enabled = false;
        Label1.Text = Convert.ToInt32(CurrentPage + 1).ToString();
}
public DataSet CreateResoure()
{
        DataSet ds = new DataSet();
        int StartIndex;
        StartIndex = CurrentPage * PageSize;
        xd.Load(Server.MapPath("~/film.xml"));
        string cata = Request.QueryString["ID"].ToString();
        int id=Convert.ToInt32(cata);
        string type = Type(id);
        XmlNodeList xnl = xd.GetElementsByTagName(type);
        if (xnl.Count > 0)
        {
            XmlNode xn = xnl.Item(0);
            XmlNodeReader xnr = new XmlNodeReader(xn);
            ds.ReadXml(xnr);
        }
        return ds;
}
protected string Type(int id)
 {
        string type = null;
        switch (id)
        {
            case 1:
                type = "Comedy";
                break;
            case 2:
                type = "Action";
                break;
            case 3:
                type = "Love";
                break;
            case 4:
                type = "Fiction";
```

```
46.                 break;
47.             case 5:
48.                 type = "Anime";
49.                 break;
50.             case 6:
51.                 type = "Variety";
52.                 break;
53.             case 7:
54.                 type = "TVseries";
55.                 break;
56.         }
57.         return type;
58.     }
```

在上面的代码中，第 1 行自定义 Bind 方法。第 3 行调用自定义的 CreateResoure 方法作为数据绑定控件 DataList1 对象的数据源。第 4 行调用数据绑定控件 DataList1 的 DataKeyField 方法设置“Num”标记作为键字段，第 5 行调用数据绑定控件 DataList1 的 DataBind 方法将视频信息绑定到控件并显示。第 6 行判断当前页面数等于总页数，则第 7 行显示下一页的标签不可用；如果第 8 行判断当前页面数等于 0，则第 9 行显示上一页的标签不可用。第 10 行计算并显示本页数。

第 12 行自定义 CreateResoure 方法。第 16 行计算页面开始索引。第 20 行调用指定的 Type 方法获得视频类型。第 21 行创建一个 XmlNodeList 节点集合类的对象 xnl，该对象将通过 xd 对象的 GetElementsByTagName 方法获得传递的视频类型元素下的所有子节点集合。第 22 行判断如果 xnl 对象中获得的子节点集合对象不为空，则以下代码使用 DataSet 数据集对象 ds 将子节点全部读取。最后第 28 行返回该 ds 对象。

第 30 行自定义 Type 方法，参数是传递到页面的视频编号，第 33~56 行使用 switch-case 多条件选择语句，将传递的视频编号转换成字符串的形式，第 57 行将转换后的视频类型字符串返回。

11.4.3　显示视频详情

视频详情显示功能是当用户在前台首页中，单击某个视频图片、在视频类别信息列表页面单击某个视频图片标题或在搜索栏查询后，就可以进入如图 11-3 所示的视频详情显示页面。

上述功能的实现是通过 Detail.aspx.cs 代码文件中的 Page_Load 事件来实现的。其关键的代码如下：

```
1.  public string id;
2.  XmlDocument xd = new XmlDocument();
3.  protected void Page_Load(object sender, EventArgs e)
4.  {
```

```
5.          if (!IsPostBack)
6.          {
7.              Bind();
8.          }
9.      }
10.     public void Bind()
11.     {
12.         id =Request.QueryString["ID"];
13.         int num = Convert.ToInt32(id);
14.         xd.Load(Server.MapPath("~/film.xml"));
15.         XmlNode root = xd.DocumentElement;
16.         XmlNode selectid = root.SelectSingleNode("descendant::ID[@name='" + num + "']");
17.         XmlNodeReader xnr = new XmlNodeReader(selectid );
18.         DataSet ds = new DataSet();
19.         ds.ReadXml(xnr);
20.         this.DataList1.DataSource = ds;
21.         this.DataList1.DataKeyField = "Num";
22.         DataList1.DataBind();
23. }
```

代码解析：

在上面的代码中，第 3 行定义处理 Page 页面加载事件 Load 的方法。第 5 行判断当前加载的页面如果不是回传页面，则第 7 行调用自定义的 Bind 方法。

第 10 行自定义 Bind 方法，第 12 行调用 Request 对象的 QueryString 属性获得从页面传递过来的视频类别标签下所选视频的编号。第 14 行调用 xd 对象的 Load 方法加载程序中的 film.xml 文件。第 15 行通过 xd 对象的 DocumentElement 属性创建一个 XmlNode 文档根元素对象 root。第 16 行通过 root 对象的 SelectSingleNode 方法用 XPath 表达式创建一个 XmlNode 文档节点类的对象 selectid，在该对象中保存了 film 文件根节点下所有 ID 编号和传递过来视频编号相同的 ID 节点。

第 17 行创建一个 XmlNodeReader 文档节点读取类的对象 xnr。第 18 行创建一个 DataSet 数据集对象 ds。第 19 行调用 ds 对象的 ReadXml 方法读取 xnr 对象中保存的内容。第 20 行利用数据绑定控件 DataList1 的 DataSource 方法将 ds 对象作为数据源。第 21 行调用数据绑定控件 DataList1 的 DataKeyField 方法设置“Num”标记作为键字段，第 22 行调用数据绑定控件 DataList1 的 DataBind 方法将视频信息绑定到控件并显示。

11.4.4 查询视频

查询视频的功能是当用户在前台首页如图 11-11 所示的查询区域中，在文本框中输入视频名称，最后单击“search”按钮，进入如图 11-3 所示的视频详情页面，页面中列出了该视频的详情。

图 11-11　查询视频

查询视频的功能主要是通过用户控件 search.ascx.cs 代码文件中的 Button1_Click1 方法来实现的。具体代码如下：

```
1.   protected void Button1_Click1(object sender, EventArgs e)
2.   {
3.           Session["MovieName"] = this.TextBox1.Text;
4.           xd.Load(Server.MapPath("~/film.xml"));
5.           XmlNode root = xd.DocumentElement;
6.           XmlNode selectid = root.SelectSingleNode("descendant::ID[MovieName='" +
     this.TextBox1.Text.Trim() + "']");
7.           XmlNode num = selectid.SelectSingleNode("child::Num");
8.           string id = num.InnerText;
9.           int count = Convert.ToInt32(id);
10.          Response.Redirect("Details.aspx?id=" + count + "");
11.  }
```

代码解析：

在上面的代码中，第 1 行定义处理按钮控件 Button1 点击事件 Click1 的方法。第 3 行从文本框中获得用户输入的视频名称并保存到 Session 中。第 6 行通过根节点的 SelectSingleNode 方法，利用 XPath 表达式创建一个 XMLNode 文档节点类的对象 selectid，在该对象中保存了 film 文件根节点下视频名称和用户在文本框中输入要查询的视频名称相同的 ID 节点。第 7 行通过 selectid 对象的 SelectSingleNode 方法，利用 XPath 表达式，创建一个 XMLNode 文档节点类的对象 num，在该对象中保存了当前节点下的子节点 Num。第 8 行调用 num 节点对象的 InnerText 属性获得 Num 节点中的文本内容。第 9 行将文本内容转换成整型。第 10 行调用 Response 对象的 Redirect 方法跳转到视频详情页面，并将视频编号传递过去。

11.4.5　观看视频

观看视频是在线视频网站中最关键的功能，在该页面中会根据用户选择的视频，通过 Windows Media Player 播放器进行自动播放，Windows Media Player 播放器是通过 ActiveX 控件方式在 Web 页面中嵌入的。代码位于 Play.aspx 视频播放界面设计文件中：

```
<object classid="CLSID:22d6f312-b0f6-11d0-94ab-0080c74c7e95"
```

```
codebase="http://activex.microsoft.com/activex/controls/mplayer/en/nsmp2inf.cab#Version=5,1,52,701"
height="500"  id="nstv"  style="BORDER-BOTTOM: rgb(192,192,192) 7px; BORDER-LEFT: rgb(192,192,192) 7px; BORDER-RIGHT: rgb(192,192,192) 7px; BORDER-TOP: rgb(192,192,192) 7px; LEFT: 0px; TOP: 0px"  type="application/x-oleobject"  width="100%"  standby="Loading Microsoft Windows Media Player components...">
<param name="Filename"  value='<%=Session["path"]%>'/>
其他设置 MediaPlayer 播放器属性的代码从略……
< object>
```

上面的 HTML 代码，在 object 标记中实现了在网页中嵌入 Windows Media Player 播放器的功能，在参数中定义了视频文件的路径，保存在“Session["path"]”Session 对象中。

但仅仅嵌入播放器还是不会播放视频，一定要获得视频所在程序中的路径才可以进行播放。这一功能是通过 Play.aspx.cs 代码文件中的 Page_Load 方法来实现的。具体代码如下：

```
1.    XmlDocument xd = new XmlDocument();
2.    string id;
3.    string uid;
4.    protected void Page_Load(object sender, EventArgs e)
5.    {
6.    id = Request.QueryString["ID"];
7.    try
8.    {
9.      id =Request.QueryString["ID"];
10.     xd.Load(Server.MapPath("~/film.xml"));
11.     XmlNode root = xd.DocumentElement;
12.     XmlNode selectid = root.SelectSingleNode("descendant::ID[@name='" +id + "']");
13.     XmlNode last = selectid.SelectSingleNode("descendant::MoviePath");
14.     Session["path"] = Server.MapPath(last.InnerText);
15.     }
16.     catch (Exception e1)
17.     {
18.       Response.Write(e1.Message);
19.     }
20.   }
```

代码解析：

在上面的代码中，第 4 行定义处理页面 Page 加载事件 Load 的方法，第 9 行获得要播放视频的编号 ID，第 12 行调用根节点对象 root 的 SelectSingleNode 方法，通过 XPath 表达式查询找到要播放视频的 ID 节点，并保存到创建的 selectid 节点对象中。第 13 行调用 selectid 节点对象的 SelectSingleNode 方法，通过 XPath 表达式查询该 ID 节点下 MoviePath 的子节点，并保存到创建的 last 节点对象中。第 14 行通过 last 节点对象的 InnerText 属性得到 MapPath 节点的文本内容，也就是视频文件保存在程序中的路径，然后保存到 Session["path"]中。

11.5 后台管理模块设计

后台管理模块的设计主要是实现了系统管理员对视频信息和用户信息的管理，包括管理视频、删除视频、添加视频和用户管理等功能。

11.5.1 管理视频

当系统管理员登录后台，通过身份验证后可以进入如图 11-12 所示的管理视频的页面。该界面主要由导航栏、视频查询和视频信息列表组成。

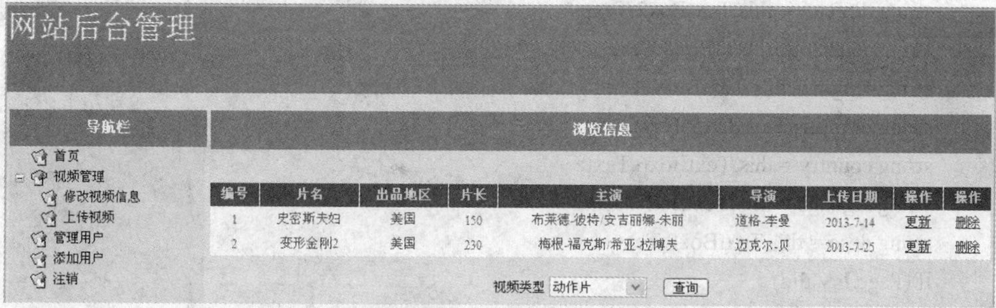

图 11-12　管理视频页面

当用户在视频列表中单击“更新”链接时可以进入更新所选视频信息的页面，如图 11-13 所示。

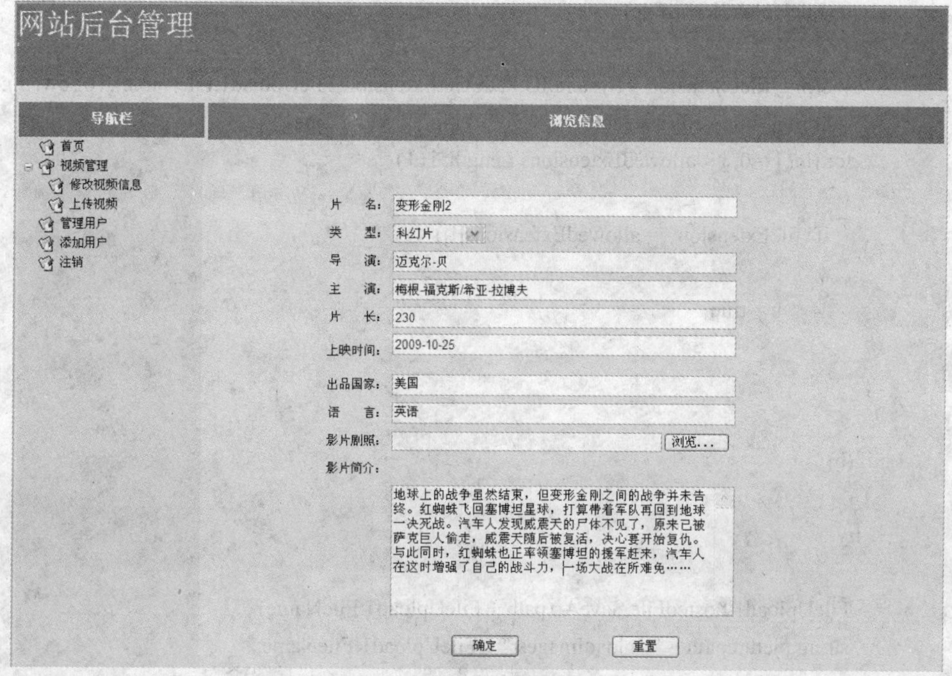

图 11-13　更新视频页面

更新视频的功能是通过 UpdateMovie.aspx.cs 代码文件实现的，当用户选择要更新的各项视频信息后，只要单击“确定”按钮，页面就会调用代码文件中的 Button1_Click 方法完成视频信息的修改，关键代码如下：

```
XmlDocument xd = new XmlDocument();
DataSet ds = new DataSet();
protected void Button1_Click(object sender, EventArgs e)
{
        int id = Convert.ToInt32(Request.QueryString["movid"]); ;
        string name = this.TextBox1.Text;
        string categories = this.DropDownList1.SelectedValue.ToString();
        string director = this.TextBox2.Text;
        string actor = this.TextBox3.Text;
        string length = this.TextBox4.Text;
        string dt = this.TextBox5.Text;
        string country = this.TextBox6.Text;
        string laguage = this.TextBox7.Text;
        string desc = this.TextBox9.Text;
        if (Page.IsValid)
        {
            Boolean b = false;
            string path = Server.MapPath("~/UploadImages/");
            if (FileUpload1.HasFile)
            {
              string fileExtension = System.IO.Path.GetExtension(FileUpload1.FileName).ToLower();
              string[] allowedExtensions = { ".gif", ".jpg", ".png", ".jpeg" };
            for (int i = 0; i < allowedExtensions.Length; i++)
            {
              if (fileExtension == allowedExtensions[i])
              {
                  b = true;
               }
          }
    }
          if (b)
          {
           try
           {
            FileUpload1.PostedFile.SaveAs(path + FileUpload1.FileName);
            string picturepath = "UploadImages/" + FileUpload1.FileName;
            xd.Load(Server.MapPath("~/film.xml"));
            XmlElement root = xd.DocumentElement;
            XmlNodeList xnl = root.SelectSingleNode("descendant::ID[@name='" +id+ "']").ChildNodes ;
```

```
            foreach (XmlNode xn in xnl)
            {
              XmlElement xe =(XmlElement ) xn;
              if (xe.Name == "MovieName")
              {
                   xe.InnerText = name;
              }
              if (xe.Name == "MovieDirector")
              {
                   xe.InnerText = director;
              }
              if (xe.Name == "MovieActor")
              {
                   xe.InnerText = actor;
              }
              if (xe.Name == "MovieDesc")
              {
                   xe.InnerText = desc;
              }
              if (xe.Name == "MovieData")
              {
                   xe.InnerText =dt;
              }
              if (xe.Name == "MovieTime")
              {
                   xe.InnerText = length;
              }
              if (xe.Name == "AddDate")
              {
                   xe.InnerText = DateTime.Now.ToString("yyyy-MM-dd");
              }
              if (xe.Name == "MovieCountry")
              {
                   xe.InnerText = country;
              }
              if (xe.Name == "MovieLanguage")
              {
                   xe.InnerText =laguage;
              }
              if (xe.Name == "MovieImage")
              {
                   xe.InnerText = picturepath;
```

```
82.                 }
83.             }
84.             xd.Save(Server.MapPath("~/film.xml"));
85.             Response.Redirect("ManageMovies.aspx");
86.     }
87.     catch (Exception el)
88.     {
89.         Response.Write(el.Message);
90.     }
91. }
92. else
93. {
94.     Response.Write("<script laguage='javascript'>alter('更新失败！');window.location.href
    ('ManageMovies.aspx')</script>");
95. }
96. }
```

代码解析：

在上面的代码中，第 3 行用于定义处理“确定”按钮控件 Button1 的点击事件 Click 的方法。第 5~14 行分别获得用户输入的各项视频信息；第 15 行判断如果页面通过验证，则第 18 行获得程序中保存视频图片的文件夹路径；第 19~22 行判断上传视频图片的格式是否为 GIF、JPG、PNG 和 JPEG。第 25~28 行判断如果上传的视频格式都符合条件，则第 36 行和第 37 行用于获得上传视频在程序文件夹中的路径和名称。第 39 行通过根节点的 SelectSingleNode 方法，利用 XPath 表达式创建一个 XMLNodeList 文档节点集的对象 xnl，在该对象中保存了用户要更新的视频 ID 标记下所有的子节点。

第 40~83 行，使用 foreach 循环遍历 xnl 对象中的节点集合，如果遍历中遇到视频的各种信息节点时，就将用户修改的各种信息保存到相应的节点文本中。第 84 行调用 xd 对象的 Save 方法将修改后的视频信息保存到程序的 film.xml 文件中。第 85 行再跳转到管理视频的页面。

11.5.2 删除视频

当用户在视频列表中单击“删除”链接可以删除选中的视频信息。该功能是通过 ManageMovies.aspx.cs 代码文件中的 GridView1_RowDeleting 方法实现的，具体代码如下：

```
protected void GridView1_RowDeleting(object sender, GridViewDeleteEventArgs e)
{
string num = this.GridView1.DataKeys[e.RowIndex].Value.ToString();
XmlDocument xmlDoc = new XmlDocument();
xd.Load(Server.MapPath("~/film.xml"));
XmlNode root = xd.DocumentElement;
XmlNode catagoris = root .SelectSingleNode(this.DropDownList1.SelectedValue.Trim());
XmlNode selectid = root.SelectSingleNode("descendant::ID[@name='" + num + "']");
```

```
9.   catagoris.RemoveChild(selectid);
10.  xd.Save(Server.MapPath("~/film.xml"));
11.  BindGrid();
12.  }
```

代码解析：

在上面的代码中，第 1 行定义处理数据控件 GridView1 的行删除事件 RowDeleting 方法。第 3 行通过 GridView1 控件的 DataKeys[e.RowIndex]的 Value 属性获得行索引的值，其中 DataKeys[e.RowIndex]表示控件中行的键索引。第 4 行创建一个 XmlDocument 文档类的对象 xmlDoc。第 5 行调用 xd 对象的 Load 方法加载程序中的 film.xml 文件。

第 6 行通过 xd 对象的 DocumentElement 属性创建一个 XmlNode 的根节点元素对象 root。第 7 行通过调用 root 对象的 SelectSingleNode 方法，找到下拉列表中所选的视频类型，保存到创建的节点对象 catagoris 中。第 8 行调用 root 对象的 SelectSingleNode 方法，使用 XPath 表达式查找到 XML 文件中要删除的视频编号 ID 节点来创建一个节点对象 selectid。

第 9 行通过调用 root 对象 RemoveChild 方法将 selectid 节点的内容从 catagoris 节点中删除。第 10 行调用 xd 对象的 Save 方法将删除后的结果保存到 film.xml 文件中。第 11 行调用自定义的 BindGrid 方法将删除视频信息后的 XML 文件中的视频信息绑定到页面的控件并显示。

11.5.3　添加视频

当用户单击管理视频页面左边导航栏中的如图 11-14 所示的“上传视频”子菜单，就可以进入如图 11-5 所示的添加视频页面。

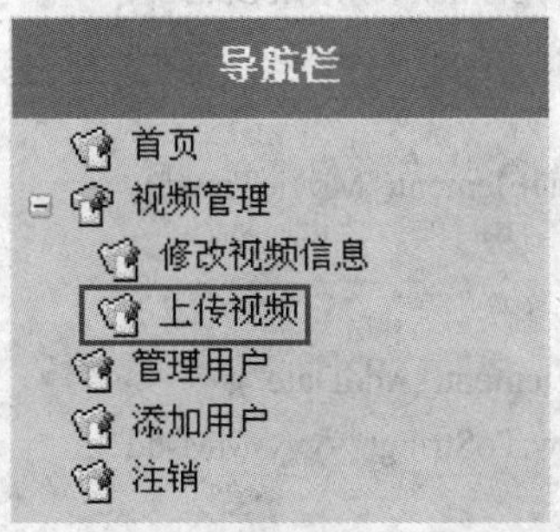

图 11-14　导航栏

在添加视频的页面中，在每一个文本框中输入要上传的视频的各种信息之后，单击“提交”按钮，就可以将该视频信息添加到 XML 文件中保存。

以上的功能是通过 UploadMovies.aspx.cs 代码文件中的“提交”按钮 Button1 控件的点击事件 Click 来实现的，其关键代码如下：

```
FileUpload1.PostedFile.SaveAs(path + FileUpload1.FileName);
FileUpload2.PostedFile.SaveAs(path1 + FileUpload2.FileName);
string picturepath = "UploadImages/" + FileUpload1.FileName;
```

```
string moviepath = "Movies/" + FileUpload2.FileName;
string type = Type(Convert.ToInt32(categories));
XmlDocument xd = new XmlDocument();
xd.Load(Server.MapPath("~/film.xml"));
XmlNode root = xd.DocumentElement;
XmlNode xmldocSelect = root.SelectSingleNode(type);
XmlElement count = xd.CreateElement("ID");
count.SetAttribute("name", id);
XmlElement num = xd.CreateElement("Num");
num.InnerText = id;
count.AppendChild(num);
XmlElement moviename = xd.CreateElement("MovieName");
moviename.InnerText = name;
count.AppendChild(moviename);
XmlElement moviedirctor = xd.CreateElement("MovieDirector");
moviedirctor.InnerText = director;
count.AppendChild(moviedirctor);
XmlElement movieactor = xd.CreateElement("MovieActor");
movieactor.InnerText = actor;
count.AppendChild(movieactor);
XmlElement moviedesc = xd.CreateElement("MovieDesc");
moviedesc.InnerText = desc;
count.AppendChild(moviedesc);
XmlElement moviedata = xd.CreateElement("MovieData");
moviedata.InnerText = dt;
count.AppendChild(moviedata);
XmlElement movietime = xd.CreateElement("MovieTime");
movietime.InnerText = length;
count.AppendChild(movietime);
XmlElement adddate = xd.CreateElement("AddDate");
adddate.InnerText = DateTime.Now.ToString("yyyy-MM-dd");
count.AppendChild(adddate);
XmlElement moviecountry = xd.CreateElement("MovieCountry");
moviecountry.InnerText = country;
count.AppendChild(moviecountry);
XmlElement movielanguage = xd.CreateElement("MovieLanguage");
movielanguage.InnerText = laguage;
count.AppendChild(movielanguage);
XmlElement movieimage = xd.CreateElement("MovieImage");
movieimage.InnerText = picturepath;
count.AppendChild(movieimage);
XmlElement dypath = xd.CreateElement("MoviePath");
```

```
46.  dypath.InnerText = moviepath;
47.  count.AppendChild(dypath);
48.  xmldocSelect.AppendChild(count);
49.  xd.Save(Server.MapPath("~/film.xml"));
50.  Response.Redirect ("ManageMovies.aspx");
```

代码解析：

在上面的代码中，第 1 行和第 2 行分别通过上传控件保存上传的视频图片和视频文件的内容；第 3 行和第 4 行分别获得上传视频图片和上传视频文件在程序中的路径。第 5 行调用自定义的 Type 方法获得上传视频的类型。第 8 行通过 xd 对象的 DocumentElement 属性创建一个 XmlNode 的根节点元素对象 root。

第 9 行通过调用 root 对象的 SelectSingleNode 方法定位到用户所选择的视频类别在 XML 文件的节点位置来创建一个 XML 文档的节点对象 xmldocSelect。第 10 行通过调用 xd 对象的 CreateElement 方法创建一个 XmlElement 元素对象 count，该节点的名称为“ID”。第 11 行调用 count 对象的方法 SetAttribute 来设置属性 name 的文本内容。

第 12 行、第 15 行、第 18 行、第 21 行、第 24 行、第 27 行、第 30 行、第 33 行、第 36 行、第 39 行、第 42 行和第 45 行分别调用 xd 对象的 CreateElement 方法创建 ID 节点元素对象，并对应于 XML 文档中的节点名称。第 13 行、第 16 行、第 19 行、第 22 行、第 25 行、第 28 行、第 31 行、第 34 行、第 37 行、第 40 行、第 43 行和第 46 行分别调用方法 InnerText 来设置节点的文本内容。第 14 行、第 17 行、第 20 行、第 23 行、第 26 行、第 29 行、第 32 行、第 35 行、第 38 行、第 41 行、第 44 行和第 47 行分别调用 AppendChild 方法将节点元素对象添加到 count 节点对象中。

第 48 行调用 xmldocSelect 对象的 AppendChild 方法将 count 节点对象添加到根节点中。第 49 行调用 xd 对象的 Save 方法将添加视频后的结果保存到程序的 XML 文件中。第 50 行跳转到管理视频页面。

11.5.4　用户管理

用户管理主要具有两个功能，分别是添加用户和管理用户。其中，添加用户的功能是当用户进入后台界面后，在导航栏中选择如图 11-15 所示的“添加用户”菜单，就可以进入如图 11-16 所示的“添加用户”页面。

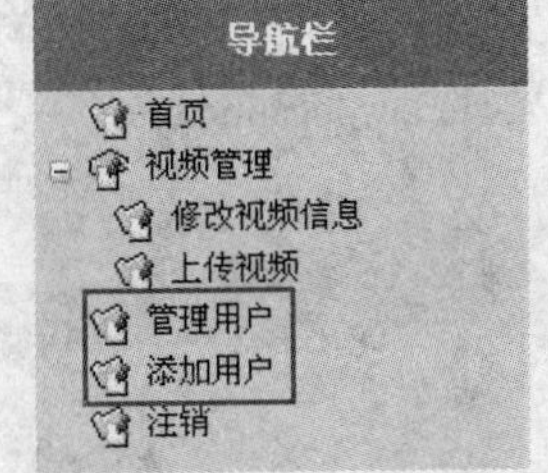

图 11-15　“添加用户”菜单

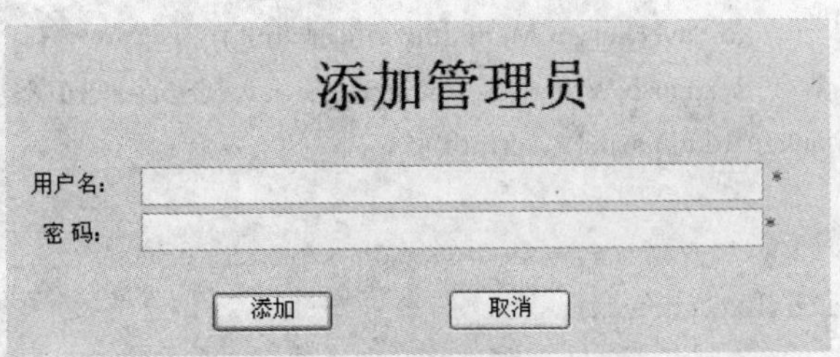

图 11-16　“添加用户”页面

添加用户的功能是通过 Addmanager.aspx.cs 代码文件中的 Button1_Click 方法实现的，关键的代码如下：

```
protected void Button1_Click(object sender, EventArgs e)
{
try
{
    string name = this.TextBox1.Text.Trim();
    string pwd = this.TextBox3.Text.Trim();
    DataSet ds = new DataSet();
    ds.ReadXml(Server.MapPath("~/user.xml"));
    DataTable dt = ds.Tables[0];
    DataRow[] dta = dt.Select("UserName='" + name + "'");
    if (dta != null && dta.Length > 0)
    {
      Response.Write("<script laguage='javascript'>alert('该用户已存在！'); window.location.href('Addmanager.aspx')</script>");
    }
    else
    {
        XmlDocument xd = new XmlDocument();
        xd.Load(Server.MapPath("~/user.xml"));
        XmlNode root = xd.SelectSingleNode("//Users");
        XmlElement user = xd.CreateElement("User");
        XmlElement id = xd.CreateElement("ID");
        id.InnerText = ReturnCount();
        user.AppendChild(id);
        XmlElement username = xd.CreateElement("UserName");
        username.InnerText = name;
        user.AppendChild(username);
        XmlElement userpwd = xd.CreateElement("Pwd");
        userpwd.InnerText = pwd;
        user.AppendChild(userpwd);
        root.AppendChild(user);
        xd.Save(Server.MapPath("~/user.xml"));
        Response.Write("<script laguage='javascript'>alert('添加成功！');window.location.href('ManageAdmin.aspx')</script>");
    }
}
catch (Exception ex)
{
    Response.Write("<script laguage='javascript'>alert('添加失败！');window.location.href('Addmanager.aspx')</script>");
```

```
38.     }
39. }
40.     public string ReturnCount()
41.     {
42.             string i = string.Empty;
43.             XmlDocument xmlDoc = new XmlDocument();
44.             xmlDoc.Load(Server.MapPath("~/user.xml"));
45.             XmlNode root = xmlDoc.DocumentElement;
46.             XmlNode xmlNode = root.SelectSingleNode("descendant::ID[last()]");
47.             int count =Convert.ToInt32(xmlNode.InnerText)+1;
48.             i= Convert.ToString(count);
49.             return i;
50.     }
```

代码解析：

第 1 行定义处理“添加”按钮控件 Button1 的点击事件 Click 的方法。第 5 和第 6 行分别将用户输入的用户名和密码保存到创建的变量 name 和 pwd 中。第 7 行创建一个 DataSet 数据集对象 ds。第 8 行调用 ds 对象的 ReadXml 方法将“user.xml”文件读到 ds 对象中。第 9 行创建一个 DataTable 数据表对象 dt，将 ds 对象中的数据表保存到 dt 对象中。第 10 行通过 dt 对象的 Select 方法查询出 dt 数据表对象中符合用户输入的用户名的数据行，并保存到创建的 DataRow 数据行数组 dta 中。

第 11 行判断如果 dta 数据对象为空，则第 13 行显示该“用户已存在”的提示信息。否则，第 18 行加载“user.xml”文件，第 19 行通过 XPath 表达式，创建表示 Users 根节点的节点对象 root。第 20、21 行分别创建一个 User 节点和 ID 节点。第 22 行通过调用 InnerText 方法设置节点的文本内容，调用自定义的 ReturnCount 方法返回具体的值。第 23 行将 ID 节点添加到 User 节点中。

第 24~29 行分别创建“username”和“ userpwd”两个子节点，设置这些节点的文本内容，并将子节点添加到 ID 节点中。第 30 行将 user 节点添加到根节点中。第 31 行将添加新用户后的 XML 文件进行保存。如果在添加过程中出现了异常情况，则第 37 行进行异常处理，在页面显示“添加失败”的提示信息。

第 40 行定义方法 ReturnCount，用来返回要添加的用户 ID 编号。第 42 行声明一个为空的字符串变量 i，用来保存要返回的用户编号。第 43 行创建一个 XmlDocument 文档对象 xmlDoc。第 44 行加载“user.xml”文件。第 46 行通过调用根节点的 SelectSingleNode 方法，利用 XPath 表达式，创建一个 XMLNode 文档节点集的对象 xmlNode，在该对象中保存了 user.xml 文档中的最后一个 ID 节点。第 47 行将该节点中的编号数字加上 1，保存到 i 字符串变量中。第 49 行返回字符串变量 i。

管理用户的功能是当用户进入后台界面后，在导航栏中的菜单中选择“管理用户”，就可以进入如图 11-17 所示的管理用户页面，页面中显示了所有用户的信息列表。

浏览信息			
编号	姓名	密码	操作
1	wjn	111	删除
2	zfq	111	删除
3	wsn	111	删除

图 11-17　管理用户页面

在管理用户页面，当要删除某个用户信息时，只要单击用户信息列表中的“删除”链接，就会将列表中的相应用户信息删除。这一功能是通过 ManageAdmin.aspx.cs 代码文件中的 GridView1_RowDeleting 方法来实现的，其关键代码如下：

```
1.  protected void GridView1_RowDeleting(object sender, GridViewDeleteEventArgs e)
2.  {
3.  string num = this.GridView1.DataKeys[e.RowIndex].Value.ToString();
4.  XmlDocument xd = new XmlDocument();
5.  xd.Load(Server.MapPath("~/user.xml"));
6.  XmlNode root = xd.DocumentElement;
7.  XmlNode userid = root.SelectSingleNode("descendant::User[ID='" + num + "']");
8.  root.RemoveChild(userid);
9.  xd.Save(Server.MapPath("~/user.xml"));
10. this.GridBind();
11. }
```

代码解析：

第 1 行用于定义处理数据控件 GridView1 的行删除事件 RowDeleting 方法。第 3 行通过 GridView1 控件的 DataKeys[e.RowIndex] 的 Value 属性获得行索引的值，其中 DataKeys[e.RowIndex]表示控件中行的键索引。第 7 行通过调用 root 对象的 SelectSingleNode 方法，利用 XPath 表达式查找到 user.xml 文件中要删除的用户编号 ID 节点，并保存到创建的节点对象 usertid 中。第 8 行通过调用 root 对象的 RemoveChild 方法将 userid 节点的内容从 root 节点中删除。第 10 行调用自定义的 GridBind 方法将删除用户信息后的 XML 文件中的信息绑定到页面控件并显示。

11.6　登录模块设计

本系统的后台管理页面必须经过身份验证才能登录，用户可以在系统前台首页中单击如图 11-18 所示的“进入后台”链接，进入如图 11-19 所示的登录页面。

图 11-18　后台管理链接

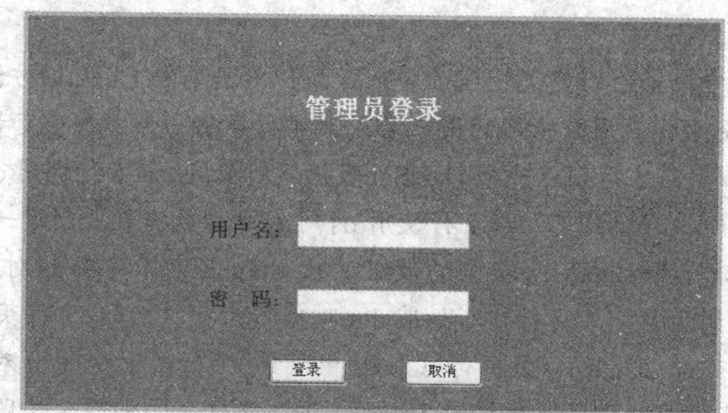

图 11-19　用户登录页面

在用户登录页面中，输入用户名、密码，单击“登录”按钮，即可进入后台管理的页面。这一功能主要是通过 AdminLogin.cs 代码中的 Button2_Click 方法来实现，其关键代码如下：

```
protected void Button2_Click(object sender, EventArgs e)
{
 string name = this.TextBox1.Text.Trim();
 string password = this.TextBox2.Text.Trim();
 DataSet ds = new DataSet();
 ds.ReadXml(Server.MapPath("~/user.xml"));
 DataTable dt = ds.Tables[0];
 DataRow[] dta = dt.Select("UserName='" + name + "'");
 if (dta != null && dta.Length > 0)
 {
   DataRow dr = dta[0];
   string strPwd = (string)dr["Pwd"];
   if (strPwd == password)
   {
     Server.Transfer("~/BackDesk/Manage.aspx");
   }
   else
   {
     Response.Write("<script>alert('输入的密码或验证码错误!');window.location.href('AdminLogin.aspx')</script>");
   }
 }
 else
 {
   Response.Write("<script>alert('输入的姓名和密码错误！请重新输入');window.location.href('AdminLogin.aspx')</script>");
 }
}
```

代码解析：

在上面的代码中，第 1 行定义处理“登录”按钮单击事件 Click 的方法。第 3 行声明一个字符串变量 name 来保存用户输入的用户名。第 4 行声明一个字符串变量 password 来保存用户输入的用户密码。第 5 行创建一个 DataSet 数据集对象 ds。第 6 行调用 ds 对象的 ReadXml 方法读取“user.xml”文件的内容。第 7 行使用 ds 对象中的数据表来创建一个 DataTable 数据表对象。第 8 行创建一个 DataRow 类型的数组对象 dta，其中保存在 ds 对象数据表中符合用户输入的用户名数组元素。第 9 行判断如果 dta 对象不为空，则第 11 行获取 dta 中第一个数组元素并保存到创建的 DataRow 数据行对象 dr 中。第 12 行用于获得 dr 对象中的用户密码，如果相同，则第 15 行调用 Server 对象的 Transfer 方法跳转页面到后台管理的页面，否则，第 19 行在页面中弹出密码或验证码输入错误的提示信息。

附录 A　新闻发布系统

下面将主要介绍使用 ASP.NET 技术开发的基于 XML 的新闻发布系统，其中系统所使用的数据全部以 XML 文件的形式存储，通过 ASP.NET 中的文档对象模型 DOM（Document Object Model）解析 XML 文件，最后使用 ASP.NET 页面同用户进行交互和访问，从而实现系统的功能。

1．系统分析与设计

新闻发布系统是对新闻信息进行综合管理的平台，它将网页上的某些需要经常变动的新闻信息集中管理，并通过对其进行分类，最后发布到网站上的一种网站应用程序。新闻内容通过一个操作简单的界面加入 XML 文件中存储，然后通过设计的网页模板格式发布到网站上。它的出现大大减轻了网站更新维护的工作量。本系统设计的目标是实现网站新闻的动态管理，能高效、及时地对新闻信息进行发布和管理。

根据本系统的设计思路，对实现的需求功能综述如下。

- 本系统的用户主要有两类：一类是在网站浏览新闻的普通用户，他们无需经过身份验证就可以在网站浏览各种类型的新闻信息，普通用户在页面可以将网站添加到收藏夹，也能够将本网站设为自己的首页，普通用户能够在页面通过选择不同类型的新闻标题关键字阅读新闻；还有一类用户是系统管理员，系统管理员从页面的后台管理进入登录界面。在登录页面输入用户名和密码，通过身份验证后，方可进入后台管理的页面。如果未能通过系统的身份验证，系统将自动给出登录错误的提示信息。
- 通过身份验证的系统管理员进入后台管理页面。在该页面中可以进行所有的对新闻的管理和用户管理。
- 系统管理员可以对各种类型的新闻进行添加的操作。
- 系统管理员能够通过新闻管理的页面对各种类型的新闻进行查询，或者对关键字进行单条新闻的查询。同时，可以对查询到的新闻进行编辑和查询的操作。
- 另外系统管理员还有一个重要的操作就是对用户进行管理，包括添加新的用户信息、编辑原来用户的信息和删除用户的信息。

2．系统 XML 文件设计

根据系统的设计要求和模块功能分析，本小节将进行系统中用于存储数据的 XML 文件的分析和设计。根据系统中所要存储的信息，需要创建如下 XML 文件：

- User.xml
- XMLFile.xml

（1）User.xml

User.xml 文件用来保存系统用户的账号信息，该文件定义的格式如下：

```
1.  <Users>
2.  <ID number="1">
3.    <Num>1</Num>
4.    <Name>wjn</Name>
5.    <Password>111</Password>
6.    <Date>2012-07-26</Date>
7.  </ID>
8.  <ID number="2">
9.    <Num>2</Num>
10.   <Name>admin</Name>
11.   <Password>admin</Password>
12.   <Date>2012-07-26</Date>
13. </ID>
14. <Users>
```

代码说明：

第 1 行的<Users>是 XML 文件的根标签。第 2 行的<ID>标签代表一个用户的账户。第 3~6 行的 4 个标签表示用户的 4 个信息，其中，<Num>标签表示用户的编号；<Name>标签表示用户名；<Password>表示用户密码；<Date>标签表示用户创建的日期。如果上述标签为空标签时则表示该标签对应的内容为空。第 8~13 行是另一个用户的账户信息，其标签结构和第一个用户完全相同，只是标签的文本内容不同。我们通过以上 XML 文件的结构来保存每一个用户的账户信息。

（2）XMLFile.xml

XMLFile.xml 文件用来保存所发布新闻的具体信息，该文件定义的格式如下：

```
<News>
<环球经济>
  <ID Name="5">
    <Num>5</Num>
    <Title>创业板本月 23 日开板 </Title>
    <Content>新浪财经讯 10 月 17 日上午消息 中国证监会主席尚福林周六上午在创业板与中小企业投融资论坛上透露，经国务院同意证监会已经批准深圳证券交易所设立创业板，并于 10 月 23 日举行开板仪式。
    </Content>
    <Type>国内新闻</Type>
```

```
9.          <IssueDate>2013-08-17 13:33:09</IssueDate>
10.     </ID>
11.  </环球经济>
12.  <时事新闻>
13.     …
14.  </时事新闻>
15.  <军事世界>
16.      …
17.  </军事世界>
18.  <科学技术>
19.      …
20.  </科学技术>
21.  <生活理财>
22.      …
23.  </生活理财>
24.  <社会百态>
25.     …
26.  </社会百态>
27.  <世界体育>
28.     …
29.  </世界体育>
30.  <娱乐综艺>
31.   …
32.  </娱乐综艺>
33.  </News>
```

代码说明：

第 1 行的<News>是 XML 文件的根标签。第 2~11 行是保存环球经济类别下所有新闻的信息，其中<环球经济>标签表示大的新闻类别。第 3~10 行是通过<ID>标签表示时事新闻类别下的某个具体新闻的信息。其中，<Num>标签表示该新闻的编号；<Title>标签表示该新闻的标题；<Content>标签表示该新闻的具体内容；<Type>标签表示该新闻属于国内新闻还是国际新闻；<IssueDate>标签表示新闻发布的时间。

第 12~32 行分别使用相同的 XML 文件结构保存本系统需要使用到的其他新闻类别下的新闻信息，包括：时事新闻、军事世界、科学技术、生活理财、社会百态、世界体育、娱乐综艺。由于 XML 结构完全相同，具体的结构可以参考<环球经济>标签中的内容，此处予以省略。

3. 系统运行演示

01 系统运行后，出现系统首页，如图 A-1 所示。

图 A-1　系统首页

02 在首页中，单击菜单栏中的各种不同类别的新闻，进入分类新闻页面，如图 A-2 所示。

图 A-2　分类新闻显示页面

03 在页面中单击新闻的标题，进入具体新闻的阅读页面，如图 A-3 所示。

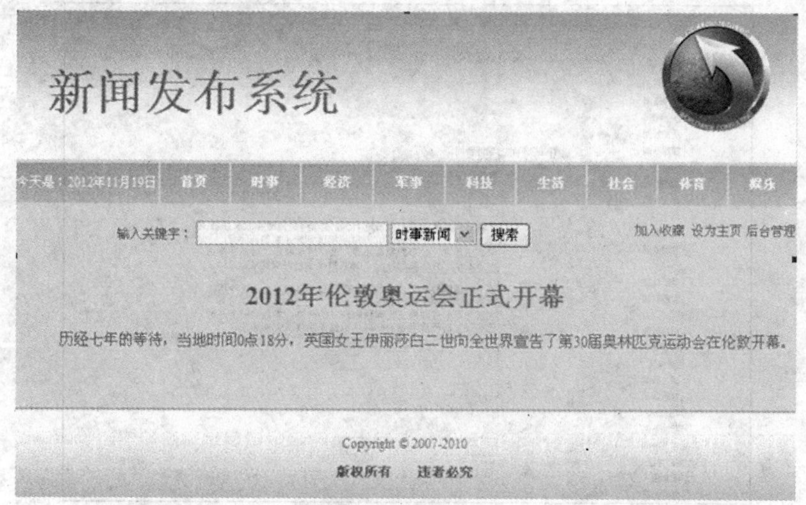

图 A-3　阅读新闻页面

04 在首页中，单击“后退管理”链接，进入后台登录页面，如图 A-4 所示。

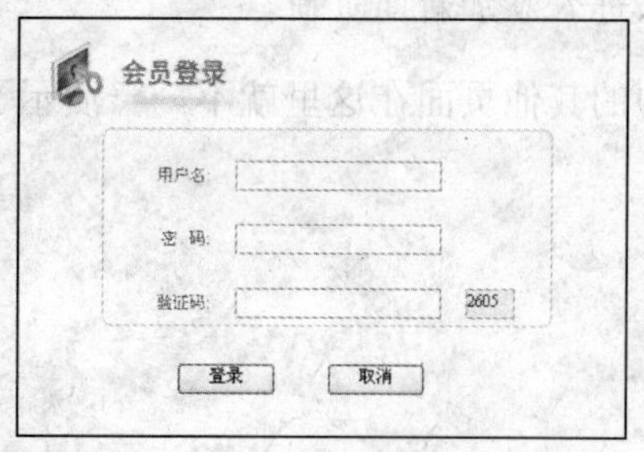

图 A-4　后台登录页面

05 在页面中，输入用户名、密码和验证码后单击“登录”按钮，通过身份验证后，进入后台管理页面，如图 A-5 所示。

图 A-5　后台管理页面

06 单击表中的“编辑”按钮，进入新闻修改的页面，如图 A-6 所示。

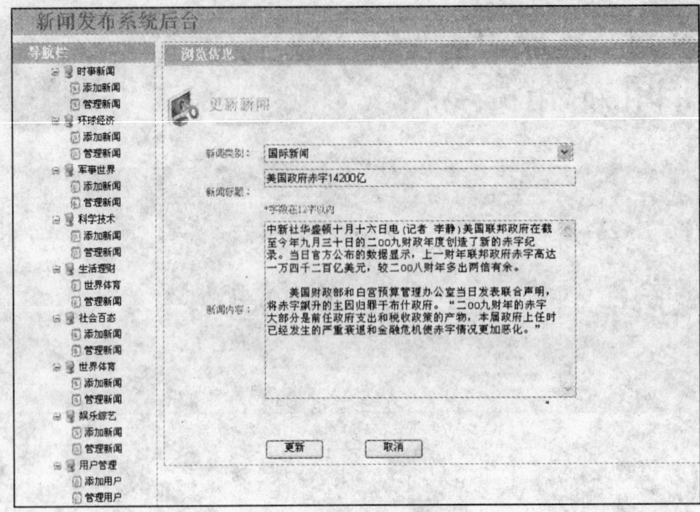

图 A-6　修改新闻页面

07 在页面中，单击“更新”按钮可以对新闻进行修改。在后台管理页面的导航菜单中单击“添加新闻”按钮，可以进入添加新闻页面。

由于篇幅所限，本系统中的其他页面在这里就不一一演示了，大家可以运行光盘中的源代码进行学习。

附录 B　公共信息交流网

下面主要介绍使用 ASP.NET 技术开发的基于 XML 的公共信息交流网，其中系统中所使用的数据全部以 XML 文件的形式存储，通过 ASP.NET 中的文档对象模型 DOM（Document Object Model）解析 XML 文件，最后使用 ASP.NET 页面同用户进行交互和访问，从而实现系统的功能。

1. 系统分析与设计

公共信息交流网为用户提供了一个供求信息交流的平台，为个人用户提供的是求职信息、房屋租售、房屋求购、物品求购和物品出售等信息；为企业用户提供的是培训信息、招聘信息和市场咨询等信息。信息内容通过一个操作简单的界面加入到 XML 文件中存储，然后通过设计的网页模板格式发布到网站上。本系统设计的目标是实现信息交流的动态管理，能高效、及时地对信息进行发布和管理。

根据本系统的设计思路，本网站用户主要分为 3 类：个人用户、企业用户和网站后台的管理员。

（1）个人用户和企业用户

个人用户和企业用户可以在网站进行如下的操作：

- 在网站浏览各种供求的信息。
- 通过输入关键字进行供求信息的查询。
- 通过快速搜索链接进行供求信息的查询。
- 可以将页面设置为自己的主页。
- 可以将页面添加到自己浏览器的收藏夹中。

（2）后台管理人员

对于后台管理人员，可执行对供求信息的管理工作，进入页面后可以通过后台链接进入到后台管理页面。在后台中，管理员可以进行如下的操作：

- 对各种类型的供求信息进行发布。
- 对招聘信息进行管理，包括查询、审核和删除。
- 对培训信息进行管理，包括查询、审核和删除。

- 对市场咨询信息进行管理，包括查询、审核和删除。
- 对求职信息进行管理，包括查询、审核和删除。
- 对房屋租售信息进行管理，包括查询、审核和删除。
- 对房屋求购信息进行管理，包括查询、审核和删除。
- 对物品求购信息进行管理，包括查询、审核和删除。
- 对物品出售信息进行管理，包括查询、审核和删除。

2．系统 XML 文件设计

根据系统的设计要求和模块功能分析，本小节将进行系统中用于存储数据的 XML 文件的分析和设计。根据系统中所要存储的信息，我们需要创建如下 XML 文件。

- Users.xml
- Information.xml

（1）Users.xml

```
1.  <Users>
2.    <ID number="1">
3.        <Num>1</Num>
4.        <userName>wjn</userName>
5.        <userPwd>111</userPwd>
6.    </ID>
7.    <ID number="2">
8.        <Num>2</Num>
9.        <userName>admin</userName>
10.       <userPwd>222</userPwd>
11.   </ID>
12. </Users>
```

代码解析：

第 1 行的<Users>是 XML 文件的根标签。第 2 行的<ID >标记代表一个用户的账户。第 3~5 行的 3 个标记表示用户的三个信息，其中，<Num>标记表示用户的编号；<userName>标记表示用户名；<userPwd>标记表示用户密码；如果上述标记为空标签时则表示该标记对应的内容为空。第 7~11 行是另一个用户的账户信息，其标记结构和第一个用户完全相同，只是标记的文本内容不同。我们通过以上 XML 文件的结构来保存每一个用户的账户信息。

（2）Information.xml

Information.xml 文件用来保存所发布公共信息的具体信息，该文件定义的格式如下：

```
<Information>
<招聘信息>
  <ID Name="1">
    <Num>1</Num>
```

```
5.          <title>公司急聘</title>
6.          <content>本公司急聘文秘 2 名、接待 1 名、销售员 10 名，待遇从优。</content>
7.          <linkMan>张先生</linkMan>
8.          <tel>84646667</tel>
9.          <releaseday>2013-12-11 16:20:25</releaseday>
10.         <date>2013-05-13 16:20:25</date>
11.         <CheckState>True</CheckState>
12.     </ID>
13. </招聘信息>
14. <求职信息>
15.     …
16. </求职信息>
17. <培训信息>
18.     …
19. </培训信息>
20. <房屋求购>
21.     …
22. </房屋求购>
23. <物品求购>
24. …
25. </物品求购>
26. <房屋租售>
27.     …
28. </房屋租售>
29. <物品出售>
30.     …
31. </物品出售>
32. <市场咨询>
33.     …
34. </市场咨询>
35. </Information>
```

代码解析：

以上代码中的第 1 行<Information >是 XML 文件的根标记，第 2~13 行是保存招聘信息的所有信息。第 3~12 行是通过<ID>标记表示招聘信息下的某个具体的信息，其中，<Num>标记表示该信息的编号；<title>标记表示该信息的标题；<content>标记表示该信息的具体内容；<linkMan>标记表示该信息的联系人；<tel>标记表示该信息的联系人电话或手机号码；<releaseday>标记表示该信息的有效日期；<date>标记表示该信息的发布日期；<CheckState>标记表示该信息是否被审核通过。第 14~34 行使用相同的 XML 文件结构保存本网站需要使用到的其他信息内容，包括：求职信息、培训信息、房屋求购、物品求购、房屋租售、物品出售、市场咨询。由于 XML 结构完全相同，具体的结构可以参考<招聘信息>标记中的内容，此处予以省略。

3. 系统运行演示

01 运行本系统后，首先出现的是系统首页，如图 B-1 所示。

图 B-1 首页

02 在首页中，单击菜单栏上的“求职信息”，可以进入“求职信息”页面，如图 B-2 所示。

图 B-2 “求职信息”页面

03 在该页面左侧的“信息推荐”标题下单击“×××求职”的链接，进入相应的信息详情显示页面，如图 B-3 所示。

04 系统管理员在首页菜单栏上单击“进入后台”链接，可弹出登录页面，如图 B-4 所示。

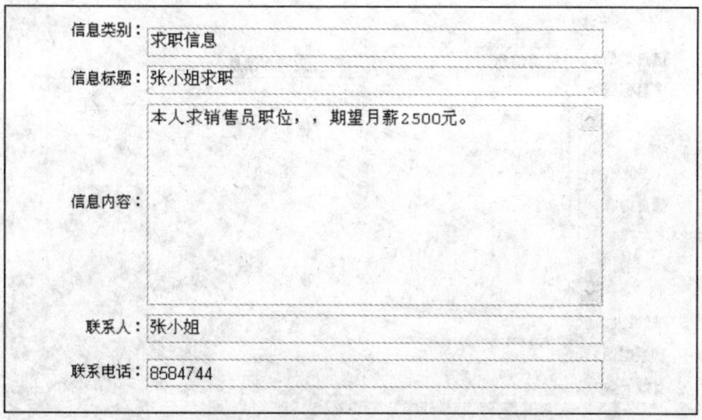

信息类别：求职信息

信息标题：张小姐求职

信息内容：本人求销售员职位，，期望月薪2500元。

联系人：张小姐

联系电话：8584744

图 B-3　求职信息详情页面

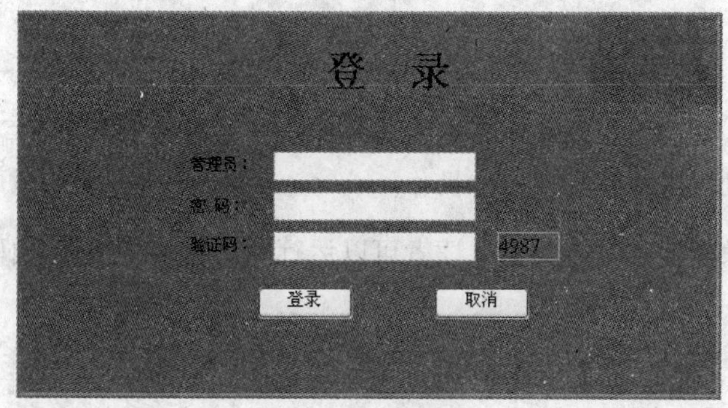

图 B-4　登录页面

05 系统管理员在登录页面输入管理员账号、密码和验证码，单击“确认”按钮，进入后台管理页面，如图 B-5 所示。

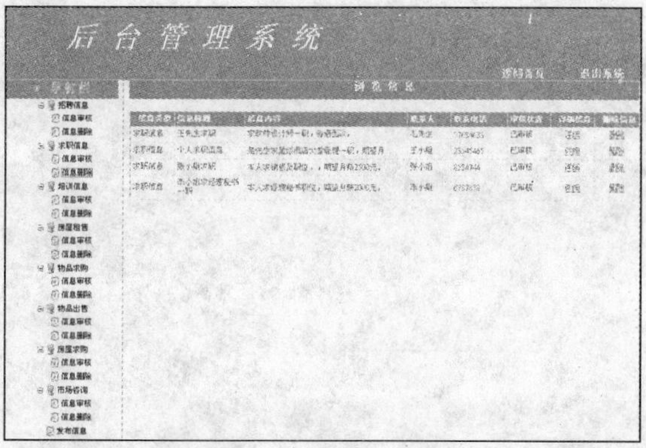

后 台 管 理 系 统

图 B-5　后台管理页面

06 在后台页面单击导航菜单中的“发布信息”链接，进入发布信息的页面，如图 B-6 所示。

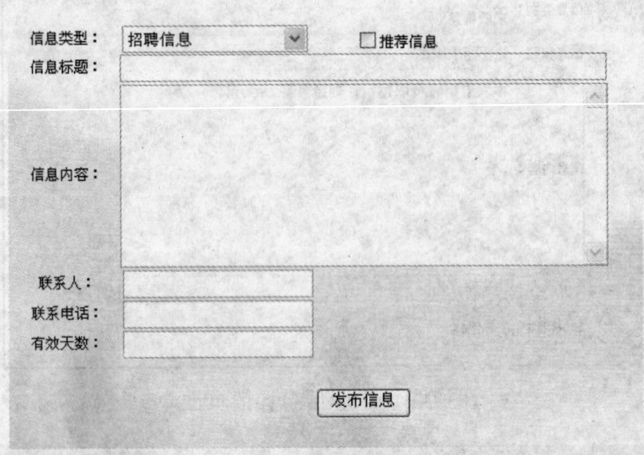

图 B-6　发布信息页面

07 在发布信息页面，输入信息类型、信息标题、信息内容和其他需要填写的内容，单击“发布信息”按钮，完成信息发布的操作。

系统中其他的操作步骤基本类似，读者可以运行随书光盘中的源代码进行学习，这里不再赘述。

附录 C　班级管理系统

在计算机还未普及之前，班级管理都是由教师以及班干部来操作的。现在一般的学校都采用了信息化管理的方式，即采用计算机作为工具，使用实用的班级管理程序来帮助学校进行更有效的班级管理。班级管理系统是典型的信息管理系统（MIS），其开发主要包括后台数据库的建立和维护，以及前端应用程序的开发两个方面。

本系统主要服务于学校班级管理人员，是方便管理班级事务的软件系统，在完成上述任务的前提下力求界面人性化、数据处理的可靠性以及程序性能的健壮性。其中系统中后台所使用的数据全部以 XML 文件的形式存储，通过 ASP.NET 中的文档对象模型 DOM（Document Object Model）解析 XML 文件，最后使用 ASP.NET 页面同用户进行交互和访问，从而实现系统的功能。

1．系统分析与设计

班级管理系统的功能主要体现在对各种信息的提供、保存、更新和查询操作上，包括班级信息、教师信息和学生信息，各部分的数据内容又有内在的联系，针对该系统的数据特点，可以总结出如下的需求：

- 本系统的用户主要是学校班级管理人员，该用户在进入系统后可以在前台页面看到班级列表和所有学生的信息，也能够按照班级名称查看该班级的所有学生信息。
- 用户可以进入后台，管理班级的信息，包括：班级管理、学生管理和更换页面皮肤。
  - 班级管理包括：浏览班级和新增班级。浏览班级可以显示所有班级的信息，能够按照班主任名称查询班级的信息，也可以修改和删除班级的信息；新增班级可以添加一个新的班级信息。
  - 学生管理包括：浏览学生和新增学生，浏览学生可以显示所有学生的信息，能够按照班级名称查询学生的信息，也可以修改和删除学生的信息；新增学生可以添加一个新的学生信息。
  - 更换页面皮肤提供了两套不同的配色主题，以供用户进行选择切换。

2．系统 XML 文件设计

根据系统的设计要求和模块功能分析，下面将进行系统中用于存储数据的 XML 文件的分析和设计。根据系统中所要存储的信息，需要创建如下 School.xml 文件，该文件用来保存学校班级、老师、学生的基本信息，该文件定义的格式如下：

```
1.  <?xml version="1.0" encoding="utf-8"?>
2.  <School name="上海计算机职校" TelePhone="58874544" Address="上海黄浦区">
3.  <ClassInfo Name="NET 一班" Teacher="张强" Id="20880922">
4.    <Students>
5.      <Student Id="20130729" Sex="男">
6.        <name>吴文伟</name>
7.        <age>24</age>
8.        <Address>上海市浦东新区</Address>
9.        <phone>68954897</phone>
10.       <QQ>26987365</QQ>
11.       <Email>wwq@qq.com</Email>
12.     </Student>
13.   </Students>
14. </ClassInfo>
15. <ClassInfo Name="Java 一班" Teacher="李浩" Id="20880822">
16.   <Students>
17.     <Student Id="20130629" Sex="女">
18.       <name>沈凤兰</name>
19.       <age>20</age>
20.       <Address>上海市静安区</Address>
21.       <phone>59863241</phone>
22.       <QQ>5869514</QQ>
23.       <Email>sfl@qq.com</Email>
24.     </Student>
25. </Students>
26. </ClassInfo>
27.  多个班级信息除此省略……
28. </School>
```

代码解析：

在上面的代码中，第 2 行的“<School>”是 XML 文件的根元素，它包含了“name”、“TelePhone”和“Address”三个属性。第 3~14 行是保存班级信息的子元素“ClassInfo”，它包含了“Name”、“Teacher”和 “Id”三个属性。第 4~13 行是保存班级学生信息的元素“Students”。第 5~12 行是保存该班级每一个学生具体信息的元素“Student”，它包含了“Id”和“Sex”两个属性，还包含了“name”、“age”、“Address”、“phone”、“QQ”和“Email”个元素。第 15~26 行是另一个保存班级信息的子元素“ClassInfo”，其结构和上面的子元素完全相同。

3. 系统运行演示

01 系统运行后，出现前台首页，如图 C-1 所示。

上海计算机职校
- NET一班
- Java一班
- NET二班
- Java二班
- JSP一班

进入信息管理

Id	Sex	Name	Age	Address	Phone	QQ	Email
20130729	男	吴文伟	24	上海市浦东新区	68954897	26987365	wwq@qq.com
20130629	女	沈凤兰	20	上海市静安区	59863241	5869514	sfl@qq.com
20130617	男	余飞龙	23	上海市宝山区	25487954	689742656	sfl@qq.com
20130619	男	刘大力	20	上海市徐汇区	15697545	258987456	ldl@qq.com
20130518	女	陈玉梅	24	上海市普陀区	98748996	698758965	cym@qq.com
20130614	男	张虎玉	20	上海市闸北区	25847563	36258987	zyh@qq.com
20130508	女	孔虞姬	22	上海市浦东新区	2564783	21369874	kyj@qq.com
20130419	男	王丽君	20	上海市静安区	28749636	597845633	wlj@qq.com

图 C-1　前台首页

02 首页中显示了所有班级同学的信息列表，如果单击左侧树状菜单下的班级，可以在右侧显示该班级的学生信息，如图 C-2 所示。

上海计算机职校
- NET一班
- Java一班
- NET二班
- Java二班
- JSP一班

进入信息管理

Id	Sex	Name	Age	Address	Phone	QQ	Email
20130617	男	余飞龙	23	上海市宝山区	25487954	689742656	sfl@qq.com
20130619	男	刘大力	20	上海市徐汇区	15697545	258987456	ldl@qq.com
20130518	女	陈玉梅	24	上海市普陀区	98748996	698758965	cym@qq.com
20130614	男	张虎玉	20	上海市闸北区	25847563	36258987	zyh@qq.com

图 C-2　通过导航查看班级

03 单击上图中的“进入信息管理”链接，即可进入如图 C-3 所示的“管理后台操作”页面。

管理后台操作
- 班级管理
  - 浏览班级
  - 新增班级
- 学生管理
  - 浏览学生
  - 新增学生
- 更换风格
  - 蓝色精灵
  - 自然绿色

当前位置：前台主页>后台首页>班级管理

班主任名称：不限　筛选

班级编号	班级名称	班主任	删除	修改信息
20880922	NET一班	张强	删除	修改
20880822	Java一班	李浩	删除	修改
20880822	NET二班	李浩	删除	修改
20880723	Java二班	张翰中	删除	修改

图 C-3　“管理后台操作”页面

04 在“管理后台操作”页面，选择右侧树状菜单下的“班级管理”→“浏览班级”，即可在右侧显示所有班级的信息，如果在“班主任名称”下拉列表框中选择某个班主任，单击“筛选”按钮，下面将显示该班级信息的列表，如图 C-4 所示。

管理后台操作
- 班级管理
  - 浏览班级
  - 新增班级
- 学生管理
  - 浏览学生
  - 新增学生
- 更换风格
  - 蓝色精灵
  - 自然绿色

当前位置：前台主页>后台首页>班级管理

班主任名称：李浩　筛选

班级编号	班级名称	班主任	删除	修改信息
20880822	Java一班	李浩	删除	修改
20880822	NET二班	李浩	删除	修改

图 C-4　浏览班级信息

05 在“管理后台操作”页面，选择左侧树状菜单下的“班级管理”→“新增班级”，即可在右侧显示增加班级的页面，如图 C-5 所示。

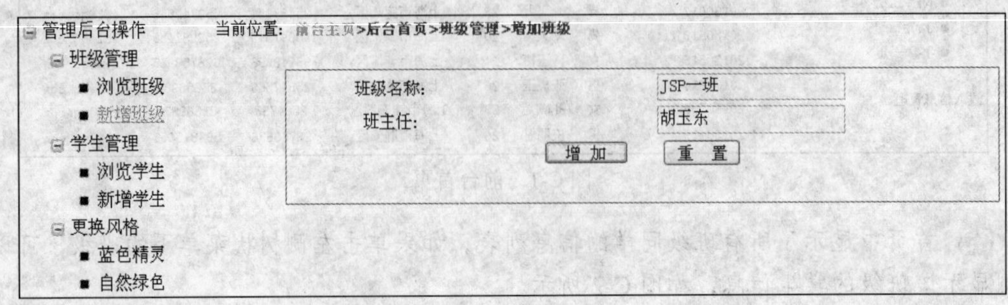

图 C-5　新增班级

06 在上图中的“班级名称”和“班主任”文本框中，输入要增加的班级和班主任，单击“增加”按钮，下面将显示如图 C-6 所示的新增班级信息。

管理后台操作　当前位置：前台主页>后台首页>班级管理

班级管理：浏览班级、新增班级；学生管理：浏览学生、新增学生；更换风格：蓝色精灵、自然绿色

班主任名称：不限　筛选

班级编号	班级名称	班主任	删除	修改信息
20880922	NET一班	张强	删除	修改
20880822	Java一班	李浩	删除	修改
20880822	NET二班	李浩	删除	修改
20880723	Java二班	张翰中	删除	修改
20130729114924612	JSP一班	胡玉东	删除	修改

图 C-6　新增结果

07 在上图中的列表中选择要删除的班级，单击“删除”链接，弹出如图 C-7 所示的提示框，单击“确定”按钮，即可将该班级的信息删除。

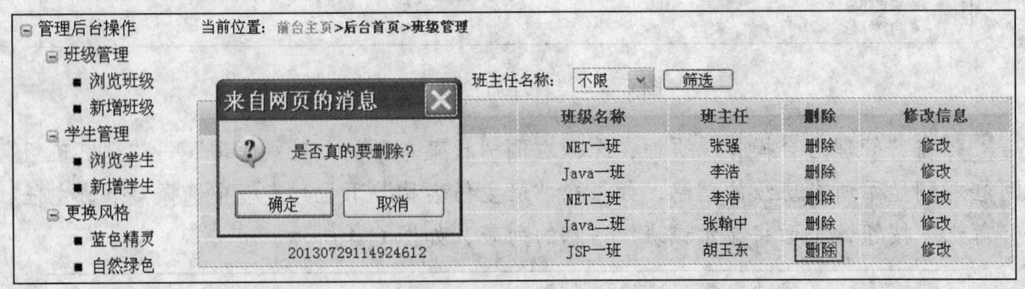

图 C-7　删除班级

系统中其他的操作步骤基本类似，读者可以运行随书光盘中的源代码进行学习，这里不再赘述。

附录 D　在线 RSS 阅读器

下面将介绍一个利用 ASP.NET 技术和 XML 技术来共同实现的在线 RSS 阅读器，该在线 RSS 阅读器主要是基于 ASP.NET AJAX 技术来实现客户端与服务器端的通信，而 ASP.NET 则用来实现页面和服务器程序。此外 RSS 本身也是一种技术，是一种用来对信息进行聚合的简单方式。

1．系统分析与设计

一个简单的 RSS 阅读器具有的最基本的功能就是能够根据用户提供的 RSS 频道的地址来读取相应的 RSS 文件，并以可读的形式展现给用户，这就是 RSS 阅读器的最基本功能——RSS 文件阅读功能。

此外，RSS 阅读器还需要具有简单的 RSS 频道管理功能，即提供给用户添加频道、修改、删除和查看频道的功能。

总之，这里要实现的 RSS 阅读器主要包括以下两部分功能：

- RSS 文件阅读功能。
- RSS 频道管理功能。

2．系统 XML 文件设计

根据系统的设计要求和模块功能分析，本小节将进行系统中用于存储数据的 XML 文件的分析和设计。根据系统中所要存储的信息，我们需要创建 RSSUrl 文件，关键代码如下：

```
<?xml version="1.0" encoding="utf-8"?>
<RSSUrl>
<SingleUrl>
  <ID>1</ID>
  <Name>csdn news</Name>
  <Url>
    http://temp.csdn.net/Feed.aspx? Column=04f49ae7-d41b-41ab-ae9b-87c41b833b2a
  </Url>
  <CreateDate>2013-7-22</CreateDate>
</SingleUrl>
<SingleUrl>
```

```
12.     <ID>2</ID>
13.     <Name>订阅的 Sina 新闻</Name>
14.     <Url>http://rss.sina.com.cn/news/allnews/tech.xml</Url>
15.     <CreateDate>2013-7-23</CreateDate>
16.   </SingleUrl>
17.   <SingleUrl>
18.       …
19.   <SingleUrl>
20.    </RSSUrl>
```

代码解析：

第 2 行的< RSSUrl >是 XML 文件的根标签。第 3 行的< SingleUrl >标记代表一个 RSS 的频道。第 4~9 行的 4 个标记表示 RSS 频道的 4 个信息，其中，<ID >标记表示频道的编号；<Name >标记表示频道的名称；<Url>标记表示频道的网址；<CreateDate >标记表示频道的创建时间，如果上述标记为空标签，则表示该标记对应的内容为空。第 11~16 行是另一个 RSS 频道的信息，其标记结构和第一个用户完全相同，只是标记的文本内容不同。我们通过以上 XML 文件的结构来保存每一个 RSS 频道的信息。

3. 系统运行演示

01 运行本系统后，首先出现的是如图 D-1 所示的 RSS 阅读器主界面。

图 D-1　RSS 阅读器主界面

02 在图 D-1 中，最上侧为头部分，这里显示系统的名称，中间为系统的功能展示区，下侧为尾部分，显示一些与系统相关的信息。其中，中间部分又分为两个部分，左侧为功能导航区域，右侧为功能显示区域，在左侧上部为新增频道和频道管理功能的链接，下部为频道导航列表。单击左侧中“订阅的 Sina 新闻”链接，在右侧显示如图 D-2 所示的用户订阅的 Sina 新闻标题列表。

03 单击新闻标题，可以进入如图 D-3 所示的相应网页的详细新闻内容。

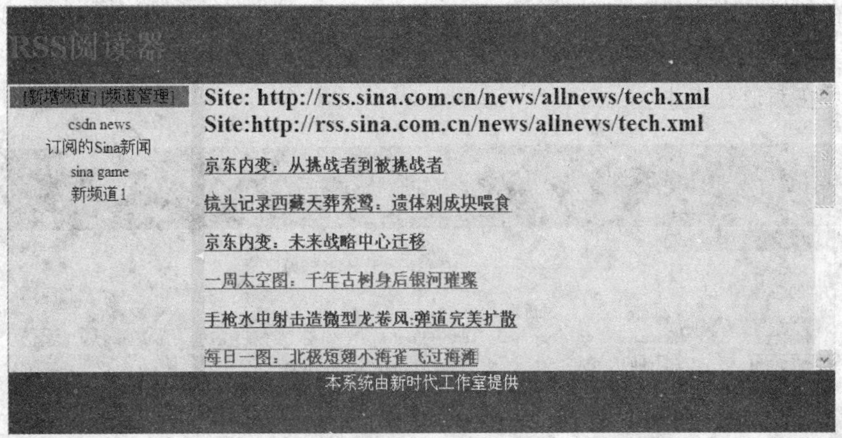

图 D-2　新闻标题列表

图 D-3　显示新闻详情页面

04 单击 RSS 阅读器主界面中左侧的“新增频道”链接，则进入如图 D-4 所示的新增频道界面。

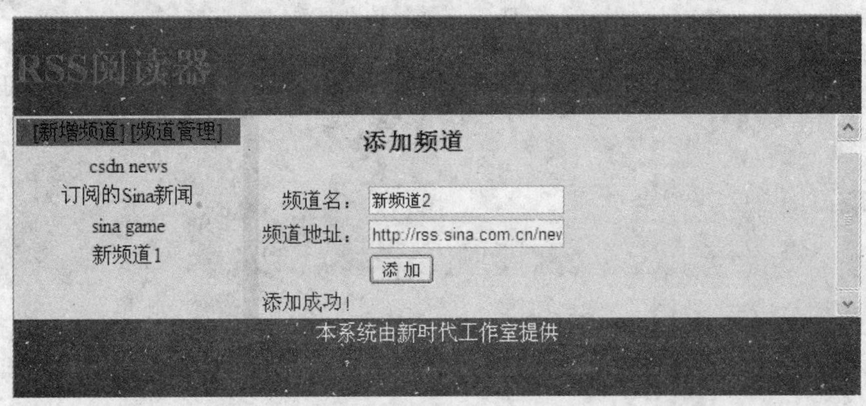

图 D-4　新增频道界面

05 在新增频道中输入频道名、频道地址，单击“添加”按钮，将显示添加成功的提示。单击 RSS 阅读器主界面左侧的“频道管理”链接，则进入如图 D-5 所示的频道管理界面，新的频道显示在频道列表中。

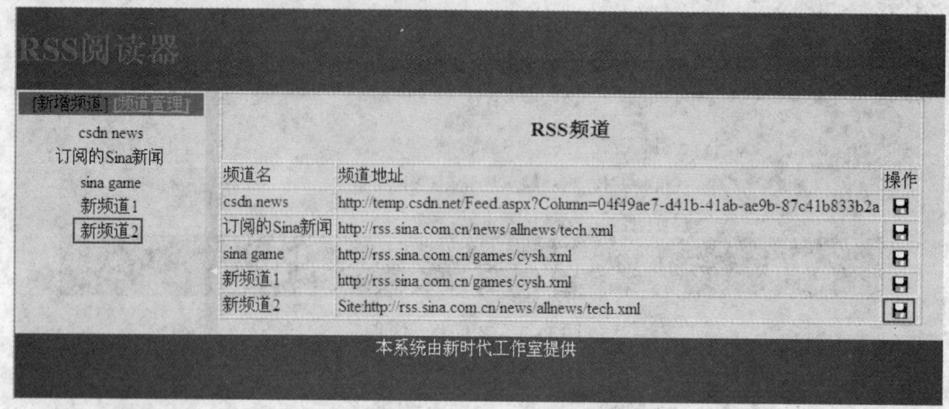

图 D-5　频道管理界面

06 在频道管理界面中，用户可以单击“操作”列下的图标进入如图 D-6 所示的频道维护界面，在这里用户可以修改或者删除频道。

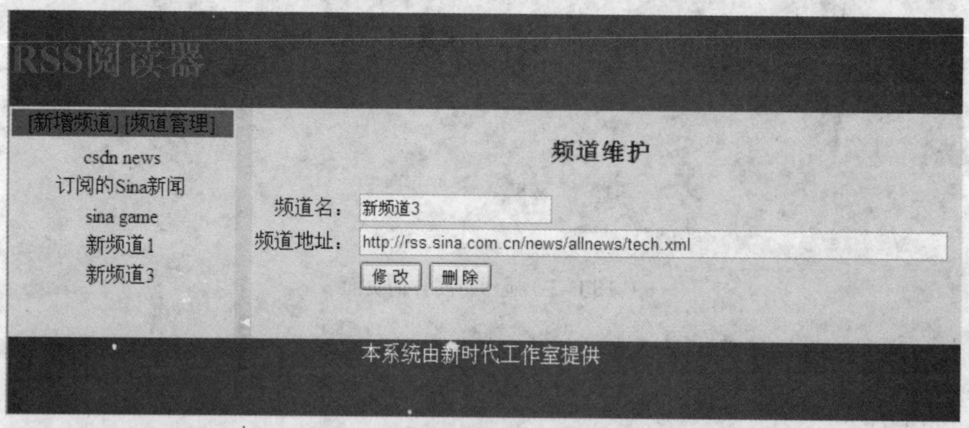

图 D-6　频道维护界面

系统中其他的操作步骤基本类似，读者可以运行随书光盘中的源代码进行学习，这里不再赘述。

附录 E　在线同学录

随着计算机技术的快速发展，特别是计算机网络的发展，越来越深刻地改变了人们生活的方方面面。各种在线服务系统，更是深刻影响了人们的联系方式，使得人们可以在远隔千里之遥随时通信。过去的种种陈旧的联系方式，已经不能满足现代生活的需要。同学录作为一种方便同学之间联系的实用系统便应运而生。它为用户提供网上交流、聚会的网络工具，它可以使你和你的同学、老师等在网上有一个相互交流的机会。这里介绍一个包含最基本功能的同学录。

1. 系统分析与设计

本系统设计的目标以信息网络为依托，建立基于网络的同学录系统，使同学录成为同学之间进行交流和联系的一个平台。利用网络资源优势和技术优势，通过提供完善的同学录服务和规范同学录的管理，以达到增进同学之间、方便同学联系的目的。

本系统主要有两类用户：系统管理员和普通用户。

（1）对于系统管理员

- 在登录页面输入用户名、密码，通过身份验证后，才可以进入操作界面使用各项功能。如果未能通过系统的身份验证，系统自动给出登录错误的提示信息。
- 查看个人基本信息、修改个人基本信息，包括上传照片。
- 查看同学基本信息。
- 管理同学基本信息，删除同学基本信息。

（2）对于普通用户

- 在系统中进行个人信息的注册，包括上传照片。
- 在登录页面输入用户名、密码，通过身份验证后，才可以进入操作界面使用各项功能。如果未能通过系统的身份验证 ，系统将自动给出登录错误的提示信息。
- 查看个人基本信息，修改个人基本信息，包括上传照片。
- 查看同学基本信息。

2. 系统 XML 文件设计

根据系统的设计要求和模块功能分析，本小节将进行系统中用于存储数据的 XML 文件的分析和设计。根据系统中所要存储的信息，需要创建如下 Student.xml 文件，该文件用来保存学校、班级、老师、学生的基本信息，该文件定义的格式如下：

```
1.  <?xml version="1.0" encoding="gb2312"?>
2.  `<Root>
3.  <Student Admin="no">
4.      <Name>吴文伟</Name>
5.      <NickName>sheepsheep</NickName>
6.      <Pwd>222</Pwd>
7.      <Sex>男生</Sex>
8.      <Birthday>1986-11-18</Birthday>
9.      <Email>wwy@qq.com</Email>
10.     <QQ>26987365</QQ>
11.     <Msn>wwy@live.cn</Msn>
12.     <Tel>13945687790</Tel>
13.     <Homepage>http://www.wwy.cn</Homepage>
14.     <Address>上海市徐汇区</Address>
15.     <Work>ASP 程序员</Work>
16.     <Photo>images/吴文伟.jpg</Photo>
17.     <Time>2013-7-29 21:38:56</Time>
18. </Student>
19. <Student Admin="yes">
20.   …
21. </Student>
22. </Root>
```

代码解析：

在上面的代码中，第 3 行的“<Student>”是 XML 文件的根元素，它包含了“Name”、“NickName”和“pwd”等多个属性。

3. 系统运行演示

01 系统运行后，出现如图 E-1 所示的登录界面。

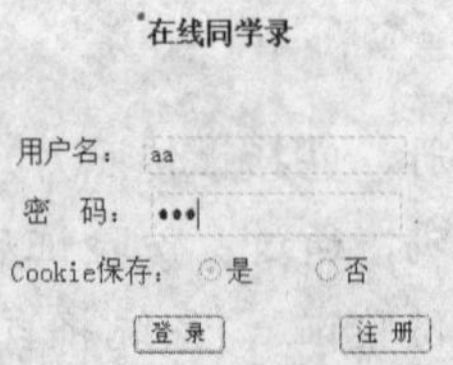

在线同学录

用户名： aa
密　码： •••
Cookie保存： ○是　○否
登录　注册

图 E-1　登录界面

02 如果用户还没有注册，必须先注册，单击“注册”按钮，进入如图 E-2 所示的新用户注册界面。

03 在新用户注册界面，输入个人基本信息后，单击“提交”按钮，将弹出如图 E-3 所示的注册成功提示框。

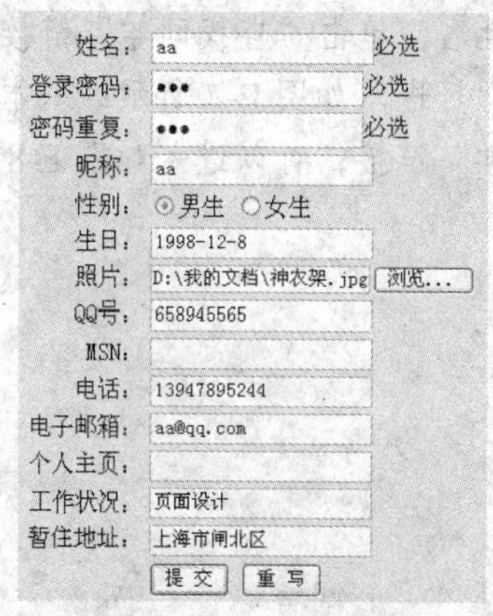

图 E-2 新用户注册界面

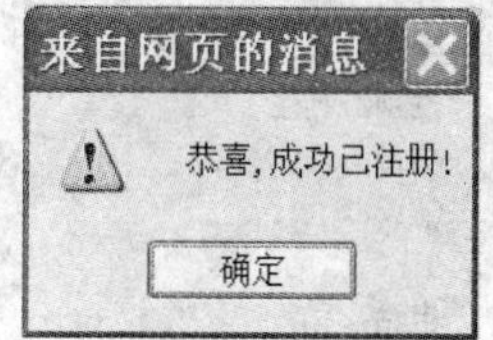

图 E-3 注册成功提示框

04 在“登录”界面输入用户名、密码，并选择 Cookie 保存，单击“登录”按钮，进入如图 E-4 的同学录主界面。

05 系统管理员可以直接登录，进入如图 E-5 所示的欢迎界面。

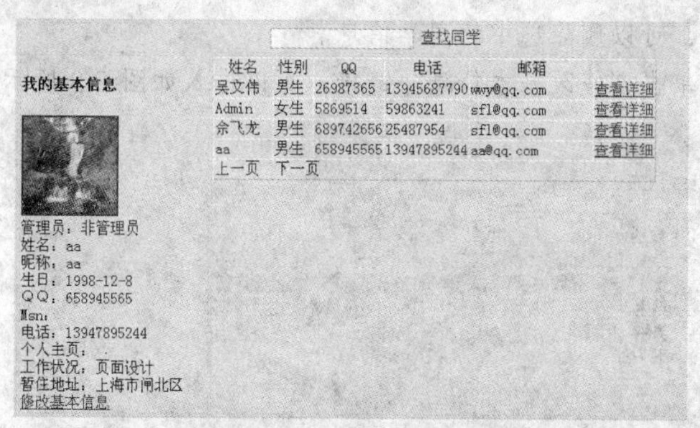

图 E-4 同学录主界面

Admin 同学，欢迎你回来 ！

进入我的同学录

图 E-5 欢迎界面

06 单击“进入我的同学录”链接，进入如图 E-6 所示的管理员登录后的界面。

aa 查找同学

我的基本信息

姓名	性别	QQ	电话	邮箱	
吴文伟	男生		139	wwy@qq.com	查看详细
Admin	女生		598	sfl@qq.com	查看详细
余飞龙	男生		254	sfl@qq.com	查看详细
aa	男生		139	aa@qq.com	查看详细
上一页	下一页				

管理员：管理同学
姓名：Admin
昵称：蕾蕾
生日：1987-8-8
QQ：5869514
Msn：
电话：59863241
个人主页：
工作状况：网管
暂住地址：上海市静安区
修改基本信息

图 E-6 管理员登录后的界面

07 在图 E-6 中，可以在文本框中输入同学的姓名，单击“查找同学”链接进行查询，在下面会显示查询的结果，单击“查看详细”链接，可进入如图 E-7 所示的基本信息页面。

08 在管理员登录后的界面中，单击“管理同学”链接，可以进入如图 E-8 所示的管理同学界面。

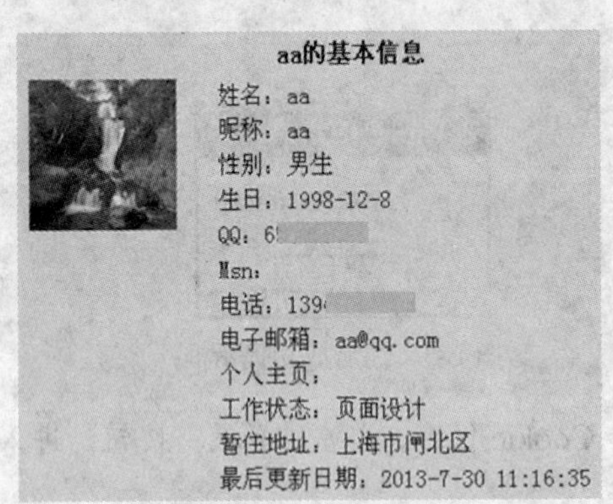

图 E-7　显示同学的基本信息

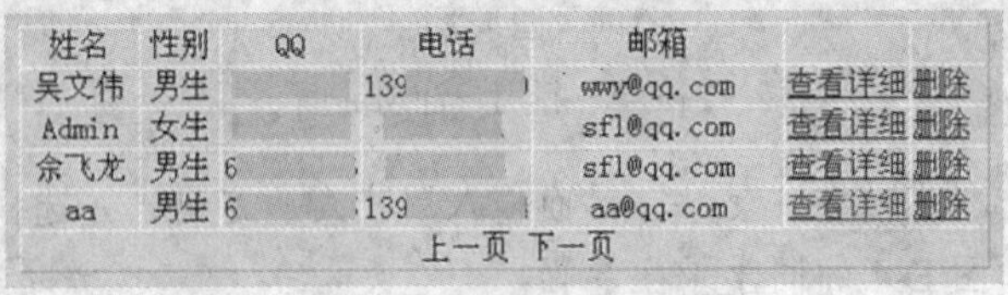

姓名	性别	QQ	电话	邮箱		
吴文伟	男生		139	wwy@qq.com	查看详细	删除
Admin	女生			sfl@qq.com	查看详细	删除
佘飞龙	男生	6		sfl@qq.com	查看详细	删除
aa	男生	6	139	aa@qq.com	查看详细	删除
			上一页 下一页			

图 E-8　管理同学界面

09 在上图中单击“删除”链接，可以删除选中的同学信息。

10 在管理员登录后的界面中，单击“修改基本信息”链接，可以进入如图 E-9 所示的修改基本信息界面。

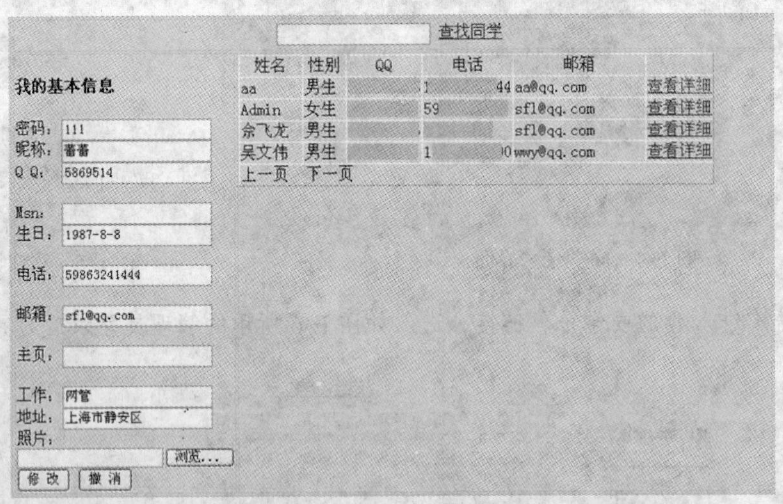

图 E-9　修改基本信息界面

11 在上图中输入修改的内容，单击“修改”按钮，可以完成对个人信息的修改。

由于篇幅所限，本系统的其他页面在这里就不一一演示，大家可以运行光盘中的源代码进行学习。